TECHNIK, WIRTSCHAFT und POLITIK 50

Schriftenreihe des Fraunhofer-Instituts
für Systemtechnik und Innovationsforschung ISI

Klaus Menrad · Sibylle Gaisser
Bärbel Hüsing · Martina Menrad

Gentechnik in der Landwirtschaft, Pflanzenzucht und Lebensmittelproduktion

Stand und Perspektiven

Mit 25 Abbildungen und 57 Tabellen

Physica-Verlag
Ein Unternehmen des Springer-Verlags

Dr. Klaus Menrad
Dr. Sibylle Gaisser
Dr. Bärbel Hüsing
Dr. Martina Menrad
Fraunhofer-Institut für Systemtechnik
und Innovationsforschung ISI
Breslauer Straße 48
76139 Karlsruhe

klaus.menrad@isi.fhg.de
sibylle.gaisser@isi.fhg.de
baerbel.huesing@isi.fhg.de
martina.menrad@isi.fhg.de

ISSN 1431-9659
ISBN 3-7908-0021-X Physica-Verlag Heidelberg

Bibliografische Information Der Deutschen Bibliothek
Die Deutsche Bibliothek verzeichnet diese Publikation in der Deutschen Nationalbibliografie; detaillierte bibliografische Daten sind im Internet über <http://dnb.ddb.de> abrufbar.

Physica-Verlag Heidelberg
ein Unternehmen der BertelsmannSpringer Science+Business Media GmbH

Umschlaggestaltung: Erich Kirchner, Heidelberg

SPIN 10907900 88/3130-5 4 3 2 1 0 – Gedruckt auf säurefreiem Papier

Inhaltsverzeichnis

Abbildungsverzeichnis

Tabellenverzeichnis

1. Einleitung und Problemstellung

Die Bio- und Gentechnik gelten als Schlüsseltechnologien des 21. Jahrhunderts. Zu den wesentlichen Anwendungsbereichen der Gentechnik zählen Medizin und Pharma, Land- und Forstwirtschaft, Lebensmittelproduktion und Umwelttechniken.

In der Land- und Forstwirtschaft sowie der Lebensmittelproduktion werden seit alters her Pflanzen, Tiere und Mikroorganismen genutzt. Durch die Bio- und Gentechnik erweitert sich das Methodenspektrum, diese biologischen Systeme besser an die Nutzenerfordernisse des Menschen anzupassen. Insbesondere erwartet man vom Einsatz der Gentechnik, dass sie neue Verfahren, Produkte und Dienstleistungen ermöglicht, die zu Leistungsverbesserungen, verbesserten Produktqualitäten sowie umweltfreundlichen, ressourcenschonenden und kostengünstigen Herstellungsweisen beitragen. Damit werden große Erwartungen in ökonomischer, sozialer und ökologischer Hinsicht in die Gentechnik gesetzt: ihr wird eine wesentliche Rolle bei der Sicherung der Nahrungsmittelversorgung einer wachsenden Weltbevölkerung, der Bereitstellung hochwertiger, sicherer und gesundheitsfördernder Lebensmittel, der umwelt- und ressourcenschonenden Produktion sowie dem Erhalt der Wettbewerbsfähigkeit der Land- und Ernährungswirtschaft zugemessen.

Die Anwendung der Gentechnik in der Land- und Forstwirtschaft sowie der Lebensmittelproduktion entwickelt sich sehr dynamisch: Vor rund 15 Jahren wurden erstmals mit Hilfe der Gentechnik transgene Nutztiere und Nutzpflanzen hergestellt. Inzwischen haben die ersten Anwendungen das Forschungs- und Entwicklungsstadium verlassen und werden international kommerziell genutzt. So finden beispielsweise international Enzyme aus gentechnisch veränderten mikrobiellen Produktionsstämmen breiten Einsatz bei der Herstellung verschiedenster Lebensmittel, seit 1996 werden transgene Pflanzen kommerziell angebaut. Einige Pharmawirkstoffe, die in der Milch transgener Nutztiere produziert werden, befinden sich in der Phase der klinischen Prüfung.

Zumindest in der Europäischen Union bleiben die kommerzielle Nutzung der Gentechnik sowie die ökonomischen Erfolge jedoch zurzeit hinter den ursprünglichen Erwartungen zurück. Zu den Faktoren, die hierzu wesentlich beitragen, zählen

- eine kontroverse Diskussion insbesondere über die ökologischen und gesundheitlichen Risiken, die mit einer Freisetzung gentechnisch veränderter Organismen bzw. einem Verzehr gentechnisch veränderter Produkte verbunden sein können,
- Kontroversen über die Ausgestaltung der relevanten rechtlichen Rahmenbedingungen auf nationaler und internationaler Ebene,

- eine mangelnde Akzeptanz gentechnischer Produkte und Verfahren in der Landwirtschaft und Lebensmittelproduktion, bei Nutzern und Verbrauchern und eine generelle Skepsis, inwiefern gentechnische Produkte und Verfahren tatsächlich nützlich sind.

Angesichts der raschen wissenschaftlich-technischen Entwicklung hat das Sächsische Staatsministerium für Umwelt und Landwirtschaft eine Studie in Auftrag gegeben, um den aktuellen Stand von Wissenschaft und Technik der Anwendung der Gentechnik in den Feldern Pflanzen-, Tierzucht, Land- und Forstwirtschaft sowie Lebensmittelherstellung zu untersuchen. Neben besonders zukunftsträchtigen Forschungsschwerpunkten sind dabei auch die ökonomischen und ökologischen Aspekte zu berücksichtigen, der aktuelle Stand der Diskussion zu Chancen und Risiken aufzuzeigen sowie die bestehenden rechtlichen Rahmenbedingungen zu beleuchten.

2. Zielsetzung der Studie

Das Ziel der Studie ist es, einen möglichst umfassenden Überblick über den Einsatz der Gentechnik in den Anwendungsfeldern Pflanzen- und Tierzucht, Land- und Forstwirtschaft sowie Lebensmittelherstellung zu geben. Für jedes dieser Anwendungsfelder ist aufzuzeigen,

- wie der aktuelle internationale Stand von Forschung und Technik unter besonderer Berücksichtigung der ökologischen und ökonomischen Aspekte ist,
- wie der aktuelle Stand der Diskussion zu Chancen und Risiken ist,
- welche wirtschaftlichen Perspektiven sich ergeben,
- welche Forschungsschwerpunkte als besonders zukunftsträchtig einzuschätzen sind,
- welche rechtlichen Regelungen auf nationaler und EU-Ebene in diesen Feldern bestehen.

Die Ergebnisse werden in diesem Buch zusammengefasst.

3. Konzeption und Vorgehensweise

3.1 Konzeption der Studie

Die Studie wird in die fünf Anwendungsfelder der Gentechnik

- Tierzucht und landwirtschaftliche Nutztierhaltung,
- Pflanzenzucht,
- Forstwirtschaft,
- Landwirtschaft (insbesondere Pflanzenbau) sowie
- Lebensmittelproduktion

untergliedert. Daneben werden zwei anwendungsfeldübergreifende Kapitel erstellt, in denen Aspekte der Sicherheits- und Risikobewertung sowie die rechtlichen Regelungen für Deutschland und die EU behandelt werden (Abb. 3.1).

Abbildung 3.1: Konzeption der Studie

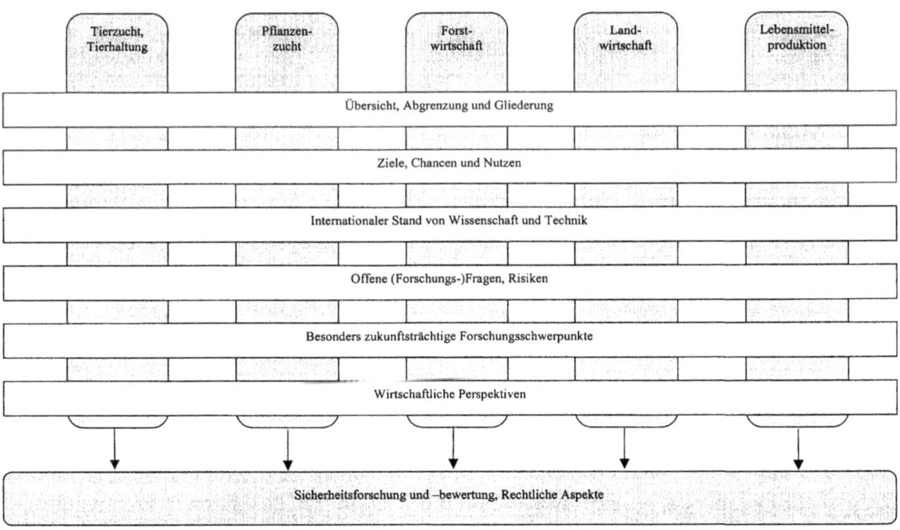

In den einzelnen Kapiteln wird zunächst eine Übersicht darüber gegeben, welche gentechnischen Entwicklungslinien und konkreten Anwendungen zu dem betreffenden Anwendungsfeld gehören, welche ökonomische Bedeutung dem gesamten

Anwendungsfeld zukommt und welches Entwicklungsstadium in diesem Anwendungsfeld erreicht ist. Daran anschließend erfolgt eine vertiefte Untersuchung der einzelnen gentechnischen Entwicklungslinien des jeweiligen Anwendungsfeldes. Zunächst wird dargestellt, wozu entsprechende FuE-Arbeiten durchgeführt werden, indem die Ziele dieser Arbeiten, die Chancen und die spezifischen Vorteile der gentechnischen Ansätze sowie der Nutzen der jeweiligen Anwendung dargestellt werden. Anschließend wird der internationale aktuelle Stand von Wissenschaft und Technik für die jeweilige Entwicklungslinie unter Berücksichtigung der ökologischen und ökonomischen Aspekte dargelegt. Um den aktuellen Stand der Diskussion der Chancen und Risiken darzustellen, werden die noch offenen (Forschungs-) Fragen, Risiken sowie die Herausforderungen für die Weiterentwicklung aufgeführt und in Bezug zu den angestrebten Zielen und zum Nutzen gesetzt. Zudem werden besonders zukunftsträchtige Forschungsschwerpunkte identifiziert und die wirtschaftlichen Perspektiven entsprechender gentechnischer Verfahren und Produkte aufgezeigt.

3.2 Vorgehensweise

Die Untersuchung stützt sich methodisch auf die Auswertung wissenschaftlicher Fachliteratur, einschlägiger Studien und grauer Literatur, auf Internetrecherchen sowie auf ergänzende Telefoninterviews mit Expertinnen und Experten in den zu untersuchenden Anwendungsfeldern. Die Vorgehensweise umfasst dabei die Arbeitsschritte der Informationsrecherche, Informationsaufbereitung und der Berichtserstellung.

Informationsrecherche

Für die Informationsbeschaffung wurden Recherchen in online-Datenbanken durchgeführt, die für die Anwendung der Gentechnik im Landwirtschafts- und Lebensmittelsektor von Bedeutung sind (z. B. BIOSIS, BIOTECHNOBASE, EMBASE und Elsevier BIOBASE) oder Datenbanken mit Zugriffsmöglichkeiten auf wissenschaftliche Artikel (wie z. B. Science Direct) genutzt. Dabei wurden relevante Reviews und Originalartikel der letzten drei Jahre ermittelt und beschafft. Zudem wurden manuelle Literaturrecherchen in den letzten drei Jahrgängen der internationalen, renommierten Fachzeitschriften wie z. B. Science, Nature, Nature Biotechnology, Trends in Biotechnology, Trends in Plant Sciences, Trends in Food Sciences, Current Opinion in Biotechnology durchgeführt. Außerdem wurden im Internet relevante internationale Studien und Stellungnahmen von Expertenkommissionen identifiziert. Ergänzend wurden telefonische Interviews mit Expertinnen und Experten in den jeweiligen Anwendungsgebieten der Gentechnik geführt, um einzelne offene Fragen zu klären.

Informationsaufbereitung

Die ermittelte Literatur wurde beschafft und inhaltlich ausgewertet. Die Aufbereitung der Informationen erfolgte nach der Gliederung, die in Abbildung 3.1 (s. Kap. 3.1) dargestellt wurde. Folgende Inhalte und Entwicklungslinien waren dabei in den einzelnen Anwendungsfeldern besonders relevant:

Tierzucht und Tierhaltung

- Einsatz genom- und genanalytischer Verfahren zur Bestimmung des Zuchtwerts einzelner Tiere.
- Herstellung transgener Nutztiere und Insekten in der Landwirtschaft und Lebensmittelproduktion, als Bioreaktoren und in der Schädlingsbekämpfung.
- Reproduktionstechniken (z. B. künstliche Besamung, Superovulation, Embryotransfer, in-vitro-Fertilisation, Klonen) mit Relevanz für die Herstellung transgener Nutztiere.
- Genanalytische und gendiagnostische Verfahren mit dem Ziel der Futtermittel-, der Produktanalytik (Rückstandsanalytik, Hygienekontrolle, Qualitätsparameter), der Krankheitsdiagnostik sowie des Herkunftsnachweises.
- Einsatz von Gentechnik in der Tierernährung und zur Steigerung von Leistung und Produktivität, z.B. mit Hilfe von gentechnisch veränderten Organismen hergestellte Futterzusätze wie Aminosäuren, Vitamine und Enzyme sowie Leistungsförderer (z. B. Antibiotika, Hormone), gentechnisch veränderte Darmflora und gentechnisch veränderte Futterpflanzen.

Pflanzenzucht

- Methodische Fortschritte bei gentechnikgestützten Zuchtansätzen: z. B. Genomsequenzierung bei landwirtschaftlichen Nutzpflanzen und Forstpflanzen und markergestützte Züchtung, Methoden des Gentransfers.
- Übersicht über die gentechnisch veränderbaren Nutzpflanzen, Art der verwendeten Markergene, Art der genutzten Promotoren (z. B. Höhe, Regulierbarkeit und Gewebespezifität der Expression).
- Gentechnisch veränderte Eigenschaften der Nutzpflanzen: genetische Komplexität der Merkmale (monogen/polygen bedingte Eigenschaften, Regulation etc.), „Input Traits“ (z. B. Herbizid- und Schädlingsresistenz, Dürre- und Salztoleranz), „Output Traits“ (z. B. Qualität und Zusammensetzung der Pflanzeninhaltsstoffe, Functional Food, "Impfbanane", Antikörper- und Enzymproduktion in Pflanzen) sowie Nutzpflanzen für industrielle Anwendungen.
- Stand der Freisetzungsversuche mit transgenen Nutzpflanzen aufgeschlüsselt nach Ländern, Pflanzenart und gentechnisch veränderter Eigenschaft.

Forstwirtschaft

- Stand der Technik bei gentechnischen Verfahren und Methoden für forstwirtschaftliche Nutzpflanzen.
- Gentechnisch untersuchte und veränderte Eigenschaften von Forstpflanzen: genetischen Komplexität der Merkmale (monogen/polygen bedingte Eigenschaften, Regulation etc.), „Input Traits" (z. B. Herbizid- und Schädlingsresistenz, Toleranz gegenüber abiotischem Stress, Beeinflussung der Entwicklungsbiologie, Wuchsform), „Output Traits" (z. B. Holzeigenschaften, Qualität und Zusammensetzung des Lignins) und sicherheitsrelevante Eigenschaften (Begrenzung des unerwünschten Gentransfers, Sterilität).

Landwirtschaft (insbesondere Pflanzenproduktion)

- Stand der kommerziellen Nutzung transgener landwirtschaftlicher Nutzpflanzen aufgeschlüsselt nach Ländern, Pflanzenarten und gentechnisch veränderter Eigenschaft.
- Kenntnisstand zur agronomischen Zielerreichung mit transgenen Pflanzen (z. B. Steigerung des Ertrags, Pestizideinsparung, Senkung der Produktionskosten).
- Auswirkungen des Einsatzes gentechnisch veränderter Nutzpflanzen auf den landwirtschaftlichen Strukturwandel und die Beschäftigung.

Aspekte der landwirtschaftlichen Nutztierhaltung wurden bereits im Abschnitt "Tierzucht und Tierhaltung" behandelt.

Lebensmittelproduktion

- Genanalytische Verfahren (z. B. Rückstandsanalytik, Hygiene- und Prozessüberwachung, Herkunftsnachweis, Qualitätsparameter).
- Herstellung von Prozesshilfsstoffen und Zusatzstoffen (z. B. Enzyme, Aromen, Aminosäuren, Vitamine) mit Hilfe gentechnisch veränderter Organismen, gentechnisch veränderte Starterkulturen.
- Lebensmittelrohstoffe und daraus hergestellte Produkte aus gentechnisch veränderten Organismen.

Anwendungsfeldübergreifende Aspekte (Sicherheitsforschung und Risikobewertung, Recht)

- Stand der Sicherheitsforschung und Risikobewertung (u. a. Nachzulassungsmonitoring, Konzept der substanziellen Äquivalenz) in den Bereichen Tier- und Pflanzenzucht, Land- und Forstwirtschaft und Lebensmittelproduktion.
- Problematik der Kontamination von Saatgut, Futter- und Lebensmitteln mit gentechnisch veränderten Organismen durch Gentransfer oder landwirtschaftliche Praxis.

- Frage der Rückverfolgbarkeit gentechnisch veränderter Organismen.
- Stand der rechtlichen Regulierung bzw. der Diskussion zur Ausgestaltung der rechtlichen Rahmenbedingungen in den EU-Ländern (Freisetzungsrichtlinie, Novel-Food-Verordnung, Novel-Feed-Verordnung, Kennzeichnungs- und Schwellenwertverordnungen, Bestimmungen über die Zulassung von Saatgut etc.).

Berichtserstattung

Die Ergebnisse der inhaltlichen Recherchen und Auswertungen werden in der vorliegenden Publikation zusammengefasst und dargestellt.

4. Tierzucht und landwirtschaftliche Nutztierhaltung

4.1 Übersicht über Anwendung der Gentechnik

Gentechnik ist die Summe aller Methoden zur Isolierung, Charakterisierung, gezielten Veränderung und Übertragung von Erbgut. Für die Tierzucht und landwirtschaftliche Nutztierhaltung gliedert sich die Gentechnik in die folgenden drei Bereiche:

- „Genomics" – genanalytische und gendiagnostische Untersuchungen der tierlichen Erbsubstanz ohne gentechnische Veränderung des Erbguts,
- „Transgenics" – gentechnische Veränderung des tierlichen Erbgutes; Herstellung transgener Tiere,
- Einsatz der Gentechnik in der Tierernährung und -gesundheit.

Unter dem Stichwort „Genomics" werden Anwendungen der Gentechnik zusammengefasst, bei denen Erkenntnisse genutzt werden, die sich aus der molekularen Analyse der tierlichen Erbinformation ergeben. Durch diese gentechnischen Analyseverfahren wird das Tier, dem dieses Erbgut entstammt, in seinen genetisch bedingten Eigenschaften *nicht* verändert. Hierunter fallen beispielsweise Aktivitäten zur Sequenzierung tierlicher Genome sowie genanalytische und gendiagnostische Verfahren. Viele dieser Verfahren werden eingesetzt, um den Wert einzelner Tiere für die Zucht besser zu bestimmen. Demgegenüber können mit Hilfe der Gentechnik auch gezielte Veränderungen im Erbgut von Tieren vorgenommen und transgene Tiere hergestellt werden, und zwar auch in einer Art und Weise, die durch konventionelle Züchtung nicht möglich ist. Dies wird unter dem Stichwort „Transgenics" erläutert. So ist es beispielsweise mit Hilfe der Gentechnik möglich, Gene selbst über Artgrenzen hinweg zu übertragen, also z. B. ein menschliches Gen in das Erbgut eines Schafes einzufügen. Ein drittes großes Anwendungsgebiet ist der Bereich der Tierernährung und Tiergesundheit, bei dem nicht das Tier gentechnischen Veränderungen unterworfen wird, sondern Futterstoffe und Tiermedikamente mit Hilfe gentechnischer Methoden erzeugt werden.

Die Gentechnik ihrerseits ist ein Teilbereich der Biotechnologie, die als Schnittmenge aus Verfahrenstechnik, Chemie und Biologie definiert werden kann (Abb. 4.1). Ein weiterer Teilbereich der Biotechnologie sind Reproduktionstechniken.

Abbildung 4.1: Reproduktions- und Gentechnik als Teilbereiche der Biotechnologie

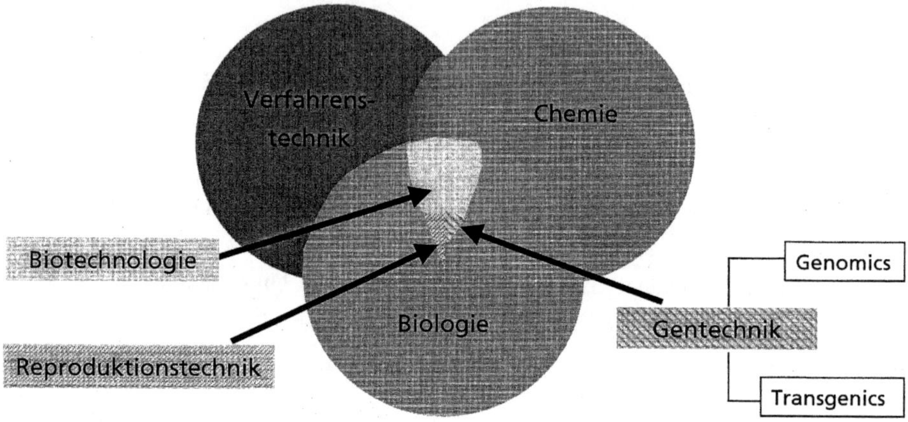

Besonders der Bereich „Transgenics" ist derzeit, wie in den Kapiteln 4.3 und 4.4 ausgeführt, noch mit erheblichem wissenschaftlich-technischen Problemen und hohem zeitlichen Aufwand verbunden. Aus diesem Grund sind für dieses Anwendungsgebiet die Verfahren der Reproduktionstechniken wie künstliche Besamung, Superovulation, Embryotransfer und Austragen durch Leihmütter, in-vitro-Fertilisation und Klonen durch Embryoteilung oder Kerntransfer von großer Bedeutung, um die durch gentechnische Maßnahmen erzeugten Tiere mit exakt derselben genetischen Ausstattung, in größerer Zahl und schneller zu erzeugen, als dies durch natürliche Fortpflanzung möglich wäre. Die Reproduktionstechniken selbst bedienen sich nicht gentechnischer Methoden. Da sie jedoch für die kommerzielle Nutzung transgener Tiere unerlässlich sind, findet sich in Kapitel 4.5 ein Exkurs zur Klonierung von Tieren.

4.2 Gendiagnostik und Genanalytik (Genomics)

4.2.1 Zielsetzung gendiagnostischer und genanalytischer Verfahren in der Tierzucht

Ein wichtiges Mittel in der Tierzucht ist es, züchterisch wertvolle Tiere bevorzugt zur Zucht einzusetzen. Dabei stellt sich aber das Problem, die züchterisch wertvollen Tiere zu erkennen. Hierzu werden seit Jahrtausenden phänotypische Eigenschaften herangezogen. Dies können äußere Merkmale (Aussehen, Körperbau), physiologische Merkmale (Leistungsfähigkeit, z. B. Milchleistung bei Rindern) oder auch biochemische Merkmale (z. B. Proteinzusammensetzung der Milch von Rindern) sein. Die Auswertung phänotypischer Eigenschaften für die Zuchtwertschätzung hat jedoch ihre Grenzen. Viele züchterisch relevante Eigenschaften sind nicht, nicht präzise, erst spät oder nur aufwändig feststellbar. Hierzu einige Beispiele: Bestimmte Eigenschaften, wie z. B. die Milchleistung von Kühen, Fruchtbarkeit von Sauen, manifestieren sich erst relativ spät im Leben eines Zuchttieres. Die Ausprägung eines Merkmals kann geschlechtsgebunden sein – so lässt sich beispielsweise die Vererbung von Eigenschaften, die die für die Käseherstellung relevante Zusammensetzung der Milch betreffen, bei Zuchtbullen nicht phänotypisch feststellen. Qualitätseigenschaften des Fleisches lassen sich bei Zuchttieren phänotypisch kaum feststellen, da eine umfangreichere Probenahme mit dem Tod des Tieres verbunden wäre. Bestimmte Eigenschaften sind bei Merkmalsträgern phänotypisch nicht feststellbar, wenn sie rezessiv vererbt werden und die Tiere heterozygot in Bezug auf dieses Merkmal sind (Lohner et al. 1997).

In den oben genannten Fällen kann eine weitergehende Charakterisierung der Zuchttiere erfolgen, wenn zusätzlich Informationen herangezogen werden, die auf Ebene des Genotyps ermittelt werden. Das Prinzip beruht darauf, dass eine charakteristische DNA-Sequenz mit einem bestimmten Merkmal korreliert. Genanalytische und gendiagnostische Verfahren werden mit dem Ziel eingesetzt, eine gezieltere, präzisere Auswahl genetisch wertvoller Tiere zu treffen und durch einen zusätzlichen, früheren Selektionsschritt einen Zeit- und Effizienzgewinn zu realisieren.

4.2.2 Methodischer Ansatz der Gendiagnostik

Am Beispiel der Stressanfälligkeit von Schweinen und der damit korrelierten Fleischqualität soll die Vorgehensweise der Gendiagnostik im Folgenden erläutert werden.

Die intensive Verbrauchernachfrage nach Fleisch mit möglichst geringem Fettanteil hat in den letzten 30 Jahren in der Schweinezucht zur Selektion von Tieren geführt, die sich durch einen hohen Magerfleischanteil, insbesondere im Rücken- und Schinkenbereich bei gleichzeitiger Reduzierung des Fettgehaltes auszeichnen. Die Selektion auf Fleischleistung ist beim Schwein sehr effektiv gewesen. Betrug 1965 das Fleisch/Fettverhältnis bei der Deutschen Landrasse in der BRD noch 1:0,87, so war es 1977 schon auf 1:0,46 – also auf fast die Hälfte – gesunken. Diese Veränderungen in der Körperzusammensetzung war jedoch mit einer deutlichen Verschlechterung der Fleischqualität verbunden, wobei häufig die am besten klassifizierten Schlachtkörper betroffen sind. Diese Mängel in der Fleischbeschaffenheit äußern sich in einem hohen Anteil an so genanntem PSE-Fleisch (pale, soft, exudative). PSE-Fleisch ist heller (blasser), weicher, weniger saftig, weniger zart, riecht und schmeckt anders, ist weniger haltbar, hat ein geringeres Wasserbindungsvermögen und einen geringen Genusswert als Fleisch normaler Qualität.

Es zeigte sich, dass bei Tieren mit starker Fleischwüchsigkeit häufig eine hohe Stressanfälligkeit sowie Abweichungen in der Fleischfärbung auftraten. Darüber hinaus wurde ein ursächlicher Zusammenhang zwischen Fleischbeschaffenheit und Stressanfälligkeit festgestellt. Um die Fleischqualität zu verbessern, wurden daher unter anderem züchterische Maßnahmen ergriffen. Tiere mit Stressanfälligkeit sollten erkannt und systematisch von der Zucht ausgeschlossen werden. Hierzu wurde zunächst der so genannte Halothan-Test eingesetzt. Unter Einfluss einer Halothan-Narkose zeigen stressempfindliche Tiere eine Muskelstarre und erhöhte Herz- und Atemfrequenzen sowie teilweise eine starke Hyperthermie[1]. Die Stressempfindlichkeit ist mit den Mängeln in der Fleischqualität eng verbunden. Heterozygote Tiere können jedoch mit dem Halothantest nicht erkannt werden. Zudem ist der Halothantest für die Tiere belastend, zuweilen sogar tödlich.

Genomanalytische Untersuchungen haben nachgewiesen, dass für die Disposition zum malignen Hyperthermie-Syndrom offenbar ein Defekt im Gen für den so genannten Ryanodinrezeptor verantwortlich ist. Der Gendefekt wurde beim Menschen auf dem Chromosom 19 in Abschnitt q 13.1 gefunden. Beim Schwein wurde dieser Genabschnitt auf dem Chromosom 6 gefunden. Das intakte Gen kodiert für den Ryanodinrezeptor, der für die Ausbildung der Kalziumkanäle im sarkoplasmatischen Retikulum der Muskulatur verantwortlich ist. Durch Austausch einer Base (Thymin statt Cytosin) kommt es zu einer Punktmutation mit der Folge, dass dieser Rezeptor nicht mehr funktionsfähig ausgebildet wird, was zu Stressempfindlichkeit und herabgesetzter Fleischqualität führt (Lohner et al. 1997).

Auf der Basis der Erkenntnisse, die im Wesentlichen bei der Aufklärung des malignen Hyperthermie-Syndroms beim Menschen gewonnen wurden, wurde Anfang der 1990er Jahre ein praxisreifer gentechnischer Diagnosetest entwickelt, der mit hoher Sicherheit die Träger des Gendefektes in der Schweinepopulation identifizieren kann. Das gendiagnostische Verfahren macht sichtbar, ob die oben beschriebene Punktmutation im Erbgut eines bestimmten Schweins vorliegt oder nicht. Den Schweinen wird etwas Blut entnommen und daraus DNA isoliert. Mit Hilfe der Polymerase-Kettenreaktion (PCR) werden bestimmte Abschnitte des Ryanodinrezeptorgens selektiv vervielfältigt und damit für einen Nachweis zugänglich gemacht. Dann setzt man ein bestimmtes Restriktionsenzym zu, das so gewählt ist, dass es den DNA-Abschnitt immer spaltet, wenn die Tiere, aus denen die DNA stammt, stressresistent sind. Liegt jedoch die Mutation vor, die die Tiere stressan-

---

1 Ein ähnliches Phänomen ist beim Menschen als malignes Hyperthermie-Syndrom (MHS) bekannt. Es stellt eine der Haupttodesursachen während einer Anästhesie dar; die Häufigkeit liegt bei 1 zu 12.000 Kindern bzw. bei 1 zu 40.000 Erwachsenen. Beim Menschen wird dieses Merkmal in autosomal dominanter Weise vererbt, bei halothan-positiven Schweinen autosomal rezessiv oder kodominant.

fällig werden lässt, kann das Restriktionsenzym nicht schneiden. Ob der DNA-Abschnitt vom Restriktionsenzym geschnitten wurde oder nicht, wird sichtbar gemacht, indem die DNA-Fragmente mit Hilfe der Gelelektrophorese im elektrischen Feld nach ihrer Größe aufgetrennt werden: Findet sich nur ein großes DNA-Fragment von 134 Basenpaaren Länge, ist das Schwein homozygot stressanfällig, finden sich zwei kleine DNA-Fragmente in einer Länge von 50 bzw. 84 Basenpaaren, ist das Schwein homozygot stressresistent, und heterozygote Schweine, welche ein mutiertes und ein nicht-mutiertes Gen besitzen, geben sich durch drei DNA-Fragmente mit einer Länge von 134, 84 und 50 Basenpaaren zu erkennen. Abbildung 4.2 fasst das Prinzip der Gendiagnostik am Beispiel der Stressanfälligkeit beim Schwein zusammen.

Das gendiagnostische Verfahren ist schonender als der Halothantest, da man nur noch eine kleine Blutprobe des Schweins braucht. Auch Heterozygote werden zuverlässig erkannt. Das Verfahren ist kostengünstig durchzuführen. Deshalb hat das gendiagnostische Verfahren den Halothantest in Deutschland vollständig abgelöst, und es wurde eine durchgreifende Sanierung der Zuchtpopulationen im Hinblick auf die Stressanfälligkeit erreicht. Es birgt aber auch die Gefahr, dass die Tiere aus ökonomischen Gründen an nicht artgerechte Haltungs- und Produktionsbedingungen angepasst werden, statt umgekehrt.

4.2.3 Weitere Anwendungsbeispiele der Gendiagnostik und Genanalytik

In der züchterischen Praxis werden noch andere gendiagnostische Verfahren angewendet, um Tiere von der Zucht auszuschließen, welche die Anlagen für die Ausbildung von Krankheiten tragen, so z. B. Weaver-Syndrom bei Rindern, boviner Leukozyten-Adhäsionsdefekt.

In der Rinderzucht ist auch die Zusammensetzung der Milchproteine von züchterischem Interesse, da eine Veränderung des κ-Kaseingehalts in der Milch zu höheren Käseausbeuten führen kann. Um dieses Zuchtziel zu erreichen, wird die Gendiagnostik zur Bestimmung des κ-Kaseingenotyps bei Zuchtbullen herangezogen. Indem die Bestimmung bei männlichen Tieren erfolgt, kann die Zucht beschleunigt werden, da nicht die Tochtergeneration mit weiblichen Nachkommen zur Bestimmung der Milchproteinzusammensetzung abgewartet werden muss.

Auch der Elternschaftsnachweis, d. h. eine Kontrolle der Eintragungen in Zuchtbücher, wird mittels genanalytischer Verfahren geführt. Im Zuge der BSE-Krise ist die Frage nach einem lückenlosen und vor allem fälschungssicheren Herkunftsnachweis

Abbildung 4.2: Prinzip der Gendiagnostik am Beispiel des „Stressgens“ (RYR) beim Schwein

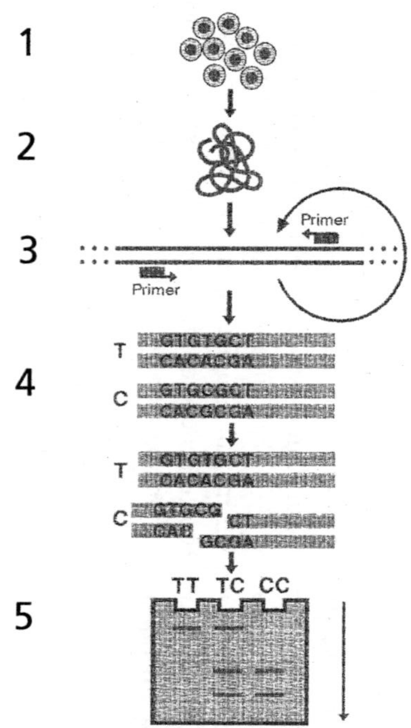

1. Gewebe- oder Blutprobe
2. DNA-Isolierung
3. Spezifische Vervielfältigung der relevanten DNA-Bereiche durch PCR (Polymerase Ketten Reaktion)
4. Behandlung mit spezifischem Restriktionsenzym: kein Schnitt bei Mutation
5. Auftrennung der DNA-Stücke nach Länge durch Gelelektrophorese

Ergebnis:

1 Bande	Mutation auf beiden homologen Chromosomen, stressanfällig, von Zucht ausschließen
3 Banden	Mutation nur auf einem Chromosom, Überträger für Stressanfälligkeit, von Zucht ausschließen
2 Banden	keine Mutation, für Zucht geeignet

von Nutztieren sehr wichtig geworden. Diskutiert wird z. B. die Einführung einer „genetischen Ohrmarke“. Bei der Genotypisierung wird von jedem Tier ein DNA-Profil („genetischer Fingerabdruck“) erstellt, das so individuell ist, dass man theoretisch ein einzelnes Tier aus 6 Mrd. Tieren identifizieren kann. Der genetische Fingerabdruck kann aus verschiedenen Geweben der Tiere, z. B. Blut, Haut, Haaren mit Haarwurzeln, Federn mit Federkielen und nach der Schlachtung aus Fleisch und Fleischprodukten angefertigt werden. Ein Vergleich der DNA-Profile einzelner Tiere oder aus deren Produkten mit dem Profil, das früher angefertigt und in einer Datenbank gespeichert wurde, ermöglicht den zweifelsfreien Nachweis der Identität. Falls keine Vergleichsprobe existiert, kann die Abstammung eines Tieres von den Zuchttieren überprüft werden (Abb. 4.3).

Abbildung 4.3: Prinzip des Herkunftsnachweises von Tieren und tierlichen Produkten durch eine auf einer DNA-Analyse basierenden „genetischen Ohrmarke“

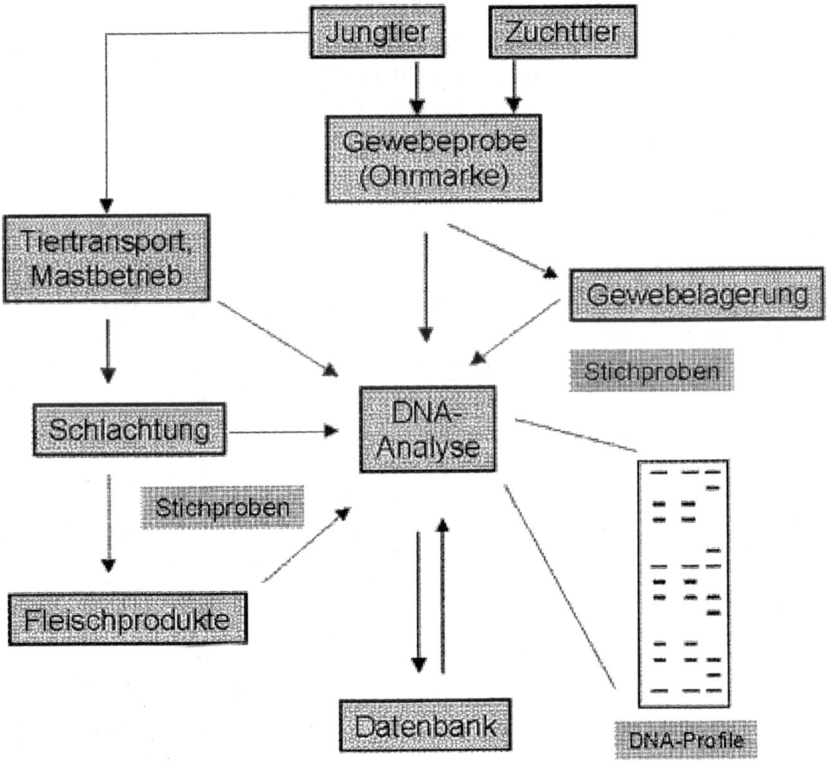

Quelle: Medigenomix 2000

Diese DNA-analytischen Verfahren ermöglichen auch eine Qualitätskontrolle von tierlichen Erzeugnissen, wie z. B. die Bestimmung, von welcher Tierart eine bestimmte Fleischsorte in der Wurst stammt.

Ein wesentlicher Anwendungsbereich ist auch die Untersuchung von züchtungsrelevanten Merkmalen im Rahmen von Reproduktionstechniken, d. h. an Keimzellen, Embryonen und präpubertären Nachkommen.

4.2.4 Vorteile und Folgen gendiagnostischer und genanalytischer Verfahren in der Tierzucht und Tierproduktion

Die Vorteile der Gendiagnostik liegen in der schnellen, mit geringem Aufwand durchführbaren Methodik, was mit geringen Kosten verbunden und für das Tier minimal invasiv ist. Mittels der Gendiagnostik kann auf genetisch (mit)bedingte Eigenschaften selektiert werden. Unter anderem kann auf Merkmale selektiert werden, welche im äußeren Erscheinungsbild (Phänotyp) nicht erkennbar sind. Es können auch heterozygote Merkmalsträger identifiziert werden. Dadurch kann eine gezieltere, präzisere, frühzeitigere Auswahl züchterisch wertvoller Tiere getroffen und Zuchtprogramme beschleunigt werden. Verschiedene Gentests können dem Verbraucherschutz und dem Tierschutz dienen.

Nachteile der Gendiagnostik liegen darin, dass der Zusammenhang zwischen Gen und Eigenschaft bekannt sein muss. Dies ist zurzeit aber für viele züchterisch relevante Eigenschaften nicht der Fall. Bislang können überwiegend Eigenschaften genanalytisch getestet werden, welche nur durch ein Gen oder wenige Gene vermittelt werden. Die meisten züchterisch relevanten Eigenschaften, wie z. B. Leistungsparameter, Widerstandsfähigkeit, Fruchtbarkeit, sind jedoch polygen bedingt und daher einer DNA-Analyse zurzeit nur eingeschränkt zugänglich. Zudem ist das Genom von Säugern komplex, und pleiotrope Effekte, wie z. B. der Zusammenhang von Fleischqualität und Stressanfälligkeit beim Schwein, sind nicht auszuschließen.

Im Rahmen von Zuchtprogrammen leisten gendiagnostische Verfahren mittelbar einen Beitrag zur Einengung der genetischen Vielfalt, da sie auch den sicheren Ausschluss von Heterozygoten von der Zucht ermöglichen und es so zum vollständigen Verlust eines bestimmten Allels aus der Population kommen kann. Zudem tragen diese Verfahren zur Selektion auf Hochleistung mit deren unerwünschten Begleiteffekten bei. Aus dem Blickwinkel des Tierschutzes besteht die Gefahr, dass Tiere mittels der Gendiagnostik an nicht artgerechte Haltungs- und Produktionsbedingungen angepasst werden, anstatt diese Bedingungen zu verbessern (Bsp. Stressanfälligkeit).

4.3 Transgene Tiere

4.3.1 Zielsetzung der Herstellung transgener Tiere

Transgene Tiere werden für die biomedizinsche Grundlagenforschung, für die landwirtschaftliche Nutztierhaltung und beim Gene Pharming als „Bioreaktoren" zur Produktion therapeutischer Proteine erzeugt. Die letztgenannte Anwendung steht bereits an der Schnittstelle von Landwirtschaft zur Pharmazeutischen Industrie und wird deshalb in Kapitel 4.4 gesondert beschrieben. Für die landwirtschaftliche Nutztierhaltung sollen derzeit insbesondere transgene Tiere mit den folgenden Zielsetzungen erzeugt werden: Wachstumsoptimierte Tiere, krankheitsresistente Tiere, Tiere mit verbesserter Milchqualität und Tiere mit verbesserter Wollqualität. Die transgenen Tiere werden dadurch hergestellt, dass in vitro rekombinierte DNA, ein so genanntes DNA-Konstrukt, in tierische Zellen eingeführt wird. Ziel des Gentransfers ist es, das DNA-Konstrukt in das Erbgut aller Körperzellen eines Tieres einschließlich der Keimzellen zu integrieren. Deshalb werden für den Gentransfer frühe embryonale Entwicklungsstadien verwendet. In der Regel soll das eingebrachte DNA-Konstrukt auch exprimiert werden. Der Gentransfer und die Integration des Gens im Genom des Empfängerorganismus bewirkt eine Veränderung der natürlichen Eigenschaften des Rezipienten. Dies äußert sich zumeist in der Expression neuer Proteine oder der gezielten Ausschaltung eines Gens des Rezipienten.

Die Anwendung der Gentechnik ist bei Säugetieren inzwischen so weit fortgeschritten, dass Methoden etabliert sind, die es ermöglichen,

- Gene dem Erbgut des Empfängertieres „hinzuzufügen", und zwar auch über Artgrenzen hinweg,
- die eingeführten Gene zu exprimieren. Die Expressionsintensität (viel/wenig Genprodukt) kann variiert werden, eine gewebespezifische Expression (z. B. eine Expression ausschließlich in den Milchdrüsen) ist möglich, und auch eine zeitlich steuerbare Expression ist möglich.
- Gene gezielt aus dem Erbgut des Empfängertieres zu entfernen,
- Gene spezifisch zu mutieren, z. B. eine bestimmte Punktmutation einzuführen,
- Gene gezielt abzuschalten, und dies auch zeitlich steuerbar (z. B. bei konditional lethalen Genen von großer Bedeutung) bzw. auf bestimmte Gewebe beschränkt.

Die Gesamtheit dieser Methoden ist bislang aber nur bei der Maus etabliert, dem zurzeit gentechnisch am besten zugänglichen Säugetier. Ein wesentlicher Grund dafür besteht darin, dass bei Mäusen der Gentransfer auch in embryonale Stammzellen vorgenommen werden kann, aus denen dann ganze, transgene Mäuse hergestellt werden können, während bei landwirtschaftlichen Nutztieren wie Rind,

Schwein, Schaf und Ziege ein Gentransfer bislang nur durch die sehr viel ineffizientere Technik der Mikroinjektion möglich ist. Diese Techniken werden im nachfolgenden Kapitel näher erläutert.

4.3.2 Methoden und Erfolgsraten des Gentransfers

Für den Gentransfer stehen prinzipiell verschiedene Methoden zur Verfügung (Henze et al. 1995; Lohner et al. 1997):

- Mikroinjektion in den Vorkern von Zygoten,
- Einsatz von defizienten Retroviren,
- Gentransfer in embryonale Stammzellen,
- „Beladen“ von Spermien mit DNA und anschließende In-vitro-Befruchtung,
- Verwendung von künstlichen Chromosomen als Vektor,
- Verpackung der DNA in Liposomen und anschließende Injektion in Blastocysten,
- Elektroporation, d. h. selektive, temporäre Permeabilitätsveränderung von Membranen durch elektrische Impulse.

Abbildung 4.4 stellt die verschiedenen Methoden des Gentransfers für die Maus dar.

Bei landwirtschaftlichen Nutztieren konnte bisher nur die Mikroinjektionstechnik erfolgreich zur Herstellung transgener Nachkommen eingesetzt werden. Für die Mikroinjektion muss ein ganz bestimmtes Entwicklungsstadium abgepasst werden, für das es nur ein sehr kleines Zeitfenster gibt. Dies ist ein Stadium kurz nach der Befruchtung der Eizelle, nachdem das Spermium in die Eizelle eingedrungen ist, den Spermienschwanz abgeworfen und sich der Spermienkopf in den männlichen Vorkern umgewandelt hat. Männlicher und weiblicher Vorkern sind aber noch nicht miteinander verschmolzen. In diesem Stadium kann Fremd-DNA (man verwendet etwa 2 pl (= 10^{-12} l) der jeweiligen DNA-Lösung) in den männlichen Vorkern der befruchteten Eizelle injiziert werden. Dafür sind Mikroinstrumente erforderlich, damit die befruchtete Eizelle (Zygote) mit einem Durchmesser von etwa 150 bis 160 µm durch die Mikroinjektion nicht geschädigt wird. Natürlicherweise befinden sich Zygoten in diesem Entwicklungsstadium im Eileiter und können bei landwirtschaftlichen Nutztieren nur durch einen operativen Eingriff gewonnen werden. Dabei wird die Bauchhöhle eröffnet, beide Eileiter werden gespült und die Zygoten aus der Spülflüssigkeit isoliert. Dieser Vorgang ist bei Schwein, Schaf oder Ziege relativ leicht durchführbar, beim Rind hingegen sehr aufwändig und erschwert deshalb den Gentransfer erheblich. Deshalb werden beim Rind heute fast ausschließlich Zygoten verwendet, die durch In-vitro-Fertilisation hergestellt werden. Im Anschluss an die Mikroinjektion werden die Zygoten meist für einen kurzen Zeitraum in vitro kultiviert, um mikroinjektionsbedingte Schädigungen zu erkennen. Anschließend werden intakte Zygoten durch einen operativen Eingriff in die Eileiter synchronisierter, d. h. zyklusgleicher Empfängertiere übertragen. Beim Rind werden die Zygoten häufig 7 bis 8 Tage bis zur Blastozyste in vitro kultiviert, die unblutig in die Gebärmutter übertragen werden können.

Wie die injizierte DNA in das Wirtsgenom integriert, ist bisher nicht bekannt. Bei Nutztieren kann die Anzahl der in das Empfängergenom integrierenden Gene, der Integrationsort, die Expression und auch die stabile Weitergabe an Tochterzellen bzw. Nachkommen nur in geringem Maße gesteuert und beeinflusst werden. Abbildung 4.5 zeigt exemplarisch, durch welche Prozesse die Effizienz der Erzeugung transgener Tiere verringert wird. So findet bei bis zu 90 % der mikroinjizierten Eizellen keine Integration der injizierten DNA ins Genom statt, nur in 10 % bis 30 % der Fälle erfolgt eine Integration ins Genom. Bei bis zu 70 % der daraus resultierenden Tiere der ersten Generation, der so genannten Founder-Generation, ist das injizierte Gen in allen Zellen integriert, jedoch bilden rund 30 % der transgenen Tiere einen so genannten Mosaiktyp, bei dem das injizierte Gen nur in einem Teil der Zellen des Organismus exprimiert wird. Betrachtet man die nachfolgende Generation, die so genannte Tochter-Generation, so stellt man fest, dass bei ca. 20 % der Nachkommen keine Weitergabe der injizierten DNA beobachtet wird. 20 % bis 30 % der Tiere der ersten Tochtergeneration bilden einen Mosaiktyp. Nur etwa 50 % der Nachkommen der Founder-Generation zeigen eine stabile Integration des injizierten Gens ins Genom und können daher zur Etablierung einer transgenen Tierlinie dienen.

Abbildung 4.4: Schematische Darstellung von Methoden des Gentransfers bei der Maus

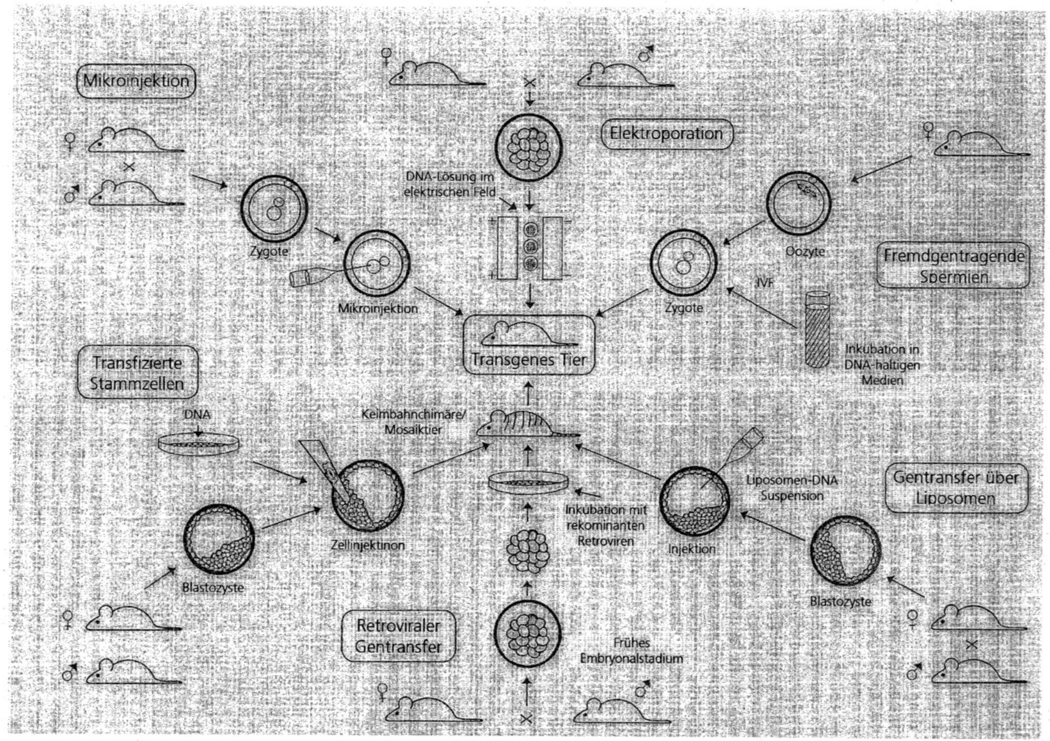

Abbildung 4.5: Verbleib von Fremd-DNA nach Mikroinjektion

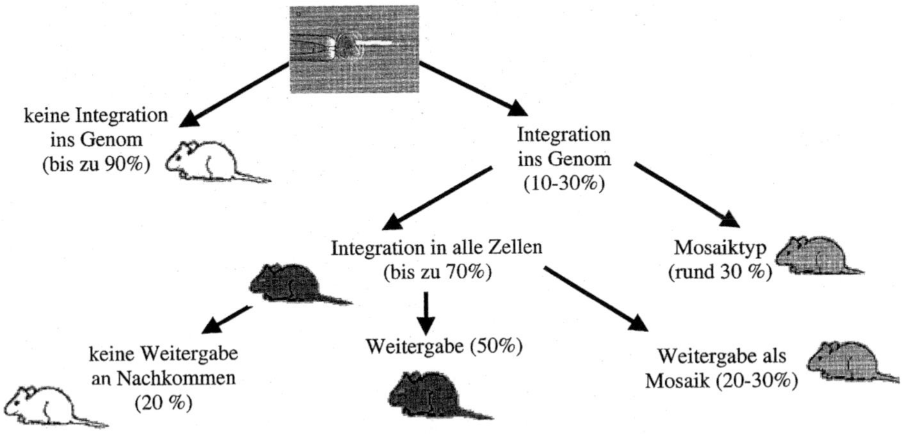

Quelle: Pursel et al. 1990

Die Ausbeute an transgenen Tieren nach Gentransfer durch Mikroinjektion wird somit vor allem durch drei Faktoren bestimmt: die Rate der Genintegration, die Überlebens- und Entwicklungsfähigkeit des Embryos, und die stabile Ausprägung des Transgens. Diese Ausbeute ist artspezifisch und insgesamt sehr niedrig. Die Tabellen 4.1 und 4.2 fassen die Ergebnisse zum Embryonenverbrauch und zur Ausbeute an transgenen Tieren zusammen.

Tabelle 4.1: Eizellenverbrauch bei Mikroinjektion, sich entwickelnde Föten und Ausbeute an transgenen Tieren für verschiedene Tierarten

Art	Eizellen		Föten		Transgene Tiere		
	Injektionen	Transfer	Anzahl	% von Injektion	Anzahl	% der geborenen	% von Injektion
Maus	12.314	12.314	1.847	15,0	321	17,3	2,61
Schwein	19.397	19.397	1.920	9,9	177	9,2	0,91
Schaf	5.242	5.242	556	10,6	46	8,3	0,88
Ziege	1.058	782	173	16,4	12	6,9	1,11
Rind	11.206	1.018	193	1,7	7	3,6	0,06

Quelle: Bondioli und Wall 1998

Tabelle 4.2: Erfolgsraten bei der Produktion transgener Tiere durch Mikroinjektion

Tier	Lebensfähige Nachkommen mit aktivem Fremdgen in % der mikroinjizierten Zygoten
Rind	0,06-0,75
Schaf	0,1-4,4
Schwein	0,3-4
Ziege	0,5-3

Quelle: Ammann und Vogel 2000

Wegen der geringen Ausbeuten an transgenen Tieren und deren teilweise instabilen und in ihrer Ausprägung nicht genau vorhersagbaren Ausprägung der durch das Fremdgen vermittelten Eigenschaft sowie der langen Zeiträume bis zur Geburt einer Tochtergeneration ausgehend von transgenen Foundertieren ist die Herstellung transgener Nutztiere ein zeit-, ressourcenaufwändiger und teurer Prozess. Die Kosten für die Herstellung eines transgenen Nutztiers liegen in der Größenordnung von rund 75.000 US$/Tier für Schaf oder Ziege, ca. 100.000 US$ für ein transgenes Schwein und zwischen 500.000 und 1 Mio. US$ für ein transgenes Rind (Ammann und Vogel 2000). Für die Herstellung einer transgenen Maus rechnet man mit etwa 5.000 US$. Diesen Prozess will man durch Integration von Reproduktionstechniken, genanalytischen und gendiagnostischen Verfahren und Optimierung des Gentransfers zielgerichteter, ressourceneffizienter und weniger zeitintensiv gestalten. Man geht davon aus, dass das somatische Klonen für die nahezu identische Vervielfachung ausgewählter transgener Nutztiere einen wesentlichen Beitrag leisten kann; bzw. der Gentransfer künftig in Zell-Linien vorgenommen wird, die gewünschten Geno- und Phänotypen auf der Ebene der Zell-Linie selektiert und daraus dann durch somatischen Kerntransfer ein vollständiges, transgenes Tier hergestellt wird (Colman 1999; Wilmut 1999; Niemann und Kues 2000). Tabelle 4.3 zeigt exemplarisch, welche Effizienzsteigerungen des Gentransfers durch somatischen Kerntransfer im Vergleich zur Mikroinjektion möglich sind.

Tabelle 4.3: Effizienz der Herstellung transgener Rinder – Vergleich von Gentransfer durch somatischen Kerntransfer mit Gentransfer durch Mikroinjektion

Methode	**Klonen durch somatischen Kerntransfer**	**Gentransfer durch Mikroinjektion**
Effizienz der Teilschritte		
Zahl der für den Gentransfer eingesetzten Eizellen bzw. Zygoten	276	25.023
Zahl der sich daraus entwickelnden Blastocysten	33 (12 % von 276)	1.282 (5 % von 25.023)
Zahl der Embryonen, die auf Ammentiere übertragen wurden (1 Embryo/Ammentier)	28	978
Zahl der lebend geborenen Kälber	5 (18 % der transferierten Embryonen)	134 (14 % der transferierten Embryonen)
Zahl der transgenen Kälber	5 (100 % der insgesamt lebend geborenen Kälber)	9 (7 % der insgesamt lebend geborenen Kälber)
Effizienz des gesamten Prozesses		
Zahl der Eizellen bzw. Zygoten pro transgenem Kalb	55	2.780
Zahl der Ammentiere pro transgenem Kalb	5,6	108

Quelle: Heyman 2001

4.3.3 Anwendungsbereiche für den Einsatz transgener Tiere in der Landwirtschaft

4.3.3.1 Wachstum

Verschiedene Ansätze zielen darauf ab, landwirtschaftliche Nutztiere zu züchten, die durch ein zusätzliches Gen, einen Wachstumsfaktor oder einen Rezeptor schneller an Gewicht und Körpergröße zunehmen. Tabelle 4.4 fasst die verschiedenen Strategien zusammen.

Tabelle 4.4: Beispiele von landwirtschaftlichen Nutztieren mit einem Transgen, das das Wachstum steigert

Transgen	**Quelle des Transgens**	**Transgenes Tier**
Wachstumshormon-Gen	Schwein	Schwein
	Rind	Rind
	Rind	Schwein
	Rind	Schaf
	Mensch	Schaf
	Mensch	Schwein
	Schaf	Schaf
	Ratte	Schwein
Insulin-ähnlicher Wachstumsfaktor I	Mensch	Rind
	Mensch	Schwein
Östrogen-Rezeptor	Mensch	Rind
Hormon-freisetzener Faktor	Mensch	Schaf
	Mensch	Schwein

Quelle: Verändert nach Pursel 1998

Bislang konnten mit Hilfe dieser Verfahren jedoch nur in einigen wenigen Fällen Tiere erzeugt werden, die mit Hilfe des Transgens rascher an Gewicht zunahmen. Im Falle der konstitutiven Produktion von Wachstumsfaktoren und bei Verwendung des hormon-freisetzenden Faktors als Transgen konnte zwar eine erhöhte Konzentration des Wachstumsfaktor in den Tieren gemessen werden, aber die transgenen Tiere wurden krank, waren stressempfindlicher oder hatten Anomalien wie beispielsweise deformierte Vorderbeine. Deshalb finden derzeit Experimente statt, mit Hilfe kontrollierbarer Promotoren die pathologisch wirkenden Konzentrationen des Transgens im Tier zu verhindern.

Im Gegensatz dazu zeigten Schweine, die als Transgen den Insulin-ähnlichen Wachstumsfaktor 1 (IGF-1) – ein Protein, das die Bildung von Wachstumsfaktor im Empfänger stimuliert – besitzen, das gewünschte züchterische Bild: die Tiere haben weniger Fett und sehr mageres Gewebe und sind gesund (Pursel et al. 1999).

4.3.3.2 Krankheitsresistente Tiere

Die Gentechnik bietet die folgenden Möglichkeiten, Tiere gezielt widerstandsfähig zu machen:

- Modulierung des Immunsystems,
- Transfer von spezifischen Krankheitsresistenz-Genen,
- interne Immunisierung (Expression von Immunoglobulin-Genen),
- intrazelluläre Immunisierung (Expression eines viralen Gens, das die Vermehrung des Virus verhindert),
- gezielte Zerstörung von Genen, die Krankheiten hervorrufen,
- somatischer Gentransfer.

Diese Strategien sind aus Grundlagenversuchen bekannt, allerdings fehlen derzeit noch Anzeichen, dass die Gentechnik die Erwartungen bei transgenen Nutztieren erfüllt. Versuche wurden bislang u. a. mit Schwein, Schaf und Huhn unternommen (Tab. 4.5).

Tabelle 4.5: Ansätze, Tiere gentechnisch krankheitsresistent zu machen

Transgen	Quelle des Transgens	Transgenes Tier
Mx1-Gen	Maus	Schwein
Immunoglobulin-Gen	Maus	Schwein
Immunoglobulin-Gen	Maus	Schwein
Immunoglobulin-Gen	Maus	Schaf
Hüllprotein	Visna-Virus	Schaf
Hüllprotein	Leukosis-Virus	Huhn

Quelle: Ammann und Vogel 2000

Bislang kennt man nur wenige Krankheitsresistenzgene. Eines davon ist das Gen Mx1 der Maus, das dafür sorgt, dass kleine Nager gegen Influenzaviren resistent sind. Der Versuch, dieses Gen mit gleicher Leistung in Schweinen zu exprimieren, war jedoch ernüchternd. Es wurden nur Schweine geboren, die das Transgen sehr schwach oder gar nicht exprimierten, so dass das Genprodukt funktionell nicht aktiv war. Offensichtlich war das konstitutiv exprimierte Gen wiederum für die transgenen Tiere so toxisch, dass es sich tödlich auf die Embryonalentwicklung auswirkte (Müller et al. 1992; Müller und Brehm 1994).

Unter interner Immunisierung versteht man die gezielte Expression von Immunglobulinen gegen ein spezifisches Pathogen. Bei Mäusen gelang diese „angeborene“ Immunisierung. Bei Nutztieren schlugen alle Ansätze bisher jedoch fehl. Entweder das Genprodukt war im Serum des Tieres nicht nachweisbar oder es blieb ohne Wirkung (Lo et al. 1991).

Die intrazelluläre Immunisierung ist die Expression eines Transgens in einer Zelle, wodurch die Replikation eines Pathogens im Wirtsorganismus verhindert wird. Die erfolgreiche Überprüfung dieser Strategie gelang bei Hühnern. Dabei wurden transgene Hühner durch die Expression eines Hüllprotein-Gens des Leukosis-Virus gegen dieses Virus resistent. Allerdings legten die transgenen Hühner weniger Eier und wurden später geschlechtsreif (Crittenden et al. 1992; Salter et al. 1998; Gavora et al. 1995). Bei Schafen konnte das Hüllprotein des Visna-Virus im Genom integriert und zur Expression gebracht werden. Ob diese transgenen Tiere jedoch besser gegen Infektion durch das Visna-Virus geschützt sind, ist bislang noch ungeklärt (Clements et al. 1994).

4.3.3.3 Milchqualität

Mit Hilfe transgener Rinder soll die Milchqualität in vielfältiger Weise verändert werden (Tab. 4.6).

Tabelle 4.6: Einsatz der Gentechnik bei Rindern zur Veränderung von Milcheigenschaften

Änderung	Zielsetzung/Konsequenz der Änderung
Erhöhte Mengen an α- und β–Kasein	hitzestabilere Milch, erhöhter Calciumgehalt, effizientere Käseherstellung
Erhöhung der Phosphorylierungsstellen in Kasein	erhöhter Calciumgehalt, verbesserte Emulsifikation
Einfügen von proteolytischen Stellen in Kasein	verbesserte Reifung des Käses
Erhöhung der κ-Kasein Konzentration	weniger Gelierung, weniger Koagulation

Fortsetzung Tabelle 4.6

Änderung	Zielsetzung/Konsequenz der Änderung
weniger α-Lactalbumin	weniger Lactose, erhöhter Ertrag von Weichkäse
Zufügen von menschlichem Lactoferrin	verbesserte Eisenabsorption, Schutz gegen Darminfektionen
Zufügen von menschlichem Lysozym	erhöhte antimikrobielle Aktivität, erhöhter Käseertrag
Zufügen von proteolytischen Stellen in κ-Kasein	verbesserte Reifung des Käses
verminderte Expression von Acetyl CoA Carboxylase	weniger Fett, verbesserte Ernährungsqualität, verminderte Kosten bei der Milchherstellung
Austausch von Kuhmilchproteinen durch menschliche Proteine	„Vermenschlichung" der Kuhmilch, insbesondere Herstellung allergenarmer Säuglingsnahrung
Expression von Immunglobulin-Genen	Schutz der Kuhmilch gegen Erreger wie Salmonellen und Listerien

Quelle: Ergänzt nach Pursel 1998

Zusammenfassend kann man für all diese Zielsetzungen sagen, dass sie in Mäusen zumeist erfolgreich etabliert wurden, dass aber wiederum der Sprung zum landwirtschaftlichen Nutztier, in diesem Fall zumeist die Kuh, derzeit noch vor großen methodischen Hürden steht. Als Gründe gelten wiederum die unspezifische Expression des Transgens nicht nur in den Milchdrüsen, die zu toxischen Nebenwirkungen in den trangenen Tieren führen, sowie die hohe Ineffizienz bei der Herstellung transgener Rinder.

Der transgene Bulle Hermann, in dessen Genom die niederländische Firma Pharming das humane Lactoferringen integrierte, ist eines der prominentesten Experimente. In Folgeexperimenten wurden durch Mikroinjektion weitere transgene Rinder erzeugt. Aus drei männlichen und einem weiblichen transgenen Foundertier wurden zehn weibliche transgene Nachkommen erzeugt. Diese zeigten nach homoneller Induktion der Laktation eine Expression des humanen Lactoferrins in einer Konzentration von 0,3 g/l bis 2,8 g/l (Berkel et al. 2002).

4.3.3.4 Wollproduktion

Mit Hilfe der Gentechnik soll Quantität und Qualität der Wolle in transgenen Schafen verbessert werden. Diese Forschungen werden an einigen Forschungseinrichtungen in Australien und Neuseeland betrieben u. a. mit folgenden Zielsetzungen (Tab. 4.7).

Tabelle 4.7: Gentechnische Ansätze zur Verbesserung der Wollproduktion und -qualität

Transgen	Quelle des Transgens	Zweck
Serin-Transacetylase, O-Acetylsulfhydrylase	*Escherichia coli*	Steigerung der Produktion
Serin-Transacetylase, O-Acetylsulfhydrylase	*Salmonella typhimurium*	Steigerung der Produktion
Insulin-ähnlicher Wachstumsfaktor (IGF-1)	Schaf	Steigerung der Produktion
Chloramphenicol Acetyltransferase	bakteriell	Steigerung der Produktion
Keratin IF	Schaf	Verbesserung der Qualität

Quelle: Ammann und Vogel 2000

Wolle besteht zu einem großen Anteil aus dem Protein Keratin. Dieses ist reich an der Aminosäure Cystein. Da Cystein der limitierende Faktor bei der Wollproduktion ist, versorgt man die Schafe mit einer möglichst hohen Menge dieser Aminosäure. Serin-Transacetylase und O-Acetylsulfhydrylase sind die beiden bakteriellen Enzyme, welche aus der reichlich vorhandenen Aminosäure Serin die Aminosäure Cystein bilden können. Die zugehörigen Gene wurden aus *Escherichia coli* und *Salmonella typhimurium* isoliert. In eukaryotischen Zellkulturen und in Mäusen konnten diese bakteriellen Genen funktionell aktiv exprimiert werden. Dagegen war die Expression in Schafen sehr gering und ging nach einiger Zeit verloren, so dass kein Effekt auf die Wollproduktion gemessen werden konnte. Im Gegensatz dazu brachte die Expression des Insulin-ähnlichen Wachstumsfaktor 1 (IGF-1) in der Haut eine Steigerung der Wollproduktion um 6,2 % bei zwei von sieben transgenen Schafen. Allerdings ging auch diese Eigenschaft in der Tochtergeneration verloren, obwohl weiterhin die Expression des Transgens gemessen werden konnte (Bullock et al. 1997).

Ähnlich enttäuschende Ergebnisse lieferte auch der Versuch, die Proteinzusammensetzung der Wollfasern zu verändern und dadurch stärkere Fasern mit besseren Färbungseigenschaften zu erhalten. Die resultierenden transgenen Tiere zeigten nahezu keine Veränderung bzw. eine Verschlechterung der Qualität der Wolleigenschaften (Powell et al. 1994).

4.3.4 Folgen der gentechnischen Veränderung von Tieren

Problemfelder der gentechnischen Veränderung von Tieren ergeben sich vor allem in den Bereichen

- ineffiziente Methoden des Gentransfers,
- unerwünschte Nebenwirkungen auf das Tier durch Positionseffekte des eingefügten Gens,
- Belastungen der Tiere durch die Expression des Gens.

Bedingt durch die ineffiziente Methode des Gentransfers und die Probleme bei der nachfolgenden Entwicklung der befruchteten Eizelle zu lebensfähigen Nachkommen ist bislang eine geringe Erfolgsrate bei der Erzeugung transgener Tiere zu verzeichnen. Dies ist gekennzeichnet durch den Verbrauch einer großen Anzahl von Eizellen und Tieren. Dies gilt für Tiere, deren Keimzellen für die Zygotenherstellung verwendet werden, für Embryonen, die in den Gentransfer eingesetzt werden, für die Ammentiere, die die gentechnisch veränderten Embryonen austragen sollen, sowie die – teilweise – gentechnisch veränderten Nachkommen. Keimzellenspender und Ammentiere werden in der Regel hormonell behandelt und teilweise chirurgischen Eingriffen unterzogen. Die gentechnisch veränderten Embryonen sind häufig in ihrer Entwicklung gestört, so dass es zu einer hohen Zahl an Fehlgeburten während der Schwangerschaft kommt.

Die tatsächliche Wirkung des eingeführten Fremdgens wird nicht nur von seiner eigenen Struktur, sondern auch durch den räumlichen Kontext im Empfängerorganismus mit beeinflusst. Da sich bei der Mikroinjektionsmethode der Ort, an dem die Fremd-DNA in das Genom integrieren wird, nicht vorher bestimmen bzw. steuern lässt, kann das Empfängertier dadurch beeinträchtigt werden, dass das neu integrierte Gen empfängereigene Gene zerstört bzw. in ihrer Expression verändert oder dass das neu eingeführte Gen in einer für seine Expression ungünstigen Position integriert wird.

Die Expression von Fremdproteinen kann das Wohlbefinden und die Gesundheit der transgenen Tiere beeinträchtigen, insbesondere wenn es sich bei den exprimierten Fremdproteinen um Substanzen mit hoher biologischer Wirksamkeit handelt (z. B. Wachstumshormone).

Im Falle der gentechnischen Veränderung von Labortieren muss man sich vor Augen führen, dass in diese Tiere absichtlich krankheitserzeugende genetische Veränderungen eingeführt werden, um auf diese Weise Tiermodelle für Krankheiten oder toxikologische Untersuchungen zu schaffen. Welche Auswirkungen die gentechnische Veränderung auf das Leiden von Versuchstieren und deren quantitativen Verbrauch hat, kann nur im Einzelfall entschieden werden, da die Folgen komplex sind: zum einen könnten transgene Tiermodelle insgesamt spezifischere und aussagekräftigere Tierversuche ermöglichen und damit das Potenzial zur Verringerung von Tierversuchen bzw. des Leidens *vieler* Versuchstiere bergen, zum anderen werden dadurch viele tierexperimentelle Möglichkeiten überhaupt erst erschlossen.

Insbesondere wenn transgene Tiere zur Produktion von Pharmawirkstoffen oder sogar Transplantaten verwendet werden, müssen sie aus Gründen der Produktsicherheit unter besonderen Bedingungen gezüchtet und gehalten werden (zumindest sog. SPF-Bedingungen), die oftmals kaum artgerecht sein dürften.

4.3.5 Gentechnisch veränderte Insekten

Bislang wurden neben *Drosophila*, dem Studienobjekt der Molekularbiologen, verschiedene Pflanzenschädlinge wie beispielsweise die mediterrane Fruchtfliege (Loukeris et al. 1995), und humanpathogene Insekten, wie der Gelbfiebermoskito (Jasinskiene et al. 1998) und Anopheles, der Überträger der Malaria (Catteruccia et al. 2000) gentechnisch verändert. Ziel der Veränderung ist es, die Anzahl der Individuen eines schädlichen Insekts besser kontrollieren zu können oder den schädlichen Wildtypstamm durch einen Stamm zu ersetzen, der Krankheiten nicht mehr übertragen kann. Bisher erfolgte die Verringerung der Schädlingspopulation mit Hilfe der sterilen Insektentechnik (SIT). Dabei werden beispielsweise durch Bestrahlung sterilisierte Insekten freigesetzt, die mit den wilden Insekten um begattungsfähige Weibchen konkurrieren. Mit diesem Verfahren wurde die Schraubenwurmfliege ausgerottet. Die Herstellung dieser sterilen Insekten ist jedoch sehr aufwändig. Gentechnisch sterilisierte Insekten könnten dieses Verfahren zu einer breiteren ökonomischen Anwendung bringen, da mehr verschiedene pflanzenschädliche Insekten auf diese Weise sterilisiert werden könnten (Schliekelman und Gould 2000; Thomas et al. 2000).

Insekten können auch zur Produktion therapeutischer Proteine eingesetzt werden. Dieser Aspekt wird im Kapitel „Gene Pharming“ (Kap. 4.4) mit berücksichtigt.

4.3.6 Gentechnisch veränderte Fische

Bei Fischen ist die Wachstumssteigerung durch genetische Modifikation erfolgreich. Der Gentransfer erfolgt dabei in der frühen Embryonalphase des Fisches.

Bisher wurden Lachs, Forelle, Catfish, Tilapia, Coholachs, Chinook und Karpfen verändert. Die gentechnische Veränderung führte im Mittel zu einer dreifachen Gewichtszunahme und zu besserem Wachstum in kälterem Wasser (Kältetoleranz) (Rahman und Maclean 1999). Die Herstellung einer stabilen gentechnisch modifizierten Lachslinie kann bis zu zehn Jahre dauern. Deshalb liegen bisher noch keine Daten zur Stabilität des modifizierten Genotyps und zur Variabilität beispielsweise in Bezug auf Überlebensrate und Schwimmeigenschaften der transgenen Fische vor.

Verbesserte Krankheitsresistenz, bessere Futterverwertung und Stressresistenz sind weitere Faktoren, die in der Zukunft durch gentechnische Veränderungen wirtschaftliche Vorteile in der Fischzucht ermöglichen sollen (Muir und Hostetler 2001).

Neben der direkten gentechnischen Veränderung von Fischen wird eine Wachstumssteigerung auch durch die Verfütterung von gentechnisch veränderter Hefe bewirkt, die ein Wachstumshormon der Regenbogenforelle exprimiert (The Royal Society 2001).

4.4 Gene Pharming

4.4.1 Definition und Zielsetzung des Gene Pharming

Unter Gene Pharming versteht man die gentechnische Veränderung von landwirtschaftlichen Nutztieren und Nutzpflanzen mit dem Ziel, in diesen Nutztieren und -pflanzen pharmazeutische Wirkstoffe zu produzieren (Daniell et al. 2001; Yang et al. 2000). In diesem Kapitel steht die Produktion pharmazeutischer Wirkstoffe in der Milchdrüse transgener Tiere im Mittelpunkt[2]. Durch die gentechnische Veränderung werden die Nutztiere quasi zu einem „Bioreaktor" zur Produktion pharmazeutischer Wirkstoffe (Houdebine 2000; Wall 1999; Rudolph 1999; Pollock et al. 1999). Abbildung 4.6 illustriert das Prinzip des Gene Pharming: Durch Übertragung menschlicher Gene werden transgene Nutztiere hergestellt, die in ihrer Milch menschliche Proteine produzieren. Aus der Milch können diese Proteine durch Aufreinigung gewonnen und als Pharmawirkstoff in die Medikamentenherstellung eingesetzt werden. Prinzipiell finden hierbei dieselben Techniken Anwendung wie bereits zur Herstellung transgener Nutztiere in Kapitel 4.3.2 beschrieben.

---

2 Als weitere tierliche „Produktionssysteme" neben Milch kommen Blut, Urin, Eiweiß (von Eiern) und andere in Betracht (Houdebine 2000), die sich jedoch weitgehend im Stadium der Grundlagenforschung befinden und daher hier nicht näher behandelt werden.

Gene Pharming verfolgt das Ziel, menschliche, körpereigene Wirkstoffe, meist Proteine, für die Behandlung verschiedenster Krankheiten bereitzustellen. Bestimmte Krankheiten können durch die Verfügbarkeit dieser Wirkstoffe überhaupt erstmals therapiert werden. Außerdem wird angenommen, dass diese körpereigenen Wirkstoffe eine hohe biologische Wirksamkeit und Spezifität bei geringen Nebenwirkungen aufweisen und damit im Vergleich zu chemisch-synthetischen pharmazeutischen Wirkstoffen vorteilhaft sein können.

Abbildung 4.6: Prinzip des Gene Pharming bei transgenen Nutztieren

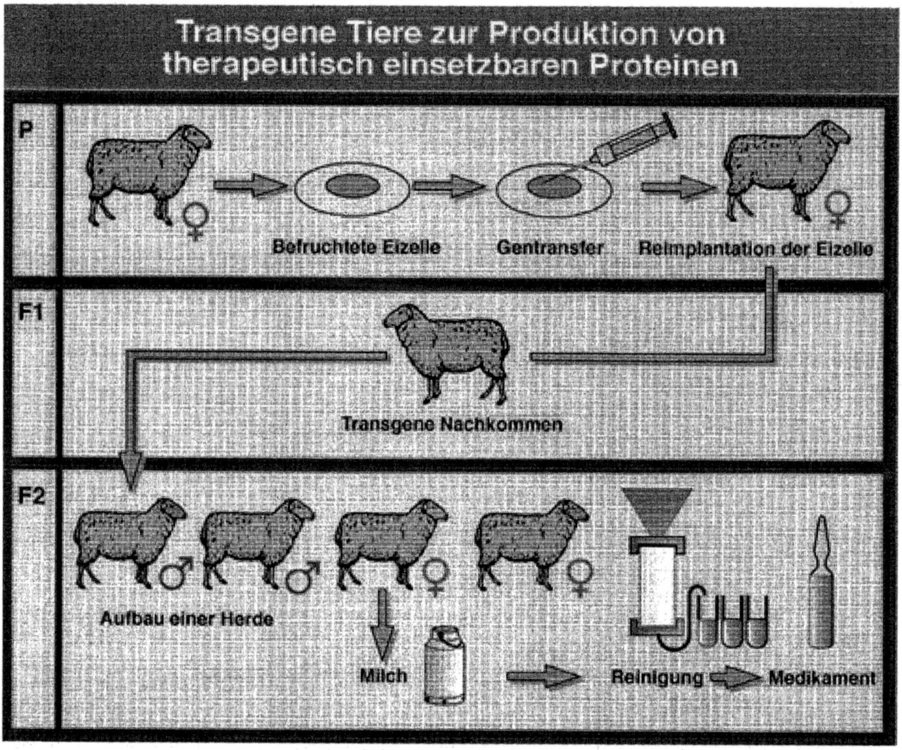

Quelle: VCI 2000

4.4.2 Anwendungsbereiche für das Gene Pharming

Mehr als dreißig verschiedene menschliche Proteine sind mittlerweile in der Milchdrüse transgener Tiere exprimiert worden. Hierzu zählen z. B. α-1-Antitrypsin, α-Glucosidase, α-Lactalbumin, α-S1-Casein, verschiedene Antikörper, Antithrombin III, β-Casein, β-Interferon, β-Lactoglobulin, γ-Interferon, κ-Casein, CFTR, EPO, Faktor VIII, Faktor IX, Fibrinogen, Wachstumshormone, Interleukin-2, Lactoferrin, Lysozym, Protein C, Serumalbumin, Superoxid-Dismutase, t-PA, Urokinase und andere (Wall 1999). Für derartige gentechnische Veränderungen werden mindestens sechs verschiedene Tierarten eingesetzt, nämlich Maus, Kaninchen, Schwein, Ziege, Schaf und Rind.

Obwohl die Herstellung von mehr als dreißig verschiedenen menschlichen Proteinen in transgenen Tieren angestrebt wird, ist bisher noch kein einziger Wirkstoff aus transgenen Tieren als Pharmawirkstoff zugelassen und auf dem Markt. Daher ist ein Großteil der oben genannten Vorhaben als Forschungsprojekte einzustufen. Bislang wurden erst für fünf menschliche Wirkstoffe klinische Prüfungen, d. h. experimentelle Untersuchungen an sich dazu bereit erklärenden Patienten, durchgeführt (Tab. 4.8), die in drei Phasen erfolgreich durchlaufen werden müssen, ehe der Wirkstoff durch die zuständigen Behörden für die kommerzielle Vermarktung zugelassen werden kann. Das Vorhaben, α-Glucosidase zur Therapie der Pompe'schen Krankheit in transgenen Kaninchen herzustellen, wurde jedoch nach Abschluss der Phase II der klinischen Prüfung (Van den Hout et al. 2000) zu Gunsten der Wirkstoffherstellung in Säugerzellkulturen eingestellt.

Tabelle 4.8: Wirkstoffe aus transgenen Tieren in der Entwicklungsphase und in der klinischen Prüfung[1)]

Menschliches Protein	**Geplante Anwendung bei Krankheit**	**Unternehmen**	**Erreichtes Stadium der Entwicklung**
MDX-CD4-mAB (monoklonaler Antikörper gegen CD 4)	Rheumatoide Arthritis	Medarex	Phase I
ABX-IL8 mAB (monoklonaler Antikörper gegen Interleukin 8)	Psoriasis, Rheumatoide Arthritis	Abgenix	Phase I/II Phase II
α-1-Antitrypsin	Cystische Fibrose, Emphysem, akutes Atemnotsyndrom	PPL Therapeutics	Phase II Phase I Forschungsstadium
α-Glucosidase	Pompe'sche Krankheit		Phase II (Projekt aufgegeben)
Antithrombin III	Transplantation im Bereich der Herzkranzgefäße	Genzyme Transgenics	Phase III

Fortsetzung Tabelle 4.8

Menschliches Protein	**Geplante Anwendung bei Krankheit**	**Unterneh-men**	**Erreichtes Stadium der Entwicklung**
ABX-EGF mAB (monoklonaler Anti-körper gegen epi-dermal growth fac-tor)	EGF abhängige Krebsarten	Abgenix	präklinisch
ABX-RB2 mAB (monklonaler Anti-körper gegen RB2)	Autoimmunerkrankungen Transplantat-Abstoßung	Abgenix	präklinisch präklinisch
Gallensalz stimu-lierte Lipase	Cystische Fibrose	PPL Thera-peutics	präklinisch
C-1-Esterase-Inhibitor	Cystische Fibrose	Pharming	präklinisch
Collagen Typ I	Gewebereparatur	Pharming	präklinisch
Collagen Typ II	Rheumatoide Arthritis	Pharming	präklinisch
Extrazelluläre Suoe-roxiddismutase	Reperfusionsverletzung akutes Atemnotsyndrom	PPL Thera-peutics	präklinisch
Faktor VIII	Hämophilie B	PPL Thera-peutics	präklinisch
Faktor IX	Hämophilie B	PPL Thera-peutics, Pharming	präklinisch
Fibrinogen	Gewebekleber bei Trauma und Operationen	PPL Thera-peutics, Pharming	präklinisch
Lactoferrin	Magen-Darm-Protektivum	Pharming	präklinisch
Protein C	Verhinderung von tiefen Venenthrombosen	PPL Thera-peutics	präklinisch
Calcionin (aus Lachs)	Osteoporose	PPL Thera-peutics	präklinisch
α-1-Proteinase Inhi-bitor	erblicher Mangel des α-1-Proteinase-Inhibitors	Genzyme Transgenics	Forschungsstadium
D2E7 Antikörper	Arthritis	Genzyme Transgenics	Forschungsstadium

Fortsetzung Tabelle 4.8

Menschliches Protein	**Geplante Anwendung bei Krankheit**	**Unterneh-men**	**Erreichtes Stadium der Entwicklung**
CTKA41G Antikör-per	Psoriasis Rheumatoide Arthritis	Genzyme Transgenics	Forschungsstadium
PRO 542 Antikörper	HIV/AIDS	Genzyme Transgenics	Forschungsstadium
Antegren Antikörper	Neurologische Erkrankun-gen	Genzyme Transgenics	Forschungsstadium
β-Interferon	Multiple Sklerose	Genzyme Transgenics	Forschungsstadium
Collagen	Bioklebstoff	PPL Thera-peutics	Forschungsstadium
Glukagon-ähnliches Peptid 1	Typ-2-Diabetes	PPL Thera-peutics	Forschungsstadium
Glutaminsäuredecar-boxylase	Typ-1-Diabetes	Genzyme Transgenics	Forschungsstadium
Humaner Wachs-tumsfaktor	Wachstumsdefizienz	Genzyme Transgenics	Forschungsstadium
Humanserumalbumin	Plasmaersatz	Genzyme Transgenics, PPL Thera-peutics	Forschungsstadium
Insulin	Typ-1-Diabetes	Genzyme Transgenics	Forschungsstadium
Interferon alpha	Krebs	Genzyme Transgenics	Forschungsstadium
MSP-1 (Malaria-Vakzin)	Malaria	Genzyme Transgenics	Forschungsstadium
Tissue plasminogen Aktivator (tPA)	Herzinfarkt und Lungenem-bolien	Genzyme Transgenics	Forschungsstadium
[1] Sofern nicht anders vermerkt, stammt das übertragene Gen aus dem Menschen.			

Quelle: Das 2001

Forschungsarbeiten mit transgenen Nutztieren für das Gene Pharming werden in Deutschland vor allem am Institut für Tierzucht und Tierverhalten in Mariensee bei Hannover sowie am Lehrstuhl für Molekulare Tierzucht und Haustiergenetik am Genzentrum der Universität München durchgeführt. Im Bereich der Wirtschaft wird die Entwicklung vor allem von spezialisierten Biotechnologiefirmen, also vergleichsweise kleinen, jungen, technologieorientierten Unternehmen vorangetrieben, die zur Finanzierung ihrer aufwändigen Forschungsarbeiten und zur Durchführung der klinischen Prüfungen strategische Allianzen mit großen Pharmakonzernen eingehen. Weltweit dürften etwa 20 solcher kleineren Firmen zu den führenden Akteuren zählen; die bekanntesten sind PPL Therapeutics in Schottland, Pharming in den Niederlanden[3] sowie Genzyme Transgenics in den USA. In Deutschland sind allerdings keine Biotechnologieunternehmen bekannt, die an der transgenen Veränderung von landwirtschaftlichen Nutztieren kommerziell arbeiten. Wie in anderen technologieorientierten Biotechnologiefirmen kommt auch beim Gene Pharming der Patentierung des firmeneigenen Know-hows eine große Bedeutung zu.

4.4.3 Vor- und Nachteile des Gene Pharming im Vergleich mit Alternativen

Grundsätzlich bestehen mehrere Möglichkeiten, menschliche therapeutische Wirkstoffe zu gewinnen. Dies sind

- Isolierung, Aufkonzentrierung und Reinigung aus menschlichem Zellmaterial (z. B. Blut),
- fermentative Herstellung mit gentechnisch veränderten Mikroorganismen (Bakterien, Hefe, Pilze) oder gentechnisch veränderten Säugerzellkulturen,
- Herstellung in der Milchdrüse transgener Nutztiere.

Jede dieser Optionen weist spezifische Vor- und Nachteile auf, die in Tabelle 4.9 zusammengefasst sind und im Folgenden näher erläutert werden:

Tabelle 4.9: Vor- und Nachteile verschiedener Alternativen zur Herstellung menschlicher therapeutischer Wirkstoffe

Kriterium/Quelle	**Mensch**	**GMO/Zell kultur**	**Transgene Tiere**
Protein humanidentisch	+	-/+?	+?
Gewinnung ausreichender Mengen	+	++	+++

---

3 Pharming BV befindet sich jedoch seit August 2001 im Konkursverfahren.

Fortsetzung Tabelle 4.9

Kriterium/Quelle	Mensch	GMO/Zell kultur	Transgene Tiere
Konzentration im Ausgangsmaterial	+	++	+++
Erforderliche Menge Ausgangsmaterial	+++	++	+
Aufarbeitungsaufwand	+++	++	+
Erschließung neuer Märkte	+	++	+++
Aufwand der Herstellung des Produktionsorganismus	-	+	+++
Anlageninvestitionskosten	++	+++	+
Betriebskosten	++	++	+
Standardisierung des Ausgangsmaterials	+	+++	++
Infektionen	+	+?	+?
Verunreinigungen	+?	+	+
Neuheitsgrad bezüglich Zulassung	+	++	+++
Beeinflussung des Produktionsorganismus	-	+	+++

Quelle: Eigene Zusammenstellung

Vor der Entwicklung der Gentechnik bestand ausschließlich die Möglichkeit, menschliche Wirkstoffe (z. B. Blutgerinnungsfaktoren, Wachstumshormone) aus menschlichem Gewebe zu isolieren. Nachteilig ist aber, dass die betreffenden Wirkstoffe meist in äußerst geringen Konzentrationen vorkommen, so dass ihre Isolierung, Aufkonzentrierung und Aufreinigung sehr aufwändig ist, große Mengen an menschlichem Ausgangsmaterial erfordert und zudem, trotz entsprechender Sicherheit- und Qualitätssicherungsmaßnahmen, eine Kontamination mit Krankheitserregern (z. B. HIV, Hepatitis-Erregern o. ä. bei Gewinnung aus Blut) nicht vollständig auszuschließen ist.

Als Alternative bietet sich die fermentative Herstellung in Mikroorganismen an, denen mit Hilfe der Gentechnik die Anweisung zur Produktion des menschlichen Wirkstoffes eingebaut wird. Vorteile dieses Verfahrens liegen darin, dass die erforderlichen gentechnischen Methoden, die Fermentations- und die Verfahrenstechnik zur Aufarbeitung gut etabliert sind und daher entsprechende Produktionsverfahren relativ schnell entwickelt werden können. Zudem kann der Produktionsorganismus und das Herstellungsverfahren des Wirkstoffes weitgehend standardisiert werden, was der Produktions- und Produktsicherheit dient. Weil mit dieser Art der Wirkstoffproduktion schon umfangreiche Erfahrungen vorliegen, ist auch das erforderliche Zulassungsverfahren durch die zuständigen Behörden (z. B. EMEA in Europa, FDA in den USA) gut etabliert, so dass für die Antragsteller gut vorhersehbar ist, welche Zulassungsvoraussetzungen ihr Produkt wird erfüllen müssen, um die Zulassung zu erhalten. Nachteilig ist, dass in Bakterien meist nur relativ kleine, einfach gebaute Proteine hergestellt werden können, da diesen Organismen in der Regel die Fähigkeit fehlt, komplexere Proteine korrekt zu falten und posttranslationale Modifikationen (z. B. Spleißen, Glykosilierungen) vorzunehmen, die für die biologische Wirksamkeit der Proteine aber essenziell sind. In diesen Fällen kann die fermentative Herstellung in gentechnisch veränderten Säugerzellkulturen eine Lösungsmöglichkeit darstellen, da Säugerzellen eher als Mikroorganismen zu diesen posttranslationalen Modifikationen befähigt sind. Die erforderliche Kulturtechnik ist für Säugerzellkulturen aber sehr viel komplexer, schwieriger, aufwändiger und teurer als für Mikroorganismen.

Im Vergleich zu den eben beschriebenen Optionen wird das Gene Pharming als eine Alternative gesehen, die sich durch folgende prinzipielle Vorteile auszeichnet:

- Transgene Säugetiere dürften in weit größerem Maße als Mikroorganismen oder Säuger-Zellkulturen zu posttranslationalen Modifikationen befähigt sein, so dass die Wahrscheinlichkeit, ein tatsächlich im Menschen biologisch wirksames Protein produzieren zu können, in diesen Organismen höher sein dürfte als in den oben geschilderten Alternativen.
- Modellberechnungen ergaben, dass für die Deckung des Weltjahresbedarfs ausgewählter menschlicher Proteinwirkstoffe wenige bis wenige tausend transgene Tiere ausreichen (Tab. 4.9), weil mit diesen Tieren sehr viel höhere Produktkonzentrationen erreichbar sind als mit fermentativen Verfahren. Dies verringert auch den Aufwand und die Kosten für die Aufarbeitung des Wirkstoffes. Sind geeignete transgene Produzententiere erst einmal hergestellt, können sie sich selbst reproduzieren. Die Kosten ihrer Haltung werden als vergleichsweise gering eingeschätzt.
- Da die transgenen Tiere den Wirkstoff in ihrer Milchdrüse produzieren, kann die wirkstoffhaltige Milch durch einfaches Melken gewonnen und weiter aufgearbeitet werden. Somit handelt es sich um ein nicht-invasives Verfahren, das das transgene Tier nicht weiter belastet.
- Transgene Tiere erscheinen prinzipiell dazu geeignet, zum einen sehr hochpreisige Wirkstoffe zu produzieren, die nur in geringen Mengen benötigt werden und bei denen die Herstellungskosten eine untergeordnete Rolle spielen. Zum anderen könnten auf diese Weise auch große Mengen preiswerterer Substanzen (z. B. menschliches Albumin) hergestellt werden. Damit eröffnen sie die Möglichkeit,

weitere Märkte zu erschließen, die mit Mikroorganismen oder Säugerzellkulturen nicht erschließbar erscheinen (Wall 1999). Der mittelfristig erschließbare Weltmarkt für therapeutische Wirkstoffe, die mit Hilfe transgener Tiere gewonnen werden, wird auf mehr als 4 Mrd. US-$/Jahr geschätzt (Tab. 4.9; Wall 1999).

Tabelle 4.9: Modellberechnungen zur Ermittlung der Herdengröße transgener Tiere, die erforderlich wären, um den Weltjahresbedarf an ausgewählten menschlichen Pharmawirkstoffen zu decken

Wirkstoff	Weltjahresbedarf (kg)	Preis ($/kg)	Weltmarkt (Mio. $/a)	Erforderliche Herdengröße			
				Kaninchen	Schaf	Ziege	Rind
Faktor VIII	0,3	2.900 Mio.	870	144	1	1	1
Antithrombin III	21	7 Mio.	147	10.111	91	57	6
monoklonaler Antikörper	100	2 Mio.	200	48.148	433	271	27
α-1-Antitrypsin	7.500	265.000	1.988	3,6 Mio.	32.500	20.313	2.031
menschliches Serumalbumin	315.000	3.560	1.121	152 Mio.	1,4 Mio.	853.125	85.313

Zu Grunde liegende Annahmen:
Milchleistung (L/Jahr): Kaninchen 4,5; Schaf 500; Ziege 800; Kuh 8000
Konzentration des rekombinanten Proteins in der Milch 1g/L; Reinigungsausbeute 60 %; 70 % der Herde geben nutzbare Milch

Quelle: Eigene Zusammenstellung mit Daten aus Wall 1999; Pollock et al. 1999

4.4.4 Problembereiche des Gene Pharming

Um die in Kapitel 4.4.3 skizzierten komparativen Vorteile des Gene Pharming tatsächlich realisieren zu können und konkurrenzfähige, sichere Pharmawirkstoffe auf den Markt bringen zu können, müssen Lösungen für mindestens drei wissenschaftlich-wirtschaftliche Problembereiche des Gene Pharming gefunden werden. Diese Problembereiche sind:

- Herstellung einer Herde von transgenen Tieren, die für die Produktion des Pharmawirkstoffs geeignet ist,
- Anforderungen an das Produkt und den Prozess, um ein wirksames und sicheres Medikament auf den Markt bringen zu können,
- „Time to Market" – Verkürzung des Prozesses der Forschung, Entwicklung (FuE) und klinische Prüfung.

Im Folgenden sollen diese drei Problembereiche näher beschrieben und Optionen zur Lösung dieser Probleme skizziert werden. Abschließend wird vor diesem Hintergrund diskutiert, inwieweit das Gene Pharming die in Kapitel 4.4.2 skizzierten Erwartungen derzeit bereits erfüllen kann bzw. in absehbarer Zukunft wird erfüllen können.

4.4.4.1 Herstellung einer Herde von transgenen Tieren für die Produktion

Wie in Tabelle 4.9 dargestellt, könnte der Weltjahresbedarf bestimmter menschlicher Proteine, wie z. B. der an der Blutgerinnung beteiligten Proteine Antithrombin III oder Faktor VIII bereits mit wenigen transgenen Tieren gedeckt werden. Transgene Tiere, die für eine solche Produktionsherde geeignet sind, müssen jedoch folgende Voraussetzungen erfüllen:

- Das Gen für das betreffende menschliche Protein muss in das tierliche Genom stabil integriert sein.
- Das Gen für das betreffende menschliche Protein muss stabil exprimiert werden, und zwar spezifisch in der Milchdrüse.
- Das menschliche Protein muss in möglichst hoher Konzentration in der Milch vorliegen, um eine effiziente Isolierung und Aufreinigung zu ermöglichen.
- Diese drei Eigenschaften müssen an die Nachkommen weitervererbt werden.
- Da das menschliche Protein aus der Milch gewonnen wird, muss die Produktionsherde aus weiblichen Tieren bestehen. Es werden insgesamt also deutlich mehr weibliche transgene Tiere benötigt als männliche transgene Tiere.
- Die transgenen Tiere dürfen durch das Fremdgen bzw. die Expression des Fremdgens nicht erheblich beeinträchtigt werden.

Bislang ist die Technik des Gentransfers durch Mikroinjektion nicht ausgereift. Es bestehen daher erhebliche Schwierigkeiten, die oben genannten Voraussetzungen zu erfüllen. Schwierigkeiten liegen vor allem darin, dass

- in der Foundergeneration nur ein geringer Prozentsatz der Tiere überhaupt transgen ist,
- die Höhe der Expression des Fremdgens nicht vorhergesagt werden kann und in jedem transgenen Tier individuell verschieden sein kann,
- das Fremdgen und die Fähigkeit zur Expression des Fremdgens in bestimmter Höhe nicht stabil an Nachkommen weitervererbt wird,
- trotz Verwendung gewebespezifischer Promotoren im transferierten Genkonstrukt, die eine spezifische Genexpression in der Milchdrüse gewährleisten sollen, dennoch eine unerwünschte „Sickerexpression" in anderen Geweben auftreten kann.

Exemplarisch lässt sich dies an dem Versuch erläutern, transgene Schafe herzustellen, die das menschliche Protein α-1-Antitrypsin (AAT) in ihrer Milch produzieren. Von insgesamt 112 Schafen, die nach der Mikroinjektionsprozedur letztlich geboren wurden, waren nur fünf transgen. Vier der transgenen Tiere waren weiblich. Sie produzierten AAT in ihrer Milch, jedoch in von Individuum zu Individuum sehr unterschiedlichen Konzentrationen, die von weniger als 1 g AAT/l Milch bis hin zu mehr als 30 g/l reichten. Bei dem Schaf Tracy, das mehr als 30 g AAT/l in seiner Milch produzierte, waren somit etwa 50 % der Proteine in ihrer Milch menschliches AAT. Versuche, Tracy als Foundertier für den Aufbau einer effizient AAT produzierenden Herde zu verwenden, schlugen jedoch fehl, da die Fähigkeit zur AAT-Überproduktion an die Nachkommen nicht stabil weitervererbt wurde. Auch die anderen vier weiblichen Tiere erwiesen sich als nicht geeignet. Letztlich konnte nur das eine männliche transgene Foundertier für den Aufbau einer Herde verwendet werden. Es konnten weibliche Nachkommen von diesem männlichen Schaf gezüchtet werden, die AAT-Konzentrationen in ihrer Milch von 13-18 g/l erzielten. Inzwischen wurde eine Produktionsherde aus etwa 600 „Enkelinnen" (F2-Generation) dieses männlichen Foundertiers aufgebaut (Colman 1999).

Zur Verringerung dieser Schwierigkeiten wird vor allem daran gearbeitet, eine höhere Ausbeute an transgenen Tieren zu erzielen, die zudem das bevorzugte Geschlecht aufweisen. Mögliche Maßnahmen zur Erreichung dieser Ziele sind:

- die Durchführung gendiagnostischer Frühtests an Präimplantationsembryonen (Präimplantationsdiagnostik), um nur diejenigen Embryonen in Ammentiere zu implantieren, die das Fremdgen überhaupt aufgenommen haben und das gewünschte Geschlecht aufweisen,
- die Verwendung anderer Gentransfermethoden als die Mikroinjektion (z. B. der Gentransfer in Stammzellen bzw. der Gentransfer in Zellkulturen, Selektion auf

das Transgen und anschließendes Klonen dieser selektierten Zellen durch somatischen Kerntransfer).

4.4.4.2 Pharmawirkstoffe aus der Milch transgener Tiere – Anforderungen an Produkt und Prozess

Generell müssen Pharmawirkstoffe die folgenden Anforderungen erfüllen:

- Biologische Wirksamkeit im Menschen,
- Möglichst keine Nebenwirkungen bzw. nur Nebenwirkungen, die in einem angemessenen Verhältnis zum angestrebten therapeutischen Nutzen für den Patienten stehen,
- Keine Verunreinigungen, die Vergiftungen, Immunreaktionen (z. B. Entzündungen, Allergien) oder Infektionen im Patienten verursachen,
- Einheitliche, gleichbleibende Qualität und Wirksamkeit,
- Überprüfbarkeit und Reproduzierbarkeit des Herstellprozesses und der relevanten Eigenschaften des Wirkstoffes.

Für menschliche Proteine, die in der Milch transgener Nutztiere hergestellt werden sollen, sind die oben genannten Kriterien relevant geworden, seit erste vorklinische Prüfungen an Versuchstieren sowie erste klinische Prüfungen an Patienten (vgl. Tab. 4.8) durchgeführt werden.

Es kann nicht vollständig ausgeschlossen werden, dass die exakte räumliche Struktur des menschlichen Proteins, wenn es in der Milchdrüse eines transgenen Tiers produziert wird, von derjenigen abweicht, die bei Synthese im menschlichen Körper vorläge. Inwieweit aber mögliche Abweichungen in Faltung, Prozessierung oder posttranslationaler Modifikation des Proteins tatsächlich klinische Relevanz haben und die biologische Wirksamkeit des Proteins beeinflussen, muss in jedem Einzelfall geprüft und beurteilt werden (Ammann und Vogel 2000). Kontaminationen des Proteins mit toxischen, entzündungsauslösenden oder allergenen Substanzen müssen durch eine entsprechende Ausgestaltung des Aufreinigungsverfahrens des Proteins vermieden werden. Ein noch nicht zufriedenstellend gelöstes Problem ist die individuenspezifische Schwankung der Milchqualität im zeitlichen Verlauf: die Milchzusammensetzung ändert sich in Abhängigkeit von der Jahreszeit und dem Alter des einzelnen Tieres, und dies macht eine entsprechende Anpassung des Aufarbeitungsverfahrens der Milch zur Gewinnung des menschlichen Proteins erforderlich (Wall 1999).

Eine weitere Schwierigkeit besteht darin, Krankheitserreger, die beim Menschen möglicherweise Krankheiten auslösen könnten, dauerhaft und zuverlässig aus der Herde der Produktionstiere fernzuhalten. Hierzu muss ein hoher Gesundheitsstatus bei jedem einzelnen Tier gewährleistet werden (Gavin 2001). Dies umfasst nicht nur eine ständige veterinärmedizinische Überwachung der Tiere, sondern auch spezielle Haltungs- und Zuchtbedingungen. Sie sollen einen sehr hohen Hygienestatus gewährleisten, indem jeglicher Input in das Haltungssystem auf seinen mikrobiellen Status hin kontrolliert wird (z. B. Filterung der Luft, Sterilisierung von Futter und Wasser, Gesundheitsüberwachung des Personals, teilweise Entbindung der Tiere durch Kaiserschnitt, um die Übertragung von Krankheitserregern vom Muttertier auf die Nachkommen bei der Geburt zu verhindern). Diese Bedingungen können jedoch nicht mit einer artgerechten Haltung in Einklang gebracht werden.

Pharmawirkstoffe müssen durch die zuständigen Behörden zugelassen werden, ehe sie kommerziell vermarktet werden können. Während für andere bio- und gentechnische Herstellungsverfahren für menschliche Proteine dieser Zulassungsprozess schon mehrfach durchlaufen wurde und sowohl bei den Behörden als auch Antragstellern entsprechende Erfahrungen vorliegen, befinden sich geeignete Genehmigungsverfahren und insbesondere die Anforderungen, die an die Sicherheit und Wirksamkeit der Proteine sowie an den Prozess zu ihrer Gewinnung zu stellen sind, für die Herstellung menschlicher Proteine in der Milch transgener Nutztiere noch in der Erarbeitung und Erprobung (Gavin 2001).

4.4.4.3 Ökonomische Notwendigkeit zur Verkürzung des FuE-Prozesses und Zulassungsprozesses

Traditionell gehört die Pharmaindustrie zu den forschungsintensiven Branchen, die zum Erhalt ihrer Wettbewerbsfähigkeit im Mittel etwa 15 % ihres Umsatzes für Forschung und Entwicklung (FuE) aufwendet; in jungen technologieorientierten Biotechnologieunternehmen liegt dieser Anteil häufig noch deutlich höher. Die Entwicklung neuer Pharmawirkstoffe ist ein sehr kosten-, da forschungsintensiver Prozess. Als Richtwert werden FuE-Aufwendungen einschließlich der klinischen Prüfungen in Höhe von 250 bis 500 Mio. US$ für einen neuartigen Pharmawirkstoff angenommen, der bis zur Marktreife gebracht wird. Zum einen sind in diesen Kosten auch FuE-Aufwendungen enthalten, die für diejenigen Wirkstoffe angefallen sind, die nicht bis zur Marktreife weiterentwickelt werden, sondern deren Erforschung in einem früheren Stadium der Entwicklung eingestellt wird. Zum anderen ergibt sich diese Summe aus den jährlichen Forschungskosten für ein Projekt sowie der Projektlaufzeit bis zur erfolgreichen Zulassung des Arzneimittels. Die durchschnittlichen jährlichen Forschungskosten für ein Projekt werden auf ca. 6 Mio. US$ geschätzt; hinzu kommen noch etwa 14 Mio. US$ Entwicklungskosten. Die durchschnittliche Projektlaufzeit wird in der Literatur mit 12 bis 14 Jahren angegeben, wobei etwa 2 Jahre auf die Forschung, 8 Jahre auf die Präklinik und die klinischen Prüfungen sowie 2 bis 3 Jahre auf die Zulassung entfallen sollen. Um wettbewerbsfähig bleiben zu können, müssen in der Praxis aber deutlich kürzere Zeitspannen für FuE und klinische Prüfung (etwa 7 bis 8 Jahre) erreicht werden.

Die hohen Aufwendungen für FuE-Arbeiten und klinische Zulassung müssen über Produktverkäufe wieder amortisiert werden. Hohe Produktpreise lassen sich auf dem Markt in der Regel aber nur von Erstanbietern eines konkurrenzlosen Produkts erzielen. Durch das Patentrecht kann ein patentiertes Produkt für einen Zeitraum von 20 Jahren exklusiv vermarktet werden, doch zählt der Zeitraum, in dem Patentschutz gewährt wird, vom Beginn der FuE-Arbeiten (Patentanmeldung) an. Daraus ergibt sich ein erheblicher ökonomischer Druck, die Zeitdauer des FuE- sowie des Zulassungsprozesses möglichst stark zu verkürzen, um einen längstmöglichen Zeitraum für die exklusive Vermarktung des Produktes ausnutzen zu können (Reiß et al. 1997).

Weil junge, kleine technologieorientierte Biotechnologieunternehmen im Vergleich zu großen Pharmakonzernen kaum über Eigenkapital verfügen, mit dem sich der aufwändige FuE-Prozess finanzieren ließe, sind sie darauf angewiesen, entsprechende Finanzmittel zu akquirieren – sei es durch Kredite bei Banken, Beteiligungskapitalgesellschaften, Kooperationen mit großen Firmen oder einen Börsengang. Eine neue Finanzierungsrunde lässt sich aber nur erfolgreich durchlaufen, wenn entsprechende Fortschritte im FuE-Programm der Firma (Meilensteine) erreicht worden sind (Menrad et al. 1999b).

Während die oben skizzierten ökonomischen Rahmenbedingungen für die Pharma- und biotechnologische Forschung und Entwicklung allgemein gelten, stehen Unternehmen auf dem Gebiet Gene Pharming vor dem speziellen Problem, dass zum einen potenzielle Konkurrenz durch die Herstellung desselben Produkts auf fermentativem Wege besteht, das ggf. schneller zur Marktreife gebracht werden kann, und dass zudem bestimmte Zeiträume (z. B. Tragzeit, Zeit bis zum Erreichen der Geschlechtsreife) durch die Fortpflanzungsbiologie der verwendeten Tiere vorgegeben werden.

Für das Gene Pharming stellt sich daher auf Grund der ökonomischen Rahmenbedingungen die Herausforderung, so früh wie nur irgend möglich

- Milch für die Charakterisierung der Produktionseigenschaften transgener (Founder)-Tiere (Protein ja/nein; Produktkonzentration in der Milch),
- Milch und gereinigten Wirkstoff für die präklinische Charakterisierung, sowie
- Milch und gereinigten Wirkstoff für klinische Studien

zur Verfügung zu haben. Abbildung 4.7 gibt eine Übersicht über den zeitlichen Ablauf bis zur Etablierung einer Produktionsherde transgener Schafe oder Ziegen unter Verwendung konventioneller Techniken, bei denen von einer Tragzeit von 5 Monaten und einer Zeitdauer von 9 Monaten bis zum Eintritt der Geschlechtsreife auszugehen ist. Wie aus Abbildung 4.7 hervorgeht, sind hierfür mindestens 44 Monate erforderlich, selbst wenn das Projekt optimal abläuft und es nicht zwischenzeitlich Rückschläge gibt.

Vor diesem Hintergrund wird klar, dass es intensive Bemühungen gibt, den im wesentlichen durch die Fortpflanzungsbiologie der verwendeten Tiere vorgegebenen Zeitablauf weiter zu verkürzen, indem gezielt in die Fortpflanzungs- und Entwicklungsbiologie eingegriffen wird (Wall 1999; Gengler und Druet 2001; Heyman 2001).

Um nicht erst den Zeitpunkt der natürlichen Laktation (Milchbildung) abwarten zu müssen, die natürlicherweise erst nach der Geburt der ersten Nachkommen einsetzt, wird durch eine hormonelle Behandlung des transgenen weiblichen Tiers noch vor seiner Verpaarung eine Laktation induziert, um in dieser Milch zu untersuchen, inwieweit das Fremdgen exprimiert und welche Fremdproteinkonzentration in der Milch erreicht wird. Bei Schafen und Ziegen können hierdurch 5 Monate, nämlich die Dauer der Tragzeit, eingespart werden. Zudem können gezielt nur diejenigen Tiere verpaart werden, die tatsächlich ökonomisch interessante Konzentrationen an Fremdprotein synthetisieren, was den Ressourceneinsatz verringert.

Sind wertvolle weibliche Foundertiere identifiziert worden, kann eine weitere Beschleunigung des Prozesses um mehrere Monate dadurch erreicht werden, dass nicht mehr die natürliche Geschlechtsreife abgewartet wird, sondern den präpubertären Foundertieren durch den Prozess des „oocyte pick-up“ Eizellen entnommen werden, die in vitro befruchtet und in Ammentieren ausgetragen werden. Eine andere Möglichkeit ist das Klonen dieses Foundertiers durch Kerntransfer seiner somatischen Zellen (Colman 1999).

Es ist davon auszugehen, dass eine Zulassung umso eher zu erlangen sein wird, je homogener und einheitlicher die Produktionstiere und ihre wirkstoffhaltige Milch sind. Eine derartige „Standardisierung“ lässt sich möglicherweise durch den Aufbau der Produktionsherde durch reproduktives Klonen durch somatischen Kerntransfer erreichen (Colman 1999).

Tabelle 4.10 gibt eine zusammenfassende Übersicht über die Maßnahmen, mit denen eine Beschleunigung und Effizienzsteigerung des FuE-Prozesses beim Gene Pharming erreicht werden soll.

Abbildung 4.7: Zeitlicher Ablauf der erforderlichen Schritte bis zur Etablierung einer Produktionsherde transgener Schafe oder Ziegen unter Verwendung von Standardtechniken

Zeit (Mon.)	Ereignis	Verfügbare Information Meilenstein
0	**Mikroinjektion, Embryotransfer in Ammentiere**	
	↓ *Tragzeit 5 Mon.*	
5	**Geburt Foundertiere**	Founder transgen ja/nein?
	↓ *Geschlechtsreife nach 9 Mon.*	
13	**Founder geschlechtsreif, Verpaarung**	
	↓ *Tragzeit 5 Mon.*	
18	**Geburt F1, natürliche Laktation Founder**	F1 transgen ja/nein? Transgenvererbung durch Founder? Expression in Milch durch Founder? Expressionshöhe?
	↓ *Geschlechtsreife nach 9 Mon.*	
26	**F1 geschlechtsreif, Verpaarung**	
	↓ *Tragzeit 5 Mon.*	
31	**Geburt F2, natürliche Laktation F1**	F2 transgen ja/nein? Transgenvererbung durch F1? Expression in Milch durch F1? Expressionshöhe? Charakterisierung Fremdprotein
	↓ *Geschlechtsreife nach 9 Mon.*	
39	**F2 geschlechtsreif, Verpaarung**	
	↓ *Tragzeit 5 Mon.*	
44	**Geburt F3, natürliche Laktation F2, Produktionsherde etabliert**	Optimierung Proteinaufreinigung Protein für (vor)klinische Prüfungen

Quelle: Eigene Zusammenstellung

Tabelle 4.10: Ansätze und Maßnahmen zur Verringerung von wissenschaftlich-wirtschaftlichen Problembereichen des Gene Pharming

Ziel, Zweck	**Maßnahme**
Höhere Ausbeute transgener Tiere	• Gendiagnostische Frühtests an Präimplantationsembryonen • Andere Gentransfermethoden als Mikroinjektion – Embryonale Stammzellen • Gentransfer in Zellkulturen, Selektion auf Transgen, Klonen durch somatischen Kerntransfer
Höhere Ausbeute transgener Tiere mit gewünschtem Geschlecht	• Gendiagnostische Frühtests an Präimplantationsembryonen
Information früher, ob Expression in Milch	• Induzierte Laktation, noch vor Verpaarung • Gendiagnostische Frühtests
Information zur Expressionshöhe früher	• Gendiagnostische Frühtests
Fortpflanzung wertvoller Foundertiere früher	• Entnahme von Eizellen vor Geschlechtsreife (oocyte pick-up), in-vitro-Fertilisation, Austragen in Ammentieren • Klonen durch somatischen Kerntransfer
Schnelle identische Vervielfachung wertvoller Foundertiere	• Klonen durch somatischen Kerntransfer
Beschleunigung Zulassungsverfahren durch weitgehende Standardisierung	• Klonen durch somatischen Kerntransfer

Quelle: Eigene Zusammenstellung

4.5 Exkurs: Klonierung von Tieren

4.5.1 Definition Klonierung

Wie die Kapitel 4.3 und 4.4 gezeigt haben, steht die Erzeugung transgener Tiere noch vor großen wissenschaftlich technischen Hürden. Umso wichtiger ist es, die erfolgreich erzeugten Tiere in exakt derselben genetischen Ausstattung zu vervielfältigen. Dazu stehen im Rahmen der züchterisch bereits gut etablierten Reproduktionsmethoden die Klonierung durch Embryoteilung oder durch Kerntransfer zur Verfügung. Bei dieser Methode handelt sich nicht um eine gentechnische Veränderung. Vielmehr wird eine exakte Kopie (= Klon) eines bereits existierenden Individuums erzeugt. Abbildung 4.8 stellt den Unterschied zwischen Klonierung und transgener Veränderung überblicksmäßig dar.

Abbildung 4.8: Unterschied zwischen Klonen und transgener Veränderung von Tieren

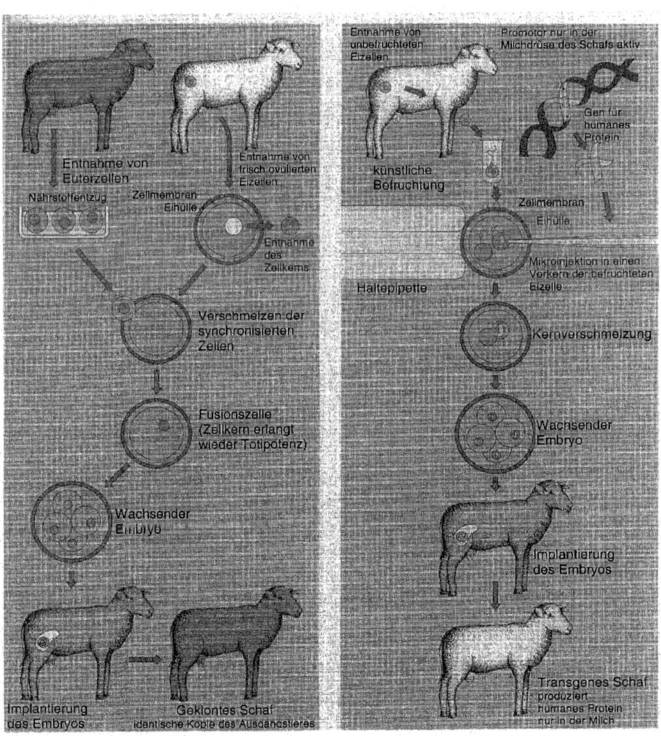

Quelle: Informationssekretatiat Biotechnologie 2001a

4.5.2 Prinzip der Klonierung

Unter Klonen versteht man die Herstellung erbgleicher Individuen. Eine Klonierung ist bei Nutztieren über Embryoteilung und über Zellkerntransfer in Eizellen möglich.

Aufbauend auf der Technik des Embryotransfers besteht die Möglichkeit, die Embryonen vor dem Transfer in Leihmütter zu teilen (Embryoteilung oder -splitting). Dabei wird der Embryo durch mechanische Trennung des Zellverbandes in mehrere Teile zerlegt. Üblicherweise erfolgt eine Zweiteilung; bei Drei- und Vierteilungen werden nur sehr geringe Effizienzen bei der Erzielung von Trächtigkeit erreicht, weil dann eine kritische Zellzahl unterschritten wird, die für die Aufrechterhaltung der Embryonalentwicklung erforderlich ist. Die Embryoteile werden in leere Eihüllen eingebracht und dann in Ammentiere übertragen. Damit entstehen genetisch identische Individuen (Klone), vergleichbar den natürlich entstehenden eineiigen Mehrlingen. Diese Methode der Mehrlingserzeugung funktioniert bei Rind, Schaf und Ziege etwa mit der in Tabelle 4.11 angegebenen Effizienz; bei Schwein, Maus und Kaninchen liegt die Anzahl der geborenen Tiere nach Embryoteilung aber deutlich darunter (Revermann und Hennen 2000).

Tabelle 4.11: Kälberausbeute durch Embryotransfer ohne und mit Embryosplitting (gültig z. B. für Rind, Schaf, Ziege)

	Anzahl Embryonen	**Trächtigkeitsrate**	**Kälberausbeute**
ohne Embryosplitting	100	60 %	60
mit Embryosplitting	100	55 %	110

Quelle: Henze et al. 1995

Eine Klonierung durch Kerntransfer wurde bei Säugetieren bereits in den 1980er und frühen 1990er-Jahren durchgeführt, gelang aber zunächst nur mit Kernen embryonaler Zellen, erstmals durch Willadsen (1986) beim Schaf. Mittlerweile ist für Rind, Kaninchen, Schwein, Maus, Ziege und Rhesusaffen gezeigt worden, dass das Klonen durch Transfer embryonaler Zellen möglich ist (Revermann und Hennen 2000). Abbildung 4.9 zeigt eine schematische Darstellung des Klonens durch Kerntransfer, Abbildung 4.10 zeigt diesen Vorgang für das Schaf „Dolly". Zunächst werden die Chromosomen aus einer Empfängereizelle entfernt. Mit einer Pipette wird anschließend die Spenderzelle an eine bestimmte Stelle der entkernten Spendereizelle (so genannter perivitelliner Raum, dem Zwischenraum zwischen Cytoplasma und Zona pellucida (Eihülle)) eingebracht. Durch das Anlegen geeigneter elektrischer Pulse wird eine Aufnahme der Spenderzelle in das Cytoplasma der Empfängerzelle bewirkt; zudem muss eine Aktivierung der Empfängereizelle durch geeignete elektrische oder chemische Stimuli erfolgen. In einem noch nicht verstandenen Prozess erfolgt eine Reprogrammierung des Kerns der Spenderzelle, wodurch sie entwicklungsmäßig identisch mit dem Kern einer Zygote (befruchteten Eizelle) wird. Anschließend erfolgt eine Kultivierung und die Übertragung der Embryonen auf Ammentiere.

Mit der Geburt des Schafes „Dolly" im Jahr 1997 wurde gezeigt, dass höhere Säugetiere auch dadurch kloniert werden können, dass der Kern einer ausdifferenzierten Körperzelle in eine Eizelle übertragen wird. Damit wurde ein biologisches Paradigma widerlegt – bis dahin war man davon ausgegangen, dass Zellkerne von ausdifferenzierten Körperzellen prinzipiell nicht mehr so reprogrammiert werden können, dass sie wieder totipotent werden (Hillebrand und Lanzerath 2001). Inzwischen wurden auch zahlreiche andere Säugetierarten nach dem „Dolly-Prinzip" kloniert, so z. B. Rind, Ziege, Maus und Schwein (Westhusin et al. 2001), darunter auch vom Aussterben bedrohte Tierarten (Lanza et al. 2001).

Die Klonierung durch Kerntransfer von Körperzellen (somatischer Kerntransfer) ermöglicht es, ein Individuum in größerem Ausmaß (nahezu) identisch zu vervielfachen, als dies durch Embryoteilung möglich ist.

Sowohl bei der Klonierung durch embryonalen als auch somatischen Kerntransfer sind die Erfolgsraten zurzeit sehr gering. So war Dolly das einzige lebend geborene Lamm aus insgesamt 277 behandelten Eizellen (Wilmut et al. 1997). Zudem ist die Zahl der Fehl- und Missgeburten bei geklonten Säugetieren hoch. Es werden auch eine erhöhte Sterblichkeit der Neugeborenen, eine mögliche Schwächung des Immunsystems, eine verlängerte Tragzeit und damit einhergehend ein erhöhtes Geburtsgewicht („Large-Calf-Syndrome") und dadurch bedingte Geburtskomplikationen verzeichnet. Weitere Beeinträchtigungen der Vitalität und der Lebensdauer sind nicht auszuschließen (Hillebrand und Lanzerath 2001).

Abbildung 4.9: Schematische Darstellung des Klonens durch Kerntransfer

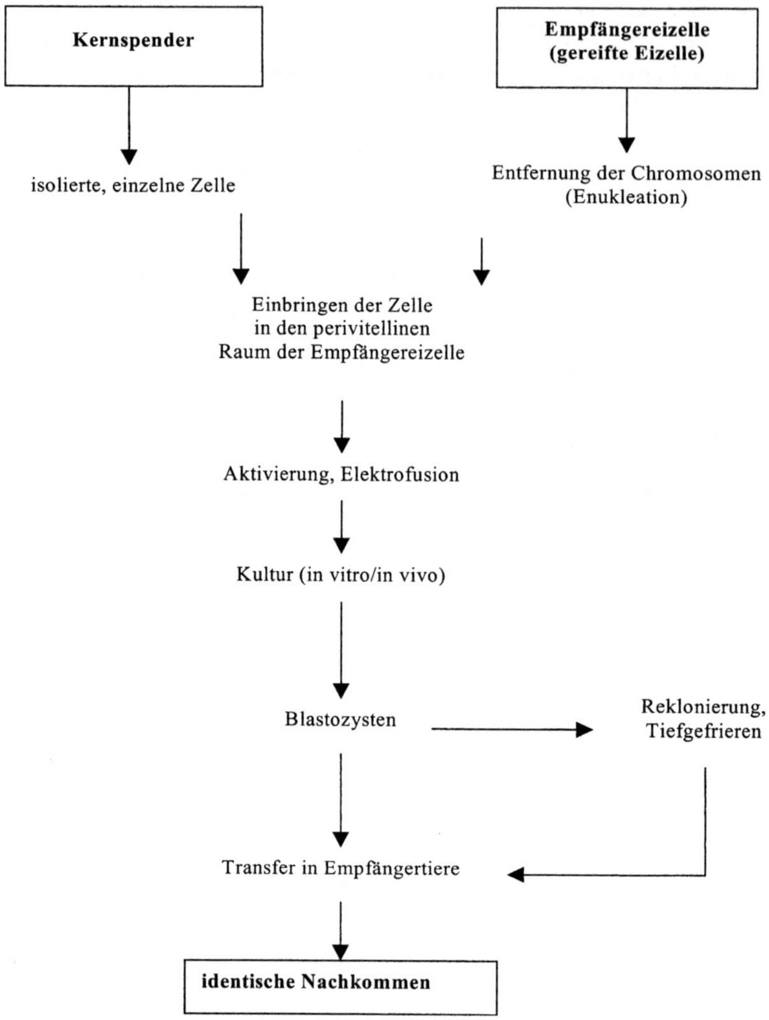

Quelle: Revermann und Hennen 2000

Abbildung 4.10: Schematische Darstellung des Klonens durch Kerntransfer am Beispiel „Dolly“

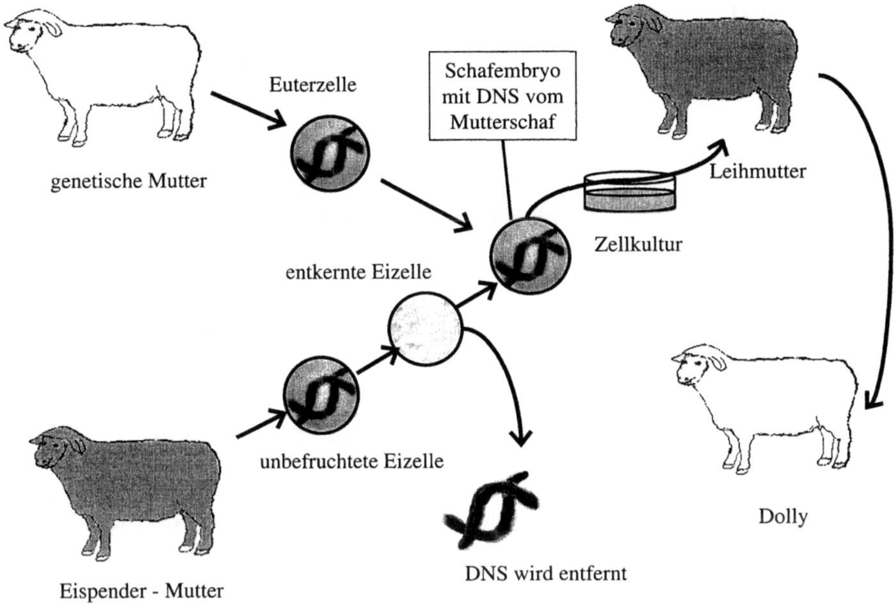

Quelle: Takacs 2001

4.6 Tierernährung und Tiergesundheit

Die landwirtschaftliche Nutzung der Gentechnik erstreckt sich zusätzlich zu den in den Kapiteln 4.2, 4.3 und 4.4 dargestellten Anwendungen direkt am Tier auch auf das Umfeld des Tieres, also die Tierernährung und die Tiergesundheit. Dabei ist der Übergang zu den Bereichen Pflanzenzucht (z. B. gentechnisch angepasste Futterpflanzen) sowie Lebensmittelproduktion (z. B. Produktion von Enzymen, Aminosäuren) fließend.

In der Tierhaltung werden zahlreiche Substanzen eingesetzt, die biotechnologisch, teilweise auch gentechnisch hergestellt werden. Hierzu zählen beispielsweise Aminosäuren und Enzyme als Futterzusätze, Antikörper, Impfstoffe, Tierarzneimittel, Hormone und Leistungsförderer. Ein Teil dieser Substanzen kann auch aus Geweben extrahiert oder chemisch hergestellt werden. Oftmals ist die Wirkung der unterschiedlich gewonnenen Substanzen ähnlich oder identisch und somit entscheidet häufig der Preis über die Herstellungsweise.

Tabelle 4.12: Anwendungen der Bio- und Gentechnik in der Tierhaltung

Ziel	Bio- und gentechnische Anwendung
Beitrag zur Tierernährung	• Bio- und gentechnische Verfahren zur Futtermittelanalytik • Fermentative Verfahren (teilweise unter Verwendung gentechnisch veränderter Produktionsorganismen) zur Herstellung von Futterzusätzen, insbesondere essentielle Aminosäuren, Vitamine, Enzyme • Verwendung von Enzymen zur Entfernung antinutritiver Substanzen aus Futtermitteln • Zusatz lebender probiotischer Mikroorganismen zum Futter • (Gentechnisch veränderte Darmflora) • (Gentechnisch veränderte Futterpflanzen)
Steigerung von Produktivität und Leistung	• Fermentative Verfahren (teilweise unter Verwendung gentechnisch veränderter Produktionsorganismen) zur Herstellung von Leistungsförderern wie Antibiotika, Hormone, Immunmodulatoren
Beitrag zur Tiergesundheit	• Fermentative Verfahren (teilweise unter Verwendung gentechnisch veränderter Produktionsorganismen) zur Herstellung von Impfstoffen und Tierarzneimitteln
	• Bio- und gentechnische Verfahren zur Krankheits- und Erregerdiagnostik
Qualitätssicherung tierlicher Produkte, Wahrung von Verbraucherinteressen	• Bio- und gentechnische Verfahren zur Messung von Qualitätsparametern in tierlichen Produkten, Rückstandsanalytik und Hygienekontrolle, zum Herkunftsnachweis

Quelle: Ergänzt nach Bonneau und Laarveld 1999

Fermentativ hergestellte Aminosäuren wie z. B. L-Lysin sowie gentechnisch hergestellte Enzyme werden Futtermitteln zugesetzt, um deren Nährwert zu steigern bzw. die vollständige Ausnutzung der enthaltenen Nährstoffe zu gewährleisten. Enzyme leisten auch einen positiven Beitrag zur Ökologie in der Tierzucht. Hier sind vor allem Phytasen zu erwähnen, die den Phosphateintrag in die Gülle deutlich reduzieren und dadurch helfen, der Eutrophierung von Gewässern vorzubeugen (Tab. 4.13).

Tabelle 4.13: Einsatzgebiete von Enzymen als Zusatzstoffe in der Tierernährung

Bedeutung von Enzymen als Zusatzstoffe in Futtermitteln		
Bioverfügbarkeit von Nährstoffen	Leistungsförderung	*Abbau von Kohlenhydraten* Carbohydrasen: ß-Glucanasen, Xylanasen, Cellulasen, Arabinasen, Pektinasen *Abbau von Proteinen, Peptiden* Endopeptidasen – Proteinasen Amino- und Carboxypeptidasen
Umweltschutz	Reduzierung des Phosphat-Eintrags	*Mobilisierung von Phosphat* Phytasen und Phosphatasen Hydrolyse und Phytat (IP6)
	Reduktion des Stickstoffaustrags	*Einbau von Aminostickstoff* Enzyme, Transaminase

Quelle: Jany 2000

Vielfach werden in der Analytik und Diagnostik biotechnologisch hergestellte Substanzen, z. B. monoklonale Antikörper eingesetzt. Auf diese Weise können Krankheiten (z. B. Trichinose, Mastitis), Hormonkonzentrationen im Blut oder in der Milch (insbesondere Fruchtbarkeitshormone) oder die Befruchtungsfähigkeit von Sperma untersucht werden. An einer Online-Überwachung in Melkmaschinen wird gearbeitet.

Mit Hilfe bio- und gentechnischer Verfahren werden auch neue Impfstoffe entwickelt, die z. B. in der Veterinärmedizin zum Einsatz kommen. In den vergangenen Jahren wurden z. B. Lebendimpfstoffe zur Bekämpfung der Tollwut bei Füchsen und zur Behandlung der Aujeszky'schen Krankheit beim Schwein in Verkehr gebracht. Diese Verfahren umgehen die direkte Arbeit mit Krankheitserregern. Neben Impfstoffen werden auch bio- bzw. gentechnisch hergestellte therapeutische Wirkstoffe wie Antibiotika, Interferone, Interleukine oder Antikörper ebenfalls in der Nutztierhaltung eingesetzt.

Besonders umstritten ist die Anwendung von so genannten Leistungsförderern, vor allem in Hinblick auf die Tiergesundheit und den vorsorgenden Verbraucherschutz. So wird das bovine Wachstumshormon (bovines Somatotropin, bST) in den USA bereits seit langem eingesetzt, während es in der EU einem Moratorium unterliegt. Durch Gaben von bovinem Somatotropin kann die Milch- und Mastleistung von Rindern erhöht werden, gleichzeitig steigt jedoch z. B. auch die Anfälligkeit der Tiere für Euterentzündungen (Mastitis). Umstritten ist, inwieweit aus Gründen des vorsorgenden Gesundheitsschutzes auf das Vorhandensein dieses Hormons in Lebensmitteln für den menschlichen Verzehr verzichtet werden sollte.

Die Verwendung gentechnisch veränderter Mikroorganismen, die im Tier selbst leben, wird diskutiert, aktuell aber nicht beforscht. So könnten Mikroorganismen des Pansens so verändert werden, dass sie bestimmte Aminosäuren verstärkt bilden, die dem Wiederkäuer sonst zu wenig zur Verfügung stehen. Beim Schaf wäre z. B. eine Erhöhung der Cysteinmenge zur Steigerung des Wollertrags vorteilhaft. Andere Mikroorganismen könnten die Verdaulichkeit der Nahrung verbessern.

4.7 Sonstige Anwendungen

Neben den hauptsächlich ökonomisch motivierten Einsatzgebieten, wie sie in den vorherigen Kapiteln dargestellt wurden, werden auch Einsätze der Gentechnik in der Landwirtschaft diskutiert, die den Verbraucher direkt im Blickfeld haben. Vor dem Hintergrund des BSE-Skandals sollen Kühe mit Hilfe eines Schafgens, das Resistenz gegen BSE verleiht, vor BSE geschützt werden (Seidel 1999).

Eine weitere Überlegung zielt auf die Akzeptanz der Verbraucher ab. Mit Hilfe gentechnischer Verfahren sollen Lämmern mit kürzeren Schwänzen erzeugt, um das Kupieren überflüssig zu machen.

Zur Reduzierung der Geruchsbelästigung durch Schweinemästereien, könnten Schweine gentechnisch so verändert werden, dass der Kot nicht mehr riecht (Seidel 1999). Einen Vorteil in der Schweinezucht könnten transgene Schweine haben, denen ein Gen eingefügt wird, das die Tiere dann Östrus anzeigen lässt. Dies würde es den Produzenten leichter machen, den richtigen Zeitpunkt für die künstliche Insemination festzustellen (Seidel 1999).

Keine dieser Anwendungen befindet sich bislang jedoch in einem Stadium, das an eine konkrete Realisierung heranreicht.

4.8 Stand und Perspektiven

In der Tierzucht und landwirtschaftlichen Nutztierhaltung wird die Gentechnik in den folgenden drei Bereichen eingesetzt:

- „Genomics" – genanalytische und gendiagnostische Untersuchungen der tierlichen Erbsubstanz ohne gentechnische Veränderung des Erbguts,

- „Transgenics“ – gentechnische Veränderung des tierlichen Erbgutes; Herstellung transgener Tiere,
- Tierernährung und Tiergesundheit.

Genanalytische und gendiagnostische Untersuchungen werden im Rahmen von Zuchtprogrammen zur Identifikation von äußeren Merkmalen (z. B. Aussehen, Körperbau), von physiologischen Merkmalen (z. B. Leistungsfähigkeit, erbliche Erkrankungen) und biochemischen Merkmalen (z. B. Proteinzusammensetzung der Milch) eingesetzt, um züchterisch wertvolle Tiere zu identifizieren. Daneben können mit Hilfe genanalytischer Verfahren Elternschafts- und Herkunftsnachweise geführt werden. Die gentechnischen Methoden zeichnen sich dabei durch eine hohe Effizienz, Bedarf an geringen Mengen des zu untersuchenden Probenmaterials und rasche Ergebnisse im Vergleich zu herkömmlichen Verfahren aus. Nachteile der Gendiagnostik liegen darin, dass viele züchterisch relevanten Eigenschaften polygen bedingt sind und somit einer DNA-Analyse nur eingeschränkt zugänglich sind, dass pleiotrope Effekte nicht auszuschließen sind und dass Verfahren zum Ausschluss von Heterozygoten zu einer Verarmung des Genpools führen können.

Transgene Tiere werden für die biomedizinische Grundlagenforschung, für die landwirtschaftliche Nutztierhaltung und beim GenePharming als „Bioreaktoren“ zur Produktion von therapeutischen Proteinen erzeugt. Da jedoch nach dem derzeitigen Stand der Technik die Ausbeute an transgenen Tieren noch sehr gering ist, das Transgen teilweise instabil und die Ausprägung der durch das Fremdgen eingeführten Eigenschaften nicht genau vorhersagbar ist, wird die überwiegende Zahl transgener Tiere (zumeist Mäuse) für die biologische und biomedizinische Grundlagenforschung und pharmakologische Forschung genutzt. Die Anwendungen transgener Nutztiere mit Wachstumsoptimierung, Krankheitsresistenz, verbesserter Milchqualität oder verbesserter Wollproduktion befinden sich derzeit noch im Forschungsstadium oder es sind grundsätzliche, experimentell nicht verifizierte Anwendungsmöglichkeiten. Für einzelne Anwendungslinien innerhalb des GenePharming (z. B. Antithrombin III) könnte die Marktreife innerhalb der kommenden fünf Jahre erreicht werden.

Transgene wachstumsoptimierte und kältetolerante Fische haben in der Aquakultur bereits Einzug gehalten. Die Verbesserung der Krankheitsresistenz, bessere Futterverwertung und Stressresistenz bei Fischen sind zukünftig geplante Eigenschaften, die sich derzeit im Forschungsstadium befinden. Gentechnisch veränderte Insekten könnten zukünftig in der Landwirtschaft zur Populationskontrolle von Schadinsekten oder in der optimierten Seidenproduktion eine Rolle spielen.

Die Gentechnik spielt auch in der Tierernährung und Tiergesundheit eine Rolle. Zu den biotechnologisch hergestellten Substanzen zählen Aminosäuren und Enzyme als Futterzusätze, Antikörper, Impfstoffe, Tierarzneimittel, Hormone und Leistungsförderer. Letztere sind allerdings unter dem Blickwinkel des Tier- und Verbraucherschutzes umstritten sind. Der Einsatz von lebenden, gentechnisch veränderten Mikroorganismen, die im Tier selbst für eine bessere Nährstoffzufuhr sorgen, wird diskutiert, derzeit aber nicht beforscht.

Zusammenfassend gilt für die Anwendung der Gentechnik in der Tierzucht und Tierhaltung, dass derzeit die wichtigsten Anwendungen im Umfeld des Tieres (Genomics und Tierernährung/Tiergesundheit) liegen. Die Potenziale der Gentechnik für den Bereich Transgenics müssen zur effizienten Nutzung mit anderen biotechnologischen Verfahren (z. B. Reproduktionstechniken wie die Klonierung) kombiniert werden. Zukünftige Entwicklungen im Hinblick auf eine Kommerzialisierung sind deshalb u. a. von den Erfolgen bei der Klonierung abhängig. Entscheidend für eine Anwendung der Gentechnik bei Tieren wird nicht zuletzt die Beschleunigung der Forschung („time to market“) sein, die derzeit bedingt durch die langen Reproduktionszyklen bei den meisten landwirtschaftlichen Nutztieren weit hinter gentechnischen Anwendungen bei Pflanzen liegt.

5. Pflanzenzucht

Seit Jahrtausenden nutzt der Mensch Pflanzen für seine Zwecke und passt sie durch Züchtung an seine Bedürfnisse an. Auch heute noch kommt den Verfahren der klassischen Züchtung (Auslese-, Hybrid- und Kombinationszüchtung) der höchste Stellenwert innerhalb der Pflanzenzüchtung zu. Verfahren der Biotechnologie wie Zellkultur und Genomik erweitern allerdings das Methodenspektrum der klassischen Züchtung. Der Zeitaufwand bis zur Entwicklung einer neuen Sorte beträgt etwa 10 bis 15 Jahre – gleichgültig ob gentechnische oder klassischer Verfahren angewandt werden (Jany und Greiner 1998). Dabei nimmt die Überprüfung der neuen Pflanzenvarietät auf ihre Eigenschaften den größten Raum ein. Gentechnischen Verfahren kommt prinzipiell nur die Rolle des „Fine-Tunings" innerhalb des züchterischen Instrumentariums zu. Dies bedeutet, dass gentechnische Verfahren nur bei züchterisch bereits gut charakterisierten Sorten sinnvoll sind. Mit Hilfe gentechnischer Verfahren können gezielt bestimmte, als vorteilhaft eingeschätzte Gene in das Erbgut einer Pflanze eingebracht werden. Dieser Gentransfer ist auch zwischen natürlicherweise nicht kreuzbaren Arten möglich. Durch gentechnische Verfahren können allerdings schneller neue Merkmale in Pflanzen eingeführt werden als mit Verfahren der klassischen Züchtung.

5.1 Übersicht über Anwendung der Gentechnik

Die Nutzung gentechnischer Methoden und Verfahren („Grüne Gentechnik") bietet der klassischen Pflanzenzüchtung neue Möglichkeiten für die Lösung vorhandener Probleme. Die Züchtung einer Sorte mit neuen Eigenschaften dauert in der Regel bis zu 15, teilweise sogar 20 Jahre, wenn es überhaupt gelingt. Da stets die vollständigen Genome zweier Pflanzen verschmolzen werden müssen, bleibt es dem Zufall überlassen, welche Eigenschaften in der neuen Generation zum Ausdruck kommen und welche möglicherweise verloren gehen. Erst mit Hilfe der Gentechnik ist man in der Lage, bestimmte Eigenschaften gezielt aus einem Organismus zu entfernen bzw. gezielt einzubringen.

Während die klassische Züchtung auf die Kreuzung nahe verwandter Arten begrenzt ist, ermöglicht die Gentechnik die Übertragung einzelner Gene, die auch aus artfremden Organismen, z. B. Bakterien, stammen können. Gentechnik ergänzt damit die klassische Züchtung (DFG 2001), was auch darin zum Ausdruck kommt, dass gentechnische Verfahren nur ca. 10 % des züchterischen Aufwands ausmachen.

Die Möglichkeit, mit Hilfe der Gentechnik bestimmte Eigenschaften über Artgrenzen hinweg zu übertragen, kann einen Beitrag dazu leisten, neue Eigenschaften nicht nur im begrenzten Vorrat derselben Pflanzenfamilie zu suchen, sondern sie können aus einer anderen Pflanze, einem Tier oder aus einem Bakterium stammen. Gerade Bakterien, die sich sehr schnell teilen und einer hohen natürlichen Anpassung unterliegen, bieten ein nahezu unerschöpfliches Genreservoir für die Pflanzenzüchtung.

Grundsätzlich werden bei der Anwendung der Gentechnik in der Pflanzenzüchtung folgende Ziele verfolgt:

- Verbesserung der Qualität durch Änderung vorhandener Inhaltsstoffe oder Hinzufügen neuer Inhaltsstoffe (Änderung des Gehalts an Vitaminen, Aminosäuren, Proteinen, Kohlenhydraten, Fetten, Ölen, Inhaltsstoffen mit Bedeutung für Lagerung, Transport oder Verarbeitung),
- Verbesserung der Resistenz bzw. Toleranzen gegen Krankheitserreger (z. B. Viren, Bakterien, Pilze, Insekten) und Umwelteinflüsse (z. B. Herbizide, Frost, Hitze, Salz, Trockenheit),
- Verbesserung des Ertrags durch Erhöhung der Photosyntheseleistung, durch verbesserte Nährstoffaufnahme oder durch veränderten Stofftransport.

Bisher konzentriert sich die Erzeugung transgener Sorten vor allem auf herbizid-, virus- und insektenresistente Pflanzen. Diese transgenen Pflanzen haben ein eher begrenztes Weiterentwicklungspotenzial. Transgene Pflanzen mit verbesserten bzw. gezielt optimierten Qualitätsmerkmalen (primäre oder sekundäre Inhaltsstoffe) werden nach Experteneinschätzungen innerhalb der nächsten fünf Jahre eine deutlich größere Rolle spielen. Transgene Pflanzen, die Pharmazeutika oder Spezialchemikalien produzieren, also zu einer hohen Wertschöpfung je Flächeneinheit führen, dürften in etwa zehn Jahren eine größere Bedeutung zukommen (Menrad et al. 1999a).

Kosten

Um eine neue Sorte mit herkömmlichen Verfahren zu entwickeln, muss man nach Aussagen von Experten mit Gesamtkosten von bis zu 4 Mio. DM kalkulieren. Bei Einsatz biotechnologischer Verfahren wie der Zellkultur rechnet man mit Kosten von 3 bis 4 Mio. DM. Wird darüber hinaus ein markergestützter Ansatz angewandt, so kann mit Gesamtkosten in Höhe von 3 Mio. DM gerechnet werden. Soll ein neues Gen mittels gentechnischer Verfahren eingeschleust werden, so ergeben sich für die Isolierung des Gens einmalige Kosten in Höhe von 1 bis 10 Mio. DM. Darüber hinaus werden unter Umständen Lizenzzahlungen für die eingesetzten Methoden und „Hilfsmittel“ (wie z. B. Vektoren, Promotoren) fällig, die teilweise die oben genannten züchterischen Kosten um ein Vielfaches übersteigen können.

5.2 Methoden und Techniken

Bei der Herstellung transgener Pflanzen lassen sich zwei entscheidende Schritte unterscheiden. Im ersten Schritt muss das interessierende Gen gewonnen werden. Der zweite Schritt betrifft die Verfügbarkeit eines reproduzierbaren Transformationssystems. Bei der Identifizierung und Isolierung von Genen ist zwischen der Struktur- und der Funktionsanalyse zu unterscheiden. Die strukturelle Analyse von pflanzlichen Genomen ist weltweit überwiegend in öffentlichen Einrichtungen angesiedelt. Die entsprechenden Ergebnisse sind daher in der Regel frei zugänglich. Anders sieht es hingegen bei der Funktionsanalyse der pflanzlichen Genome aus. Diese wird weitgehend in Unternehmen durchgeführt und unterliegt daher kommerziellen Interessen. Die Ergebnisse der Funktionsanalysen werden in funktionellen Datenbanken gespeichert, für deren Nutzung teilweise erhebliche Gebühren anfallen.

Die Möglichkeit, transgene Pflanzen zu erzeugen, beruht auf einer Reihe von grundlegenden Methoden der Gentechnik und molekularen Genetik, die seit den 70er Jahren entwickelt wurden. Zu den grundlegenden Methoden zählen z. B. das spezifische Spalten und Zusammenfügen von Nukleinsäuren, molekulare Hybridisierungsverfahren, die Bestimmung von Nukleinsäuresequenzen oder auch die Kombination von Regulationselementen und proteinkodierenden Abschnitten zu chimären Genen. Verfahren der DNA-Analytik (Markerdiagnostik, Gen- und Genomanalyse) und DNA-Rekombinationstechniken (Gentransfer) haben schnell Einzug in die Pflanzenzüchtung gehalten. Eine wichtige Voraussetzung für die Anwendung der Gentechnik sind darüber hinaus Zell- und Gewebekulturtechniken, um aus einzelnen Zellen und Gewebebestandteilen komplette Pflanzen heranziehen zu können (DFG 2001). In den folgenden Kapiteln werden wichtige technische Aspekte gentechnischer Verfahren in der Pflanzenzüchtung dargestellt.

5.2.1 Genomsequenzierung

In jüngster Zeit zeichnet sich in der für die Pflanzenproduktion relevanten Biotechnologie eine neue Entwicklung ab, die große Parallelen zu entsprechenden Trends im Pharmasektor aufweist. Es geht um die Nutzung von Genominformationen für die Pflanzenzüchtung. Die Genomforschung beschäftigt sich mit der Struktur, Organisation und Funktion der DNA und hat das Ziel, dass komplexe biologische Phänomene, wie z. B. die Entwicklung eines Organismus, umfassend untersucht und verstanden werden können. Dafür muss zunächst die Struktur der Erbinformation aufgeklärt und die Funktion einzelner Gene bestimmt werden (BMELF 1998).

Die Sequenzierung eines Genoms ist ein kompliziertes und aufwändiges Verfahren. Es gibt verschiedene Methoden und Vorgehensweisen, grundsätzlich lassen sich jedoch folgende Schritte unterscheiden (Kempken und Kempken 2000):

1. Isolierung der DNA,
2. partielle Hydrolyse der DNA: durch Restriktionsenzyme wird die DNA unter suboptimalen Bedingungen in sich überlappende Fragmente zerlegt,
3. Auftrennung der DNA-Fragmente durch Gradienten-Zentrifugation oder über Agarose-Gele,
4. Isolierung geeigneter Fragmente und Klonierung in Cosmiden[4] oder YAC's[5] (yeast artificial chromosoms),
5. Sortieren der Cosmide oder YAC's (nach Abfolge der Spender-DNA, chromosomenspezifisch),
6. automatische Sequenzierung der in den Cosmiden oder YAC's enthaltenen Sequenzen[6],
7. Zusammenfügen der Sequenzinformationen mit Hilfe von Computerprogrammen,
8. Annotation: mit Hilfe speziell programmierter Computersoftware werden die DNA-Sequenzen analysiert und potenzielle Gene identifiziert,
9. Identifikation von Exonen und Intronen[7] (unterscheiden sich in verschiedenen Organismen und benötigen spezielle Computer-Programme),
10. Funktionsanalyse der Gene durch vergleichende Sequenzanalyse von neuen mit bekannten Genen oder durch Mutationsanalysen (z. B. durch Transposon-Mutagenese[8]).

Mit konventionellen Methoden lassen sich aufgrund der begrenzten Auflösungskapazität eines Gels nur Nukleinsäureabschnitte von maximal 300 Bp in einem Se-

---

4 Ein Cosmid ist ein Vektor zur Klonierung von bis zu 40kBp DNA in *E .coli.*

5 YAC: Vektor für die Klonierung großer DNA-Fragmente (>100kBp) in der Hefe *Saccharomyces cerevisiae.*

6 Nach Anlagerung eines Primers an die zu sequenzierende Nucleinsäure wird die Polymerasereaktion gestartet und kurz danach Aliquote des Reaktionsansatzes auf vier Ansätze mit je einem der vier Didesoxynucleotide (ddNTP) verteilt. Die Nucleotidtriphosphate sind mit verschiedenen Fluoreszenzfarbstoffen markiert. Nach Einbau eines ddNTP in die wachsende Nucleinsäurekette stoppt die DNA-Polymerase. Nach Reaktionsabbruch in den vier ddNTP-Ansätzen werden die synthetisierten Oligonucleotide über Gelelektrophorese kontinuierlich aufgetrennt und auf einer Membran in der Reihenfolge des Austretens aus dem Gel fixiert. Nach Fluoreszenzanregung über einen Laser kann mit einem rechnergestützten Photomulipier die Sequenzermittlung erfolgen.

7 Exonen und Intronen sind Teile eines Mosaikgens. Exonen kodieren für Teilabschnitte eines Proteins und sind von Bereichen, die nicht für das von dem Gen gebildete Protein kodieren (Intronen) unterbrochen. Intronen werden vor der Translation aus der RNA durch RNA-spleißen entfernt (Kempken und Kempken 2000).

8 Verfahren zur Herstellung von Mutanten mittels mobilen genetischen Elementen (Transposonen), die ihre Lage im Genom aktiv verändern können.

quenzierungsansatz bestimmen. Zur effektiven Aufklärung von Nukleinsäuremolekülen mit einer Länge in Mega-Basenpaaren (Mb) werden automatische Sequenziersysteme verwendet (Willmitzer und Hoffmann 1997). Das besonders kleine und im Jahr 2000 vollständig sequenzierte Genom von *Arabidopsis thaliana* (Ackerschmalwand) umfasst beispielsweise 100 Mb. Das ebenfalls im Jahr 2000 entschlüsselte Reisgenom hat unter den landwirtschaftlichen Nutzpflanzen das kleinste Genom und besitzt 12 Chromosomen, die 430 Mb umfassen und 50.000 verschiedene Gene enthalten (ISB 2001). Das Mais-Genom ist sechsmal, das des Weizens 37-mal größer als das Reisgenom.

Von der Genomforschung verspricht man sich nicht nur ein besseres Verständnis der molekulargenetischen Abläufe in der Entwicklung, Funktion und Evolution der Organismen. Man erhofft sich auch die Identifizierung von Genen, die produktionsrelevante Eigenschaften (wie z. B. Ertrag und Widerstandskraft) mitbestimmen und die eine gezielte Veränderung der Pflanzen in Richtung Qualitäts- bzw. Produktionsoptimierung ermöglichen. Eine Möglichkeit dafür besteht z. B. in der Isolierung der relevanten Gene und Einbringung in Zielorganismen über Gentransfer-Techniken. Gesucht wird auch nach Proteinen als sogenannte „Targets" für neue und spezifischere Pestizide (Kempken und Kempken 2000).

Das Entschlüsseln der genetischen Sequenz eines pflanzlichen Genoms dient jedoch auch der Unterstützung der konventionellen Züchtung durch die Identifikation von genetischen Markern (PEW 2001). Darüber hinaus lässt sich das Wissen um Gene und Genorte für bestimmte Eigenschaften von einer auf eine andere Spezies übertragen und hilft beim Auffinden ähnlicher Gene in anderen Organismen. Das entschlüsselte Reisgenoms dient so z. B. als Modell für andere Getreidepflanzen, da die Kenntnis der Lage eines Gens bei Reis hilft, ähnliche Gene bei Mais oder Weizen zu finden (Brüning 2000)

Neben der Genomanalyse der Pflanzen selbst, ist jedoch auch die Analyse der Genome von Pflanzenschädlingen oder verwandten Spezies, wie z. B. Drosophila, von großem Interesse. Aus diesen Genomen können ebenfalls Targets identifiziert werden, die eine dauerhaft lebenswichtige Funktion haben. In hocheffizienten Screening-Systemen (HTS) kann anschließend nach neuen Wirkstoffen gesucht werden, die mit diesen Targets interagieren und somit Potenziale für die Entwicklung neuer Pestizide bieten. Die Genomanalyse von einfachen Organismen wie z. B. Viren ist aufgrund ihres relativ kleinen und einfach aufgebauten Genoms vergleichsweise leicht möglich. Es sind bereits von zahlreichen Pflanzenviren und Bakteriophagen der Genomaufbau und die Nukleotidsequenz bekannt, die zur Entwicklung verschiedener Resistenzstrategien für Kulturpflanzen (z. B. Rhizomania-resistente Zuckerrüben, virusresistente Kartoffel- und Kürbissorten) beigetragen haben (BMELF 1998).

Weltweit widmen sich einige Projekte der Genomforschung an Kulturpflanzen: für Gerste z. B. das North America Genome Barley Mapping Project, für Reis das aus 10 Partnern bestehende internationale Reisgenom-Sequenzierungsprojekt (IRGSP) mit Beteiligung aus Japan, Korea und den USA. Innerhalb des Forschungsprogramms des Bundesministeriums für Bildung und Forschung „Genom-Analyse im biologischen System Pflanze-GABI" beschäftigt sich eine Vielzahl unterschiedlicher Projekte mit der Genomanalyse bei Nutzpflanzen. Dabei werden Grundlagenforschung und anwendungsorientierte Projekte miteinander verknüpft und die beteiligten Unternehmen der Wirtschaft strukturell und finanziell eingebunden. In der Grundlagenforschung liegen die Schwerpunkte auf *Arabidopsis thaliana*, Gerste und Zuckerrübe. In der anwendungsorientierten Forschung werden verschiedene züchtungsrelevante Fragestellungen bei Zuckerrübe, Raps, Mais, Roggen und Kartoffeln bearbeitet.

5.2.2 Markergestützte Züchtung

Ein wesentliches Ziel der markergestützten Züchtung ist es, bereits bei Jungpflanzen durch leicht zu erkennende Merkmale, Pflanzen mit erwünschten Eigenschaften im Erbgut zu identifizieren und deren Vererbung bei Kreuzungszüchtungen zu verfolgen. Damit können die Entwicklungsdauer und Kosten in der Züchtung gesenkt werden. Bei der indirekten Selektion wird die enge genetische Kopplung zwischen Zielmerkmal und dem bereits in der jungen Pflanze erfassbaren Marker genützt. Marker und Zielmerkmal müssen daher auf demselben Chromosom so nahe beieinander liegen, dass sie gemeinsam in die nächste Generation übertragen werden. Zu molekularen Markern zählen Proteinmarker, die als Produkte eines Genorts nach Auftrennung in einer Gelmatrix und spezifische Anfärbung dargestellt werden können und DNA-Marker, die durch die spezifische Struktur bestimmter Abschnitte der DNA definiert sind (Linnert und Odenbach 1997). Bereits entwickelte DNA-Markersysteme sind z. B. RFLP-Marker, RAPD-Marker oder Mikrosatelliten-Marker. Diese Methoden eröffnen insbesondere bei der Analyse und der Nutzung von Quantitative Trait Loci (QTL) neue Perspektiven (BMELF 1998).

Bei der *RFLP (Restriktionsfragmentlängen-Polymorphismus)* erfolgt die Aufteilung der DNA in Restriktionsfragmente durch Restriktionsendonukleasen. Anschließend werden die Fragmente im elektrischen Feld sortiert. Die Hybridisierung der Fragmente mit markierten DNA-Sonden macht die Fragmente zum DNA-Marker und als Bande auf dem Gel sichtbar. Unterschiede in den Basensequenzen werden durch unterschiedliche Bandenmuster gezeigt. Als Sonden werden 0,5 bis 2 kb lange DNA-Fragmente benutzt. Um bestimmte Genorte zu markieren, verwendet man markierte, klonierte cDNA[9] aus Genbibliotheken, während für den Nachweis von

9 cDNA: copy DNA, die durch reverse Transkription einer RNA entsteht.

gleichen Sequenzen in verschiedenen Genomen genomische DNA (gDNA) benützt wird, die aus zufälligen Fragmenten einer Gesamt-DNA besteht.

Bei der von Williams et al. (1990) entwickelten *RAPD (Random Amplified Polymorphic DNA)*, werden mit Hilfe von kurzen, aus ca. 10 Oligonukleotiden bestehenden Primern[10] mit bekannter Basensequenz, DNA-Fragmente amplifiziert. Die RAPD-Fragmente werden elektrophoretisch aufgetrennt und mit Ethidiumbromid angefärbt. Nach Amplifikation der extrahierten DNA mit verschiedenen Primern sind geeignete Marker leicht zu entdecken, wenn nur einer von zwei Genotypen eine Bande liefert. Ein Nachteil gegenüber der aufwändigeren RFLP-Methode ist, dass Homozygote nicht von Heterozygoten unterschieden werden können.

Mikrosatelliten sind hochrepetitive kurze Sequenzen aus zwei bis vier Nukleotiden, die im Genom bis zu 10^4-mal an verschiedenen Stellen vorkommen. Mikrosatelliten flankieren bevorzugt genkodierende einmalige Sequenzen und werden selten durch Basensubstitution verändert. Variationen entstehen jedoch durch die Zahl der Sequenzwiederholungen. Mit Oligonukleotiden hybridisierte Gesamt-DNA markiert viele Fragmente unterschiedlicher Länge, die ein für verschiedene Genotypen charakteristisches Bandenmuster ergeben. Mikrosatelliten sind geeignet um Verwandtschaftsbeziehungen nachzuweisen, jedoch nicht als Marker für einzelne Gene.

DNA-Markersysteme werden auch im Bereich der Gendiagnose, Genkartierung und Genomanalyse eingesetzt. Mit Hilfe von DNA-Markern kann darüber hinaus bei sehr enger oder absoluter Kopplung die DNA von Zielgenen isoliert und für den Transfer in andere Genome verfügbar gemacht werden (Linnert und Odenbach 1997).

Die Vorteile molekularer Marker können wie folgt zusammengefasst werden (American Soybean Association 2001):

- es können zahlreiche Marker im Zuchtmaterial identifziert werden,
- molekulare Marker vererben sich meist kodominant, was die Unterscheidung von Homo- und Heterozygoten ermöglicht,
- molekulare Marker bilden ein dichtes Raster an Genorten, die relativ gleichmäßig im Genom verteilt sind; damit können enge Kopplungen zu Zielgenen aufgedeckt werden,

[10] Primer sind kurze DNA- oder RNA-Moleküle, die als Startpunkt für eine DNA-Polymerase funktionieren. Die bei RAPD verwendeten Primer werden durch Permutation der Nucleotidsequenz zufällig konstruiert. Sie sollen mindestens 9 Nucleotide und 50 % GC-Basenpaare enthalten.

- schnelle und sichere Selektion des Zuchtmaterials auf spezielle Gene,
- gezielte Genkombinationen können verfolgt werden,
- Selektion schon in frühen Entwicklungsstadien der Pflanze,
- geringes Probenmaterial,
- die Züchtung ist unabhängig von Umwelteinflüssen, schnell und kostensparend.

5.2.3 Gentransfer

Als Gentransfer wird der Austausch genetischen Materials zwischen verschiedenen Lebewesen bezeichnet. Dabei sind der vertikale und der horizontale Gentransfer zu unterscheiden. Kreuzen sich zwei Pflanzen auf sexuellem Weg und geben dabei ihre Gene auf die folgenden Generationen weiter, ist dieser Vorgang ein vertikaler Gentransfer, üblicherweise als Kreuzung bezeichnet. Der horizontale Gentransfer ist die Weitergabe bzw. Aufnahme genetischen Materials außerhalb der sexuellen Fortpflanzungswege und unabhängig von bestehenden Artgrenzen.

In der Gentechnik ist der Gentransfer ein spezielles und hochwirksames Instrument zur gezielten Erneuerung genetischer Variation und bezeichnet die Übertragung einzelner Gene von einem Spender- auf einen Empfängerorganismus. Einzelne Gene und Eigenschaften, die in der natürlichen Population einer Art nicht vorkommen, können mit Hilfe des Gentransfers gezielt eingeschleust werden und die genetische Variation dieser Population erweitern (BDP 2001).

Bei Pflanzen können omnipotente Zellen oder Organe verändert werden, die sich unter geeigneten Bedingungen wieder zu ganzen Pflanzen regenerieren lassen. Das Einschleusen der genetischen Information gelingt jedoch in der Regel nur in einer geringen Anzahl von Zellen. Transformierte Zellen müssen daher oftmals über Markergene selektiert werden (s. Kap. 5.2.4) und anschließend zu einem transgenen Organismus regeneriert werden (Hoffmann 1997). Für den Gentransfer stehen verschiedene Verfahren zur Verfügung: Beim indirekten Gentransfer wird das betreffende Gen zunächst in einen biologischen Vektor eingebaut, während beim direkten Gentransfer das Gen unmittelbar in die Zelle eingeschleust wird (Tab. 5.1).

Tabelle 5.1: Übersicht zu Gentransfer-Methoden bei Pflanzen

Methode	**Pflanzliches Ausgangsmaterial**	**Mechanismus**
Indirekter Gentransfer		
Agrobacterium tumefaciens-vermittelter Gentransfer	Protoplasten, Hypokotyle, Blattscheiben, Meristeme	Übertragung von Genen in der T-DNA[1)] des Ti-Plasmids
Agroinfektion	Hypokotyle, Blattscheiben	Übertragung von in der T-DNA des Ti-Plasmids klonierter, replikationsfähiger, viraler DNA
Direkter Gentransfer		
Biolistik/Partikel Beschuss	Zellen, somatische und zygotische Embryonen, Kotyledonen u.a. Gewebe	Beschuss mit DNA-beschichteten Wolfram- oder Goldpartikeln
Elektroporation	Protoplasten	Perforation der Membran durch kurze elektrische Impulse
Liposomenfusion	Protoplasten	Verschmelzung der Lipidhüllen mit der Plasmamembran und Freisetzung verpackter DNA in das Zytoplasma der Zellen
Mikroinjektion	Protoplasten	Injektion von DNA in das Zytoplasma von Zellen in einer Glaskanüle
PEG (Polyethylenglycol)-vermittelte Aufnahme freier DNA	Protoplasten	Perforation der Membran durch destabilisierende Wirkung von PEG
[1)] T-DNA = Transfer-DNA		

Quelle: Hoffmann 1997

Indirekter Gentransfer durch Agrobacterium tumefaciens

Agrobacterium tumefaciens und auch verwandte Bakterienarten wie *Agrobacterium rhizogenes* und *Agrobacterium vitis* sind in der Lage plasmidlokalisierte[11] geneti-

[11] Ein Plasmid ist ein zusätzliches, meist ringförmiges DNA-Molekül, das sich unabhängig vom Hauptgenom replizieren kann. *Agrobacterium tumefaciens* besitzt ein Ti-Plasmid (Ti = Tumor induction) auf dem eine Virulenz-Region und die T-DNA (Transfer-DNA) lokalisiert sind. Die

sche Informationen in das Genom von Pflanzenzellen einzuschleusen und so über bestimmte Genprodukte den Tumor im Gewebe entstehen zu lassen[12] (Hoffmann 1997). Diese natürliche Eigenschaft des Bakteriums wird beim indirekten Gentransfer genützt, um fremde DNA in ein Pflanzengenom zu übertragen. Mit molekularbiologischen Methoden werden hierfür die tumorinduzierenden Gene entfernt, d h. das Plasmid wird entschärft (*disarmed*) und in die entstandene Lücke werden die zum Transfer bestimmten Fremdgene eingebaut. Das neu konstruierte Plasmid wird in *Agrobacterium* transformiert, welches daraufhin den Transfer des Plasmids in die Pflanzenzelle durchführt.

Das Agrobakterien-System weist im Vergleich zu den direkten Transfermethoden folgende Vorteile auf: die Integration der transferierten Gene ist stabiler und die Steuerbarkeit der Integration ist besser. Problematisch am Agrobakterien-System ist, dass komplexe Zell- und Gewebekulturtechniken notwendig sind, deren Beherrschung spezifisches Know-how und große Erfahrung erfordern. Ein Nachteil der Agrobakterien-Methode zum DNA-Transfer liegt in dem relativ engen Wirtsspektrum des Bakteriums. Mit dieser Methode sind zumeist nur Dikotyledonen (= Zweikeimblättrige Pflanzen) transformierbar, wohingegen Monokotyledonen (= Einkeimblättrige Pflanzen), zu denen viele landwirtschaftlich sehr wichtige Arten wie z. B. Getreide, Reis und Mais gehören, über diese Methode nicht transformiert werden können. Insgesamt dürfte das Agrobakterien-System jedoch diejenige Methode mit dem größten Potenzial für die Transformation darstellen.

Direkte Gentransfermethoden

Unter diesen Oberbegriff werden alle Methoden gefasst, mit denen freie DNA in eine Pflanzenzelle eingeschleust wird. Zwingende Voraussetzungen für die gezielte gentechnische Veränderung von Pflanzen sind hierbei die Entfernung der Zellwand (Protoplastierung) sowie die auf den Gentransfer folgende Regeneration der Zellen zu ganzen Pflanzen.

Die Protoplastierung erfolgt meist durch den Abbau der starren Zellwände aus dem Mesopyhllgewebe von Blättern durch pectolytische und zellulytische Enzyme, die aus Pilzen gewonnen werden (Hoffmann 1997). Zellwandlose, protoplastierte Zellen lassen sich unter bestimmten Bedingungen fusionieren. Durch den Einsatz membrandestablilisierender Agenzien wie z. B. Polyenthylenglycol (PEG) oder unter Einfluss kurzer elektrischer Impulse von hoher Spannung (Elektroporation),

---

Virulenz-Region ist für Tumorentstehung und DNA-Transfer verantwortlich, die T-DNA trägt die Pathogenitätsgene (Dingermann 1999).

12 Das Agrobakterium dringt über Verletzungen in Pflanzen ein und verursacht in Bodennähe Wucherungen von Pflanzenzellen, sogenannte Wurzelhalsgallen. Durch die in das Erbgut der Pflanze eingeschleusten Teile des bakteriellen Genmaterials beherrscht das Bakterium an der Infektionsstelle den Stoffwechsel der Pflanze. Die Pflanze produziert nun seltene Aminosäuren, die das Bakterium verwertet und schafft dem Bakterium in den Zellwucherungen Lebensraum.

wird die Zelle dazu veranlasst, freie DNA (z. B. in Form von vorher in *E. coli* amplifizierten und isolierten Plasmiden) aufzunehmen und Kopien dieser DNA in das Genom einzubauen. Darüber hinaus kann freie DNA beispielsweise in Form von Lipid-Vesikeln in Protoplasten transferiert werden. Hierbei wird die zu transferierende DNA zunächst in Liposomen verpackt und gelangt nach Verschmelzen der Lipidhülle mit der Zellmembran ins Zytoplasma. Bei dem Gentransfer-Verfahren der Mikroinjektion wird Fremd-DNA unter dem Mikroskop mit einer sehr feinen Nadel direkt in die Zelle injiziert.

Der direkte Gentransfer in Protoplasten eignet sich nicht für Legumiosen und monokotyle Pflanzenarten, da bei diesen die Regenerationsfähigkeit von Einzelzellen zu ganzen Pflanzen bislang sehr begrenzt ist. Eine Alternative stellt für diese Pflanzenarten ein Verfahren dar, bei der die zu transferierende DNA auf feine Gold- oder Wolframpartikel aufgebracht wird, deren Durchmesser nur einige Tausendstel Millimeter betragen. Diese DNA-beladenen Partikel werden dann mit Hilfe eines hohen Druckes oder durch Beschleunigung im elektrischen Feld auf intakte Zellen eines Pflanzengewebes geschossen. Einzelne Partikel dringen in die Zellen ein und es kann zur Rekombination der Fremd-DNA mit der DNA der Empfängerzelle kommen. Dieses Verfahren wird als „biolistics", „particle gun"-Methode oder Makroinjektion bezeichnet. In vielen Zellen wird die eingebrachte DNA jedoch nicht stabil in das Genom des Zellkern integriert, sondern kurzzeitig exprimiert (transiente Expression). Zellen mit stabiler Transformation müssen durch Proliferations- und Regenerationsmethoden angereichert werden, um eine stabile Pflanze zu ergeben. Mais und viele landwirtschaftlich genutzte Grasarten konnten erst durch die Methode des Partikelbeschusses erfolgreich gentechnisch verändert werden.

5.2.4 Promotoren, Markergene

Mit den Genen, die für die gewünschten Eigenschaften kodieren, werden in Pflanzen auch Promotoren und Markergene übertragen. Die Signalsequenzen der Promotoren bilden den Startpunkt der Transkription und regulieren die Expression des eingebrachten Gens. Markergene hingegen dienen der Selektion erfolgreich transformierter Pflanzen.

Promotoren

Gene sind in den Chromosomen aller Lebewesen in ein System von Genschaltern eingebunden, die ihre Expression steuern. Der Bereich eines Gens, über den die Aktivität des Gens reguliert wird, wird Promotor genannt. Die Promotoren unterscheiden sich zwischen verschiedenen Organismen. Wird ein neues Gen in eine Pflanze eingebaut, muss ein in dieser Pflanze funktionierender Promotor vorgeschaltet werden. Unter den Promotoren kann man ständig aktive (konstitutive) Promotoren und induzierbare Promotoren, die nur unter bestimmten Bedingungen aktiviert werden, unterscheiden (Tab. 5.2).

Tabelle 5.2: Häufig verwendete Promotoren bei transgenen Pflanzen

Promotoren	Herkunft	Wirkungsweise
35S (35S RNA Transkript)	*Cauliflower Mosaic virus*	konstitutive Expression nachfolgender Gene, starke Expression
35S-Adh1 intron 1 (35S RNA Transkript und 1. Intron des Adh1-Gens)	*Cauliflower Mosaic virus;* Mais	verbesserte Expression nachfolgender Gene in monokotylen Pflanzen
nos/ocs (Promotor der Nopalin-/Octopinsynthase)	*Agrobacterium tumefaciens* Ti-Plasmid	konstitutive Expression nachfolgender Gene, schwache Expression
Emu (modifizierter Promotor des Adh1-Gens)	Mais	konstitutive Expression in monokotylen Pflanzen
rbcS (Promotor des Gens der kleinen Untereinheit von RUBISCO)	Reis, Tomate	lichtinduzierbare Expression nachfolgender Gene
PinII (Promotor des wundinduzierbaren Gens II)	Kartoffel	wundinduzierbare Expression nachfolgender Gene
rolC (Promotor des ORF 12)	*Agrobacterium rhizogenes*	Expression nachfolgender Gene in embryogenem und Leitgewebe

Quelle: Hoffmann 1997

Konstitutive Promotoren stammen meist aus phytopathogenen Organismen wie z. B. Viren und Bakterien und bewirken eine weitgehend gewebeunspezifische, starke Expression der nachgeschalteten Gene (Hoffmann und Willmitzer 1997). Nachteilig bei konstitutiven Promotoren ist ihre ständige Aktivität in allen Wachstumsphasen, da die Expression von Fremdgenen zum Teil stark mit dem normalen Zellwachstum interferiert (Dingermann 1999). Auch ergeben sich Nachteile im Hinblick auf einen möglichen horizontalen Gentransfer: anders als bei pflanzlichen Promotoren, die in Bakterien und Pilzen weniger aktiv sind als in Pflanzen konnte für einen konstitutiven viralen Promotor, den 35S-Promotor des Blumenkohlmosaikvirus, bereits gezeigt werden, dass er nicht nur in den meisten Pflanzen, sondern auch in dem Bakterium *E. coli* (Assaad und Signer 1990) und in Hefen (Hirt et al. 1990) aktiv ist.

Die Aktivität induzierbarer Promotoren hängt von der Art des Gewebes, dem Entwicklungsstadium oder von bestimmten Umweltbedingungen ab. In höheren Pflanzen wurden in den letzten Jahren viele Promotoren molekular identifiziert, die eine Aktivität eines nachfolgenden Gens nur in bestimmten Organen, wie im Blatt, der Wurzel oder im Samen oder auch nur unter bestimmten Umweltbedingungen wie z. B. bei Verwundung, Hitze oder Pathogenbefall zulassen. Es wird angenommen, dass die Aktivität dieser Promotoren über im entsprechenden Organ vorliegende oder induzierte DNA-Bindeproteine kontrolliert wird (Hoffmann und Willmitzer 1997). Die meisten kommerziell angebauten transgenen Pflanzen führen Fremdgene, die unter der Kontrolle eines konstitutiven Promotors stehen. Doch ist es für die Pflanze ökonomischer, mit induzierbaren Promotoren zu arbeiten. Es wird erwartet, dass zukünftige Generationen transgener Pflanzen sie enthalten werden (Heß 2000).

Markergene

Das Einschleusen von Genen und die stabile Expression der neuen Gene gelingt in der Regel nur in einer sehr geringen Anzahl von Zellen einer Zellpopulation. Die Selektion derjenigen Pflanzen, bei denen das fremde Gen erfolgreich übertragen wurde, erfolgt mit Hilfe von Markergenen in einem frühen Stadium der Entwicklung. Auch bei der Vervielfältigung des zur Übertragung vorgesehenen Gens in Bakterien werden Markergene benötigt. Zu diesem Zweck wird das Gen, das der Pflanze die neue Eigenschaft geben soll, mit einem Markierungsgen gekoppelt.

Man unterscheidet zwischen Selektionsmarkern und diagnostizierbaren Markern (Tab. 5.3). Ein Selektionsmarker ermöglicht es einer Zelle, unter bestimmten Bedingungen zu überleben. Als Marker dienen bisher vorwiegend Antibiotikaresistenz- oder Herbizidresistenzgene, deren Wirkungsprinzip darauf beruht, dass die gentechnisch veränderten Zellen im Beisein von Substanzen wachsen können, die eigentlich für sie tödlich wären. Gearbeitet wird zudem an der Entwicklung von neuen Markern, die nicht auf Antibiotikaresistenz beruhen. Hierzu zählen beispielsweise Metall-Toleranzgene, die Schwermetalle binden und dafür sorgen, dass die Pflanze Behandlungen mit solchen Schwermetallen (z. B. Cadmium) überlebt oder auch Genen des Zuckerstoffwechsels, die es der Pflanzenzelle ermöglichen, bestimmte Nährstoffe zu verwerten. Wird den Pflanzenzellen nur dieser Nährstoff zur Verfügung gestellt, können nur die Pflanzen, die erfolgreich das neue Gen aufgenommen haben, wachsen. Ein Beispiel dafür ist die Verwendung des Phosphomannose-Isomerase-Gens als Selektionsmarker. Pflanzen, die dieses Marker-Gen tragen, können – anders als bei Pflanzen üblich – den Zucker Mannose verwerten.

Ein diagnostizierbarer Marker „markiert“ eine Zelle. Die Marker katalysieren eine Reaktion unter Entstehung eines Farbstoffes oder einer Lichtreaktion und machen die transformierten Pflanzen optisch erkennbar. Das Gen für das GFP-Protein lässt zum Beispiel die gentechnisch veränderten Pflanzenzellen unter UV-Licht-Einstrahlung grün leuchten. Der Aufwand zur Detektion der transformierten Zellen ist bei der Verwendung von diagnostizierbaren Markern erheblich größer als bei den Selektionsmarkern. Diagnostizierbare Marker werden daher zur Zeit ausschließlich in der Forschung verwendet (Bioweb 2000).

Tabelle 5.3: Häufig verwendete Markergene bei transgenen Pflanzen

Markergene	**Herkunft**	**Wirkungsweise**
nptII (aphA2)	*Escherichia coli*	Detoxifikation von Kanamycin und verwandten Antibiotika über Phosphorylierung durch das Genprodukt Neomycin-Phosphotransferase (NPTII)
hpt (aphIV)	*Escherichia coli*	Detoxifikation des Antibiotikums Hygromycin über Phosphorylierung durch das Genprodukt Hygromycin-Phosphotransferase (HPT)
bar	*Streptomyces hygroscopicus*	Detoxifikation des Herbizids Phosphinotricin (Glufonsinate-ammonium = Basta) über Acetylierung durch das Genprodukt Phosphinothricin-Acetyltransferase
csr-1	*Arabidopsis thaliana*	Toleranz gegenüber herbiziden Sulfonylharnstoffen durch eine mutierte Acetolactatsynthase
gus (uidA)	*Escherichia coli*	Fluorometrisch oder histochemisch bestimmbare Aktivität des Genprodukts ß-Glucuronidase durch Umsetzung von ß-Glucoronid-Substraten (z. B. Blaufärbung nach Umsetzung von X-Gluc)
luc	*Photinus pyralis (Glühwürmchen)*	Emission gelb-grünen Lichts über Oxidation von D(-)-Luciferin durch das Genprodukt Luciferase
Anthocyanin-Biosynthese (C1-, B- und R-Gen)	Mais	Pigmentierung über Anthocyanin-Biosynthese durch die Interaktion der daran beteiligten Genprodukte
GFP (green fluorescent protein).	*Aequorea victoria* (Quallen-Art)	Proteine besitzen fluoreszierende Gruppen, die durch Bestrahlung mit UV-Licht angeregt und sichtbar gemacht werden können.

Quelle: Hoffmann 1997

Der überwiegende Teil der bisher entwickelten und in Freilandversuchen getesteten transgenen Pflanzen besitzt Antibiotikaresistenzgene – auch die meisten der transgenen Mais-, Raps-, Soja- und Baumwollsorten, die bereits in verschieden Ländern großflächig angebaut werden. Am häufigsten verwendet wird das nptII-Markergen, welche eine Resistenz gegen die Antibiotika Kanamycin und Neomycin vermittelt. Beide haben in der Medizin nur noch eine geringe praktische Bedeutung. Die meisten der in Europa zugelassenen gentechnisch veränderten Pflanzen besitzen ein Kanamycin-Resistenzgen. Einige Pflanzen wie der Bt176-Mais der Firma Novartis tragen ein Resistenzgen gegen Ampicillin. Weitgehend aufgrund dieses Markergens haben verschiedene europäische Länder der Marktzulassung dieses Bt-Maises nicht zugestimmt sowie Import und Anbau untersagt. Auch die Bundesregierung hat im Februar 2000 die ursprüngliche erteilte Zulassung wieder aufgehoben – unmittelbar vor der Entscheidung des Bundessortenamts über die unbegrenzte Zulassung des Bt-Mais (s. Kap. 9.1.3.3). Das Robert-Koch-Institut genehmigte den Anbau von Bt-Mais nur zu wissenschaftlichen Zwecken und auf einer Gesamtfläche von 500 ha (Transgen 2000a). Ein weiteres Beispiel für transgene Pflanzen mit einem anderen Antibiotikaresistenzmarker ist eine transgene Kartoffel mit veränderter Stärkezusammensetzung, die die niederländische Firma Avebe entwickelt hat. Diese trägt ein nptIII-Gen für eine Resistenz gegen das Antibiotikum Amikacin. Dieses zählt zu den Reserve-Antibiotika, die für den Fall gelagert werden, falls die üblicherweise in der Humanmedizin verwendeten Antibiotika gegen resistente Infektionserreger versagen. Nachdem verschiedene europäische Länder Vorbehalte angemeldet hatten, zog Avebe den Zulassungsantrag für die Kartoffel zurück.

In einzelnen Fällen kommen transgene Pflanzen ohne besonderes Markergen aus. Hier übernimmt das Zielgen auch dessen Aufgabe. Bei herbizidresistenten Sojabohnen der Firma Monsanto, wurde das Merkmal Herbizidresistenz genutzt, um veränderte Pflanzenzellen erkennen zu können. Eine weitere Möglichkeit zur Vermeidung von möglichen negativen Auswirkungen von Markergenen, ist das Herausschneiden des Resistenzgens. Es gibt unterschiedliche Methoden, das Resistenzgen nach der Selektion aus dem Erbgut der Pflanzen wieder zu entfernen. Man kann zum Beispiel zusammen mit dem Zielgen und dem Marker die Erbinformation zum Herausschneiden des Markergens in die Pflanze einschleusen, und zwar so, dass sie von außen aktiviert werden muss. Die Aktivierung und das Ausschneiden erfolgt erst dann, wenn die Zellen mit den gewünschten Genen erfolgreich selektiert sind.

5.3 Gentechnik bei landwirtschaftlichen Nutzpflanzen

Mittlerweile gibt es eine Reihe von Nutzpflanzen mit gentechnisch veränderten Eigenschaften. In den nachfolgenden Kapiteln wird ein Überblick über die bearbeiteten Pflanzenarten, die Ziele der gentechnischen Veränderung und die veränderten Eigenschaften gegeben. Kapitel 5.3 beschränkt sich dabei auf transgene Nutzpflanzen für die Nahrungsmittelproduktion. Dauerkulturen wie Obst- und Weinbau sowie Zierpflanzen sind Gegenstand von Kapitel 5.4, während die Nutzung von transgenen Pflanzen als nachwachsende Rohstoffe oder als Bioreaktoren zur Produktion von pharmazeutischen Wirkstoffen in Kapitel 5.6 dargestellt wird.

5.3.1 Bearbeitete Pflanzenarten

Bisher wurden mehr als 150 verschiedene Pflanzenarten, darunter sehr viele Nutzpflanzen erfolgreich transformiert. Weltweit gibt es praktische keine wichtige landwirtschaftliche Kulturpflanze mehr, die nicht bereits gentechnisch verändert worden wäre. Eine Auswahl zeigt Tabelle 5.4. Orientiert man sich an den weltweiten Freisetzungsaktivitäten, so stehen die Pflanzenarten Mais, Kartoffeln, Raps, Sojabohne, Tomate, Baumwolle, Tabak und Zuckerrüben bislang im Zentrum der Forschungsanstrengungen (s. Kap. 5.7).

Tabelle 5.4: Auswahl gentechnisch veränderter Nutzpflanzen

Obst	**Gemüse**	**Getreide**	**sonstige Nutzpflanzen**	**Nutzhölzer**	**Zierpflanzen**
Apfel	Aubergine	Gerste	Baumwolle	Eukalyptus	Chrysantheme
Banane	Blumenkohl	Hirse	Futterrübe	Pappel	Geranie
Birne	Broccoli	Mais	Hederich	Waldbäume	Gerbera
Erdbeere	Kohl	Reis	Kaffee		Nelke
Himbeere	Chicorée	Roggen	Luzerne		Pelargonie
Kirsche	Erbse	Sorghum	Raps		Petunie
Kiwi	Karotte	Weizen	Rübsen		Ringelblume
Melone	Kartoffel		Sarepta-Senf		Rohr-Schwingel
Orange	Kohl		Sojabohne		Rose
Papaya	Kopfsalat		Steckrübe		Usambara-Veilchen
Pflaume	Kürbis		Tabak		Zierrasen
Preiselbeere	Olive		Tollkirsche		
Wassermelone	Tomate		Zuckerrohr		
Wein	Süßkartoffel		Zuckerrübe		
	Zucchini				

Quellen: Kempken und Kempken 2000, RKI 2001

5.3.2 Ziele der gentechnischen Veränderung

Die Ziele der klassischen und modernen Pflanzenzüchtung lassen sich in drei Kategorien einteilen. Sie beinhalten die

- *Bildung von Resistenzen oder Toleranzen* gegen biotischen Stress, hervorgerufen durch Viren, Bakterien, Pilze und Schadinsekten (Schädlings- und Krankheitsresistenz) sowie die Toleranz- bzw. Resistenzbildung gegen abiotische Stressfaktoren, zu denen neben Umweltfaktoren wie Temperatur, Salz, Schwermetalle, Wassermangel, Boden-pH auch Herbizide gerechnet werden.

- *Veränderung reproduktiver und produktiver Eigenschaften*, wie z. B. männliche Sterilität, Stickstofffixierung, Hormonregulation oder Ertrag.
- *Veränderung qualitativer Eigenschaften*. Neben einer Änderung von Art und Zusammensetzung primärer Inhaltsstoffe (Stärke/Zucker, Fette/Öle, Proteine), dem Entfernen von antinutritiven Stoffen und Allergenen, beinhalten diese Veränderungen auch das breite Spektrum der Nutzung von Pflanzen als nachwachsende Rohstoffe für industriell verwertbare Lipide, Kohlenhydrate oder Biopolymere, zur Bodensanierung oder als Bioreaktoren zur Produktion von Pharmazeutika (z. B. Impfstoffe, Antikörper, therapeutische Proteine).

Der Schwerpunkt der gentechnischen Veränderungen an Nutzpflanzen lag zunächst auf monogen bestimmten Eigenschaften wie dies bei Herbizidresistenz und verschiedenen Krankheitsresistenzen der Fall ist, aber auch bei punktuellen Eingriffen in bekannte Stoffwechselwege. Beispielsweise wurde durch den Einbau eines Antisense-Konstrukts[13] für Polygalacturonase in Tomaten erreicht, dass der Abbau der Poylgalacturonsäure – ein Hauptbestandteil des Zellzusammenhalt vermittelnden Pektins – gehemmt wird (Flavr Savr-Tomate). Damit wird eine schnelle Konsistenzabnahme der Früchte verhindert. Alternativ dazu kann auch durch die gentechnische Blockierung der Synthese des pflanzeneigenen Hormons Ethylen[14] dessen reife- bzw. welkebeschleunigende Wirkung aufgehoben und so länger haltbare Früchte oder Blumen gewonnen werden. Bei Herbizid- und Insektenresistenz wurden bakterielle Gene übertragen und damit die evolutiv-systematischen Grenzen übersprungen (Wenzel und Mohler 2001). Die Resistenz gegen pilzliche Erreger hingegen scheint in vielen Fällen multifaktoriell kodiert zu sein. Die Isolierung von Krankheitsresistenzgenen gegen Pilzerkrankungen stellt daher gegenwärtig noch ein erhebliches Problem dar (Saedler 2001).

Viele der angestrebten Kulturpflanzeneigenschaften sind durch die Interaktion mehrerer Gene bestimmt. Bei diesen sogenannten polygenen Merkmalen sind oftmals die beteiligten Gene und die zugrunde liegenden Stoffwechselwege noch ungeklärt. Die Züchtung optimaler Genkombinationen erfordert daher ein ganzheitliches Vorgehen: Stoffwechselwege müssen erforscht und deren molekulare Grundlagen geklärt werden. Erst dann gelingt es, zielgenau mit Pflanzengenen in den pflanzlichen

13 Bei der Antisense-Technik wird ein Genkonstrukt in umgekehrter Richtung zum endogenen Gen (Antisense-Form) in eine Pflanze eingebaut. Die produzierte Antisense-mRNA kann sich komplementär an die endogene mRNA binden, wodurch die Bildung des Genprodukts verhindert wird. Das doppelstängige RNA-Molekül wird von zellulären Enzymen abgebaut (Schlüter 2000)

14 Ein zusätzliches, aber deletiertes Gen der Aminocyclopropan-Caboxylat-Synthase (Enzym der Ethylenbiosynthese) wird in die Pflanze eingebaut. Da es nur in die mRNA umgesetzt wird, wird die Expression des natürliches Enzymproteins gehemmt (Hoffmann 1997).

Stoffwechsel einzugreifen (Wenzel und Mohler 2001). Zu den polygen vererbten, komplexen Merkmalen gehören z. B. Pflanzenwachstum und Nährstoffaufnahme, die Toleranz gegen abiotische Faktoren oder Veränderungen in der Stärkezusammensetzung.

5.3.3 Eigenschaften

Hinsichtlich der Eigenschaften, die bei transgenen Pflanzen verändert werden, können sogenannte Input- oder Output-Traits unterschieden werden. Input-orientierte Eigenschaften („Input-Traits") zielen darauf ab, die Höhe der Aufwendungen und die damit verbundenen Kosten bei der pflanzlichen Produktion zu reduzieren. Zu den input-orientierten Eigenschaften zählen neben der Resistenzbildung gegen biotische und abiotische Stressfaktoren, die mit geringeren Pflanzenschutzaufwendungen einhergehen oder die landwirtschaftliche Produktion auf bisher nicht nutzbaren (marginalen) Flächen erlauben, auch die Veränderung reproduktiver und produktiver Eigenschaften wie z. B. männliche Sterilität oder Stickstofffixierung. Input-orientiere Eigenschaften sind in einigen Fällen durch monogene, also vergleichsweise einfache Veränderung erzielbar. Die erste Generation transgener Pflanzen weist daher fast ausschließlich input-orientierte Eigenschaften wie z. B. Herbizid- oder Insektenresistenz auf (s. Kap. 7.1.3).

Als output-orientierte Eigenschaften („Output-Traits") werden Merkmale bezeichnet, die die Qualität der landwirtschaftlichen Produkte beeinflussen. Zu dem breiten Feld der qualitativen Veränderungen gehören sowohl die Verbesserung von Nährstoffgehalten und -zusammensetzung von Pflanzen, die Nutzung von pflanzlichen Inhaltsstoffen als nachwachsende Rohstoffe für die industrielle Produktion wie auch die Produktion von Wirkstoffen für den pharmazeutischen Bedarf (Lassner und Bedbrook 2001). Qualitativen Veränderungen liegen oft komplexe Gen-Wirkungs-Mechanismen zugrunde. Der Anteil output-orientierter Eigenschaften an den Freisetzungsaktivitäten liegt daher derzeit noch unter 20 % (s. Kap. 5.7).

5.3.3.1 Input-Traits

Zu den input-orientierten Eigenschaften, die bei transgenen Pflanzen verändert werden, zählen Resistenzen gegen Schädlinge, Krankheiten, Herbizide und abiotische Stressfaktoren sowie die Veränderung reproduktiver und ertragsbeeinflussender Eigenschaften. Im folgenden wird der Stand von Wissenschaft und Technik in den einzelnen Feldern dargestellt.

Schädlingsresistenz

Insekten schädigen Pflanzen einerseits durch fraßbedingten, mechanischen Schaden und Gewebeverlust, andererseits durch die Übertragung anderer Krankheitserreger wie z. B. Viren, Pilzen und Bakterien. Für die Erzeugung insektenresistenter Nutzpflanzen wird auf Toxine bzw. Wirkungsmechanismen zurückgegriffen, die bereits seit längerem bekannt sind und für die Bekämpfung von Schadinsekten eingesetzt werden. Das Bodenbakterium *Bacillus thuringiensis*[15] bildet eine Substanz, die für bestimmte Insekten toxisch ist, für andere Tiere und Menschen dagegen unschädlich. Durch Einbau modifizierter Gene für *Bt*-Toxine, bei denen der Codongebrauch an die Pflanzen angepasst wurde[16], konnte in vielen verschiedenen Pflanzen eine Resistenz gegen Schadinsekten erreicht werden (Tab. 5.5).

Eine Alternative zu *Bt*-Toxinen, die nicht für alle Insekten toxisch sind, besteht in der Übertragung von Protease-Inhibitoren. Zu diesen gehören ein Trypsin-Inhibitor-Proteingen aus *Vigna sinensis*, Vertreter der wundinduzierten Protease-Inhibitor-Familien PI-I und PI-II aus Kartoffel und Tomate, sowie bestimmte Serin-Proteinase-Inhibitoren. Die antimetabolischen Enzyme beeinträchtigen die normale Insektenphysiologie (Dingermann 1999), indem sie beispielsweise wichtige Verdauungsenzyme von Insekten hemmen (Kempken und Kempken 2000). Als weitere insektizide Resistenzgene konnten ein Cholesterol-Oxidase-Gen aus *Streptomyces spp.* und ein Lectin-Gen aus der Erbse isoliert werden. Lectine binden Nahrungskomponenten im Insektendarm und stören die normale Resorption, wodurch Pflanzen, die ein solches Protein enthalten, vor Insektenfraß geschützt werden. Mit der zusätzlichen Übertragung dieser Gene und der Ausprägung multipler Resistenzen in transgenen Pflanzen soll eine schnelle Resistenzausbreitung in Schadinsektenpopulationen vermieden bzw. verzögert werden (Hoffmann 1997).

Krankheitsresistenz (Viren, Pilze, Bakterien)

Pflanzenpathogene Viren, Pilzarten und Bakterien rufen erhebliche Schäden insbesondere bei Früchten und Gemüse hervor. Für pflanzliche Viruserkrankungen stehen in der Landwirtschaft bisher keine speziellen Maßnahmen zur direkten Bekämpfung zur Verfügung. Da Pflanzenviren für die Übertragung von Pflanze zu Pflanze die Hilfe anderer Organismen (Vektoren), wie z. B. Insekten benötigen, werden sie meist indirekt bekämpft (DFG 2001). Wegen der Komplexität und Diversität der Wirt-Pathogeninteraktion beim Befall von Pflanzen durch Pilze und

---

[15] *Bacillus thuringiensis* bildet während der Sporulation Einschlusskörper mit kristallinen Proteinen (Cry), die Endotoxine enthalten. Im Insektendarm werden die Endotoxine in die aktive Form umgewandelt und an spezifische Rezeptoren in der Zellmembran der Darmepithelzellen von Insekten absorbiert. Durch die Bildung von Poren in der Zellmembran kommt es zur osmotischen Lyse der Epithelzellen und die Insekten sterben ab. Bislang konnten aus *B.-thuringiensis*-Subspezies über 100 verschiedene Toxine identifiziert werden, die nach ihrer Toxizität für systematische Insektengruppen in vier Klassen eingeteilt werden (Kempken und Kempken 2000).

[16] Der genetisch Code ist „degeneriert", d. h. für einige der 20 Aminosäuren kodieren mehrere Codons. Viele Organismen verwenden jedoch bevorzugt nur ein oder zwei der möglichen Codons. Um eine optimale Genexpression zu erhalten, muss daher die DNA-Sequenz so verändert werden, dass der für den jeweiligen Organismus optimale Codongebrauch entsteht (Kempken und Kempken 2000).

Bakterien waren Versuche zur gentechnisch-vermittelten Resistenz bisher weniger erfolgreich als bei Schadinsekten und Viren. In vielen Fällen scheint Resistenz gegen pilzliche Erreger zudem multifaktoriell kodiert zu sein (Saedler 2001).

Pflanzen besitzen verschiedene induzierbare Abwehrmechanismen, um die Infektion durch Pflanzenpathogene zu limitieren. Dazu gehören die verstärkte Lignifizierung der Zellwände, die Produktion kleiner antibiotischer Moleküle, das Absterben von Wirtszellen am Infektionsort und die Produktion reaktiver Sauerstoff-Spezies. Eine systemische erworbene Resistenz gegen Viren, Bakterien, Pilze und Nematoden wird durch die Expression einer Vielzahl von Resistenzgenen begleitet (Melchers und Stuiver 2000). Die Resistenzgene kodieren dabei als Rezeptoren für Pathogene, die bei Erkennen eines Pathogens über Signaltransduktionsketten die Abwehrmechanismen auslösen.

Tabelle 5.5: Beispiele für transgene schädlings- und krankheitsresistente Pflanzen

Merkmal	**Gentechnische Veränderung**	**transgene Pflanze**
Schädlingsresistenz		
Maiszünsler	Übertragung von CryIA (b) Gen aus *Bacillus thuringiensis,* PEPC-Promotor	Mais
Baumwollkapselwurm (*Helicoverpa zea*), Roter Kapselwurm (*Pectinophora gossypiella*), Baumwolleule (*Heliothis virescens*), Tomato fruitworm (*Heliothis zea*)	Übertragung von CryIA (c) Gen aus *Bacillus thuringiensis*	Baumwolle Tomate
Colorado-Beetle und Kartoffelkäfer	Übertragung von CryIII(a) Gen aus *Bacillus thuringiensis*	Kartoffel
Virusresistenz		
Blattrollvirus Potato Virus Y (PVY)	Übertragung von DNA Sequenzen der ORF-1 and ORF-2 Region von Blattrollvirus und Hüllprotein Gen für PVY	Kartoffel
Wurzelbärtigkeit (*Rhizomania* Virus) Nekrotisches Adervergilbungs-Virus (BNYV virus) Gelbverzwergungsvirus (BYD virus) rice stripe virus, rice dwarf virus, feathery mottle virus	Übertragung von Genen, die bestimmte Hüll- oder Transportproteine des Virus kodieren	Zuckerrübe Weizen Reis, Süßkartoffel

Fortsetzung Tabelle 5.5

Merkmal	Gentechnische Veränderung	transgene Pflanze
Pilzresistenz		
Kraut- und Knollenfäule (*Phytophtora infestans*)	Übertragung von Glucose-Oxidase Gen aus *Aspergillus niger*, 35S-Promotor	Kartoffel
Fusarien spp., *Septoria*	nicht bekannt	Weizen
Rhizoctonia solani	Übertragung von Chitinase Gen Chi11, 35S-Promotor	Reis
Bakterienresistenz		
Knollennaßfäule (*Erwinia carotovora*)	Übertragung von Pektatlyasegenen zur Bildung von Enzymen, die am Zellwandpektin Spaltprodukte bilden, die als Signalstoffe (Elicitoren) dienen und die pflanzliche Abwehr gegen die potenziellen Krankheitserreger aktivieren	Kartoffel
Xanthomonas oryzae	Übertragung des Gens Xa21	Reis

Quelle: Eigene Zusammenstellung

Für die Erzeugung von Virusresistenz in Nutzpflanzen gibt es verschiede Möglichkeiten: vielen Strategien ist gemeinsam, dass Segmente des viralen Genbestandes[17] in das Pflanzengenom integriert und ausgeprägt werden. Dies verleiht der Pflanze, auf ganz unterschiedlichen Ebenen der Vermehrung und Verbreitung des Virus, einen Schutz (Saedler 2001). Die am häufigsten angewandte Strategie, die dem Prinzip einer Impfung nahe kommt, besteht in der Transformation der Pflanzen mit dem exprimierbaren Gen des Virushüllproteins (Tab. 5.5). Dafür wird von dem betreffenden RNA-Virus eine cDNA-Kopie des Hüllproteingens hergestellt und mit einem geeigneten (konstitutiven) Promotor kombiniert. Die Biosynthese des Hüllproteins hemmt die Replikation infizierender Viren. Der Vorteil dieses Verfahrens liegt darin, dass Virusresistenz ohne den eigentlichen Virus erzeugt wird (PEW 2001). Eine weitere Strategie der gentechnisch-vermittelten Virusresistenz besteht in der Übertragung viraler Antisense-cDNA-Sequenzen. Nachfolgende Translationsprozesse wie z. B. zur Herstellung des Virushüllproteins, werden dadurch gehemmt und die Virusvermehrung in der Zelle unterbunden (Hoffmann 1997).

[17] Die meisten Viren besitzen Gene für die Bildung der Virushüllproteine, für die Vermehrung ihrer Erbinformation, die aus DNA oder RNA bestehen kann sowie ein Gen für den Transport innerhalb der Pflanze von Zelle zu Zelle (Kempken und Kempken 2000).

Neben diesen beiden Verfahren wurden auch andere Methoden entwickelt, um Virusresistenz in Pflanzen zu erzeugen: bei der viralen Replikase wird virale RNA-abhängige RNA-Polymerase exprimiert, die mit der viralen Replikation kompetiert und auf diese Weise die Virus-Replikation hemmt. Durch die Expression antiviraler Proteine (z. B. Antikörper) wird eine Ausbreitung der viralen Infektion verhindert. Auch Varianten von Transportproteinen können die Ausbreitung der viralen Infektion in der Pflanze verhindern. Da viele verschiedene Viren die gleichen Transportsysteme nutzen, stellt dies einen Ansatz für einen Breitbandschutz gegen verschiedene Viren dar (Dingermann 1999).

Eine Strategie zum Schutz vor Schadpilzen beruht auf der Expression von Genen, die für Proteine kodieren, die direkt oder indirekt hemmende Effekte auf das Pilzwachstum ausüben. Artspezifische Unterschiede machen jedoch für eine erfolgreiche Resistenzbildung die Übertragung von verschiedenen, individuell angepassten Genen oder Genkombinationen notwendig. Erfolgreiche Ansatzpunkte sind die Unterstützung des pflanzlichen Abwehrsystems durch die Übertragung von Enzymgenen für Chitinasen und/oder Glucanasen, die die pilzliche Zellwand angreifen (Hoffmann 1997, Tab. 5.5). Die konstituive Coexpression von Chitinase und ß-1-Glucanase scheint die Resistenz gegen pilzliche Pathogene zu erhöhen (Melchers und Stuiver 2000). Eine andere Möglichkeit besteht in der Übertragung von RIP-cDNA (Ribosomen-inaktivierende Proteine), die die Peptidsynthese von Pilzen hemmt, deren Zellwände kein Chitin, sondern Zellulose enthalten. Angewendet wurde dies bei transgenen Weinreben zum Schutz vor falschem Mehltau (Kempken und Kempken 2000). Zusätzlich zu resistenz-vermittelnden Proteinen wurde eine breite Familie von Peptiden (defensins) entdeckt, die antimikrobielle und fungizide Eigenschaften haben. Diese Peptide kommen sowohl in tierischen Lebewesen, wie auch Pflanzen vor. Ein Peptid aus Alfalfa mit fungizider Eigenschaft wurde erstmals in Kartoffeln übertragen (Gao et al. 2000).

Eine zweite Strategie besteht schließlich darin, die Pilzresistenz durch kontrollierten hypersensitiven Tod der Wirtszellen zu erhöhen (Melchers und Stuiver 2000). So erkennt eine Klasse von Resistenzgenen, die für Proteinkinasen kodieren und an der Signaltransduktion beteiligt sind, das korrespondierende Avirulenz-Gen eines Organismus und löst am Befallsort eine hypersensitive Reaktion aus. Durch einen lokal begrenzten Zelltod und nekrotische Veränderungen des betroffenen Gewebeabschnitts wird die Ausbreitung des Pathogens verhindert (Hoffmann 1997).

Die Strategien zur Etablierung transgener bakterien- und pilzresistenter Pflanzen sind z. T. sehr ähnlich. Zur Abwehr pathogener Bakterien wird auch eine Detoxifikation der durch die Schadorganismen abgegebenen und die Pflanzen schädigenden Toxine angestrebt. Die soll durch die Expression metabolisierender Enzyme oder toxinresistenter Targetenzyme (z. B. Isoformen von Enzymen mit geringerer Toxinsensitivität) erreicht werden. Beispiele für gentechnisch vermittelte Bakterienresistenz sind in Tabelle 5.5 dargestellt. Die Ergebnisse bei der Produktion antimikrobieller Substanzen in transgenen Pflanzen sind aufgrund artspezifischer Unterschiede sehr heterogen. Hier besteht noch weiterer Forschungsbedarf.

Herbizidresistenz

Die Ertrageinbußen durch Verunkrautung der landwirtschaftlichen Kulturen werden weltweit auf 10 % bis 15 % geschätzt. Im großflächigen Anbau wird deshalb meist auf Herbizide als Mittel zu der Unkrautkontrolle zurückgegriffen. Selektiv wirkende Herbizide (z. B. Bromoxynil, Sulfonylharnstoffe), wie sie zumeist in der konventionellen Landwirtschaft verwendet werden, zerstören nur Pflanzenarten mit bestimmten morphologischen und physiologischen Eigenschaften. Einige der selektiven Herbizide verursachen Umweltprobleme aufgrund ihrer langen Persistenz im Boden, die Gefahr der Auswaschung ins Grundwasser oder durch die Herausbildung resistenter Wildkräuterpopulationen. Totalherbizide wie Glyphosat (Roundup®) oder Phosphinothricin (Basta®) werden dagegen im Boden schnell abgebaut. Sie sind jedoch für Nutzpflanzen und Wildkräuter gleichermaßen toxisch (Kempken und Kempken 2000).

Transgene herbizidresistente Pflanzen besitzen Resistenzgene, die für Proteine kodieren, die entweder das Herbizid inaktivieren oder die Angriffsstelle des Herbizids in der Zelle so modifizieren, dass das Herbizid keinen Schaden mehr anrichten kann. Die Resistenzgene stammen dabei entweder aus Mikroorganismen oder werden aus spontan-resistenten Pflanzen isoliert. Tabelle 5.6 gibt einen Überblick über transgene herbizidresistente Pflanzen und den Wirkungsmechanismus der Resistenz.

Tabelle 5.6: Transgene herbizidresistente Pflanzen

Herbizid	**Wirkungsmechanismus der Resistenz**	**Resistente transgene Pflanzen**
Totalherbizide		
Glyphosat (Roundup®) inhibiert das Targetenzym EPSP-Synthase und hemmt die Synthese aromatischer Aminosäuren	Übertragung des 35S-Promotor regulierten Gens für das Enzym EPSP-Synthase und eines bakteriellen Gens für eine Oxidoreduktase bewirkt Resistenz durch verstärkte Synthese der herbizidinhibierten EPSP-Synthase und gleichzeitige Detoxifikation des Herbizids durch die Oxidoreduktase.	Tabak, Mais Baumwolle, Raps Flachs, Sojabohne, Zuckerrübe, Tomate

Fortsetzung Tabelle 5.6

Herbizid	**Wirkungsmechanismus der Resistenz**	**Resistente transgene Pflanzen**
Phosphinothricin (PPT) inhibiert als Strukturanalogin der Glutaminsäure das Targetenzym Glutaminsynthetase durch irreversible Bindung am Substratbindeort und bewirkt damit die Akkumulation des toxischen Ammoniums	Übertragung des bar-Gens aus *Streptomyces hygroscopicus* unter Kontrolle des 35S-Promotors bewirkt die Detoxifikation des Herbizids durch Acetylierung.	Kartoffel, Tabak, Mais, Luzerne, Melone, Chicorée, Flachs, Pappel, Reis, Sojabohne, Zuckerrübe, Tomate, Raps, Weizen
Selektive Herbizide		
Bromoxynil Verhinderung des Transports von Elektronen vom Photosytem II und Absterben empfindlicher dikotyler Pflanzen	Übertragung des bxn-Gens aus *Klebsiella ozaenae* unter Kontrolle des 35S- oder des lichtinduzierbaren RuBP-small subunit-Promotors bewirkt Detoxifikation des Herbizids.	Kartoffel, Tabak, Baumwolle, Tomate
Sulfonylharnstoffe nicht-kompetitive Hemmung des Enzyms Acetolactatsynthase (ALS) und damit Ausfall der Synthese verzweigter Aminosäuren	Übertragung von veränderten ALS-Genen aus *Nicotiana tabacum* oder *Arabidopsis thaliana* (csr1-Locus)-Mutanten bewirken eine Affinitätsverminderung der Herbizide zum Targetenzym ALS	Kartoffel, Tabak, Baumwolle, Flachs, Kiwi, Mais, Sojabohne, Zuckerrübe, Tomate

Quelle: Hoffmann 1997

Toleranz gegen abiotischen Stress

Pflanzen, die an ihren Standorten umweltbedingtem (abiotischen) Stress ausgesetzt sind, haben genetisch determinierte Mechanismen entwickelt, um sich gegen diese Stressfaktoren zu schützen. Die Übertragung einer erhöhten Toleranz gegen Stressfaktoren wie Hitze, Kälte, Wassermangel, hohen Salzgehalt oder Schwermetalle auf Nutzpflanzen würde deren Anbau auf marginalen Standorten ermöglichen. Gentechnisch veränderte, stresstolerante Pflanzen befinden sich in der Entwicklung. Sie haben das Anwendungsstadium noch nicht erreicht (DFG 2001).

Die meisten Stressfaktoren wirken direkt oder indirekt durch die Bildung reaktiver Sauerstoffverbindungen (Radikale) schädigend auf die Pflanzen ein[18]. Eine allge-

---

18 Die Radikale zerstören durch Oxidation wichtige biologische Makromoleküle wie DNA, Proteine und Lipide und lösen dadurch pathobiochemische Mechanismen aus.

mein höhere Stresstoleranz wird daher durch die Aktivierung von Genen erreicht, die für Enzyme kodieren, die die Bildung von Antioxidantien bewirken. Daneben sind auch verschiedene Enzyme an der Detoxifikation freier Sauerstoffradikale beteiligt. Das Enzym Superoxid-Dismutase (SOD) setzt freie Sauerstoffradikale in Wasserstoffperoxid um, das durch Katalasen weiter in Sauerstoff und Wasser zerlegt wird. Durch die Übertragung eines Gens für Mangan-SOD auf *Nicotiana tabacum* konnten durch Ozon verursachte Pflanzenschäden um das drei- bis vierfache reduziert werden (Hoffmann 1997).

Zur Stabilisierung des Wasserhaushalts bei Pflanzen unter Trocken-, Salz- oder Kältestress sind osmoprotektive Substanzen (Osmolyte) von Bedeutung, die Wasser binden können oder in der Lage sind, die Funktion der Wassermoleküle zu übernehmen, die zur Aufrechterhaltung von Proteinstrukturen notwendig sind. Bei den osmoprotektiven Stoffen handelt es sich um nieder-molekulare Verbindungen, die häufig dem Zucker- und Aminosäurestoffwechsel entstammen (DFG 2001). Die Akkumulation von Mannitol, einem Zuckeralkohol, durch die Übertragung eines Gens für Mannitol-Dehydrogenase, bewirkt bei vielen Pflanzen einen Schutz gegen Trockenheitsstress (PEW 2001; Kempken und Kempken 2000).

Zur Erhöhung der Kältetoleranz sind Gene mit einer Beteiligung an der Lipidsättigung der Chloroplastenmembran geeignet. Durch einen erhöhten Sättigungsgrad der Fettsäuren, die am Aufbau der Tylakoidmembran der Chloroplasten beteiligt sind, sinkt die Kälteempfindlichkeit und die damit verbundene Hemmung der Photosynthese. Ein Beispiel hierfür ist die Übertragung der cDNA für Glycerol-3-Phosphat-Acyltransferase aus dem Kürbis in Tabak (Moon et al. 1995). In der Modellpflanze *Arabidopsis thaliana* (Ackerschmalwand) wurde außerdem ein Regulationsgen (CBF1) isoliert, das bei der Aktivierung von Genen zum Schutz vor Kälte eine Schlüsselrolle zu spielen scheint (Sarhan und Danyluk 1998).

Für die Erhöhung der Salztoleranz[19] gibt es verschiedene Ansätze. In transgenem Reis konnte durch die verstärkte Expression des Enzyms Gluthamin-Synthetase die Salztoleranz erhöht werden (Hoshida et al. 2000). Die Übertragung des Gens für Cholinoxygenase aus dem Bakterium *Athrobacter globiformis* auf *Arabidopsis* Pflanzen führt zur Akkumulation von Glycinbetainen in den Pflanzen und damit zu einer erhöhten Salztoleranz.

Das Einbringen von Genen, die die Toleranz gegen Schwermetalle in Pflanzen erhöhen, ist nicht nur für das verbesserte Wachstum von Kulturpflanzen auf belasteten Böden interessant, sondern kann auch für Entgiftung verseuchter Böden (Phyto-

[19] Die Salztoleranz basiert auf zwei physiologischen Mechanismen: dem selektiven Ausschluss von Ionen, die im Boden im Übermaß vorhanden sind und dem Einschluss von Ionen in den Vakuolen bei gleichzeitiger Erhöhung osmotisch aktiver Substanzen im Zytoplasma. Getreide und verwandte Wildarten akkumulieren den Schutzfaktor Glycin-Betain.

remediation) eingesetzt werden. Ein pflanzenspezifischer Entgiftungsmechanismus ist die Bindung von Schwermetallen an Phytochelatine (z. B. organische Säuren) und deren Akkumulation in den Vakuolen der Zellen. Durch die Einführung von Methalothionein-Genen[20] in Tabak konnte die Cadmium-Toleranz dieser Pflanzen erhöht werden (Hoffmann 1997). Eine Toleranz gegen toxische Quecksilberkonzentrationen konnte durch die Expression eines Quecksilberreduktase-Gens aus quecksilberresistenten Bakterien in einer Magnolienart (*Liriodendron tulipifera*) erzielt werden (Kempken und Kempken 2000).

Insgesamt befinden sich die Arbeiten zur abiotischen Stresstoleranz in transgenen Pflanzen noch im Versuchsstadium: die jeweiligen zellulären Prozesse sind eng miteinander verflochten, die zu bewältigenden Probleme sind komplexer Natur. Hier besteht noch weiterer Forschungsbedarf.

Veränderung reproduktiver und ertragbeeinflussender Eigenschaften

Männliche Sterilität

Die Herstellung von Hybridlinien für die Produktion von Hybridsaatzucht wird durch männliche Sterilität eines Partners erleichtert. Neben der kompletten männlichen Sterilität und der kompletten weiblichen Fertilität der beiden Linien, sollte die männliche Fertilität der F_1-Hybridpflanzen restauriert werden können, um die reinen Linien zu erhalten.

Am besten charakterisiert und in der Anwendung befindlich ist das Barnase-Barstar-System[21]. Wird das Barnasegen mit einem tapetumspezifischen Promotor TA29 fusioniert, wird durch die Expression der Barnase, die RNA der Tapetumzellen[22] abgebaut, die Zellen sterben ab, und der Pollen degeneriert. Durch Kreuzung der sterilen Linie mit Pflanzen, die den Barnase-Inhibitor Barstar exprimieren, erhält man in der F_1-Generation fertile Pflanzen. Dieses System kann in Pflanzen wie Raps, Tomate oder Mais eingesetzt werden (Kempken und Kempken 2000).

Alternative Systeme männlicher Sterilität nutzen die Antisense-[9] oder Cosuppressionstechnik[23], bei der Gene mit einer Beteiligung bei der Pollenentwicklung in ihrer Expression gehemmt werden: durch Antisense Expression des Chalkonsynthase-

---

20 Methalothioneine sind in Tieren, Pflanzen und Mikroorganismen vorkommende, kleine Cystein-reiche Proteine, die verschiedene Schwermetalle binden und ihre Übertragung auf metallabhängige Apoproteine oder ihre Entgiftung vermitteln (Hoffmann 1997).

21 Barnase ist eine zytotoxische Ribonuclease, die RNA konkurrierender Bakterien abbauen kann, das Protein Barstar der dazugehörige spezifische Inhibitor. Beide werden aus *Bacillus amyloliquefaciens* isoliert.

22 Spezielle Zellen in den Antheren (Staubblättern), die der Ernährung des jungen Pollen dienen.

23 Durch Insertion von zusätzlichen Genkopien kommt es zur Überexpression von Genen, wobei als Folge das endogene Gen inaktiviert werden kann. Dieser Vorgang wird zur Unterdrückung der Aktivität unerwünschter Gene genützt.

Gens wird z. B. die Bildung von Flavonolen in den Tapetumzellen transgener Pflanze verhindert. Darüber hinaus gibt es Versuche, durch Verwendung chemisch induzierbarer Promotoren zur Kontrolle von Restorer-Genen[24] bedingte männliche Sterilität zu erzeugen (Hoffmann 1997).

Systeme zur Herstellung männlich steriler Linien, die ohne Restorer-Gen auskommen, übertragen unter Verwendung des tapetumspezifischen Promotors TA29 Gene für Proteine, die nichttoxische chemische Verbindungen in hochphytotoxische Formen umwandeln, die die Tapetumzellen schädigen und die Pollenentwicklung stören. Dazu gehören N-Acetyl-L-Ornithinedeacetylase aus *E. coli*, die N-Acetyl-Phosphothricin in das Glufosinat L-Phosphothricin umwandelt sowie Cytochrom $P450_{SU1}$ aus *Streptomyces griseolus*, das die Sulfonylharnstoff-Komponente R7402 in die toxische Form überführt. Zum Erhalt steriler Linien ist bei diesen Verfahren allerdings eine externe Behandlung mit den entsprechenden Chemikalien notwendig (Kempken und Kempken 2000; Hoffmann 1997).

Ertragsbeeinflussende Faktoren

Für die pflanzliche Ertragsbildung sind die Photosyntheseleistung, die Photorespiration und die Stickstofffixierung wichtige Mechanismen. Diese Mechanismen sind jedoch sehr komplex und ihre molekularen Grundlagen noch nicht ausreichend aufgeklärt.

Beispielsweise müssten für die Übertragung der Eigenschaft „Stickstofffixierung" von Bodenmikroorganismen auf Nutzpflanzen, mehrere Strukturgene (u .a. nifH, D, K), die für das Schlüsselenzym Nitrogenase kodieren, transformiert und deren Expression koordiniert werden. Im Fall der symbiontischen Stickstofffixierung kann diese komplexe Problematik umgangen werden, indem versucht wird, durch verstärkte Expression der nif-Gene in den Bodenbakterien deren Leistung zu verbessern. Eine weitere Möglichkeit stellt die Erweiterung des Wirtsbereichs der Bodenbakterien durch Änderung funktioneller Gruppen der Nodulationsfaktoren in den Bakterien und Induktion der Nodulation[25] in wichtigen Kulturpflanzen dar (Hoffmann 1997). Ein aus der Alge *Chlorella sorokiniana* isoliertes und auf Pflanzen übertragenes Gen, kodiert für eine Stickstoff-induzierbare, Glutamat-Dehydrogenase, die die Effizienz der Stickstoffverwertung steigert (Woods 1999).

Eine Möglichkeit über gentechnische Veränderung die Produktivität bei Reis zu steigern, wurde durch die Übertragung eines Antisense-Gens, das die Bildung bestimmter Proteine hemmt und die Phase der Kornfüllung verlängert, erreicht (Finkel 1999).

---

24 Restorer-Gene sind Kerngene, die zur Fertilität zytoplasmatisch männlich steriler Pflanzen beitragen können.

25 Als Nodulation wird die Ausbildung der Wurzelknöllchen und der Einschluss stickstofffixierender Bakterien bezeichnet.

5.3.3.2 Output-Traits

Weltweit konzentrieren sich viele Forschungsprojekte darauf, die Zusammensetzung und den Gehalt an qualitätsbestimmenden Inhaltsstoffen quantitativ und/oder qualitativ zu verändern. Ziel ist dabei, die Qualitätseigenschaften der Pflanzen im Hinblick auf ihre spezifische Nutzung als Lebensmittel, Futtermittel oder als Rohstoff für die chemische oder pharmazeutische Industrie zu optimieren. Nachfolgend wird auf gentechnische Veränderung der Qualitätseigenschaften von Nahrungs- und Futtermittelpflanzen eingegangen, wie z. B. Anreicherung erwünschter Inhaltsstoffe, Reduzierung des Gehalts an antinutritiven Stoffen und Allergenen. Die Veränderung von Pflanzeninhaltsstoffen zur Nutzung der Pflanzen als nachwachsende Rohstoffe (Proteine, Biopolymere, Kunststoffe, Lipide), zur Bodensanierung und zur Produktion von Pharmazeutika (Impfstoffe, Antikörper, therapeutische Proteine) wird in Kapitel 5.6 dargestellt.

Inhaltsstoffe
Zu den Inhaltsstoffen, die die Nahrungsmittelqualität bestimmen und Ziel gentechnischer Veränderungen sind, gehören Proteine, Lipide, Kohlenhydrate sowie auch Vitamine und Mineralstoffe. Ansätze der Veränderung der Nahrungsmittelqualität zielen bislang entweder darauf ab, Inhaltsstoffe in ernährungsphysiologisch oder lebensmitteltechnologisch günstigere Formen umzuwandeln oder Inhaltsstoffe, die nicht oder nur in unzureichenden Mengen in den Pflanzen enthalten oder verfügbar sind, neu einzubringen oder anzureichen. Beispiele hierfür sind in Tabelle 5.7 dargestellt. Die Veränderung von Pflanzeninhaltsstoffen geht mit Eingriffen in die komplexen Stoffwechselwege bei Pflanzen einher. Gentechnische Veränderungen setzen daher die Kenntnis der Stoffwechselwege und regulatorischen Prozesse voraus. Durch Wechselwirkungen von Pleiotropie und Redundanz der beteiligten Gene und durch Fehleinschätzung der Bedeutung eines gentechnisch veränderten Stoffwechselschritts können folglich unerwartete Effekte auftreten (Hoffmann 1997).

Weit fortgeschritten und bereits kommerziell erhältlich sind Pflanzen mit verändertem Fettsäuremuster. Je nach ernährungsphysiologischer oder industrieller Anforderung lassen sich beispielsweise in Raps Fettsäuren mit 10 bis 22 C-Atomen bilden (Wenzel und Mohler 2001). Um schädliche Effekte auf die Pflanzenentwicklung zu vermeiden, werden die Gene der Fettbiosynthese mit gewebespezifischen Promotoren (z. B. für die Akkumulation der Fettsäuren in Samen) oder Sequenzen der Kompartimentszuweisung verknüpft.

Bei der Modifikation von Fettsäuremustern kommt es teilweise zu unerwünschten Folgen durch unerwartete Rückkopplungsmechanismen. Über die bereits identifizierten Enzyme des Fettsäurestoffwechsels hinaus scheinen weitere Regulationsmechanismen zu existieren, die die Manipulation freier und membrangebundener Fettsäuren einschränken. Auch ist die Bedeutung der Fettsäureveränderung für die Membranfunktion (z. B. Kältetoleranz, Permeabilität) oder die Synthese von Botenstoffen (z. B. Signaltransduktion bei Pathogenbefall) teilweise nicht bekannt. Problematisch sind daher alle Veränderungen komplexer Stoffwechselwege, deren Feedback- und andere Regulationsmechanismen nur unzureichend verstanden sind. Neben dem Fettstoffwechsel gehört dazu auch die Veränderung der Aminosäurezusammensetzung von Proteinen (Dixon 1999).

Die Aminosäurezusammensetzung der Pflanzen ist oft nicht ausgeglichen genug, um als vollwertige Proteinquelle zu dienen. Eine Veränderung der Proteinzusammensetzung bei Pflanzen betrifft daher zumeist Aminosäuren. Insbesondere Lysin ist in vielen Nahrungsmittel- und Futterpflanzen nicht ausreichend vorhanden. Viele laufende Forschungsarbeiten beschäftigen sich daher damit, durch Übertragung bakterieller Gene für ein wichtiges Enzym der Biosynthese von Lysin, Pflanzen mit ausreichend hohem Lysingehalt in den Körnern zu erzeugen (Dingermann 1999; Krebbers et al. 1999).

Modifikationen des Zucker- und Stärkehaushalts bei Pflanzen betreffen die ausschließliche Produktion nur einer Stärkeform[26] (Amylose oder Amylopektin), was die Nutzung der Stärke in der Lebensmittelindustrie (z. B. Backwaren, Gelier- und Quellmittel) wie auch der chemischen Industrie (z. B. Herstellung von Kleber, Papier) erheblich erleichtert. Auch die Bildung neuer Kohlenhydrate ist möglich: durch Einführung eines bakteriellen Gens kann in Kartoffeln Cyclodextrin produziert werden. Cyclodextrin wird in der Lebensmittel- und pharmazeutischen Industrie zur Stabilisation flüchtiger Substanzen und aromatischer Komponenten oder zur Elimination unerwünschter Moleküle (Bitterkeit, Cholesterin) verwendet. Viele Aspekte der Kohlenhydratsynthese und ihrer funktionellen und energetischen Kopplung an Stoffwechselprozesse sind noch ungeklärt. Komplex verknüpfte metabolische Funktionen der Pflanzen müssen daher weiter analysiert werden. Auch ist noch offen, inwiefern das Verbreitungsmuster von Pathogenen und bodenbewohnenden Mikroorganismen durch großflächigen Anbau von Kartoffeln und Zuckerrüben mit veränderten Kohlenhydratmustern beeinflusst wird.

In vielen Entwicklungsländern besteht eine Unterversorgung mit Vitaminen, Mineralsstoffen und Spurenelementen, die für den Erhalt der menschlichen Gesundheit wichtig sind. Reis, der für eine Großteil der Menschheit ein Hauptnahrungsmittel darstellt, enthält kaum Vitamin A. Auch wird durch das in Getreide enthaltene Phytat die Eisenverfügbarkeit beeinträchtigt. Ziel war daher die Entwicklung einer Reissorte, die ß-Carotin bildet und eine verbesserte Eisenakkumulation und -bioverfügbarkeit aufweist. Hierfür wurde in zwei getrennten Reislinien jeweils eine Qualitätseigenschaft durch Übertragung von Fremdgenen etabliert und durch anschließende Kreuzung kombiniert (sog. „Golden Rice"). Somit konnte erstmals ein

---

26 Gemeinsam lassen sich Amylose (unverzweigt, nicht wasserlöslich) und Amylopektin (verzweigt, wasserlöslich) nicht effektiv nutzen. Die Trennung und Reinigung der Komponenten ist aufwändig.

komplexer Stoffwechselweg auf eine Pflanze übertragen werden (Ye et al. 2000). In den nächsten Jahren soll diese neue Eigenschaft am *Internationalen Reisforschungsinstitut (IRRI)* auf den Philippinen in verschiedene lokale Sorten eingekreuzt werden (Saedler 2001).

Tabelle 5.7: Beispiele für die Veränderung der Produktqualität durch Gentransfer in Pflanzen

Qualitätseigenschaft oder Inhaltsstoff	**Herkunft der verwendeten Gene**	**transgene Pflanzen**
Proteine		
Steigerung des Gehalts an verschiedenen Aminosäuren (z. B. Lysin, Methionin, Tryptophan)	Überproduktion feed-back unempflindlicher bakterielle Gene für Aspartokinase und Dihydropicolinsäure-Synthase (Lysin) bzw. heterolog exprimierter Mutante eines Biosyntheseenzyms (Tryptophan); Überexpression eines methioninreichen, in Getreiden vorkommendes Eiweißes (Methionin)	Raps, Soja, Mais
Steigerung des Gesamtproteingehalts	Übertragung eines nicht allergenwirkenden Albumin-Gens, Expression in Samen	Kartoffel, Cassava
Lipide		
Verkürzung der Fettsäure-Ketten, Steigerung des Laurinsäuregehalts (Margarine-Herstellung)	Übertragung des Gens für eine spezifische Acetyl-ACP-Thioesterase aus *Umbellularia californica*	Raps
Veränderung der Fettsäureprofile, Steigerung ungesättigter Fettsäuren (Ölsäure 18:1, Linolsäure 18:2, Linolensäure 18:3)	Klonierung von FAD 3 und FAD 2-Gen. Kodieren für Desaturasen, die zusätzliche Doppelbindungen einfügen (18:1, 18:2, 18:3)	Soja, Raps, Sonnenblumen
Kohlenhydrate		
Amylose- oder Amylopektinfreie Stärke oder Saccharoseakkumulation	Antisense-Repression pflanzeneigener Enzyme (z. B. GBSS, Q-Enzym, AGPase)	Kartoffel
Cyclodextrinexpression	Übertragung des CTG-Gens aus *Klebsiella pneunmoniae*	Kartoffel

Fortsetzung Tabelle 5.7

Qualitätseigenschaft oder Inhaltsstoff	**Herkunft der verwendeten Gene**	**transgene Pflanzen**
Erhöhte Stärkeakkumulation (geringere Fettaufnahme beim Fritieren)	Übertragung des mutierten AGPase-Gens (glgC16) aus *E. coli*	Kartoffel
Vitamine, Mineralien, Spurenelemente		
Bildung von ß-Carotin (enzymatische Umwandlung von Geranylgeranylpyrophosphat zu ß-Carotin)	Übertragung von Genen, die Schlüsselenzyme des Terpenoid-Stoffwechselwegs kodieren aus der Narzisse bzw. dem Bakterium *Erwinia uredovora*	Reis
Verbesserung von Eisengehalt (Erhöhung von Ferritin) und -verfügbarkeit (Reduktion der Phytinsäure, Erhöhung der Absorption durch Cystein)	Übertragung eines Ferritin-Gens aus *Phaseolus vulgaris*, eines Phytase-Gens aus *Aspergillus fumigatus*; Überexpression des cystein-reichen Metallothionein-ähnlichen Proteins	Reis
Erhöhte Gehalte an Carotinoiden Lycopin und Lutein	Übertragung eines bakteriellen Gens zur umwandlung von Phytoen in Lycopin	Tomaten

Quelle: Ergänzt nach Hoffmann 1997

Reifungseigenschaften
Eine der ersten transgenen Veränderungen zielte darauf ab, den Reifungsprozess bei Früchten zu beeinflussen, um dadurch die Haltbarkeit und Lagerungsfähigkeit zu erhöhen sowie den Geschmack zu verbessern. Ein Ansatzpunkt für die Verzögerung des Reifungsprozesses ist die Absenkung des Ethylengehalts in den Pflanzen. Dies wird einmal durch ein Antisense-Gen der tomateneigenen Aminocyclopropan-Carboxylat-Synthase[27] (ACC) erzielt, das die Expression des natürlichen Enzymproteins hemmt. Alternativ kann ein bakterielles Gen für das Enzym ACC-Deaminase in Pflanzen übertragen werden, das mit dem Etyhlen-bildenden-Enzym um das Substrat ACC konkurriert und ACC zu α-Ketobutyrat umsetzt.

Ein weiterer Ansatz zielt auf die Hemmung des Enzyms Polygalacturonase. Das Enzym baut den Hauptbestandteil des Pektins, die Polygalacturonsäure, ab und fördert dadurch das Weichwerden der Früchte. Durch Expression eines Antisense-Gens für Polygalacturonase in Tomaten wurde auf diese Weise das erste zugelasse-

27 Enzym der Ethylenbiosynthese

ne, gentechnisch veränderte Nahrungsmittel in den USA, die Flavr Savr®-Tomate, erzeugt (Dingermann 1999).

Antinutritive Stoffe und Allergene
Neben den qualitätsbildenden Inhaltsstoffen gibt es in Pflanzen eine Reihe von Substanzen, die die Verdaulichkeit oder Verfügbarkeit wertvoller Inhaltsstoffe einschränken, die toxisch sind oder die bei vielen Menschen beim Konsum allergische Reaktionen hervorrufen. Mit Hilfe gentechnischer Methoden wird angestrebt, den Gehalt an diesen Substanzen zu reduzieren oder in weniger toxische oder allergene Formen zu überführen.

Zu den antinutritiven Substanzen gehört das in Getreide und Gemüse enthaltene Phytat (Phytinsäure-Verbindungen), das die Absorption wichtiger Mineralstoffe, wie z. B. Eisen, hemmt. Durch Expression des Enzyms Phytase kann die Phytaseaktivitiät erhöht und der Gehalt an Phytinsäure in den Samen gesenkt werden (z. B. Reis, Tab. 5.7). Glycoalkoloide sind toxische Substanzen in Kartoffeln und Tomaten. In Kartoffeln wurde durch Einbringen eines Antisense-Gens, das Schlüsselenzym für die Produktion des Glycoalkaloids Alpha-Chaconin, UDP-Glucose-Glucosyltransferase, gehemmt (PEW 2001). Die meisten bekannten Allergene sind Proteine. Hierzu gehören unter den pflanzlichen Allergenen Gluten[28] in Getreide sowie Eiweiße aus Sojabohnen, Erdnüssen und anderen Nüssen. Durch eine Antisense-RNA-Strategie konnte die Menge des allergenen Proteins im Reis reduziert werden (Kempken und Kempken 2000). Bei Erdnüssen hingegen macht das allergene Protein den Großteil des pflanzlichen Proteins aus. Eine Elimination erscheint daher nicht möglich (Wilkinson 1998).

5.4 Gentechnik bei Dauerkulturen und Zierpflanzen

5.4.1 Obstarten

Im Obstbau liegen die Forschungsschwerpunkte vor allem auf der Etablierung von Resistenzen gegenüber Pilzen, Viren und Bakterien als Erreger von Pflanzenkrankheiten und gegen verschiedene Schadinsekten. Zur Erzielung von Virusresistenzen wird meist die sogenannte „Hüllprotein-Resistenz-Methode" („coat protein-mediated resistance") angewandt, während eine Resistenz gegen Schadpilze meist durch Übertragung von Genen für zellwandabbauende Stoffe wie etwa Chitinase oder Lysozym erzielt werden.

---

28 Gluten ist ein Getreideeiweiß. Bei einer genetisch bedingten Unverträglichkeit des Dünndarms gegenüber Gluten (Zöliakie) löst Gluten als Allergen eine Antigen-Antikörper-Reaktion aus.

Daneben besteht auch ein großes wirtschaftliches Interesse daran, die Jugendphase der genutzten Gehölze zu verkürzen, damit sich die Wartezeiten auf die ersten Erträge verkürzen (Öko-Institut 2001). Die Übertragung von zwei Schlüsselgenen der Blühentwicklung aus *Arabidobsis thaliana* in Zitrusbäume und die ständige Expression dieser Gene unter der Kontrolle des CaMV 35S-Promoters führten zu einer stark verkürzten juvenilen Phase: die transgenen Zitrusbäume blühten und fruchteten schon im ersten Jahr nach der Keimung. Diese Eigenschaft ist auch bei Kreuzungen mit nicht gentechnisch veränderten Zitrusbäumen vererbbar (Peña et al. 2001).

Um die Transport- und Lagerfähigkeit exotischer und empfindlicher Obstarten zu erhöhen, wird daran gearbeitet durch gentechnische Veränderungen den Reifeprozess zu steuern bzw. zu verzögern. Ansatzpunkte für gentechnische Veränderungen sind hier die Unterdrückung der Ethylenbildung und die Blockierung von Enzymen, die für den Abbau der Zellwände verantwortlich sind (s. auch Kap. 5.3.3.2). In den Bereich der agronomisch wichtigen Eigenschaften fällt die Transformation von bestimmten Toleranzeigenschaften gegen abiotische Faktoren (z. B. Frost) (Mantinger 1998). Vereinzelte Projekte arbeiten auch daran, die Qualitätseigenschaften verschiedener Obstarten durch die Modifikation von Inhaltsstoffen und Produkteigenschaften (z. B. Erhöhung des Zuckergehalts, Veränderung der Zuckerzusammensetzung) zu verändern (Transgen 2001a). In Tabelle 5.8 sind einige Beispiele für gentechnisch veränderte Eigenschaften verschiedener Obstarten aufgeführt.

Tabelle 5.8: Beispiele für gentechnische Veränderungen bei Obstarten

Ziel	Gentechnische Veränderung	Produkt	Status
Bakterienresistenz (Feuerbrand)	Übertragung eines Gens für lytische Enzyme aus „giant silk moth“	Apfel, Birne	Freisetzungen
Resistenz gegen Schadinsekten (coddling moth/apple cutworm)	Übertragung eines *Bt*-Gens (Apfel) Übertragung von Lektin-Genen aus Schneeglöckchen (Grapefruit)	Apfel, Grapefruit	Gewächshäuser und begrenzt Freisetzungen
Virusresistenz		Birne, Banane, Grapefruit, Melone	Labor/ Freisetzungen
plum pox virus, (durch Blattläuse übertragen)	Transformation mit Gen des Virushüllproteins	Steinfrüchte (Pflaume, Pfirsich, Nektarine, Aprikose, Kirsche)	Freisetzungen

Fortsetzung Tabelle 5.8:

Ziel	Gentechnische Veränderung	Produkt	Status
Papaya Ringspot Virus	Übertragung des Gens für das Hüllprotein des krankheitsauslösenden Virus	Papaya	Markteinführung (USA/Hawaii)
Pilzresistenzen	meist durch Übertragung von Genen für zellwandabbauende Stoffe wie etwa Chitinase oder Lysozym	Apfel, Birne, Erdbeeren, Kiwi	Freisetzungen
Steuerung des Blühzeitpunkts mit dem Ziel, dass alle Früchte zur gleichen Zeit erntereif sind	temperaturempfindliche Ananas-Gene, welche die Blüte steuern, sollen entsprechend verändert werden	Ananas, Erdbeeren	Entwicklung
Steuerung des Reifeprozesses	Blockierung eines Gens, das über ein Enzym den Abbau der Zellwände bewirkt.	Himbeere	Freisetzungen
Reifeverzögerung	Unterdrückung der Ethylenbildung	Ananas, Birne, Erdbeeren, Kiwi, Mango, Pflaume, Melone	Entwicklung
Verhinderung des Braunwerdens	Blockierung der Gene der Polyphenoloxidase	Banane	Labor/ Gewächshaus
Verkürzung der juvenilen Phase	Expression der Gene LFY und AP1 aus *Arabidopsis thaliana* unter der Kontrolle des CaMV 35S-Promoters	Zitrusfrüchte	Freisetzung

Quellen: PEW 2001; Transgen 2001a

5.4.2 Reben

Pilzliche Schaderreger, in den europäischen Regionen vor allem Grauschimmel, Echter und Falscher Mehltau, sind ein großes Problem im Weinbau. Sie führen nicht nur zu Ertragseinbußen, sondern auch zu Qualitätsverlusten beim Wein. Seit Jahrzehnten stellt daher die Kombination der Eigenschaften Resistenz gegen Schaderreger – insbesondere pilzliche Schaderreger – und hohe Weinqualität das wichtigste Ziel der konventionellen Rebenzüchtung dar.

In traditionellen Rebsorten (*Vitis vinifera*) existieren keine natürlichen Resistenzen gegen die in der zweiten Hälfte des letzten Jahrhunderts aus Nordamerika nach Europa eingeschleppten pilzlichen Schaderreger Echter Mehltau (*Uncinula necator*) und Falscher Mehltau (*Plasmopara viticola*). Die Pilzkrankheiten können bislang fast ausschließlich mit Kupferpräparaten, die langfristig zur Belastung der Böden mit Schwermetallen führen, oder chemischen Fungiziden bekämpft werden, wobei bei starkem Befall und in empfindlichen Lagen bis zu acht Anwendungen pro Jahr erfolgen (BAZ 2000).

Tabelle 5.9: Beispiele für gentechnische Transformationen bei *Vitis vinifera*

Ziel/Auswirkung	**Übertragene Gene**	**Land/Sorte**
Pilzresistenz	Chitinase und RIP (Ribosomen-Inhibierendes Protein) aus Gerste; nptII-Marker	Deutschland/ Seyval blanc
Pilzresistenz	Chitinase und RIP aus Gerste; nptII-Marker	Deutschland/ Riesling
Pilzresistenz	Chitinase und Glucanase aus Gerste; nptII-Marker	Deutschland/ Riesling
Pilzresistenz (Mehltau)	ß-1,3-Glucanase-Antisense; nptII-Marker	USA
Bakterienresistenz	Gen: keine Angaben; Vektor: *Agrobacterium tumefaciens*; nptII-Marker	USA
Insektenresistenz, Nematodenresistenz (Criconnemella, Meloidogyne)	cryIA, Lectin; gus, nptII- Marker	USA
Virusresistenz	Gen: keine Angaben; Vektoren: Alfalfa-, Gurken-, Blumenkohl-Mosaikvirus	USA
Abiotische Stresstoleranz	keine Angaben	Kanada
Bestimmung der Auskreuzungsrate (GUS ist sehr leicht durch Blaufärbung nachweisbar)	ß-Glucuronidase (GUS) aus Coli-Bakterien; nptII-Marker	Deutschland/ Dornfelder

Quellen: Töpfer und Harst 1999; Zoglauer et al. 2000

Durch Fortschritte in der klassischen Kreuzungszüchtung kamen 1995 und 1996 die ersten pilzresistenten Rebsorten des Formenkreises *Vitis vinifera* auf den Markt: die Weißweinsorte „Phoenix" und die Rotweinsorte „Regent", die eine hohe Feldresistenz gegen Echten und Falschen Mehltau sowie gegen Grauschimmel (*Botrytis cinerea*) aufweisen. Mehrere Arbeitsgruppen arbeiten gegenwärtig daran, mit Hilfe der Gentechnik die Resistenzen auch auf traditionelle Weinsorten wie z B. Riesling, Merlot oder Chardonnay zu übertragen. Ein Ansatz besteht darin, Gene für die Bildung des Chitinase-Enzyms, das die Zellwände der Pilze abbaut, aus Gerste auf Reben zu übertragen. Andere Strategien nutzen Gene, welche in den Stoffwechsel der Pilze eingreifen und ihn blockieren (Tab. 5.9). Bis zum Erhalt einer marktreifen, pilzresistenten Riesling-Rebe wird mit einer Zeitdauer von mindestens 20 Jahren gerechnet (Töpfer und Harst 1999).

Neben der Erhöhung der Resistenz gegen pilzliche Krankheitserreger arbeiten weltweit eine Vielzahl von Arbeitsgruppen auch an der Erhöhung der Resistenz gegen Pflanzenviren und andere Krankheiten sowie an der Erhöhung der Kältetoleranz. Führend sind Institute in Frankreich, USA, Kanada und Australien. In Kanada wird versucht, bestimmte Gene in Rebsorten einzuschleusen, die einen Weinbau auch in kälteren Regionen zulassen.

5.5 Zierpflanzen

Gentechnische Verfahren werden bei der Zierpflanzen eingesetzt, um gezielt neue Farb- und Formvarianten zu entwickeln, die bisher mit klassischen Züchtungsverfahren nicht möglich waren. Dies trifft beispielsweise für Nelken mit blauer Blütenfarbe zu: durch Einführung relevanter Enzyme aus Petunien in weiße Nelken wurden transgene Nelken mit bläulichen Blüten (Moondust™) entwickelt. Die Blütenfarbe wird durch den Gehalt an Flavonoiden (gelb, rot, purpur, blau), Carotinoiden (gelb/orange) und Betalainen (gelb/rot) bestimmt. Für die unterschiedliche Farbausprägung bei Flavonoiden sind Anthocyane verantwortlich, von denen bislang hunderte verschiedener Verbindungen aus Pflanzen aufgereinigt und in ihrer chemischen Struktur bestimmt werden. Die molekulare Aufklärung der Flavonoidsynthese bietet Möglichkeiten zur Veränderung der Blütenfarbe durch gentechnische Verfahren. Modifikationen werden entweder durch Expression eines bisher in der Pflanze nicht vorhandenen Synthesegens vorgenommen oder durch Unterdrückung eines Synthesegens über Antisense-Expression oder Cosuppression. In Tabelle 5.10 sind Beispiele für transgene Pflanzen mit veränderter Blütenfarbe zusammengestellt.

Neben der Blütenfarbe ist die Blütenform das Ziel züchterischer Veränderungen. Durch Grundlagenarbeiten an Löwenmäulchen (*Antirhinum majus*) und Ackerschmalwand (*Arabidopsis thaliana*) konnten zahlreiche Gene identifiziert werden, die an den Prozessen der Blütenformbildung beteiligt sind. Auf dieser Grundlage wird angenommen, dass die Entwicklung der vier Arten von Blütenblättern (Kelch-, Kron-, Staub- und Fruchtblätter) durch drei funktionelle Bereiche gesteuert werden, die durch ein oder mehrere Gene bestimmt sind. Diese Kenntnisse kann man für die gentechnische Veränderung der Blütenmorphologie nutzbar machen. Bislang sind jedoch noch keine transgenen Zierpflanzen mit veränderter Blütenform entwickelt worden.

Tabelle 5.10: Beispiele für transgene Pflanzen mit veränderter Blütenfarbe

Pflanze	**Farbe**	**gentechnische Veränderung**	**neue Farbe**
Crysantheme	rosa	Chalkonsynthase	weiß
Gerbera	rot	Antisense-Chalkonsynthase; Dihydroflavonol-4-Reduktase	rosa
Nelke	rosa	Chalkonsynthase	fahl rosa
	weiß	Flavonon-3',5'-Hydroxylase	blau
	rot	Antisense-Flavonon-3-Hydroxylase	weiß
Petunie	violett	Antisense-Chalkonsynthase	weiß
	weiß	Dihydroflavonol-4-Reduktase	lachsrot

Quelle: Kempken und Kempken 2000

Weitere Arbeiten befassen sich damit, durch Modifikation der Ethylensynthese analog wie bei Früchten die Lebensdauer von Blumen zu verlängern, Resistenzen gegenüber pilzlichen Schaderregern in Rosen durch die Übertragung von Enzymgenen für Chitinasen zu induzieren oder durch die Entwicklung eines Transformationssysteme und die Übertragung von Genen die abiotische Stresstoleranz bei Zierpflanzen zu erhöhen (BAZ 2001). Für die Produktion von Schnittblumen mit kräftigen und langen Stielen wurde ein Gen („long vase length gene") patentiert und in verschiedene Nelkenarten und andere Spezies übertragen (PEW 2001).

5.6 Gentechnik bei Nicht-Nahrungsmittelpflanzen

5.6.1 Nachwachsende Rohstoffe

Ein weiteres Anwendungsfeld der Gentechnik ist die Produktion von nachwachsenden Rohstoffen, wie industriell wichtigen Proteinen, Lipiden, Kohlenhydraten oder Kunststoffen. Die Produktion in Pflanzen stellt dabei eine kosteneffiziente Alternative zu mikrobiellen Produktionssystemen (Fermenter) dar und weist eine große Flexibilität im Produktionsvolumen auf, da keine aufwändigen und kostenträchtigen technischen Verfahren notwendig sind (BDP 2001).

Proteine

Prinzipiell eignen sich transgene Pflanzen sehr gut als Produktionsorganismen für hochaktive Proteine und komplexe Fusionsproteine. Nur in Pflanzen erhält man eine korrekte Faltung der Proteine, die entscheidend ist für deren biologische Funktion. Die Arbeiten zur Produktion von Proteinen über transgene Pflanzen sind vielfältig und umfassen neben Enzymen zum Einsatz in der Lebensmittelindustrie (s. Kap. 8) auch eine breite Palette an pharmakologisch wichtigen Wirkstoffen (s. Kap. 5.6.3).

Lipide

Fette und Öle sind wichtige industrielle Rohstoffe. Für industrielle Nutzungen sind pflanzliche Fette und Öle bislang noch aufgrund ihres höheren Preises im Vergleich zu fossilen Ölen von untergeordneter Bedeutung. Im Hinblick auf die unterschiedlichen Anforderungen an industrielle Fette wird angestrebt, die Fettsäurezusammensetzung bei Raps zu optimieren. Durch gentechnische Modifikationen sind bereits einige Rapslinien mit verschiedenen Fettsäureprofilen entstanden (Tab. 5.11), darunter laurinsäurereicher Raps, der kommerziell angebaut wird.

Kohlenhydrate

Die Produktion von Kohlenhydraten in Pflanzen ist eine etablierte Technik, die von der Stärkeindustrie schon seit Jahren genutzt wird. Industriell wichtig sind modifizierte Stärken für die Herstellung von Klebstoffen oder Folien, Zellulose als Rohstoff zur Herstellung von Papierprodukten, sowie Pektine, die als Gelier- und Verdickungsmittel benötigt werden. Transgene Pflanzen eröffnen die Möglichkeit für die Herstellung verbesserter Produkte, die eine höhere Wertschöpfung erwarten lassen (Tab. 5.11). Bislang müssen 80 % der industriell gewonnenen Stärke chemisch oder physikalisch behandelt werden. Gezielte Modifikationen im Kohlenhydratstoffwechsel können diesen Anteil drastisch verringern (Willmitzer 1999). Ein

Beispiel hierfür ist eine durch Antisense-Repression entwickelte Amylose-freie Kartoffel, die bereits Marktreife erlangt hat.

Synthetische Polymere

Viele Bakterien produzieren aliphatische Polyester (PHA, Polyhydroxyalkanolate) wie z. B. Polyhydroxybuttersäure (PHB) als Speicherstoff. PHB ist ein thermisch verformbares, nicht toxisches Material, das biologisch abbaubar ist und daher kurz als „Bioplastik" bezeichnet wird. Für Produktion von Polyhydroxybuttersäure in Pflanzen sind drei Gene (phbA, phbB, phbC) aus dem Bakterium *Ralstonia eutropha*, die für Enzyme (3-Ketothiolase, Acetoacetyl-CoA Reductase, PHA-Synthase) der PHB-Biosynthese kodieren, isoliert und auf *Arabidopsis thaliana* übertragen worden. In den Pflanzen wurde eine Ausbeute an PHB von bis zu 14 % des Trockengewichts erreicht. Das durch bakterielle Fermentation hergestellte und unter dem Namen Biopol™ vermarktete Polyhydroxybutyrate-Co-Valerate Co-Polymer (PHB/V) hat im Vergleich zu PHB verbesserte Eigenschaften für den industriellen Gebrauch. Durch die Übertragung von vier Genen (ilvA466, BktB, phbB, phbC) auf *Arabidopsis* und Raps wurde erreicht, dass Intermediate der Fett- und Aminosäurebiosynthese in die Biosynthese von PHB/V umdirigiert wurden (Elborough 2000).

Tabelle 5.11: Beispiele für gentechnische Veränderungen bei Pflanzen für die industrielle Nutzung

Qualitätseigenschaft oder Inhaltsstoff	**Herkunft der verwendeten Gene**	**Verwendung**	**transgene Pflanzen**
Proteine			
Expression von Enzymen wie α-Amylase, Phytase, Xylanase	Genen aus *Bacillus lichniformis* (α-Amylase), *Aspergillus niger* (Phytase), *Clostridium thermocellum* (Xylanase)	Lebensmittelindustrie	Tabak, Luzerne
Lipide			
Entsättigung von Fettsäuren	Antisense-Repression pflanzeneigener Gene oder Gene aus Umbelliferen zur Expression von Petroselinsäure	Polymerherstellung, Detergentien	Raps
Verlängerung der Fettsäureketten	Übertragung des LPAAT-Gens aus *Limanthes douglasii* (Steigerung des Erucasäuregehalts)	Schmiermittel, Lösungsmittel, Weichmacher u. a.	Raps

Fortsetzung Tabelle 5.11:

Qualitätseigenschaft oder Inhaltsstoff	Herkunft der verwendeten Gene	Verwendung	transgene Pflanzen
Verändertes Fettsäuremuster (Erhöhung des Laurinsäuregehalts)	Übertragung des Gens für eine spezifische Acety-ACP-Thioesterase aus *Umbellularia californica*	Waschmittel	Raps
Kohlenhydrate			
Amylose- oder Amylopektinfreie Stärke oder Saccharoseakkumulation	Antisense-Repression pflanzeneigener Enzyme (z. B. GBSS, Q-Enzym, AGPase)	Kleber, Papier (Amylopektin) Folien (Amylose)	Kartoffel
Fructane	Übertragung des CTG-Gens aus *Klebsiella pneunmoniae*		Kartoffel
Synthetische Polymere			
Akkumulation von Polyhydroxybuttersäure (PHB)	Übertragung von Genen für Enzyme 3-Ketothiolase, Acetoacetyl-CoA Reductase, PHA-Synthase aus *Ralstonia eutropha*	bioabbaubare Polymere	*Arabidopsis thaliana*, Raps, Sojabohne
Akkumulation von Polyhydroxybutyrate-Co-Valerate Co-Polymer (PHB/V)	Übertragung von vier Genen (ilvA466, BktB, phbB, phbC) aus *E. coli* und *Ralstonia eutropha*	bioabbaubare Polymere	*Arabidopsis thaliana*, Raps
Protein-basiertes Polymer (PBP)		ähnlich Elastin	

Quelle: Ergänzt nach Hoffmann 1997

5.6.2 Phytoremediation

Phytoremediation ist ein Verfahren zur großflächigen Dekontamination mit Schwermetallen und Schadstoffen belasteter Böden. Dabei wird die Fähigkeit von Wild- und Kulturpflanzen genutzt, größere Mengen an Schwermetallen in oberirdischen Pflanzenteilen aufzunehmen (Hpyerakkumulation). Pflanzen mit hyperakkumulierenden Eigenschaften sind in Tabelle 5.12 dargestellt. Durch gentechnische Verfahren wird einerseits versucht, die Toleranz bestimmter Nutzpflanzen gegenüber Schadstoffen zu erhöhen (s. Kap. 5.3.3.1), andererseits werden Züchtungsansätze für Pflanzen verfolgt, die in der Lage sind, Schadstoffe abzubauen. Ein Beispiel ist eine transgene Tabakpflanze, die TNT aus sprengstoffverseuchten Böden abbaut. Die Denitrifikation erfolgt durch ein bakterielles Enzym (Pentathritol-Tetranitratreduktase), das in die Tabakpflanze übertragen wurde. Ein weiteres Beispiel ist die Expression eines Quecksilberreduktase-Gens aus quecksilberresistenten Bakterien in einer Magnolienart (*Liriodendron tulipifera*), die damit in der Lage sind, ionisches Quecksilber in weniger gefährliches metallisches Quecksilber umzuwandeln (Kempken und Kempken 2000).

Tabelle 5.12: Pflanzen mit hyperakkumulierenden Eigenschaften

Schwermetall	**Pflanzen**
Arsen	*Reynoutria sachaliensis, Clamydomonas sp.*
Blei	*Alyssum murale, Clamydomonas sp., Salix viminalis, Thlapsi caerulescens*
Cadmium	*Nicotiana tabacum*
Kobalt und Kupfer	*Lamiaceae, Scrophulariaceae*
Nickel	*Brassicaceae (Alyssum, Thlapsi)* *Euphorbiaceae (Phyllanthus, Leucocroton)* *Asteraceae (Senecio, Pentacalia)*
Selen	*Leguminoseae*
Zink	*Thlapsi caerulescens, Alyssum murale, Salix viminalis, Clamydomonas sp.*

Quelle: Herrchen und Kördel 2001

5.6.3 Pharmazeutika/Wirkstoffproduktion

Pflanzen enthalten neben den primären Inhaltsstoffen (Kohlenhydrate, Proteine und Lipide) auch sekundäre Pflanzenstoffe[29]. Aufgrund ihrer pharmakologischen Wirkung werden einige sekundäre Pflanzenstoffe als Inhaltsstoffe von Phytopharmaka genutzt. Sekundäre Pflanzenstoffe lassen sich zum Teil nicht synthetisch herstellen

29 Sekundäre Pflanzenstoffe sind Substanzen, die nicht zum Primärstoffwechsel der Pflanze gehören, sondern nur in bestimmten Gewebe oder Organen und in ganz bestimmten Entwicklungsstadien gebildet werden. Sie dienen der Pflanze als Farbstoffe, Wachstumsregulatoren oder Abwehrstoffe gegen Pflanzenschädlinge. Zu pharmakologisch interessanten Inhaltsstoffen gehören z. B. Alkaloide, Carotinoide oder Phytoöstrogene.

und müssen aus Pflanzen extrahiert werden. Sie stellen ein Potenzial für die biotechnologische Pflanzennutzung dar. Mit der Aufklärung der Biosynthesewege und der Identifikation wichtiger Gene besteht die Möglichkeit, die Produktion an sekundären Pflanzenstoffen zu verändern oder den Anteil an diesen Substanzen in der Pflanze zu erhöhen.

Neben der Nutzung sekundärer Pflanzenstoffe eröffnen gentechnische Verfahren die Möglichkeit, auch pharmakologische Wirkstoffe wie z. B. Fremdproteine für Anwendungen in der Diagnostik und Therapie sowie Vakzine und rekombinante Antikörper in Pflanzen zu produzieren. Antikörper werden in der Medizin (Diagnostika, In-vivo-Imaging, therapeutische Anwendung, essbare Impfstoffe), in der chemischen und pharmazeutischen Industrie (Immunaffinitätsreinigung, Immunbiosensoren, katalytische Antikörper) oder in der Landwirtschaft (Pathogenresistenz, Qualitätsverbesserung von Lebensmitteln und Futtermitteln) eingesetzt. Vakzine eignen sich sowohl für die passive als auch die aktive Immunisierung. Neben der Verwendung als Impfstoff können Vakzine auch zur Behandlung von Autoimmunerkrankungen, zur Immuntherapie und zur transplantationsbegleitenden Therapie eingesetzt werden.

Für pharmazeutische Substanzen, die bislang auf konventionellem Weg nur in unzureichenden Mengen hergestellt werden können, stellt die Produktion über Pflanzen eine Alternative dar. Während die synthetische Herstellung komplexer Proteine schwierig ist, erhält man bei der Produktion in Pflanzen eine korrekte Faltung der Proteine, die entscheidend für deren biologische Funktion ist. Die Lagerstabilität von Proteinen aus transgenen Pflanzen scheint relativ hoch zu sein. In bestimmten Fällen (Kartoffelknolle, Antikörper) wurden Aktivitätsverluste von weniger als 50 % über zwei Jahre bei normalen Lagerbedingungen festgestellt. Die Vorteile der Produktion von Vakzinen in transgenen Pflanzen bestehen in der geringeren Kontaminationsgefahr mit pathogenen Keimen (z. B. AIDS- oder Hepatitisviren, BSE, Toxine) im Vergleich zur Produktion in tierischen Systemen und – bei oral applizierbaren Vakzinen – in geringeren Produktionskosten, da die Impfstoffe mit der Pflanzennahrung aufgenommen werden können und ein Isolieren und Aufreinigen der Stoffe entfällt. Darüber hinaus ist vorteilhaft, dass die Produktion pharmazeutischer Substanzen in bestehende agronomische Prozesse integriert werden kann und das Produktionsverfahren die Möglichkeit zu sehr schnellem und kostengünstigem Upscaling bietet (Düring 2001).

Die gentechnischen Produktionsverfahren reichen von der stabilen Expression in transgenen Pflanzen (s. Kap. 5.2.3) bis zu transienten[30] Systemen, bei denen Blattmaterial durch Agrobakterien infiltriert oder die Pflanze mit transgenen Viren[31]

---

[30] zeitlich befristete Bildung eines Genprodukts

[31] Die Hüllproteingene einiger Pflanzenviren werden modifiziert und exprimieren eine fremde DNA-Sequenz auf ihrer Oberfläche. Verwendete pflanzenpathogene Viren sind: Tabakmosaik-

infiziert wird, die dann gewünschte Substanzen produzieren. Die Pflanze selbst wird hierbei nicht transformiert. Die transgenen Viren siedeln sich beispielsweise an den Blattoberflächen an und können von dort mit den entsprechenden neuen Produkten isoliert werden. Auf diese Weise stellt z. B. die amerikanische Firma BioSource Impfstoffe für Malaria und Hepatitis B her. Da die eigentliche Herstellung des Proteins nicht in der Pflanze, sondern im Virus erfolgt, werden die prinzipiellen Vorteile des pflanzlichen Systems, die Herstellung komplexer und korrekt gefalteter Moleküle, nicht genutzt, das transiente Virensystem eignet sich daher nur für einfachere Moleküle.

Zunächst wurden in Pflanzen nur Teile von Antikörpern wie z. B. Antigen-bindende (Fab) und variable (Fv)-Fragmente exprimiert. Inzwischen lassen sich auch vollständige Antikörper produzieren (z. B. Antikörper gegen *Streptococcus mutans* (Guy's 13) und gegen *Herpes simplex* Virus 2). Die Struktur der Vakzine reicht von kleinen Peptidsequenzen über komplette Proteine, scFv-Fragmente[32] bis zu VLP's[33]. Als Modellsystem wird vor allem die Tabakpflanze verwendet. Als Produktionssysteme werden Tomate, Kartoffel, Sojabohne, Raps und Banane bearbeitet.

Die Technik für die Isolierung und Aufarbeitung der Pflanzenprodukte ist weitgehend etabliert. Beispielsweise gibt es in der Kartoffelindustrie und auch in der Brauindustrie vielfältige entsprechende Erfahrungen. Eine wichtige Rolle spielen hierbei bestimmte Filtrationstechniken und die Affinitätschromatographie. Auf diese Weise lassen sich Produkte in sehr reiner Form gewinnen. Für kommerzielle Nutzung sind Expressionsraten von 1 % Gesamtgehalt an löslichen Proteinen notwenig, wenn die Proteine aufgereinigt werden müssen (Kusnadi et al. 1997). Die bislang erzielten Expressionsraten der pharmazeutischen Proteine liegen jedoch überwiegend darunter (Tab. 5.13).

Das erste kommerzialisierte Protein aus transgenen Pflanzen ist rekombinantes Hühnerei-Avidin, das in transgenem Mais produziert und für diagnostische Zwecke genützt wird. Zur Zeit befinden sich bei der FDA ein Tumorantikörper sowie ein Antikörper gegen den Karieserreger in der Zulassung. Mit diesen rekombinanten Antikörpern aus transgenen Pflanzen wurden bereits klinische Prüfungen der Phase I und II durchgeführt (Düring 2001; Lifescience 2001).

Schwierigkeiten liegen in pflanzenphysiologischen Effekten, der Auswahl geeigneter Promotoren für die Produktion bzw. Anreicherung der gewünschten Stoffe in

---

Virus, Cowpea-Mosaikvirus, tomato bushy stunt virus, alfalfa mosaic virus (Walmsley und Arntzen 2000).

32 Single Chain Fragment, variable

33 Virus like Particle

bestimmten Pflanzenorganen, unzureichende Immunantwort (im Tierversuch) bei der Verfütterung von Antigen-Pflanzen, die Unverdaulichkeit des Wirkstoffs im Magen bei direkter Applikation (Vakzine sollen die Blutbahn erreichen) sowie die intensive Aufreinigung der Produkte zur Beseitigung von hochwirksamen pflanzlichen Wirkstoffen und anderer unerwünschter Substanzen.

Tabelle 5.13: Beispiele für die Produktion pharmazeutischer Wirkstoffe in transgenen Pflanzen

Produkt	Anwendung (Erreger)	Expressionsrate	Pflanze (Vektor)
Pharmazeutische Proteine			
humanes Serumalbumin	Blutprotein	0,02 % GLP[1)]	Kartoffel, Tabak
humanes Hämoglobin α,ß	Blutersatzstoff, Notfallmedizin	0,05 % Samen	Tabak
humanes α-1-Antitrypsin	Cystische Fibrose, Lebererkrankungen	n.b.	Reis
humanes Enkephalin	Neurotransmitter zur Schmerzbekämpfung	0,10 % Samen	*Arabidopsis*
humanes Hirudin	Thrombinhemmung	0,30 % Samen	Canola
humanes Somatotropin	Zwergwuchs, Tuner-Syndrom	7,00 % GLP	Tabak
Glucocerebrosidase	Gaucher-Krankheit	1,0–10,0 % GLP	Tabak
pEGF	epidermaler Wachtumsfaktor beim Schwein (pEGF)	0,12 % GLP	Tabak
humanes Lactoferrin	Verbesserung der Eisenverfügbarkeit	0,10 % GLP	Kartoffel, Tomate, Reis
Vakzine (Mensch)			
Cholera Toxin B	Cholera (*vibrio cholerae*)	0,30 % GLP	Kartoffel (*Agrobacterium*)
Hepatitis B – Oberflächen-Antigen	Hepatitis B (Hepatitis B – Virus)	< 0,01 % FG[2)]	Tabak, Kartoffel, Lupine (*Agrobacterium)*

Fortsetzung Tabelle 5.13

Produkt	Anwendung (Erreger)	Expressionsrate	Pflanze (Vektor)
Norwalk-Virus Kapsid Protein	Diarrhöe (Norwalk Virus)	0,37 % GLP 0,23 % GLP	Kartoffel Tabak (*Agrobacterium*)
Glycoprotein	Tollwut (Rabies Virus)	1,00 % GLP	Tomate, Tabak, Spinat (TMV, AlMV)
Glycoprotein B	Zytomegalie-Erkrankung (Zytmegalie-Virus)	< 0,02 % GLP	Tabak (*Agrobacterium*)
Vakzine (Tier)			
VP 1 FMDV	Maul- und Klauenseuche (FMD-Virus)	n.b.	Alfalfa, *Arabidopsis*, (*Agrobacterium*)
Glycoprotein S	Diarrhöe bei Ferkel (transmissible gastroenteritis coronavirus)	<0,01 % FG 0,20 % GLP	Mais (*Agrobacterium*) Tabak
VP 60 HDV	Hämorrhagisches Fieber bei Kaninchen (hemorrhagic disease virus, HDV)	0,30 % GLP	Kartoffeln (*Agrobacterium*)
Antikörper			
Guy's 13 MAK, sekretiert	Karies (*Streptococcus mutans*)	500µg/g FG Blätter	Tabak (*Agrobacterium*)
MAK: Anti-HSV (IgG)	Herpex simplex (Herpes simplex virus 1 und 2)	n.b.	Mais; Sojabohne
Chimärer Antikörper	Krebsbehandlung (karzinoembryogenes Antigen)	n.b.	Reis
humanes scFv	Krebsbehandlung (karzinoembryogenes Antigen)	30µg/g FG	Reis, Weizen

[1] GLP = Gesamtlösliches Protein
[2] FG = Frischgewicht

Quellen: Daniell et al. 2001; de Kathen 2001

5.7 Freisetzungsversuche mit transgenen Pflanzen

Die im Jahr 1990 erlassene Richtlinie des Europäischen Rates über die absichtliche Freisetzung genetisch veränderter Organismen in die Umwelt (90/220/EWG) unterscheidet zwischen der experimentellen Freisetzung zu FuE-Zwecken und dem Inverkehrbringen, d. h. insbesondere Vermarktung und Verwendung z. B. im landwirtschaftlichen Anbau. Freisetzungsversuche gentechnisch veränderter Organismen werden seit 1990 in allen EU-Ländern nach einheitlichen Rechtsvorschriften, die auf der Richtlinie 90/220/EWG beruhen, genehmigt (s. Kap. 10.2).

Weltweite Freisetzungsaktivitäten

Einen Gesamteindruck vom derzeitigen internationalen Stand der Herstellung transgener Pflanzen vermittelt die OECD-Datenbank BioTrack (OECD 2001), die die Freisetzungsversuche mit gentechnisch veränderten Organismen innerhalb der

Abbildung 5.1: Weltweite Freisetzungsversuche aufgeschlüsselt nach Pflanzenarten (Stand 2001, Zahl der Datenbank-Einträge ca. 10.300)

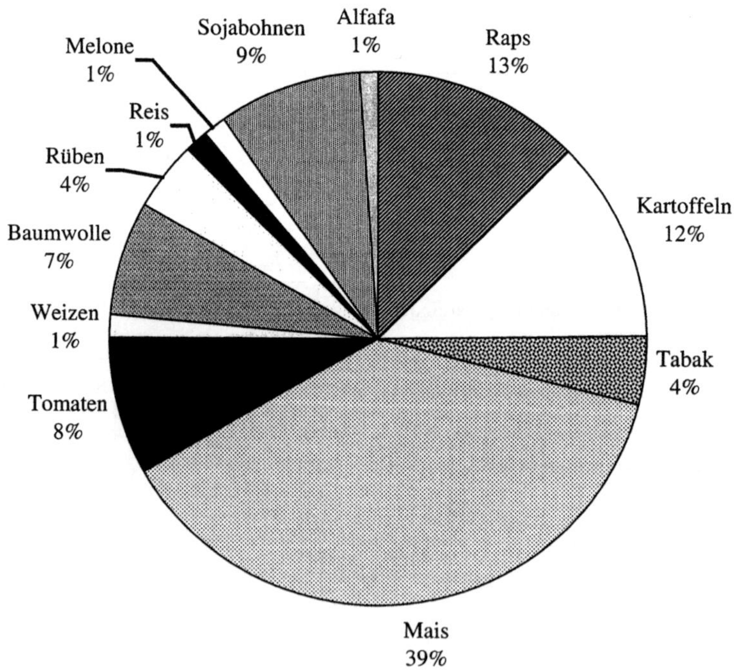

Quelle: OECD 2001

OECD-Länder verfolgt[34]. Dabei machen Pflanzen mit fast 99 % aller erfassten Organismen den weitaus größten Anteil aus. Nach dieser Aufstellung standen bisher die folgenden Pflanzen im Mittelpunkt der Forschungsanstrengungen (Abb. 5.1): Mais, Kartoffel, Raps, Sojabohne, Tomate, Baumwolle, Tabak und Zuckerrübe.

Eine Aufschlüsselung der internationalen Freisetzungsversuche nach Ländern ist in Abbildung 5.2 zusammengefasst. Demnach wurden bisher über 70 % aller Freisetzungsversuche in den USA durchgeführt. An zweiter Stelle folgt Kanada mit rund 9 %. Als erstes europäisches Land liegt Frankreich mit 5 % international an der dritten Stelle. Auf Deutschland entfallen nach dieser Aufstellung 2 % der internationalen Freisetzungsvorhaben.

Abbildung 5.2: Weltweite Freisetzungsversuche aufgeschlüsselt nach Ländern

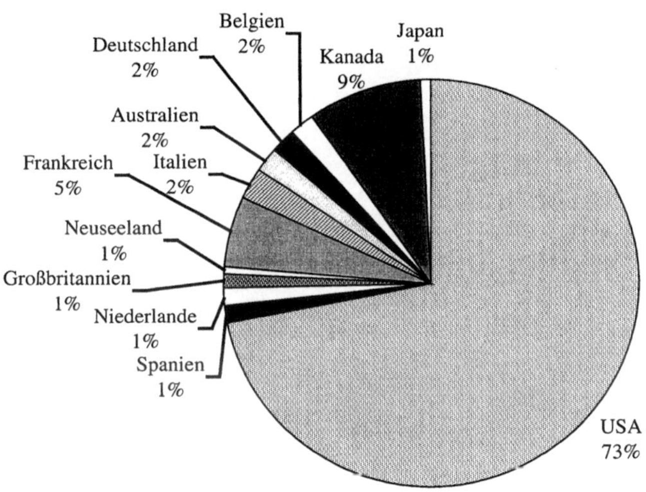

Quelle: OECD 2001

Europäische Freisetzungsaktivitäten

Eine detailliertere Analyse der Freisetzungsvorhaben transgener Pflanzen lässt sich auf europäischer Ebene vornehmen. Grundlage hierfür sind die zwischen den zuständigen Behörden der Länder der Europäischen Union ausgetauschten Informationen (Summary Notification Information Formats: SNIFs) über die Freisetzungsanträge für gentechnisch veränderte Organismen. Die entsprechenden Informationen sind in der BioSearch-Datenbank der Biologischen Bundesanstalt für Land- und

34 Die Angaben in der BioTrack-Datenbank beruhen auf freiwilligen Meldungen der Länder.

Forstwirtschaft zusammengestellt (BBA 2002). Die folgenden Analysen spiegeln den Stand vom Juni 2002 wider. Zum damaligen Zeitpunkt waren 1.887 SNIFs in der Datenbank erfasst. Bei der Auswertung dieser Daten ist zu beachten, dass Freisetzungsanträge mehrere Freisetzungsorte über einen Zeitraum von mehreren Jahren umfassen können. Die Zahl der beantragten Freisetzungsorte überschreitet daher die Zahl der Anträge deutlich. Aufgrund der mehrjährigen Gültigkeit eines Antrages kann weiterhin die Zahl der tatsächlich durchgeführten Freisetzungen wesentlich größer sein als die Anzahl der beantragten Freisetzungsorte.

Eine Zusammenfassung der europäischen Freisetzungsanträge aufgeschlüsselt nach Organismen und Ländern ist in Tabelle 5.14 dargestellt.

Tabelle 5.14: Anträge zur Freisetzung von gentechnisch veränderten Organismen (GVO) in EU-Ländern aufgeschlüsselt nach Organismen und Ländern (Stand: Juni 2002)

GVO		F	I	GB	NL	B	ES	D	DK	S	FI	PT	GR	AT	IE	NO
	total	519	285	225	132	129	204	228	40	62	25	12	18	3	4	1
Mais	478	218	98	7	10	30	73	29	1	0	0	5	6	1	0	0
Raps	391	118	3	103	13	53	4	65	4	26	2	0	0	0	0	0
Zuckerrübe	331	70	41	39	27	14	25	70	24	10	5	0	2	0	4	0
Kartoffel	209	12	7	37	49	2	10	50	10	23	3	4	0	2	0	0
Tomate	72	5	46	2	1	0	16	0	0	0	0	2	0	0	0	0
Tabak	55	39	2	7	0	0	5	1	0	0	1	0	0	0	0	0
Chicorée	42	5	12	2	9	14	0	0	0	0	0	0	0	0	0	0
Melone/Kürbis	16	4	5	0	0	0	7	0	0	0	0	0	0	0	0	0
Sojabohne	15	7	4	0	0	0	4	0	0	0	0	0	0	0	0	0
Weizen	23	0	4	11	0	2	6	0	0	0	0	0	0	0	0	0
Baumwolle	29	1	0	0	0	0	18	0	0	0	0	0	10	0	0	0
Pappel	15	8	0	2	0	0	1	3	0	0	0	0	0	0	0	1
Sonnenblume	15	10	0	0	2	0	3	0	0	0	0	0	0	0	0	0
Bakterien	44	5	16	4	4	0	10	2	1	0	2	0	0	0	0	0
sonstige	152	17	47	11	17	14	22	8	0	3	12	1	0	0	0	0
GVO gesamt:	1.887	(teils mehrere GVO in einem Antrag, oft mehrere Freisetzungsorte in einem Antrag)														
beantragte Freisetzungsorte:	6.298	2.607	735	526	604	273	506	643	56	217	36	20	43	5	26	1

Quelle: BBA 2002

Die mit Abstand meisten Freisetzungsanträge in Europa stammen aus Frankreich. Dies gilt auch für die in den Anträgen erfassten Freisetzungsorte. An zweiter Stelle folgt Italien. Gemessen an der Anzahl der Anträge liegen Großbritannien und Deutschland nahezu gleichauf an der dritten Stelle. Deutschland liegt jedoch nach Zahl der Freisetzungsorte allein an dritter Stelle. Die Länderaufschlüsselung zeigt weiterhin, dass fast alle Mitgliedstaaten der EU schon Freisetzungsanträge gestellt haben.

Die Aufschlüsselung der Anträge nach Pflanzenarten macht deutlich, dass vier Pflanzen den Löwenanteil der Freisetzungen ausmachen: Mais, Raps, Zuckerrübe und Kartoffel. Mais spielt dabei vor allem in Frankreich und wie aufgrund seiner physiologischen Eigenschaften zu erwarten in den südeuropäischen Ländern die wichtigste Rolle. In Deutschland konzentrieren sich die Freisetzungsanträge auf Raps und Zuckerrübe.

Abbildung 5.3: Entwicklung der Freisetzungen von GVO in der EU 1990 bis 2001[1)]

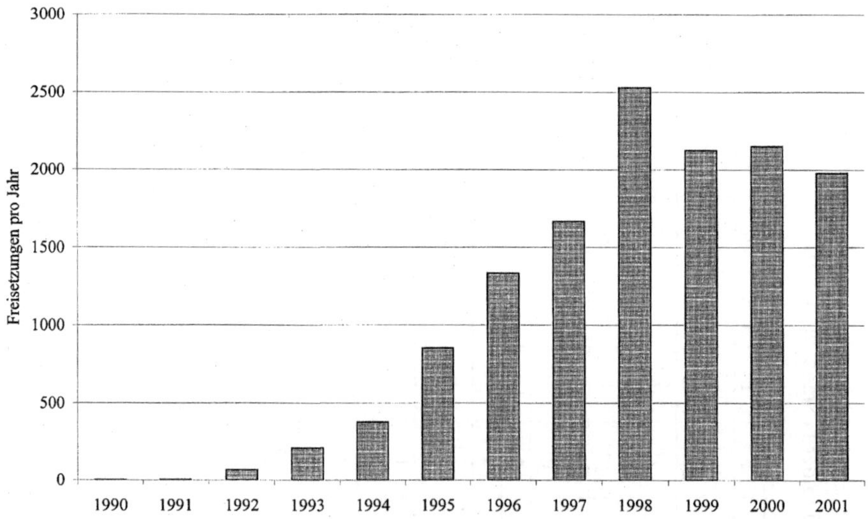

[1)] Die Angaben basieren auf der Annahme, dass alle beantragten Freisetzungen an den in den Anträgen genannten Orten über die gesamte Dauer der Genehmigung auch tatsächlich durchgeführt wurden.

Quelle: BBA 2002

Die Entwicklung der Freisetzungen von GVO in der EU seit 1991 zeigt, dass seit 1995 ein erheblicher Anstieg der jährlichen Freisetzungen in der EU erfolgt ist

(Abb. 5.3). Die durchschnittliche Wachstumsrate im Zeitraum 1994 bis 1998 beträgt 60 %. Noch 1998 wurden in den EU-Ländern mehr als 2.500 Freisetzungsversuche mit gentechnisch veränderten Organismen gezählt. Seitdem weisen die Statistiken einen deutlichen Rückgang aus. Der Abfall der Freisetzungen seit dem Jahr 1999 ist stark auf die Entwicklung in Frankreich zurückzuführen.

Die länderspezifische Entwicklung der Freisetzungen in Europa verdeutlicht noch einmal die dominierende Rolle Frankreichs vor allem in der zweiten Hälfte der 90er Jahre (Abb. 5.4). 1999 wurde in Frankreich die politische Entscheidung getroffen, keine Freisetzungen mehr zuzulassen, was sich im deutlichen Abfall der Freisetzungen widerspiegelt. In der ersten Hälfte der 90er Jahre wurden die meisten Freisetzungen in Europa in den Niederlanden durchgeführt. In Deutschland wie auch in allen übrigen europäischen Ländern erfolgten dagegen bis 1994 nur relativ wenige Freisetzungen. In der zweiten Hälfte der 90er Jahre ist jedoch vor allem in Italien, Deutschland und Großbritannien ein deutlicher Anstieg der Freisetzungen zu verzeichnen.

Abbildung 5.4: Freisetzungen transgener Pflanzen in europäischen Ländern in den Jahren 1990 bis 2001[1)]

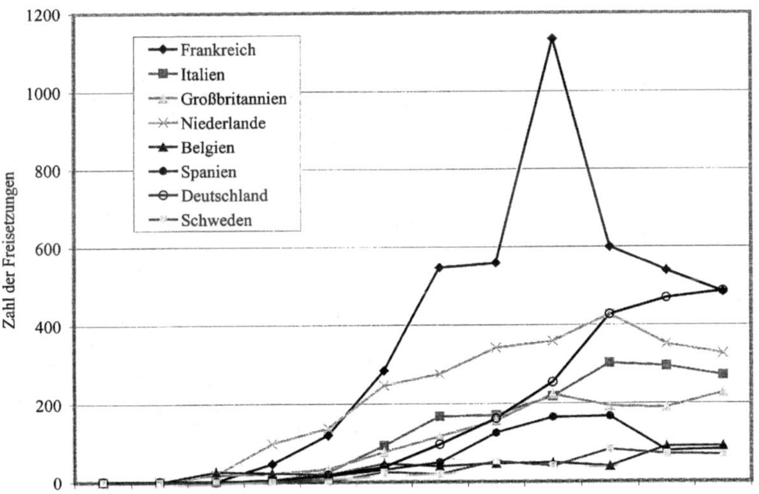

[1)] Die Angaben basieren auf der Annahme, dass alle beantragten Freisetzungen an den in den Anträgen genannten Orten über die gesamte Dauer der Genehmigung auch tatsächlich durchgeführt wurden.

Quelle: BBA 2002

Gemessen an Freisetzungsversuchen zählen Herbizidtoleranz, Krankheitsresistenz, Schädlingsresistenz und Qualitätssteigerungen zu den wichtigsten Züchtungszielen bei der gentechnischen Veränderung von Nutzpflanzen. Eine Aufschlüsselung der Freisetzungsanträge nach den Eigenschaften der transgenen Pflanzen zeigt, in welchem Maße diese Ziele bisher verfolgt wurden (Abb. 5.5). Demnach beziehen sich mehr als 50 % der Freisetzungsanträge in der EU auf Herbizidresistenz. Resistenzen gegen Krankheiten (Viren, Bakterien, Pilze, Nematoden) und Schadinsekten machen rund 23 % der Freisetzungsanträge aus, während qualitative Merkmale (Metabolismusveränderungen) bisher Gegenstand von knapp 16 % der beantragten Freisetzungen sind.

Abbildung 5.5: Anträge zur Freisetzung von GVO in der EU aufgeschlüsselt nach Eigenschaften der transgenen Pflanzen

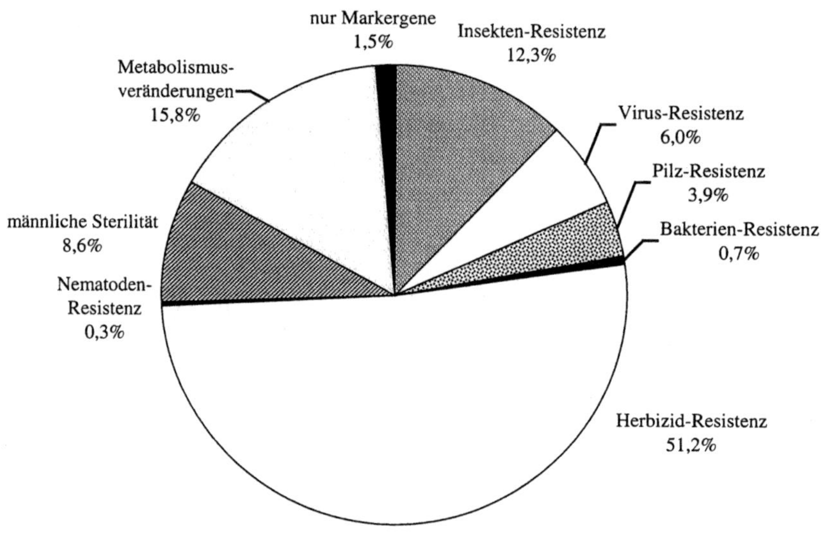

Quelle: BBA 2002

Die Aufschlüsselung der eingeführten Eigenschaften nach Pflanzenarten macht deutlich, dass Herbizid- und Schädlingsresistenz bisher vor allem bei Mais bearbeitet wird. Metabolismusänderungen, die zu Qualitätssteigerungen führen sollen, werden dagegen überwiegend bei Kartoffel, Raps, Tomate, Tabak und verschiedenen Obstarten erforscht (Tab. 5.15).

Tabelle 5.15: Anträge zur Freisetzung von GVO in der EU aufgeschlüsselt nach Eigenschaften und wichtigsten Kulturpflanzen

wichtigste Kulturen	total	Herbizid-Resistenz	Metabolismus-Veränderungen	Insekten-Resistenz	männliche Sterilität	Virus-Resistenz	Pilz-Resistenz	Bakterien-Resistenz	Nematoden-Resistenz	nur Markergene
Mais	478	430	28	218	29	4	5	1	0	1
Raps	391	307	64	3	122	0	31	1	0	4
Zuckerrübe	331	306	16	0	2	57	4	1	0	0
Kartoffel	209	19	131	21	4	27	27	13	6	5
Tomate	72	5	33	4	2	29	2	0	0	2
Tabak	55	11	33	0	0	4	4	0	1	3
Chicorée	42	43	1	1	34	0	0	0	0	0
Nutzholz-Bäume*	27	2	13	2	2	0	1	0	0	13
Gemüse**	42	14	12	17	4	2	3	0	0	0
Melone/Kürbis	16	0	3	0	0	13	0	0	0	0
Weizen/Gerste	27	21	15	0	2	0	5	0	0	4
Sojabohne	15	15	0	0	0	0	0	0	0	0
Baumwolle	29	18	0	17	0	0	0	0	0	0
Obst***	28	0	13	3	0	4	8	1	0	2
Gesamt	1.762	1.191	362	286	201	140	90	17	7	34

Gesamtzahl der Anträge für gentechnisch veränderte **Pflanzen: 1.817**

* Pappel/ Espe, Birke, Eucalyptus, Fichte, Kiefer

** Kohl, Salat, Aubergine, Möhre, Reis, Erbse

*** Wein, Apfel, Pflaume, Citrus, Erdbeere, Himbeere, Kirsche, Kiwi, Olive

Quelle: BBA 2002

5.8 Stand und Perspektiven

Bio- und gentechnische Methoden und Verfahren ergänzen das Methodenrepertoire der klassischen Pflanzenzüchtung. Durch markergestützte Züchtungsverfahren können bereits Jungpflanzen mit erwünschten Eigenschaften ausselektiert und damit die Dauer und Kosten der Entwicklung einer neuen Sorte verringert werden. Mit Hilfe gentechnischer Verfahren können bestimmte als vorteilhaft eingeschätzte Gene auch über Artgrenzen hinweg in Pflanzen eingebracht werden. Dazu bedient man sich verschiedener Gentransfermethoden: am wichtigsten ist der indirekte Transfer mit Hilfe von *Agrobacterium tumefaciens*. Dabei werden in der Regel auch Markergene (insbesondere Antibiotikaresistenz- oder Herbizidresistenzmarker) in die Pflanze eingeschleust. In den vergangenen Jahren wurden auch bei landwirtschaftlichen Nutzpflanzen verstärkt Genomsequenzierungsprojekte gestartet mit dem Ziel, die Struktur, Organisation und Funktion der DNA zu entschlüsseln und damit einen besseren Einblick in die molekulargenetischen Abläufe bei komplexen biologischen Phänomenen und Stoffwechselwegen zu gewinnen. Im Jahr 2000 wurden z. B. das Genom der Modellpflanze *Arabidopsis thaliana* und das Reisgenom vollständig sequenziert.

In den vergangenen Jahren wurden bereits mehr als 150 verschiedene Pflanzenarten, darunter sehr viele landwirtschaftliche Nutzpflanzen erfolgreich gentechnisch verändert. Orientiert man sich an den weltweiten Freisetzungsversuchen, so stehen Mais, Kartoffel, Raps, Sojabohne, Tomate, Baumwolle, Tabak und Zuckerrübe bislang im Zentrum der Forschungsanstrengungen. Wesentliche Ziele der gentechnischen Veränderung sind die Bildung von Resistenzen oder Toleranzen gegen biotischen Stress (z. B. durch Viren, Bakterien, Pilze und Schadinsekten), gegen abiotische Stressfaktoren (z. B. Herbizide, Temperatur, Salz, Schwermetalle, Wassermangel), die Veränderung reproduktiver und produktiver Eigenschaften sowie die Modifizierung qualitativer Eigenschaften (z. B. Art und Zusammensetzung primärer Inhaltsstoffe, Entfernen von antinutritiven Stoffen oder Allergenen, Modifizierung von Pflanzen für industrielle Zwecke).

Der Schwerpunkt der gentechnischen Veränderung von Nutzpflanzen lag zunächst auf monogen vererbten Eigenschaften wie Herbizid- und verschiedenen Krankheitsresistenzen. Insbesondere Resistenzen gegen Totalherbizide wie Glyphosat („Roundup“) und Phosphinothricin (= Glufosinat) („Basta“, „Liberty Link“) wurden in eine große Zahl von landwirtschaftlichen Nutzpflanzen transferiert. Durch den Transfer von Genen zur Bildung von Substanzen, die gegen bestimmte Schadinsekten wirken (z. B. *Bacillus thuringiensis* = Bt-Toxin), wurden auch bereits früh insektenresistente Pflanzen erzeugt. Eine Alternative zu Bt-Toxinen stellt die Übertragung von Protease-Inhibitoren dar. Strategien zur Generierung virusresistenter Pflanzen beruhen zumeist darauf, dass virale Gene (z. B. Gene von Hüllproteinen) in das Pflanzengenom integriert und exprimiert werden. Pilzresistente Pflanzen werden durch Übertragung von Genen erzeugt, die für Proteine kodieren, die direkt oder indirekt das Pilzwachstum hemmen. Beispiele dafür sind die Übertragung von Enzymgenen für Chitinasen und/oder Glucanasen. Die meisten transgenen Pflanzen mit Virus- und Pilzresistenz befinden sich derzeit noch im Entwicklungsstadium.

Weltweit wird auch intensiv an der Entwicklung von transgenen Pflanzen mit Toleranz gegen umweltbedingte Stressfaktoren gearbeitet. Da viele dieser Eigenschaften allerdings durch mehrere Gene gesteuert werden und teilweise auf komplexen Stoffwechselwegen beruhen, haben stresstolerante Nutzpflanzen das Anwendungsstadium noch nicht erreicht. Neben generellen Strategien (z. B. die Aktivierung von Genen, die für Enzyme kodieren, die die Bildung von Antioxidantien bewirken), werden auch verschiedene spezifische Mechanismen angesprochen, die auf einzelne abiotische Faktoren wirken (z. B. Bildung osmoprotektiver Stoffe wie Mannitol, Erhöhung des Lipidsättigungsgrades in Zellmembranen als Schutz gegen Kälte, Steigerung der Expression spezifischer Enzyme, die erhöhte Salztoleranz bewirken).

Zur erleichterten Generierung von Hybridlinien wird die männliche Sterilität einer Züchtungslinie angestrebt. Am besten charakterisiert und in der Anwendung befindlich ist das Barnase-Barstar-System, durch das die RNA der Tapetumzellen abgebaut wird und der Pollen degeneriert. Durch Kreuzung der sterilen Linie mit Pflanzen, die den Barnase-Inhibitor Barstar exprimieren, erhält man in der F_1-Generation fertile Pflanzen. Dieses System kann in Pflanzen wie Raps, Tomate oder Mais eingesetzt werden. Alternativen zu diesem System nutzen die Antisense- oder Cosuppressionstechnik bzw. übertragen Gene für Proteine, die nichttoxische chemische Verbindungen in phytotoxische Formen umwandeln und damit die Pollenentwicklung stören. An der gentechnischen Veränderung ertragsbeeinflussender Eigenschaften (z. B. Stickstofffixierung) wird bereits seit mehreren Jahren gearbeitet ohne dass entsprechende Pflanzen bislang das Anwendungsstadium erreicht hätten.

Weltweit konzentrieren sich viele Forschungsprojekte darauf, die Zusammensetzung und den Gehalt an qualitätsbestimmenden Inhaltsstoffen von Pflanzen quantitativ und/oder qualitativ zu verändern mit dem Ziel, die Eigenschaften der Pflanzen im Hinblick auf ihre spezifische Nutzung als Lebens-, Futtermittel oder als Rohstoff für die Industrie zu optimieren. Ansätze zur Veränderung der Nahrungsmittelqualität zielen bislang darauf ab, Inhaltsstoffe in ernährungsphysiologisch oder lebensmitteltechnologisch günstigere Formen umzuwandeln oder Inhaltsstoffe, die nicht oder nur in unzureichenden Mengen in den Pflanzen enthalten oder verfügbar sind, neu einzubringen oder anzureichen.

Weit fortgeschritten und bereits kommerziell erhältlich sind Pflanzen mit verändertem Fettsäuremuster. Je nach ernährungsphysiologischer oder industrieller Anforderung lassen sich beispielsweise in Raps Fettsäuren mit 10 bis 22 C-Atomen bilden. Viele laufende Forschungsarbeiten beschäftigen sich außerdem damit, durch Übertragung bakterieller Gene für ein wichtiges Enzym der Biosynthese von Lysin,

Pflanzen mit ausreichend hohem Lysingehalt in den Körnern zu erzeugen. Zusätzlich wird versucht, den Zucker- und Stärkehaushalt von Pflanzen zu verändern mit dem Ziel, nur eine Stärkeform (Amylose oder Amylopektin) zu produzieren, was die Nutzung der Stärke in der Lebensmittel- oder chemischen Industrie erheblich erleichtert. Die Elimination von allergenen Proteinen in Pflanzen mit Hilfe gentechnischer Methoden ist bislang über das Forschungsstadium nicht hinaus gekommen.

Ein weiteres Ziel der Gentechnik ist die Anreicherung von lebenswichtigen Vitaminen, Mineralsstoffen oder Spurenelementen in transgenen Pflanzen. Dies gilt insbesondere für die Nutzung in Entwicklungsländern, in denen häufig eine Unterversorgung an diesen Stoffen besteht. Ein Beispiel dafür ist die Entwicklung einer Reissorte, die ß-Carotin bildet und eine verbesserte Eisenakkumulation und -bioverfügbarkeit aufweist. Diese Eigenschaften des sog. „Golden Rice" sollen in den nächsten Jahren am Internationalen Reisforschungsinstitut (IRRI) auf den Philippinen in verschiedene lokale Sorten eingekreuzt werden.

Im Obstbau liegen die Forschungsschwerpunkte vor allem auf der Etablierung von Resistenzen gegenüber Pilzen, Viren und Bakterien als Erreger von Pflanzenkrankheiten und gegen verschiedene Schadinsekten. Außerdem wird daran gearbeitet, die Jugendphase der genutzten Gehölze zu verkürzen oder durch gentechnische Veränderungen den Reifeprozess der Früchte zu steuern oder zu verzögern. Vereinzelte Projekte zielen auch darauf ab, die Frostanfälligkeit von Obstpflanzen zu verringern oder die Qualitätseigenschaften zu modifizieren. Insgesamt befinden sich die meisten Arbeiten noch im FuE-Stadium, weltweit gibt es allerdings auch einige Freisetzungsversuche mit gentechnisch veränderten Obstarten.

In der Rebenzüchtung konzentriert sich der Einsatz der Gentechnik auf eine Erhöhung der Resistenz gegen pilzliche Krankheitserreger, da für viele dieser Erreger keine natürlichen Resistenzen existieren und diese nur mit relativ umweltbelastenden Kupferpräparaten bekämpft werden können. Bei der Übertragung von Genen, die eine Pilzresistenz zumindest unterstützen, sind weltweit erste Erfolge zu verzeichnen. Entsprechende Arbeitsgruppen gibt es auch in Deutschland, doch wird von Experten derzeit eine Zeitspanne von etwa 20 Jahren veranschlagt, bis eine pilzresistente Rebsorte bei den gängigen Weinsorten auf den Markt kommen kann. Weitere Entwicklungsziele der Gentechnik bei Rebsorten sind die Steigerung der Resistenz gegen Pflanzenviren sowie die Erhöhung der Kältetoleranz.

Bei Zierpflanzen werden gentechnische Verfahren insbesondere zur Entwicklung neuer Farb- und Formvarianten eingesetzt. So konnten z. B. Nelken mit blauer Blütenfarbe gezüchtet werden. Auch bei Chrysanthemen, Gerbera und Petunien sind mit Hilfe der Gentechnik Farbvariationen der Blüten möglich. Bei der Veränderung der Blütenform bewegen sich die Arbeiten noch im Grundlagenstadium; entsprechende transgene Zierpflanzen wurden bislang noch nicht entwickelt.

Neben landwirtschaftlichen und gärtnerischen Produkten wird die Gentechnik auch zur Modifizierung von Pflanzen für technische Zwecke eingesetzt. Die Produktion in Pflanzen stellt dabei eine kosteneffiziente Alternative zu mikrobiellen Produktionssystemen (Fermenter) dar und weist eine große Flexibilität im Produktionsvolumen auf. Wichtige Arbeiten in diesem Zusammenhang, die teilweise bereits in Freisetzungsversuchen erprobt werden und in Einzelfällen auch bereits Marktreife erlangt haben, beziehen sich auf die Expression verschiedener Enzyme (z. B. α-Amylase, Phytase, Xylanase) für die Futtermittel- und Lebensmittelindustrie, die Optimierung des Fettsäuremusters von Raps für verschiedene industrielle Zwecke (z. B. erucasäure-, laurinsäurereicher Raps), die Optimierung der Stärkequalität und -zusammensetzung in Kartoffeln (z. B. Amylose-freie Kartoffel) sowie die Produktion von „Bioplastik" (z. B. PHA, PHB) mit Hilfe transgener Pflanzen.

Auch für die Produktion pharmazeutisch interessanter Stoffe wird an der gentechnischen Modifizierung von Pflanzen gearbeitet. Dies gilt für pharmakologische Wirkstoffe, Antikörper sowie Vakzine für die Verwendung bei Mensch und Tier. Als Vorteile einer Produktion in Pflanzen werden deren biologische Vorteile (z. B. eine korrekte Faltung der Proteine), eine hohe Lagerstabilität von Pflanzen, relativ günstige Kosten sowie eine etablierte Aufbereitungstechnik genannt. Schwierigkeiten liegen in pflanzenphysiologischen Effekten, der Auswahl geeigneter Promotoren für die Produktion bzw. Anreicherung der gewünschten Stoffe in bestimmten Pflanzenorganen, unzureichender Immunantwort bei der Verfütterung von Antigen-Pflanzen, der Unverdaulichkeit des Wirkstoffs im Magen bei direkter Applikation sowie der teilweise erforderlichen intensiven Aufreinigung der Produkte. Erste kommerzielle Produkte (rekombinantes Hühnerei-Avidin in transgenem Mais) sind bereits auf dem Markt oder bei der FDA (Tumorantikörper, Antikörper gegen Karieserreger) in der Zulassung.

Die weltweiten Freisetzungsaktivitäten mit transgenen Pflanzen zeigen eine eindeutige Dominanz der USA (70 %) gefolgt von Kanada (9 %) und Frankreich (5 %). Auf Deutschland entfallen ca. 2 % der weltweiten Freisetzungsvorhaben. Innerhalb der EU sind bereits in allen Mitgliedsstaaten Freisetzungsversuche durchgeführt worden: die meisten in Frankreich, Italien, Großbritannien und Deutschland. Zwischen 1994 und 1998 sind die Freisetzungen in der EU durchschnittlich um 60 % pro Jahr gestiegen. Noch 1998 wurden in den EU-Ländern mehr als 2.500 Freisetzungsversuche mit GVO gezählt. Seitdem weisen die Statistiken einen deutlichen Rückgang aus. Der Abfall der Freisetzungen ist insbesondere auf die Entwicklung in Frankreich zurückzuführen.

Mais, Raps, Zuckerrübe und Kartoffeln machen den Löwenanteil der Freisetzungen in der EU aus. In Deutschland konzentrieren sich die Freisetzungsanträge auf Raps und Zuckerrübe. Etwa die Hälfte aller Freisetzungsanträge in der EU bezieht sich auf Herbizidresistenz. Resistenzen gegen Krankheiten (Viren, Bakterien, Pilze, Nematoden) und Schadinsekten machen rund ein Viertel der Freisetzungsanträge aus, während qualitative Merkmale (Metabolismusveränderungen) bisher Gegenstand von knapp 16 % der beantragten Freisetzungen sind.

Für die Zukunft wird eine deutliche höhere Relevanz von genombasierten Arbeiten in der Pflanzenzüchtung erwartet. Nach der Aufklärung der Gensequenz in *Arabidopsis thaliana* steht dabei die Genfunktionsanalyse auf der Forschungsagenda. Mit Hilfe bioinformatischer Verfahren und chipbasierter Hochdurchsatzmethoden wird die Identfizierung züchterisch relevanter Pflanzenfunktionen erheblich beschleunigt werden. Die Kenntnis der zugrunde liegenden Gene ermöglicht eine gezieltere Modifikation der Pflanzen (insbesondere bei Eigenschaften, die auf komplexen Stoffwechselwegen beruhen). Ebenso erhält die markergestützte Züchtung neue Impulse und das Spektrum genbasierter Kits zur Testung der Sicherheit von Nahrungs- und Futtermitteln wird erweitert.

6. Forstwirtschaft

6.1 Übersicht über Anwendungen der Gentechnik

Forstpflanzen stellen im Gegensatz zu landwirtschaftlich genutzten Pflanzen größtenteils Wildpopulationen in großen, sich oft selbst verjüngenden Beständen dar. Sie wurden bisher weniger intensiv züchterisch bearbeitet und weisen eine große genetische Diversität der Bestände auf. Die langen Nutzungs- und Reproduktionszeiträume der Forstpflanzen sind ein weiterer bedeutender Unterschied zur Landwirtschaft im Hinblick auf die gentechnische Bearbeitung von Forstgehölzen.

Die kommerziellen Ziele der gentechnischen Veränderung von Gehölzen umfassen fünf Bereiche:

- Steuerung von Wachstum und Ertrag, Steuerung der Entwicklung,
- Erhöhung der Produktqualität,
- Resistenz bzw. Toleranz gegenüber Schädlingen und Pathogenen,
- Herbizidresistenz,
- Toleranz gegenüber abiotischem Stress (z. B. Hitze, Trockenheit, Ozon, Schwermetalle).

Daneben befassen sich zahlreiche gentechnische Arbeiten an Gehölzpflanzen mit Fragen der Grundlagenforschung. Diese Versuche dienen der Aufklärung der Bedeutung von Genen bzw. Genprodukten in Stoffwechsel- und Entwicklungsprozessen. Mit Hilfe von Sequenzdatenbanken sollen beispielsweise in-vitro-Kultivierungstechniken rascher optimiert werden und generische Genkarten zur Charakterisierung von Genen bei weniger gut charakterisierten Arten z. B. der Gattung Pinus erzeugt werden. Tabelle 6.1 fasst die wichtigsten Vorhaben in der Züchtung von Forstgehölzen anhand ausgewählter gentechnischer Veränderungen zusammen.

Tabelle 6.1: Beispiele gentechnischer Forschungsvorhaben an Forstgehölzen

Zuchtziel	**Art**	**gentechnische Veränderung/ eingebrachte Gene**
Steuerung der Entwicklung		
verbesserte Bewurzelung von Stecklingen oder in-vitro Sprossen	*Juglans nigra* x *Juglans regia* (Walnusshybride)	Hemmung der Chalconsynthaseaktivität
Erzeugung von Sterilität zur Verhinderung der Fremdgenverbreitung	*Populus* spp. (Pappelarten) *Liquidambar styraciflua* (Amberbaum) *Pinus taeda* (Kiefer)	mutierte homeotische Gene der Blütenbildung
erhöhtes Wachstum	*Populus tremula* x *Polulus alba*	Überexpression eines Glutamatsynthase-Gens aus Pinus
Verbesserung der Produktqualität		
Erhöhung der Cellulosesynthese; Verringerung oder/und Veränderung der Ligninzusammensetzung	*Populus* spp. *Picea glauca*, *Picea abies* *Eukalyptus* spp.	Gene für coniferinspezifische β-Glucosidase und die 4-Coumarat-CoA-Ligase
Erzeugung von Resistenzen gegen Pathogene und Schädlinge		
Insektenresistenz	*Populus* spp. (Pappelarten und Pappel-Hybriden) *Liquidamber styraciflua* (Amberbaum) *Larix decidua* (Lärche)	Gene für insektizide *Bacillus-thuringiensis* Proteine und Proteinaseinhibitoren
Bakterienresistenz zur Verhinderung von Wurzelhalstumoren	*Populus seiboldii* x *Populus grandidenta* (Pappelhybrid)	Antisense-Onko-Gene aus *Agrobacterium tumefaciens*
Pilzresistenz	*Populus*-Hybriden *Ulmus* spp. (Ulmenarten) *Castanea sativa* (Esskastanie)	Chitinase-Gene; β-1,3-Glucanase-Gene

Fortsetzung Tabelle 6.1

Zuchtziel	**Art**	**gentechnische Veränderung/ eingebrachte Gene**
Herbizidresistenz		
Resistenz gegen Totalherbizide wie Glyphosphat, Phosphinotricin, Chlorosulfuron	*Populus* spp. und Hybriden	Gene Herbizid-abbauende Enzyme zumeist bakteriellen Ursprungs
Toleranz gegen abiotische Stressfaktoren		
Toleranz gegen oxidativen Stress	*Populus* spp. (Pappelarten)	Glutathion-Reduktase-Gen (gor) oder Glutathion-Synthetase-Gen (gsh II)
Toleranz gegen Trockenstress	*Populus tremula* (Aspe) *Pinus halepensi* (Aleppokiefer)	Gene für wasserstress-induzierte Proteine
Toleranz gegen Quecksilber	*Liriodendron tulipifera* (Tulpenbaum)	Hg^{2+}-Reduktase-Gen *merA*

Quellen: Zoglauer et al. 2000; Foyer et al. 1995

6.2 Methoden und Techniken

Im folgenden Kapitel werden Methoden und Techniken des Gentransfers beschrieben, die bei Forstpflanzen besondere Bedeutung haben. Diese überdecken sich weitgehend mit Methoden, die auch in der allgemeinen Pflanzenzüchtung zur Anwendung kommen (s. Kap. 5.2.3). Anschließend wird auf In-vitro-Regenerationssysteme eingegangen, da bei den meisten Verfahren einzelne Zellen gentechnisch verändert werden und daher anschließend daraus wieder eine ganze Pflanze regeneriert werden muss.

6.2.1 Gentransfer über Agrobacterium tumefaciens

Die Transformation von Pflanzen mittels des *Agrobacterium tumefaciens*-Systems gehört zu den gebräuchlichsten und am besten etablierten Transformationssystemen. Dieses System bedient sich der natürlichen Eigenschaft des Bodenbakteriums

A. tumefaciens (in einigen Sonderfällen wird auch die Art *Agrobacterium rhizogenes* verwendet), Pflanzen zu infizieren und dabei bakterieneigene Gene, die auf einem Plasmid (Ti-Plasmid) liegen, in das Genom der Pflanzenzelle einzuschleusen. Dadurch wird die Pflanzenzelle umprogrammiert und bildet knollenartige Verdickungen im Bereich des Wurzelhalses. Zum Einsatz von *A. tumefaciens* als Transformationssystem wurden die „Wucherungsgene" aus dem Bakterienplasmid entfernt, so dass die pathogene Wirkung des Bakteriums nicht mehr vorhanden ist. Statt dessen können in dieses Plasmid neue Gene eingebaut werden und somit in Pflanzenzelle hineintransportiert werden.

Voraussetzung für eine erfolgreiche Transformation mit Hilfe des *Agrobacterium tumefaciens*-System ist es, dass die gewünschte Pflanzenart von *A. tumefaciens* infiziert werden kann. Protokolle zur erfolgreichen Transformation von Bäumen mit Hilfe dieses Systems wurden u. a. für die meisten Arten und Hybriden von *Populus* spp. (Pappel), für *Picea abies* (Fichte), für einige *Pinus*-Arten (Kiefern), für *Eukalyptus* spp. und für den Tulpenbaum *Liriodendron tulipifera* etabliert (Merkle und Dean 2000). Tabelle 6.2 gibt einen Überblick über die Bäume, für welche *A. tumefaciens* virulent ist und die auf eine Infektion mit Tumorbildung reagieren.

Tabelle 6.2: Agrobacterium-Infektionen, die bei Bäumen Tumore induzieren

Baumart	**Infektionsart**
Laubbäume	
Alnus glutinosa (Schwarzerle)	Tumore an Sprossen *in vitro*
Alnus incana (Grauerle)	Tumore an Sprossen *in vitro*
Betula pendula (Hängebirke)	Tumore
Betula mandschurica (Mandschurische Birke)	Tumore
Betula papyrifera (Papierbirke)	Tumore an Sprossen *in vitro*
Populus trichocarpa X deltoides (Hybridpappel)	Tumore *in vitro*
Populus alba X grandidenta (Hybridpappel)	Tumore *in vitro*
Populus tremula (Espe, Zitterpappel)	Tumore an Pflanzen
Populus tremula X tremuloides (Hybridespe)	Tumore an Pflanzen
Robinia pseudoacacia (Robinie)	Tumore an Hypokotylsegmenten

Fortsetzung Tabelle 6.2

Baumart	**Infektionsart**
Salix viminalis (Korbweide)	Tumore *in vitro* und an Pflanzen
Salix schaverinii	Tumore *in vitro* und an Pflanzen
Salix dascylados	Tumore *in vitro* und an Pflanzen
Nadelbäume	
Abies nordmanniana (Nordmanntanne)	Tumore an Sämlingen
Abies procera (Edeltanne)	Tumore an Sämlingen
Larix decidua (Europäische Lärche)	Tumore an Sprossen *in vitro*
Libocedrus decurrens (Flusszeder)	Tumore an Pflanzen
Picea abies (gemeine Fichte)	Tumore an Sämlingen
Picea glauca (Schimmelfichte)	Tumore an Sämlingen
Picea engelmanni (Engelmannfichte)	Tumore an Sämlingen
Picea sitchensis (Sitkafichte)	Tumore an Sämlingen
Pinus eldarica (Eldarkiefer)	Tumore an Pflanzen
Pinus jeffrreyi (Jeffreykiefer)	Tumore an Pflanzen
Pinus lambertiana (Zuckerkiefer)	Tumore an Pflanzen
Pinus radiata (Montereykiefer)	Tumore an Pflanzen
Pinus sylvestris (Waldkiefer)	Tumore an Pflanzen
Pinus virgiana (Virginiakiefer)	Tumore an Pflanzen
Pinus ponderosa (Gelbkiefer)	Tumore an Sämlingen
Pinus taeda (Weihrauchkiefer)	Tumore an Sämlingen
Pseudotsuga menziesii (Douglasie)	Tumore an Sämlingen
T*suga heterophylla* (Westlicher Hemlock)	Tumore an Sämlingen

Quelle: Fladung 1998

Bewährt hat sich, zur Transformation Blattstücke in eine Suspension von *A. tumefaciens* zu tauchen, welche die zu übertragenden Gene zusammen mit einem Antibiotikaresistenzgen enthalten. Anschließend werden die Blattstücke auf Agarplatten inkubiert. Nach einiger Zeit erfolgt die Selektion auf antibiotikahaltigem Medium. Nur solche Zellen wachsen, welche als Selektionsmarker das Antibiotikaresistenzgen enthalten. Pro Transformationsansatz werden nur einzelne Zellen transgen. Es muss also ein entsprechendes Regenerationssystem vorhanden sein, mit Hilfe dessen aus einer einzelnen Zelle ein ganzer Baum regeneriert werden kann (s. Kap. 6.2.4).

6.2.2 Gentransfer über ballistische Verfahren

Das ballistische Verfahren, bekannt auch unter dem Stichwort Partikelbombardierung (particle gun) bedient sich feiner Gold- oder Wolframpartikel, welche mit der zu transformierenden DNA beschichtet werden. Diese Partikel werden in einer speziellen „Kanone" mit Hilfe von Druck stark beschleunigt und auf die zu transformierenden Zellen gelenkt. Vorteil dieses Verfahrens im Vergleich zum *Agrobacterium*-System ist es, dass das Verfahren unabhängig von einer biologischen Empfänglichkeit für ein Bakterium arbeitet, d. h. theoretisch können alle Pflanzen damit transformiert werden. Allerdings liegen auch hier wieder systemimmante Limitierungen vor, da nur einzelne Zellen in einem Transformationsansatz transformiert werden können. Dies bedeutet, dass die transgenen Zellen wieder zu einer ganzen Pflanze regeneriert werden müssen. Somit können auch mit dem ballistischen Verfahren nur Pflanzen transformiert werden, für welche ein Regenerationssystem etabliert ist (s. Kap. 6.2.4). Erfolgreiche Transformation und Regeneration mit ballistischen Verfahren wurde von *Pinus radiata* (Walter et al. 1998), *Picea mariana* (Charest et al. 1996) und *Larix laricina* (Klimaszewska et al. 1997) berichtet.

6.2.3 Protoplastentransformation

Pflanzenzellen, bei denen enzymatisch die Zellwand entfernt wurde, nennt man Protoplasten. In Protoplasten kann mit Hilfe einer schmalen Glaskapillare DNA injiziert werden. Der Vorteil diese Verfahrens liegt wiederum darin, dass es unabhängig von einer biologischen Empfänglichkeit für ein Bakterium arbeitet. Probleme bereitet das Verfahren jedoch, da nicht alle Pflanzen nach der Protoplastierung effizient eine Zellwand aufbauen und dass wiederum aus einzelnen transgenen Zellen eine ganze Pflanze regeneriert werden muss.

6.2.4 *In-vitro*-Regenerationssysteme

Mit Hilfe der unter 6.2.1 bis 6.2.3 beschriebenen Verfahren werden einzelne Zellen, noch im Zellverband oder als solitäre Zelle transformiert. Nach erfolgreicher Selektion der transgenen Zelle muss aus dieser Zelle eine ganze Pflanze regeneriert werden. Dieses biotechnologische Verfahren erfolgt mittels spezieller, phytohormonhaltiger Regenerationsmedien, die für jede Pflanze spezifisch entwickelt werden müssen. Besonders für die forstökonomisch interessanten Gattungen *Pinus*, *Picea* und *Eucalyptus* sowie für einige Arten von *Populus*, *Alnus* und *Betulus* konnten inzwischen effiziente *in-vitro*-Regenerationssysteme entwickelt werden (Fladung 1998; Merkle und Dean 2000).

6.3 Gentechnik bei Forstpflanzen

In den folgenden Kapiteln wird der Stand der Anwendung der Gentechnik bei Forstpflanzen dargestellt. Dabei wird insbesondere auf die bearbeiteten Pflanzenarten, die Ziele der gentechnischen Veränderung, die veränderten Eigenschaften sowie derzeit noch offene Fragen bei der Nutzung gentechnischer Methoden und Verfahren bei Forstpflanzen eingegangen.

6.3.1 Pflanzenarten

Wie bereits in Kapitel 6.1 dargestellt, werden die meisten kommerziell interessanten Forstgehölze gentechnisch bearbeitet. Allerdings stehen häufig noch methodische Fragen beispielsweise zur Regeneration der transgenen Zellen zur ganzen Pflanze oder zur Stabilität des Transgens im Vordergrund der Untersuchungen. Weltweit wurden bisher ca. 90 Freisetzungen mit den in Tabelle 6.3 zusammengefassten transgenen Forstgehölzen registriert. Wahrscheinlich liegt die Zahl noch höher, da in einigen Fällen Freisetzungen mit derselben transgenen Art in Folgejahren nicht als gesondertes Experiment in den Datenbanken geführt werden. Zum anderen hat beispielsweise China keine Gentechnik-Gesetzgebung, welche es erlaubt, Freisetzungen exakt zu erfassen.

Für Europa sind in der Datenbank des Robert-Koch-Instituts (Stand 18.10.2001) 23 Anträge auf Freisetzung von Forstgehölzen registriert. Dabei handelt es sich um 15 Anträge auf Freisetzung transgener Pappeln, vier Anträge auf Freisetzungen von transgenem *Eukalyptus* sowie vier Anträge auf Freisetzung von anderen Baumarten (*Betula pendula, Picea abies, Pinus sylvestris*).

Tabelle 6.3: Weltweite Freisetzungsexperimente mit transgenen Forstgehölzen

Art	Land	Anzahl der Freisetzungen
Betula pendula	Finnland	2
Liquidambar styraciflua	USA	7
Eucalyptus spp.	USA, Spanien, Portugal, Großbritannien	4
Picea spp.	USA, Finnland	3
Pinus spp.	USA, Finnland	6
Populus spp. und *Populus*-Hybriden	USA, Frankreich, Großbritannien, Belgien, Norwegen, Schweden, Spanien, Kanada, Bundesrepublik Deutschland, China	66

Quelle: Zoglauer et al. 2000

6.3.2 Ziele der gentechnischen Veränderung

Die folgenden Fragestellungen werden bei Forstgehölzen unter Nutzung des Gentransfers bearbeitet. Dabei geht es nicht nur um Fragestellungen, welche unmittelbar einen kommerziellen Nutzen versprechen, sondern auch um methodische Ansätze zur Verbesserung der Transformation, um deren effiziente Einbeziehung in die Züchtung zu ermöglichen:

- Grundlagenuntersuchung zur Aufklärung der Bedeutung von Genen bzw. Genprodukten in Stoffwechsel- und Entwicklungsprozessen (durch Transfer des zu untersuchenden Gens bzw. des Antisensegens). Soweit es sich um grundlegende physiologische Vorgänge handelt, spielen allerdings Gehölze eine untergeordnete Rolle, da sie als Modellsystem wegen der langen Generationszyklen und der kaum kartierten Genome weniger geeignet sind. Die Funktion von Genen bzw. Proteinen, die für die Ausprägung wirtschaftlich wichtiger Merkmale von Gehölzen entscheidend sind, können jedoch oft nur in der betreffenden Art untersucht werden.
- Entwicklung, Testung und Optimierung von Transformationsmethoden im Zusammenhang mit der Pflanzenregeneration, um für die betreffenden Arten/Genotypen effiziente Transformationssysteme zu erstellen.

- Transformation mit Marker- bzw. Reportergenen, um die Expression in Abhängigkeit von der Entwicklung (Ontogenese) und/oder dem Zell- und Gewebetyp sowie biotischen und abiotischen Einflüssen aus der Umwelt zu untersuchen.
- Regulation von Wachstums- und Entwicklungsprozessen (z. B. um die Bewurzelung der Pflanzen zu modifizieren),
- Erhöhung der Produktivität bzw. des Ertrags (z. B. durch Verhinderung des Blühens und Fruchtens),
- Verbesserung der Produktqualität (z. B. durch Beeinflussung des Ligningehalts im Holz),
- Erzeugung von Pathogenresistenz: Für Forstgehölze sind dabei besonders Resistenzen gegen Frassinsekten, Bakterien- und Pilzerkrankungen relevant,
- Erhöhung der Toleranz gegenüber abiotischen Stressfaktoren (z. B. Kälte, Hitze, Trockenheit, Ozon, Versalzung von Böden und Schwermetallionen),
- Erzeugung von Herbizidresistenzen.

6.3.3 Eigenschaften

Bei Forstpflanzen lassen sich die eingebrachten Gensequenzen drei großen Gruppen zuordnen. Zum einen sind dies Antibiotikaresistenz- oder andere Markergene, welche zur Herstellung der transgenen Pflanze zum Zwecke der Selektion und Kontrolle der erfolgreichen Transformation und Expression benötigt werden. Eine zweite Gruppe sind Gene, die das forstwirtschaftliche Produktionsverfahren beeinflussen oder von denen kommerziell nutzbare, neue Eigenschaften in der Pflanze erwartet werden. Dazu zählen Herbizid-, Pilz-, Bakterien-, Insektenresistenzen und neue Produktqualitäten, wie Veränderung der Inhaltsstoffmuster, des Wachstums und der Morphogenese. Eine dritte Gruppe sind Veränderungen, welche die ungehinderte Ausbreitung transgener Pflanzen durch Erzeugung von sterilen Pflanzen verhindern sollen.

Zumeist sind mehrere Eigenschaften in einer Pflanze kombiniert, beispielsweise eine Antibiotikaresistenz zur Selektion der transgenen Pflanze, eine gentechnische Veränderung, welche die Blütenbildung verhindert und die neue Produkteigenschaft, wie z. B. eine geänderte Ligninzusammensetzung. Besonders die Steuerung der Ligninzusammensetzung, die durch eine veränderte Genexpression der Monolignolbiosynthese erreicht wird, ist eines der Merkmale, vom welchem sich die Papier- und Zellstoffindustrie große wirtschaftliche Vorteile verspricht (Chen et al. 2001).

Während in den USA und einigen europäischen Ländern bereits Freisetzungsexperimente mit neuen Produkteigenschaften wie z. B. geänderte Ligninzusammensetzung und Herbizidresistenz durchgeführt wurden, fanden in Deutschland bislang ausschließlich Freisetzungsexperimente statt, in denen die Expression und die Stabilität des Transgens kontrolliert wurden. Dazu dienten Genprodukte, welche bei Zugabe einer farblosen Substanz eine Farbreaktion hervorrufen (z. B. *lac*Z) oder Genprodukte, die ein geändertes Wachstumsverhalten hinsichtlich Wuchsform und Blattfarbe bewirken, so dass die Expression des Transgens bereits in situ am Baum beurteilt werden kann. Erreicht wird dies durch das Gen *rol*C aus *Agrobacterium rhizogenes*. Transgene Aspen (*Polulus tremula*) mit dem funktionell aktiven *rol*C-Gen zeigen einen geringeren Wuchs und hellere Blattfarbe.

Bereits im Gewächshaus zeigte sich an Aspen mit *rol*C während der kontinuierlichen vegetativen Wachstumsphase erste Anzeichen für die Instabilität des Transgens durch ein revertiertes, d. h. dem Wildtyp gleichendes oder chimäres Erscheinungsbild einzelner Sprosse. Da das Transgen jedoch mittels molekularbiologischer Verfahren auch in den revertierten und chimären Sprossen nachgewiesen werden konnte, liegt möglicherweise eine Inaktivierung des Transgens durch Methylierung am Gen oder Promotor vor (Fladung et al. 1997). Freisetzungsexperimente mit diesen transgenen Aspen offenbarten weitere unerwartete Ergebnisse. So blühte bereits dreijährige transgene Aspen. Nach Schätzungen der Hersteller sollten diese Bäume erst nach sieben bis 14 Jahren zum ersten Mal blühen (Sieg 1997; Flothmann 1997). Dieses Ergebnis verdeutlicht das Problem der Instabilität der Expression und pleiotroper Effekte bei gentechnischen Veränderungen.

Wie in Tabelle 6.4 dargestellt, umfassen die derzeit bearbeiteten gentechnischen Veränderungen neun verschiedene Bereiche. Dies sind die Reporter- und Antibiotikaresistenzgene, Herbizid-, Pilz-, Bakterien-, Insektenresistenzen, Sterilität, Inhaltsstoffe und Veränderung in Wachstum und Morphogenese mit rund 50 verschiedenen Genprodukten. Etwa 60 % davon wurden bereits in Freisetzungsexperimenten getestet. Tabelle 6.4 fasst die Gene zusammen, welche zur Transformation in Gehölze charakterisiert wurden.

Tabelle 6.4: Übersicht über Gene, welche in Gehölze eingebracht wurden

Merkmal	Enzym/Protein	Gen
Reportergene	β-Glucuronidase β-Galactosidase Nopalinsynthase	gus (uidA) *(*)* *lac* Z (*) *nos* (*)
Antibiotikaresistenzen Kanamycin (Neomycin)-resistenz Hygromycinresistenz Chloramphenicolresistenz	 Neomycin-Phosphotransferase II Hygromycin-Phosphotransferase Chloramphenicol-Acetyltransferase	 *npt* II (*) *hpt* (*) *cat* (*)
Herbizidresistenzen Glufosinat (Phosphinotricin)-resistenz Sulfonylharnstoffresistenz (Chlorsulfon) Glyphosatresistenz 2,4-D-Resistenz	 Phosphinotricin-Acetyltransferase Glutamin-Synthase Acetolactat-Synthase Acetohydroxyacido-Synthase 5-Endolpyruvylshikimi-3-phosphat-Synthase Glyphosat-Oxidoreduktase 2,4-Dichlorphenol-6-Monooxygenase	 bar (*) pat (*) GS-Gen (*) ALS-Gen AHAS-Gen *aro*A (*epsps*) (*) GOX-Gen (*) *tfd*A (*)
Pilzresistenzen	systemic aquired resistance 8.2 Salicylat-Hydroxylase acteropsin Chitinase Chitinbiosidase Osmotin β-1,3-Glucanase Hordithionin Ribosomeninaktivierendes Protein N-Acetyl-Glucosidase	SAR 8.2-Gen Salicylat-Hydroxylase-Gen Bacteropsin-Gen (*) Chitinase-Gen Chitinbiosidase-Gen Osmotin-Gen (*) β-1,3-Glucanase-Gen Hordithionin-Gen RIP-Gen N-Acetyl-Glucosidase-Gen
Bakterienresistenzen	Lysozym Attacin E Cecropin B	Lysozym-Gen Attacin E-Gen Cecropin B-Gen

Fortsetzung Tabelle 6.4

Merkmal	Enzym/Protein	Gen
Insektenresistenzen Lepidoptera Coleoptera Aphidoidea	B.t. δ-Endotoxin B.t. Ω-Endotoxin Lectin B.t. δ-Endotoxin Agglutinin	cry IA (*) B.t. Ω -Endotoxin-Gene (*) Lectin-Gen cry IIIA (*) Agglutinin-Gen
Sterilität	Ribonuklease Diphterie Toxin A (DTA) mutiertes homeotisches Gen der Blütenbildung	Barnase-Gen (unter Kontrolle eines antherenspezifischen Promotors) (*) Barstar (*) DTA-Gen PtFL (*) leafy (*) POD (*)
Inhaltsstoffe	4-Coumarat-CoA-Ligase Caffeat-O-Methyltransferase Cinnamat-4-Hydroxylase O-Methyltransferase Cinnamoylalcohol-Dehydrogenase Cinnamoyl-CoA-Reductase Cellulose-Bindeprotein	4-CL-Gen (*) COMT-Gen (*) C4H-Gen (*) OMT-Gen (*) CAD-Gen (*) Cinnamoyl-CoA-Reductase-Gen (*) Cellulose-Bindeprotein-Gen (*)
Veränderung in Wachstum und Morphogenese	Phytochrom A-Apoprotein Phytochrom B-Apoprotein Cytochrom-P450-abhängige Monooxygenasen Chalconsynthase Glutamat-Synthase	*phy* A (*) *phy* B (*) Cytochrom 450-Gen (*) *rol* (*) CHS-Gen
Die mit (*) markierten Gene wurden bereits in Freisetzungsversuchen mit Gehölzen getestet.		

Quelle: Zoglauer et al. 2000

6.3.4 Offene Fragen

Die kommerzielle Nutzung transgener Forstgehölze steht noch am Anfang der Entwicklung, da wichtige methodische Fragen noch nicht geklärt sind. Dazu zählen die geringe Effizienz der Transformation, die Probleme bei der Regeneration, die Stabilität des Transgens in der Empfängerpflanze und funktionell aktive Expression des Transgens. Bäume passen sich im Verlauf eines Jahres saisonal unterschiedlichen Klimabedingungen und abiotischen Stresssituationen (z. B. Trockenheit, Frost) an. Als Konsequenz davon zeigen Bäume eine große genetische Diversität, die sich in den verschiedenen Ökotypen derselben Art wiederspiegelt. Eine stabile Expression des Transgens unter unterschiedlichen Umwelteinflüssen muss deshalb anhand der Transformation dieser Ökotypen überprüft werden (Tzfira et al. 1998). Der lange Lebenszyklus von Forstgehölzen stellt eine zusätzliche Anforderung an die stabile Expression eines Transgens dar. Herkömmliche Promotoren zur Expression in Pflanzen wie der 35S-Promotor des Cauliflower Mosaic Virus (CMV) werden häufig bereits in einjährigen transgenen Pflanzen stillgelegt. Die Entwicklung spezieller Baum-spezifischer Promotoren stellt darum eine weitere Anforderung an die Entwicklung transgener Forstgehölze dar (Tzfira et al. 1998).

Waldbäume sind oftmals Teil eines sensiblen Ökosystems, das nicht zuletzt auch auf der Symbiose mit Mycorrhiza-Pilzen basiert. Offen sind derzeit Fragen nach unerwünschtem horizontalem Gentransfer von transgenen Bäumen auf die Wurzelmycorrhiza (UBA 1999b). Daneben müssen die bereits in anderen Kapiteln diskutierten Problemfelder wie pleioptrope Effekte oder unerwünschte Inaktivierung essentieller Gene des Empfängers durch unspezifische Integration des Transgens selbstverständlich auch für Forstgehölze systematisch untersucht werden.

6.4 Stand und Perspektiven

Während in den USA erste transgene Bäume die Marktzulassung erhalten haben, befinden sich die Freisetzungsexperimente in Deutschland noch in einer Anfangsphase, bei der grundlegende Fragestellungen zur Stabilität des Transgens untersucht werden. Nach Expertenmeinung wird es in Europa noch ca. 10 bis 20 Jahre dauern, bis Forschung und Entwicklung soweit gediehen sind, entsprechende Produkte auf den europäischen Markt zu bringen (UBA 1999b).

Die wichtigsten transgenen Eigenschaften für Forstgehölze sind eine geänderte Ligninzusammensetzung und die Einführung von Herbizidresistenzen. Letzteres ist interessant, da gentechnisch veränderte Bäume fast ausschließlich für den Plantagenanbau und nicht für den Waldbau gezüchtet werden. Bedingt durch die langen Lebenszyklen der Bäume werden jedoch Langzeitwirkungen auf das Ökosystem auch unter Plantagenbedingungen nicht ausgeschlossen. Nach Untersuchungen der Technischen Universität Berlin an nichtheimischen Gehölzen, sogenannten Invasoren, wurden Zeiträume zwischen der Ersteinführung und der unerwünschten Ausbreitung dieser Baumarten von durchschnittlich 150 Jahren ermittelt (UBA 1999b). Sorgfältiges Langzeitmonitoring wird deshalb eine wichtige Voraussetzung für den zukünftigen Einsatz transgener Forstgehölze sein.

7. Landwirtschaft (insbesondere Pflanzenbau)

7.1 Aktueller Stand der kommerziellen Nutzung transgener landwirtschaftlicher Nutzpflanzen

7.1.1 Länder

Gentechnisch veränderte Pflanzen wurden erstmals im Jahr 1996 kommerziell angebaut. Seitdem ist ein erheblicher jährlicher Zuwachs der weltweiten Anbauflächen zu beobachten (Abb. 7.1). Im Jahr 2001 wurden auf mehr als 52 Mio. ha gentechnisch veränderte Pflanzen angebaut (zum Vergleich die gesamte Fläche Deutschlands beträgt 35 Mio. ha). Damit hat sich die Anbaufläche transgener Nutzpflanzen in den letzten fünf Jahren mehr als vervierfacht. Gegenüber dem Vorjahr beträgt die Steigerung noch 19 % (James 2001).

Abbildung 7.1: Entwicklung der Anbauflächen gentechnisch veränderter Nutzpflanzen 1996 bis 2001

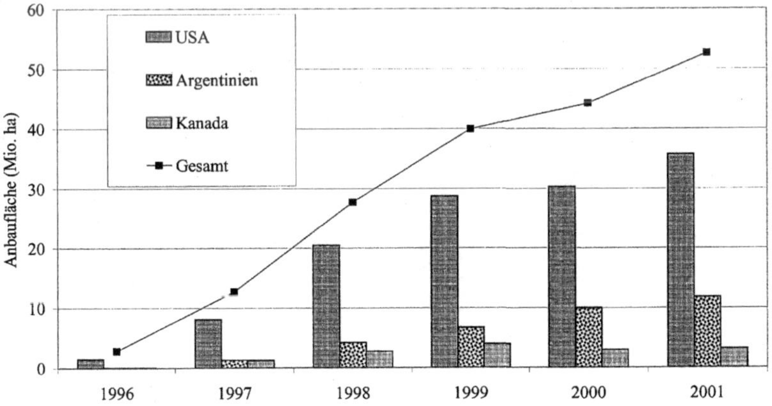

Quellen: James 2000, 2001

Transgene Pflanzen werden im Jahr 2001 in 13 Ländern kommerziell angebaut: 99 % entfallen dabei auf die vier Länder USA (67,7 %), Argentinien (22,4 %), Kanada (6,1 %) und China (2,9 %) (Abb. 7.2). Neben den vier großen Anbauländern werden transgene Nutzpflanzen noch in Australien, Südafrika, Mexiko, Spanien, Rumänien, Deutschland, Uruguay, Indonesien und Bulgarien kommerziell angebaut (James 2000). In den sieben letztgenannten Ländern liegt die Anbaufläche im Jahr 2001 jeweils unter 100.000 ha. Für die Ukraine, in der 1999 noch transgene Kartoffeln angebaut wurden, liegen für die Jahre 2000 und 2001 keine Anbauzahlen vor (James 2001). In Portugal wurde dem 1999 angebauten *Bt*-Mais die Zulassung zurückgezogen, so dass in den beiden letzten Jahren dort keine gentechnisch veränderten Pflanzen mehr angebaut wurden. Relativ große Unsicherheit herrscht über den Anbau transgener landwirtschaftlicher Nutzpflanzen in Brasilien. Obwohl offiziell der Anbau von gentechnisch veränderten Sorten in den meisten Bundesstaaten nicht erlaubt ist, gehen Schätzungen von einem illegalen Anbau v. a. gentechnisch modifizierter Sojabohnensorten von mehr als 2 Mio. ha im Jahr 2000 aus (DG Agri 2001).

Abbildung 7.2: Länderanteile an den weltweiten Anbauflächen gentechnisch veränderter Nutzpflanzen im Jahr 2001

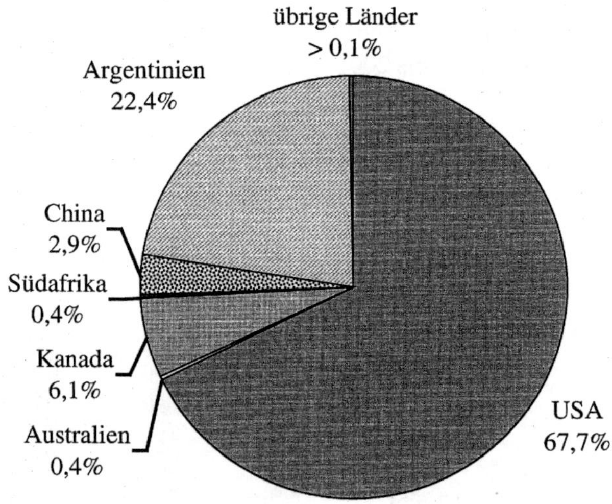

Quelle: James 2001

Zur Einschätzung des Diffusionsgrades transgener Nutzpflanzen sind im Folgenden die Anteile der Anbauflächen ausgewählter transgener Pflanzen an den jeweiligen weltweiten Anbauflächen im Jahr 2001 dargestellt (Abb. 7.3). Der höchste Diffusionsgrad wird demnach für den Sojaanbau erreicht, wo rund 46 % der weltweiten Anbaufläche mit transgenen Pflanzen bebaut werden. Der Anteil transgener Anbauflächen an der Gesamtfläche beträgt für Baumwolle weltweit 20 %, für Raps 11 % und für Mais 7 %. In einzelnen Ländern übersteigt der Anteil transgener Pflanzen bereits den Anteil der konventionellen Produktion (Abb. 7.4, Tab. 7.1): dies betrifft insbesondere die Sojaproduktion in Argentinien (Anteil transgener Pflanzen 75 % im Jahr 1999) und den USA (51 % transgene Pflanzen im Jahr 1999). Die Anbauflächen haben in beiden Ländern im letzten Jahr noch einmal zugenommen, so dass in Argentinien bereits 90 % und in den USA 54 % des Sojaanbaus mit transgenen Pflanzen erfolgt (James 2000). Beim Rapsanbau in Kanada werden im Jahr 2000 ca. 50 % der Anbaufläche mit transgenen Pflanzen bebaut. Für die Baumwollproduktion in Australien werden 1999 fast zu 80 % transgene Pflanzen verwendet. In den USA werden 2000 auf 72 % der Anbauflächen transgene Baumwollpflanzen angebaut (James 2000). Dies bedeutet, dass bei einigen der Hauptproduzenten, insbesondere von Sojabohnen, ein größerer Teil der Produktion auf transgene Sorten entfällt.

Abbildung 7.3: Diffusionsgrad des kommerziellen Anbaus transgener Nutzpflanzen im Jahr 2001

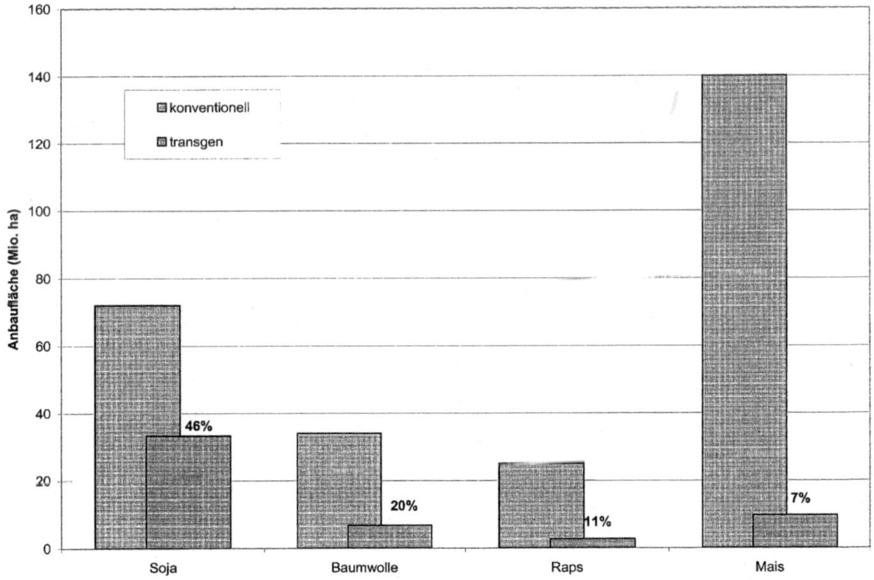

Quelle: James 2001

Abbildung 7.4: Diffusionsgrad des kommerziellen Anbaus transgener Pflanzen in einzelnen Ländern im Jahr 1999

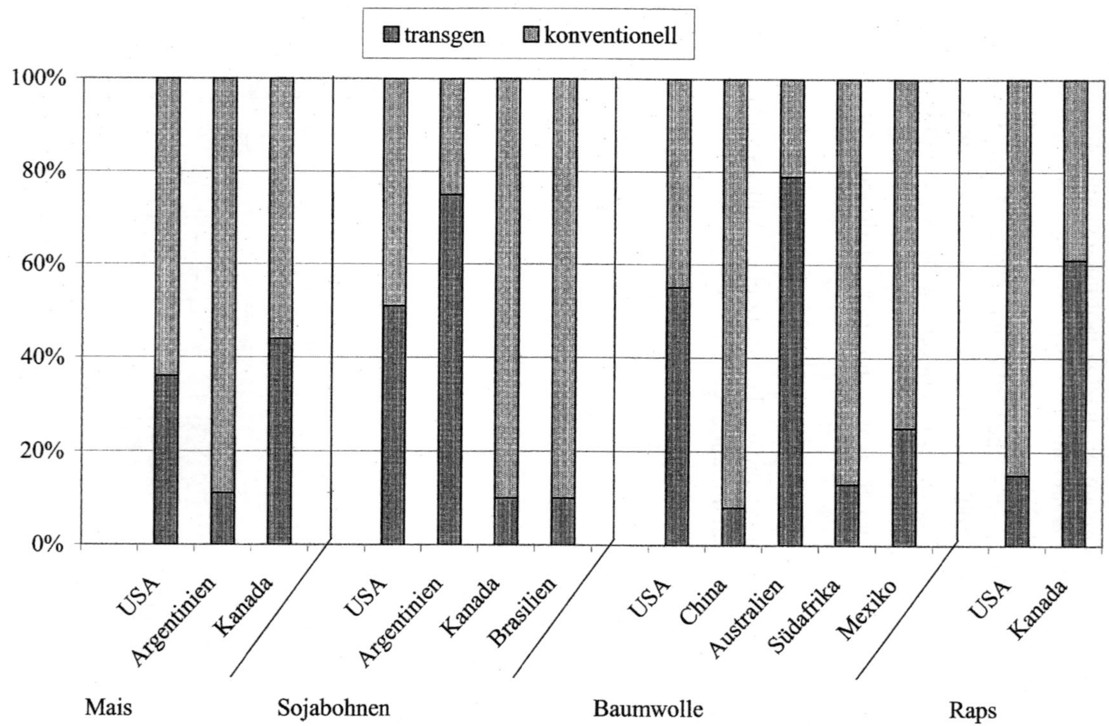

Quelle: DG Agri 2000

Für die Entwicklung und Diffusionsrate von transgenen Pflanzen spielt auch das Profil der Landwirte, die sich diese neue Technologie zunutze machen eine große Rolle. Große Betriebe und Landwirte mit überdurchschnittlich guter Ausbildung waren in der Anfangsphase eher bereit, transgene Pflanzen anzubauen. Dieser Umstand hat sicher in erheblichem Maße zu dem raschen Anstieg der Anbauflächen beigetragen (DG Agri 2000).

Tabelle 7.1: Entwicklung der Anbauflächen von transgenen Pflanzen in einzelnen Ländern

	1997	**1998**	**1999**	**2000**
Sojabohnen (Mio. ha)				
USA	3,64	10,12	15,00	16,28
Argentinien	1,40	3,43	5,50	7,16
Kanada	0,001	0,04	0,10	0,10
Brasilien			1,18	2,04
Mais (Mio. ha)				
USA	2,27	8,66	10,30	9,55
Argentinien	0,07	0,09	0,31	0,74
Kanada	0,27	0,30	0,50	0,45
Südafrika		0,05	0,16	0,19
Frankreich		0,002	0,0001	-
Spanien		0,02	0,01	-
Portugal			0,001	-
Baumwolle (Mio. ha)				
USA	1,23	2,00	3,25	4,55
China		0,10	0,30	0,48
Australien	0,20	0,30	0,30	0,30
Raps (Mio. ha)				
USA	0,02	0,03	0,06	0,10
Kanada	1,40	2,40	3,40	2,5

Quelle: DG Agri 2001

7.1.2 Pflanzenarten

Insgesamt werden weltweit im Jahr 2001 sieben transgene Nutzpflanzen kommerziell angebaut: Sojabohnen, Mais, Baumwolle, Raps, Kartoffel, Papaya und Kürbis. Die, gemessen an der Anbaufläche, mit Abstand wichtigste transgene Kulturpflanze sind derzeit Sojabohnen, die im Jahr 2001 auf einen Anteil von 63 % an der globalen Anbaufläche transgener Pflanzen kommen. An zweiter Stelle liegt Mais mit knapp 19 % Flächenanteil gefolgt von Baumwolle und Raps mit knapp 13 % bzw. 5 % Anteil. Während bis zum Jahr 1999 für alle vier genannten Pflanzenarten ein kontinuierlicher Anstieg der Anbauflächen zu beobachten war, sind die Anbauflächen für Raps und Mais in den Jahren 2000 und 2001 rückläufig (Abb. 7.5).

Tabelle 7.2: Anbauflächen transgener Nutzpflanzen für die kommerzielle Produktion (in Mio. ha)

Pflanzenart	**1996**	**1997**	**1998**	**1999**	**2000**	**2001**
Soja	0,5	5,1	14,5	21,6	25,8	33,3
Mais	0,3	3,2	8,3	11,1	10,3	9,8
Baumwolle	0,8	1,4	2,5	3,7	5,3	6,8
Raps	0,1	1,2	2,4	3,4	2,8	2,7
Kartoffeln	0,1	0,1	0,1	<0,1	<0,1	<0,1
Kürbis	0	0	0	<0,1	<0,1	<0,1
Papaya	0	0	0	<0,1	<0,1	<0,1
Gesamt	**1,8**	**11,0**	**27,8**	**39,8**	**44,2**	**52,6**

Quellen: James 1998, 1999, 2000, 2001

Abbildung 7.5: Zeitliche Entwicklung der weltweiten Anbauflächen von transgenen Sojabohnen, Mais, Baumwolle und Raps

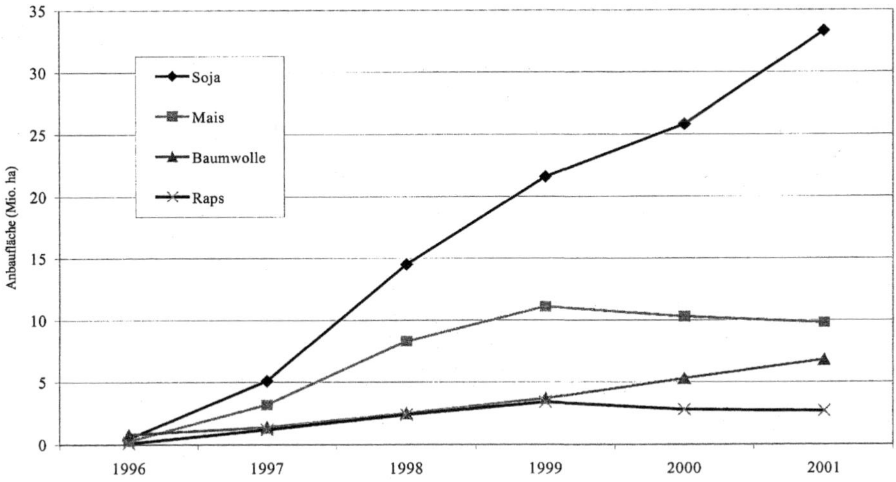

Quellen: James 1999, 2000, 2001

Sojabohnen

Bei Sojabohnen werden vor allem herbizidresistente Sorten großflächig angebaut (z. B. Roundup Ready von Monsanto). Zunehmend gewinnen auch Sojabohnen mit veränderter Fettsäurezusammensetzung an Bedeutung. Eine von DuPont (Kanada) entwickelte Sorte zeichnet sich durch einen hohen Ölsäuregehalt und einen geringeren Gehalt an gesättigten Fettsäuren aus und wurde 1997 in den USA für die Verwendung als Nahrungs- und Futtermittel zugelassen. Weitere Zulassungen folgten im Jahr 2000 in Australien, Japan und Kanada. Agriculture & AgriFood (Kanada) entwickelten eine Sorte mit niedrigem Linolensäuregehalt, die 2001 in Kanada erstmals zugelassen wurde (agbios 2001). Zu den weiteren Züchtungszielen zählen die Modifikation der Eiweiß- und Aminosäurezusammensetzung (Lysin- und Methioningehalt) für die Verwendung in der Futtermittelindustrie. Auf eine Verbesserung der Nahrungsmittelqualität zielt die Erhöhung des Saccharose-Gehalts in Sojabohnen hin, wodurch sowohl der Geschmack als auch die Verdaulichkeit erhöht werden sollen (DG AGRI 2000). Vereinzelt werden auch Sorten mit Resistenz gegen Schadinsekten bearbeitet.

In den USA und Argentinien, die größter bzw. drittgrößter Sojaexporteur der Welt sind, haben die Anbauflächen für transgene Sojabohnen im Jahr 2000 noch einmal um 1,5 bzw. 2,7 Mio. ha zugenommen. Damit werden in den USA auf 54 % der Anbaufläche und in Argentinien auf 90 % transgene Sojabohnen angebaut. In Brasilien, weltweit zweitgrößter Sojalieferant, sind herbizidresistente Sojabohnen zugelassen. Die Markteinführung ist jedoch gerichtlich blockiert. Dennoch wurden herbizidresistente Sojabohnen im Jahr 1999 auf schätzungsweise 0,5 bis 1 Mio. ha angebaut, was vermutlich auf illegal aus Argentinien eingeführtes gentechnisch verändertes Saatgut zurückgeht. Ende 1999 ließ die brasilianische Regierung die entsprechenden Felder zerstören. Für das Jahr 2000 wird der (illegale) Anbau genetisch modifizierter Sojabohnen in Brasilien auf etwa 2 Mio. ha geschätzt (DG Agri 2001). In der EU spielt der Sojaanbau in den Mittelmeerstaaten eine Rolle. Für die Sojaversorgung sind Sojaimporte aus den USA, Argentinien und Brasilien eine wesentliche Größe (s. Kap. 7.3.3.1). Aufgrund der beschriebenen Anbausituation in den USA und Argentinien stammen Sojaprodukte zu einem großen Teil aus gentechnisch veränderter Rohware. Eine Trennung nach gentechnisch veränderten und konventionellen Sojasorten wurde bis 1998 in den USA nicht vorgenommen. In der Saison 1999 gab es erste Versuche zur Trennung transgener und konventioneller Sojaexporte.

Mais

Bei Mais ist die Resistenz gegen Schadinsekten das dominierende Merkmal transgener Pflanzen (*Bt*-Mais[35]). Im Jahr 2000 wurde auf einer Fläche von 6,8 Mio. ha *Bt*-Mais angebaut, dies entspricht einem Anteil von 66 % am gesamten transgenen Maisanbau. Zunehmend spielt Herbizidresistenz (20,4 %), auch in Kombinationen mit Insektenresistenz (13,6 %), eine Rolle. Herbizidresistenter Mais wurde 1998 auf dem amerikanischen Markt eingeführt. Es wird jedoch nach Einschätzung von Experten des US Department of Agriculture (USDA) keine so rasche Anbauausdehnung wie bei herbizidresistenten Sojabohnen erwartet. In der EU sind vier transgene Maissorten für den Anbau zugelassen (agbios 2001), aufgrund eines Quasi-Moratoriums erfolgt derzeit allerdings kein kommerzieller Anbau.

Weltweit sind die Anbauflächen von transgenem Mais im Jahr 2000 um 800.000 ha und im Jahr 2001 noch einmal um 500.000 ha zurückgegangen. Der Rückgang betrifft vor allem den Anbau von *Bt*-Mais in den USA und Kanada. Ursachen sind möglicherweise ein zu geringer Verseuchungsgrad mit dem Maiszünsler (European

[35] In Bt-Mais wurde ein Gen zur Bildung eines Toxins übertragen, das natürlicherweise von *Bacillus thuringiensis*-Bodenbakterien gebildet wird. Das in insektenresistenten Maissorten enthaltene *Bt*-Protein wirkt selektiv toxisch gegen die Raupen des Maiszünslers (European Corn Borer), indem es deren Darmwand zerstört. Dadurch werden Ernteverluste vermindert.

corn borer), der den wirtschaftlichen Einsatz von *Bt*-Mais nicht mehr erlaubt[36]. Verunsicherungen über den Absatz von transgenem Mais v. a. in der EU und in Japan sind möglicherweise eine weitere Ursache für den Rückgang. In der EU (z. B. Österreich, Luxemburg, Dänemark, Griechenland, Frankreich und teilweise auch Großbritannien) wurden trotz der EU-weiten Genehmigung nationale Import- und Zulassungsverbote für *Bt*-Mais erlassen. Als Begründung wird hierbei vor allem die Antibiotikaresistenz, die als Selektionsmarker im *Bt*-Mais von Novartis vorhanden ist, angeführt. Der insektenresistente *Bt*-Mais von Novartis ist bisher auch die einzige transgene Pflanze, die außerhalb von Freisetzungsversuchen in der EU angebaut wurde. In Spanien wurden 1999 25.000 ha und in Deutschland ca. 500 ha bebaut. In Deutschland steht die erforderliche Sortenzulassung noch aus, so dass der Anbau von *Bt*-Mais seit 1998 nur zu Versuchszwecken erlaubt ist. In Frankreich wurde der Anbau von *Bt*-Mais inzwischen blockiert, da die Ernte nicht verarbeitet werden darf. Entsprechend wurde im Jahr 1999 kein transgener Mais ausgesät. Signifikante Zunahmen beim Anbau von transgenem Mais sind dagegen in Argentinien (von 5 % auf 20 % der Anbauflächen) und Südafrika zu beobachten.

Baumwolle

Bei Baumwolle wurden im Jahr 2000 kommerziell auf weltweit 2,1 Mio. ha zu knapp 40 % herbizidresistente Sorten angebaut, gefolgt von *Bt*-Sorten mit einem Anteil von 28,3 % (1,5 Mio. ha). Für *Bt*-Baumwolle, die gegen Schadinsekten resistent ist, wurden nach Untersuchungen der USDA signifikant höhere Erträge und eine höhere Wirtschaftlichkeit als bei konventioneller Baumwollproduktion beobachtet. Auf 32,1 % der Fläche wurden Sorten verwendet, die beide Gene enthalten.

Weltweit sind die Anbauflächen zwischen 1999 und 2001 deutlich gestiegen. Die starken Zunahmen von 84 % sind überwiegend durch höhere Anteile von transgenen Baumwoll-Sorten in den USA, Australien und China zurückzuführen (James 2001). In Europa wurden inzwischen zwei Anträge auf Zulassung gentechnisch veränderter Baumwolle gestellt (herbizidresistente bzw. insektenresistente Pflanzen von Monsanto) (genewatch 2001). Mittelfristig könnte in den Mittelmeerländern ein Anbau transgener Sorten erfolgen.

Raps

Der erste kommerzielle Anbau von gentechnisch verändertem Raps erfolgte 1996 in den USA und Kanada. Der kommerziell angebaute transgene Raps zeichnet sich vor allem durch Herbizidresistenz aus. In den USA und Kanada werden inzwischen auch transgene Rapssorten mit veränderter Fettsäurezusammensetzung angebaut. Rapssorten mit erhöhtem Laurinsäuregehalt dienen als hochwertiger Rohstoff für

---

36 Die Verluste durch Maiszünslerbefall schwanken mit dem Verseuchungsgrad von Jahr zu Jahr. Je wahrscheinlicher und je höher die Verseuchung mit Maiszünsler, desto profitabler sind *Bt*-Maissorten (Hyde et al. 1999).

die Herstellung chemischer und kosmetischer Produkte. Desgleichen ermöglicht ölsäurereicher Raps eine energie- und kostensparende industrielle Verwertung und dient als Rohstoff für die Herstellung von Schmiermitteln und Farbstoffen. In der EU sind drei gentechnisch veränderte, herbizidresistente Rapssorten zugelassen, eine davon für den Anbau. Drei weitere Anträge befinden sich im laufenden Zulassungsverfahren. Bisher wird in der EU kein transgener Raps angebaut. Rapsimporte aus Kanada, wo transgene Sorten ca. 50 % der Anbaufläche ausmachen, spielen in der EU derzeit eine geringe Rolle.

Kartoffeln

Der kommerzielle Anbau transgener Kartoffeln beschränkt sich bislang auf eine Fläche von weltweit rund 40.000 ha. Knapp 72 % der Flächen sind in den USA, weitere 24 % in Kanada zu finden. In der Ukraine und Rumänien wurden im Jahr 1999 noch ca. 1.000 ha mit transgenen Kartoffeln bebaut. Die gentechnisch veränderten Kartoffeln sind entweder virus- oder insektenresistent. *Bt*-Kartoffelsorten wurden erstmals 1996 eingeführt. Das Toxin der *Bt*-Kartoffeln NewLeaf wirkt im wesentlichen gegen die Larven des Kartoffelkäfers, der regional z. T. sehr hohe Ertragsverluste verursacht und für dessen Bekämpfung sehr hohe Kosten anfallen. Zwei *Bt*-Kartoffeln (NewLeaf Plus, NewLeaf Y) mit zusätzlichen Schutz gegen Viruserkrankungen (Blattrollvirus, Kartoffelvirus Y) eröffnen größere Möglichkeiten zur Einsparung von Insektiziden.

Zukünftig werden jedoch auch Sorten mit veränderter Stärkezusammensetzung an Bedeutung gewinnen. Gentechnisch veränderte Kartoffelsorten mit einem Amylopektin-Anteil von bis zu 100 % befinden sich derzeit in der EU im Zulassungsverfahren. Die Stärkekörner dieser Kartoffeln enthalten keine Amylose mehr, wodurch aufwändige Trennverfahren bei der industriellen Verarbeitung entfallen (CMA 1999).

7.1.3 Eigenschaften

Betrachtet man die Ziele der gentechnischen Veränderung der weltweit kommerziell angebauten transgenen Pflanzen, so wird deutlich, dass bisher herbizidresistente Pflanzen mit einem Anteil von rund 77 % an der gesamten Anbaufläche dominieren (Abb. 7.6). Insektenresistente Pflanzen machen rund 15 % der globalen Anbaufläche aus. Seit dem Jahr 1999 sind Sorten mit kombinierter Herbizid- und Insektenresistenz wichtiger geworden, die inzwischen rund 8 % der Anbaufläche einnehmen. Im Jahr 1998 lag der entsprechende Anteil erst bei 1 %. Virusresistenz spielt vor allem bei Nutzpflanzen wie Kartoffeln, Kürbis oder Papaya eine Rolle, die in deutlich geringerem Umfang angebaut werden als z. B Sojabohnen oder Mais. Die relative Bedeutung der Anbauflächen für diese gentechnische Veränderung ist daher deutlich gesunken.

Abbildung 7.6: Eigenschaften transgener Pflanzen im zeitlichen Verlauf

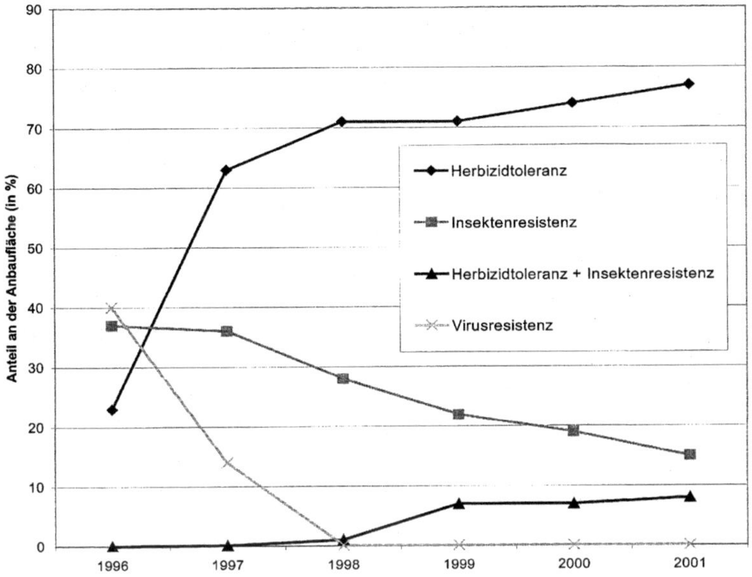

Quelle: James 2000

Vergleicht man die kommerziellen Anbauflächen mit den Freisetzungsvorhaben transgener Pflanzen, so wird deutlich, dass veränderte Qualitätsmerkmale transgener Pflanzen bei Freisetzungsvorhaben durchaus schon eine wichtige Rolle spielen (knapp 16 % der Vorhaben), jedoch beim kommerziellen Anbau bisher nicht zu Buche schlagen. Geht man davon aus, dass sich die in den Freisetzungsvorhaben relevanten Eigenschaften künftig auch stärker im kommerziellen Anbau widerspiegeln, so dürften künftig transgene Pflanzen mit modifizierten Qualitätsmerkmalen eine wichtigere Rolle spielen. Erste Ansätze finden sich inzwischen schon – wie oben erwähnt – bei Raps und teilweise auch bei Kartoffeln.

7.2 Erfahrungen mit dem Anbau transgener Nutzpflanzen

Wie im vorangegangenen Kapitel dargestellt, werden bislang fast ausschließlich transgene Pflanzen mit input-orientierten Eigenschaften wie Herbizid-, Insekten- oder Virusresistenz kommerziell angebaut. Dementsprechend versprechen die neu eingebrachten Eigenschaften im wesentlichen Vorteile für den Landwirt (z. B. steigende Erträge, Pestizideinsparung, höhere Flexibilität beim Arbeitseinsatz). Eine

1997 von dem USDA durchgeführte Umfrage unter Landwirten zu den Gründen, die sie zum Anbau gentechnisch veränderter Pflanzen bewogen haben, zeigt, dass die Mehrheit der Landwirte höhere Erträge erwarten, gefolgt von Kosteneinsparungen durch transgene Sorten (Tab. 7.3). Die rasche Übernahme von transgenen Pflanzen und die Ausdehnung der Anbauflächen in den letzten fünf Jahren um das Vierfache sprechen für ökonomische Vorteile von transgenen gegenüber konventionellen Sorten.

Tabelle 7.3: Gründe für den Anbau von transgenen Nutzpflanzen – Ergebnisse der „Agricultural Research Management Study" (ARMS) unter US-amerikanischen Landwirten im Jahr 1997

Gründe für den Anbau von transgenen Pflanzen	**Relevanz unter den Anwendern (%)**[1]		
	Soja herbizidresistent	**Baumwolle herbizidresistent**	***Bt*-Baumwolle Insektenresistenz**
Höhere Erträge durch verbesserten Pflanzenschutz	65,2	76,3	54,4
Geringe Kosten für Pestizideinsatz	19,6	18,9	42,2
Höhere Flexibilität beim Anbau	6,4	1,8	2,2
Umweltfreundlicheres Verfahren	2,0	0,9	0,0
Andere Gründe	6,8	2,3	1,2

[1] Die Relevanz der verschiedenen Gründe wurde in dieser Untersuchung durch den Flächenanteil, den die Landwirte mit der entsprechenden Antwort bewirtschaften, an der insgesamt bewirtschafteten Fläche gemessen.

Quelle: Fernandez-Cornejo und McBride 2000

In den folgenden Kapiteln soll analysiert werden, welche Erfahrungen mit dem kommerziellen Anbau transgener Nutzpflanzen gemacht und inwieweit die Erwartungen der Landwirte erfüllt wurden. Die hierzu verfügbaren Studien beziehen sich fast ausschließlich auf Beobachtungen in den USA und Kanada. Darüber hinaus erscheint es wesentlich zu erwähnen, dass es bislang keine Untersuchungen gibt, die über einen längeren Zeitraum durchgeführt wurden, wodurch jahresbedingte Schwankungen der Agrarproduktion wie auch Veränderungen von Angebot und Nachfrage und der damit zusammenhängenden Marktpreise nur unzureichend berücksichtigt werden konnten. Einschränkend ist zudem hinzuzufügen, dass die Erfahrungen aus den USA und Kanada nicht ohne sorgfältige Prüfung auf die Verhältnisse in der EU übertragen werden können, da sich in beiden Regionen die natürlichen Verhältnisse und Standorteigenschaften unterscheiden, oftmals unterschiedliche Sorten und Produktionstechniken Anwendung finden, die Preis-Kosten-Relationen variieren und die Betriebsgrößen deutlich differieren.

Im Folgenden wird zunächst auf wichtige Input- und Outputfaktoren eingegangen, die die Wirtschaftlichkeit des Anbaus transgener und konventioneller Sorten entscheidend beeinflussen. Anschließend werden die vorliegenden Erfahrungen mit dem Anbau der wichtigsten transgenen Kulturpflanzen dargestellt.

7.2.1 Inputfaktoren

Wichtige Inputfaktoren, die die Wirtschaftlichkeit der Agrarproduktion beeinflussen sind die Aufwendungen für Saatgut, Pflanzenschutz, die Kosten für eine ggf. notwendige Trennung von transgenen und konventionellen Sorten sowie indirekte Kosten, die durch Änderungen des Anbausystems notwendig werden.

Saatgutkosten

Die Entwicklungskosten von transgenen Sorten werden z. T. auf die Landwirte umgelegt durch höhere Saatgutpreise, die Erhebung einer Technologiegebühr (technological fee), die vertragliche Verpflichtung zur Anwendung bestimmter Agrochemikalien oder durch eine Kombination dieser Maßnahmen (Franks 1999). Die Preise für transgenes Saatgut liegen damit je nach Pflanzenart und Sorte zwischen 20 % und 35 % über den Preisen für konventionelles Saatgut (Furman Seltz 1998). Die Preisdifferenz zwischen konventionellem und gentechnisch verändertem Saatgut ist hauptsächlich auf die Erhebung der Technologiegebühr zurückzuführen (DG Agri 2000).

Pestizideinsatz und -kosten

Gentechnisch veränderte Nutzpflanzen mit Eigenschaften für Pflanzen- und Krankheitsschutz (z. B. herbizidresistente oder *Bt*-Sorten) lassen verminderte Kosten für den Einsatz von Pflanzenschutzmitteln erwarten. Wie ein Überblick über verschiedene Studien zeigt, sinkt sowohl bei herbizidresistenten wie auch bei *Bt*-Sorten der Einsatz an Herbiziden bzw. Insektiziden. Damit reduzieren sich nicht nur die Aufwendungen für die Pflanzenschutzmittel, sondern die Kosten für den Pflanzenschutz insgesamt (z. B. Aufwendungen für kontinuierliche Befallskontrolle, Arbeits- und Maschineneinsatz). Dieser „Convenience-Effekt" scheint insbesondere bei herbizidresistenten Pflanzensorten ein entscheidender Vorteil für die Landwirte zu sein. Er bezieht seine Attraktivität aus der Effizienz und Einfachheit des Anbausystems mit herbizidresistenten Pflanzen. Eine Quantifizierung der „Convenience-Effekte" ist schwierig und wurde bislang in keiner der vorliegenden Studien vorgenommen. Sie wirken indirekt über den effizienteren Einsatz von Arbeitszeit und -kraft sowie über die Senkung der Inspektions-, Maschinen- und Ausbringkosten für Pflanzenschutzmittel.

Insgesamt veränderte sich mit Einführung von herbizidresistenten Sorten der Markt für Herbizide. Der Anteil von Roundup im Sojaanbau stieg zwischen 1995 und 1998 um 42 Prozentpunkte auf 62 %, während der Anteil von Imazethapyr-Herbizid (Pursuit) im gleichen Zeitraum von 44 % auf 16 % gesunken ist (Carpenter und Gianessi 2001). In der Bilanz war die Zunahme bei Glyphosat-Herbiziden wie z. B. Roundup geringer als die Abnahme bei synthetischen Herbiziden, so dass der Gesamtverbrauch an Herbiziden mit der Einführung herbizidresistenter Sorten gesunken ist (USDA 2001). Abgesehen von der absoluten Menge an Herbiziden, hat sich auch die Toxizität der applizierten Herbizide vermindert: die synthetischen Herbizide, die durch Glyphosat ersetzt wurden, weisen nach Einschätzung der Environmental Protection Agency (EPA) in den USA eine 3,4 bis 16,8 höhere Toxizität auf, bei doppelt so langer Halbwertszeit (Heimlich et al. 2000).

Die Einführung der gentechnisch veränderten Sorten scheint jedoch darüber hinaus auch Auswirkungen auf die Kosten der Pflanzenschutzprogramme für konventionelle Sorten zu haben: so liegen die Aufwendungen für Herbizidbehandlung bei konventionellen Sorten im Jahr 1999 um 1,8 bis 2,4 €/ha niedriger als bei Einführung der herbizidresistenten Sorten im Jahr 1995 (Bullock et al. 1999; DG Agri 2000).

Kennzeichnungs- oder Trennungskosten (Identity Preservation)

Zusätzliche Kosten entstehen, wenn Produkte (z. B. Saatgut, Futtermittel, Lebensmittel) die gentechnisch verändertes Material enthalten bzw. aus Bestandteilen von transgenen Pflanzen produziert worden sind, gekennzeichnet werden müssen. Darüber hinaus können Kosten für die Trennung von gentechnisch veränderten und Gentechnik-freien Pflanzen oder Produkten anfallen, die alle Stadien der Pflanzenproduktion von der Aussaat, über Wachstum, Ernte und Vermarktung betreffen können.

Identity Preservation und Rückverfolgbarkeit sind Konzepte, die über die Trennung von gentechnisch veränderten und nicht veränderten Produkten hinausgehen, da sie den Nachweis von Ursprung/Herkunft und Natur des landwirtschaftlichen Produkts erlauben. Durch Identity Preservation entstehen auf allen Stufen der Agrar- und Lebensmittelkette zusätzliche Kosten. In Abhängigkeit von Produkt und der Ausgestaltung des Systems bewegen sich die geschätzten Kosten zwischen 5 und 25 €/t. Dies würde einen Anteil von 6 % bis 17 % des Ab-Hof-Preises ausmachen. Ein kritischer Faktor für die Kennzeichnungs- und Trennungskosten ist die Toleranzgrenze einer Kontamination mit gentechnisch verändertem Material (DG Agri 2000).

Indirekte Kosten

Während direkte Kosten aus dem Anbau der Nutzpflanzen entstehen, beinhalten indirekte Kosten Änderungen im Anbausystem, zur Vermeidung oder Reduzierung von Risiken, die mit dem Anbau der transgenen Pflanzen verbunden sind (Franks 1999). Zu den Risiken, die mit dem Anbau von transgenen Nutzpflanzen assoziiert sind, zählen z. B. deren Auswilderung oder Auskreuzung, horizontaler Gentransfer, Bildung neuer Viren, Einflüsse auf pflanzliche oder tierische Nichtziel-Organismen, Resistenz gegen *Bt*-Toxine oder die Vermischung bzw. Kontamination mit transgenem Material (DFG 2001). Zu den ackerbauliche Maßnahmen zur Vermeidung und Verminderung dieser Risiken zählen die Änderung der Fruchtfolge und Produktionstechnik, das Anpflanzen von Pflanzen, die als Barrieren dienen, das Einhalten von Isolationsabständen zwischen gentechnisch veränderten Pflanzen und wertvollen und ungeschützten Wildpflanzen bzw. konventionellen Sorten sowie auch Kooperation und Absprache zwischen den Landwirten einer Region (s. auch Kap. 9.2).

7.2.2 Outputfaktoren

Die wichtigsten Outputfaktoren, die die Wirtschaftlichkeit des Anbaus transgener Nutzpflanzen beeinflussen, sind die Erträge und Preise für solche Pflanzen.

Erträge

Die Erträge sind ein Schlüsselfaktor für die Wirtschaftlichkeit eines landwirtschaftlichen Produktionssystems. Die Erträge landwirtschaftlicher Nutzpflanzen hängen von einer Vielzahl unterschiedlicher Faktoren ab, unter denen die eingeführte Eigenschaft bei transgenen Pflanzen nur ein einzelner Faktor ist. Die Eigenschaften der bislang im kommerziellen Anbau verwendeten Pflanzen zielen in erster Linie auf eine Verbesserung der Produktionsbedingungen durch verbesserten Pflanzen- und Krankheitsschutz. Sie betreffen nicht die Erhöhung des pflanzeneigenen maximalen Ertrags. Im Vergleich mit konventionellen Sorten hängen die Erträge der gentechnisch veränderten Sorten daher sehr stark von den Produktionsbedingungen ab, wie beispielsweise dem Verseuchungsgrad mit Schadinsekten oder Auftreten von Wildkräutern. Pauschale Aussagen zu den Ertragswirkungen der gentechnischen Veränderung sind daher nicht möglich, sondern nur in Abhängigkeit von der Kulturart und den veränderten Eigenschaften (s. Kap. 7.2.3).

Preise

Ein weiterer Schlüsselfaktor auf der Einkommensseite ist der Preis, der für gentechnisch veränderte Nutzpflanzen erzielt werden kann. Die meisten der bislang durchgeführten und hier zitierten Studien basieren auf Daten von 1997 und 1998 und gehen von gleichen Preisen für gentechnisch veränderte und konventionelle Sorten aus. Seit 1999 wird jedoch eine unterschiedliche Preisentwicklung für transgene und konventionelle Pflanzenprodukte beobachtet. Bislang gibt es für die EU keine empirischen Daten, überträgt man jedoch die in den USA gesammelten Erfahrungen, so erscheint es sehr wahrscheinlich, dass die Preise für transgene Pflanzen in der EU unter den Preisen liegen, die für konventionelle Pflanzen erzielt werden. Die Preise, die in den USA für „gentechnikfreie“ Sorten bezahlt werden, liegen bei Mais und Raps 3 % bis 9 % über den Ab-Hof-Preisen für transgene Sorten (DG Agri 2000).

7.2.3 Erfahrungen mit einzelnen Kulturarten

Herbizidresistente Sojabohnen

Im Sojaanbau entstehen durch Wildkrautwuchs weltweit Ernteinbußen von 10 % bis 15 % des Ertrags (Kempken und Kempken 2000). Durch herbizidresistente Sojasorten ist eine einfache und flexible Unkrautkontrolle gegen ein breites Spektrum an Unkräutern möglich. Ein weiterer Vorteil ist, dass durch die verwendeten Herbizide folgende Kulturpflanzen nicht geschädigt werden und daher keine Fruchtfolgebeschränkungen entstehen[37] (Carpenter und Gianessi 2001).

Verschiedene Untersuchungen belegen einen geringeren Herbizideinsatz für herbizidresistente Sojabohnen (Roberts et al. 1998; Marra et al. 1998) und daraus resultierende geringere Herbizidkosten für transgene Sojabohnen von 30 % gegenüber dem Anbau konventioneller Sojabohnen (DG Agri 2000). Die Ertragdifferenzen von herbizidresistentem gegenüber konventionellem Soja liegen dagegen zwischen 2 % und 12 % zugunsten von konventionellem Soja (Benbrook 1999; Hofer et al. 1998; Duffy und Ernst 1999; Oplinger et al. 1999). Eine mögliche Erklärung für die geringeren Erträge von herbizidresistentem Soja ist, dass die transgenen Eigenschaften bislang noch nicht in Hochertragssorten eingebracht wurden (DG Agri 2000). Die Unterschiede in Kosten und Erträgen von transgenen und konventionellem Soja führen daher zu keinen signifikant unterschiedlichen Einkünften aus dem Sojaanbau (Tab. 7.4; Duffy und Ernst 1999; Ferandez-Cornejo und McBride 2000). Auch das USDA hat keine signifikanten Veränderungen der Gewinne im Jahr 1997 beim Anbau von herbizidresistenten Sojabohnen feststellen können, die den deutlichen Anstieg der transgenen Sojaanbauflächen erklären könnte (DG Agri 2000).

Zur abschießenden Klärung der Vorteilhaftigkeit von gentechnisch veränderten Sojabohnen sollten noch untersucht werden, ob sich die Ertragsdifferenzen beim Einbringen von Genen zur Herbizidresistenz in Hochertragssorten nivellieren, wie sich die Preise für transgenes und konventionelles Soja entwickeln und wie sich die Ef-

---

37 Fruchtfolgebeschränkungen bestehen z. B. nach einer Behandlung mit dem Soja-Herbizid Imazethapyr: für den Anbau von Zuckerrüben muss eine 40-monatige Wartezeit eingehalten werden (Carpenter und Gianessi 2001).

fektivität verschiedener Identity Preservation-Maßnahmen hinsichtlich Preisen, Herbizidmengen, Managementbeschränkungen und Convenience darstellt (DG Agri 2000).

Tabelle 7.4: Vergleich der Einkünfte im Sojaanbau von transgenen und konventionellen Sorten

Sojabohnen	**Ertrag (t/ha)**	**Saatgutkosten (€/ha)**	**Gesamtkosten (€/ha)**	**Deckungsbeitrag (€/ha)**
transgene Sorten	3,295	57	254	320
konventionell	3,430	42	274	322

Quelle: Duffy und Ernst 1999

Bt-Mais

Das in insektenresistenten Maissorten enthaltene *Bt*-Protein wirkt selektiv toxisch gegen die Raupen des Maiszünslers (European Corn Borer). Die Verluste durch Maiszünslerbefall schwanken mit dem Verseuchungsgrad von Jahr zu Jahr und sind kaum vorhersehbar. Die Ernteausfälle in den USA durch Maiszünslerbefall beliefen sich in den vergangenen Jahren auf bis zu 46,3 Mio. t, in Deutschland wird regional bis zu 20 % der Ernte vernichtet (Kempken und Kempken 2000). Je wahrscheinlicher und je höher die Verseuchung mit Maiszünsler, desto profitabler sind *Bt*-Maissorten (Hyde et al. 1999). Der Haupteffekt von *Bt*-Maissorten besteht dabei in der Verringerung von durch Maiszünslerbefall verursachten Ertragsverlusten, was sich in höheren Erträgen gegenüber konventionellen Maissorten ausdrückt: in den vergangenen Jahren lagen die Ertragsteigerungen in Abhängigkeit von Region und Jahr zwischen 4 % und 9 %, bzw. entsprachen in den Jahren 1997 bis 1999 gegenüber Nicht-*Bt*-Sorten einem höheren Ertrag von 0,73 t/ha, 0,26 t/ha bzw. 0,21 t/ha (Marra et al. 1998; Carpenter und Gianessi 2001).

Auf der Kostenseite sind nach einer Studie in Iowa für *Bt*-Mais höhere Aufwendungen für Unkrautkontrolle (+6 €/ha) und Dünger (+11 €/ha) festgestellt worden. Zudem lagen die Preise für die bei *Bt*-Mais verwendeten Insektizide um rund 17 % über den Preisen für Nicht-*Bt*-Mais. Durch die geringere Anzahl an Applikationen bei *Bt*-Mais ergaben sich jedoch insgesamt leichte Kostenvorteile für die transgene Sorte (Tab. 7.5; Duffy und Ernst 1999)[38].

---

38 Insgesamt ging der Verbrauch an Maisinsektiziden seit Einführung von *Bt*-Mais den USA nur geringfügig zurück, was z. T. darin begründet liegt, dass vor Einführung der *Bt*-Sorten gegen Maiszünsler nur auf 5 % der Flächen in den USA gespritzt wurde (Carpenter und Gianessi 2001).

Tabelle 7.5: Vergleich der Wirtschaftlichkeit zwischen *Bt*-Mais und konventionellen Sorten

***Bt*-Mais**	**Einheit**	**Gianessi und Carpenter 1999**		**Duffy und Ernst 1999**
		1997	**1998**	**1998**
Unterschiede auf Erlösseite gegenüber konventionellem Mais				
Preis	€/t	84,5	68,6	66,8
Ertrag	t/ha	0,73	0,26	0,80
Erlös	€/ha	62,0	18,1	53,2
Zusätzliche Kosten gegenüber konventionellem Mais				
Saatgut	€/ha	21,8	22,1	21,3
Insektizide	€/ha	keine Angaben		-1,3
Herbizide	€/ha			6,2
Dünger	€/ha			11,1
andere	€/ha			7,2
Gewinn/Verlust	**€/ha**	**40,20**	**-3,99**	**8,8**

Quelle: DG Agri 2000

Die größten Kostendifferenzen zwischen konventionellem und *Bt*-Mais ergaben sich beim Saatgut: transgenes Saatgut lag ca. 20 €/ha über den Kosten für konventionelles Saatgut. Trotz dieser Preisdifferenzen besteht eine relativ hohe Konkurrenz auf dem US-Saatgutmarkt für *Bt*-Mais[39], da – z. B. im Vergleich zu herbizidresistenten Sojabohnen – relativ viele Sorten in den USA zugelassen sind. Auf Basis der vorliegenden Untersuchungen scheint *Bt*-Mais am ehesten einen Gewinn für die Landwirte zu versprechen, wobei als entscheidende Größe die Preisentwicklung von *Bt*-Mais im Vergleich zu konventionellen Sorten anzusehen ist, die in den bisherigen Untersuchungen zumeist vernachlässigt wurde.

---

39 Auf dem US-Markt sind von der EPA fünf verschiedene *Bt*-Maissorten und drei Sorten mit kombinierter Herbizidresistenz zugelassen.

Herbizidresistenter Raps

Bezüglich der Ertragsdifferenzen zwischen herbizidresistentem Raps und konventionellen Sorten ist keine klare Aussage möglich. In Abhängigkeit von der Region und der Sorte wurden in Kanada Differenzen von 15 % zugunsten oder zuungunsten von gentechnisch verändertem Raps gefunden (DG Agri 2000). In einem in Deutschland durchgeführten Langzeitversuch über vier Jahre konnten keine signifikanten Unterschiede in den Rapserträgen zwischen isogener[40] Rapssorte und der gegen das Glufosinat-Herbizid Liberty resistenten Sorte gefunden werden (Hommel und Pallut 2000).

Der Anbau von gentechnisch verändertem Raps unterscheidet sich von konventionellem Raps in der Kostenstruktur. Während für transgenen Raps die Saatgutkosten über denen für konventionelle Sorten liegen, sind die Aufwendungen für Düngemittel und Herbizide niedriger (Tab. 7.6). Dies ist insbesondere auf eine starke Verbreitung von Minimalbodenbearbeitungsverfahren beim Anbau herbizidresistenter Rapssorten zurückzuführen. Der „Convenience"-Effekt für herbizidresistenten Raps schlägt sich in geringeren Arbeits- und Kraftstoffkosten nieder (Fulton und Keyowski 1999). Insgesamt scheint es aber zumindest nach den bislang vorliegenden Untersuchungen keinen signifikanten ökonomischen Vorteil für den Anbau von herbizidresistentem Raps zu geben, doch haben die Landwirte Flexibilitätsvorteile bei der Terminierung und der Art der Unkrautbekämpfung (Fulton und Keyowski 1999).

40 Bei gentechnisch veränderten Pflanzen werden als isogene Ausgangslinien diejenigen nicht-gentechnisch veränderten Pflanzen bezeichnet, die zur Erzeugung der gentechnisch veränderten Pflanzen verwendet wurden. Diese Linien/Sorten unterscheiden sich bis auf die gentechnisch übertragenen Gene nicht voneinander.

Tabelle 7.6: Ökonomischer Vergleich von konventionellem und transgenem Raps

Raps	**Roundup Ready**	**Konventionell**
Kosten		
Saatgut (€/ha)	40	29
Herbizide (€/ha)	11	65
Lizenzgebühren für Nutzung der Technologie (€/ha)	33	-
gesamt	84	94
Erlöse		
Ertrag (bu/ha)	82	88
Preis	18	18
Erlös	571	618
Deckungsbeitrag	**487**	**523**

Quelle: Fulton und Keyowski 1999

***Bt*-Baumwolle**

In den USA waren vor Einführung der *Bt*-Baumwolle durchschnittlich 2,4 Insektizidanwendungen pro Fläche notwendig. Dennoch kam es zu Ertragsverlusten durch Schädigungen des Roten und Amerikanischen Baumwollkapselwurm sowie des Tabakknospenwicklers von jährlich rund 4 %. In Abhängigkeit von Region und jährlichem Verseuchungsgrad können die Ertragsverluste erhebliche Ausmaße annehmen[41] (Carpenter und Gianessi 2001).

Der Haupteffekt des Anbaus von *Bt*-Baumwolle beruht auf der Reduzierung der Ertragsverluste und einem niedrigeren Gesamtverbrauch an Insektiziden. Nach Einführung von *Bt*-Baumwolle sanken die Ertragsverluste in Alabama von durchschnittlich 29 % auf 2 % bis 7 % zwischen 1996 und 1999. Geringere Ertragsverluste durch den Anbau von *Bt*-Baumwolle wurden in 12 von 16 amerikanischen Bundesstaaten gemeldet (Carpenter und Gianessi 2001). In gleicher Weise reduzierte sich der Einsatz von Insektiziden für *Bt*-Baumwollflächen insgesamt. Dabei

41 In Alabama wurden im Jahr 1995 Ertragsverluste von 55 % durch Baumwollkapselwurm und Tabakknospenwickler registriert (Carpenter und Gianessi 2001)

sanken die Insektizidanwendungen für diejenigen Schadinsekten, gegen die *Bt*-Baumwolle resistent ist, deutlich, wohingegen die gegen andere Insekten wirksamen Insektizidmengen im Vergleich zu Anwendungen bei konventioneller Baumwolle ausgedehnt wurden (Williams 1999a, b).

Ein Vergleich von fünf Studien in sieben Bundesstaaten der USA zeigt, dass sich – trotz teilweise erheblicher regionaler Differenzen – Vorteile für die Landwirte durch den Anbau von *Bt*-Baumwolle zu ergeben scheinen. Zwar sind die Kosten für Insektenbehandlung trotz der eingeführten Insektenresistenz bei *Bt*-Baumwolle höher als bei konventionellen Sorten (Tab. 7.7)[42], doch wird dies überwogen durch einen durchschnittlichen Ertragsvorteil von 9 % für *Bt*-Baumwolle, die sich in einem durchschnittlich um 20,8 $/acre höheren Deckungsbeitrag niederschlägt (Tab. 7.7). Allerdings gibt es auch Regionen mit einem deutlich geringeren Vorteil für den Anbau von *Bt*-Baumwolle bzw. sogar mit Verlusten im Vergleich zu konventionellen Baumwollvarianten.

Tabelle 7.7: Ökonomischer Vergleich von *Bt*- und konventionellem Baumwollanbau

Studie	Kostendifferenz für Insektenbehandlung[1)]	Ertragsdifferenz[2)]	Differenz in Erlösen[2)]	Differenz in Deckungsbeiträgen[2)]
	($/acre)	(%)	($/acre)	($/acre)
Cooke et al. 2000	11,19	2	18,67	1,23
Karner et al. 2000	16,47	19	77,50	40,06
Reed et al. 2000	14,66	12	39,52	24,86
Seward und Shelby 2000	19,00	3	10,20	-9,00
Mullins 2000	6,46	7	37,20	31,12
	17,89	10	53,89	36,61
Durchschnitt	**14,28**	**9**	**39,50**	**20,81**

1) Kosten für *Bt*-Baumwolle minus Kosten für konventionelle Sorten
2) *Bt*-Baumwolle im Vergleich zu konventionellen Sorten

Quelle: Carpenter und Gianessi 2001

42 Die Kosten der Insektizidanwendung bei *Bt*-Baumwolle liegen v. a. aufgrund einer verstärkten Bekämpfung derjenigen Schadinsekten, gegen die *Bt*-Baumwolle nicht resistent ist, höher als bei konventionellen Anbauverfahren.

Bt-Kartoffeln

Bt-Kartoffelsorten wurden erstmals 1996 eingeführt. Anders als bei den übrigen *Bt*-Nutzpflanzen liegt die Diffusionsrate der gentechnisch veränderten Kartoffeln im Jahr 2000 erst zwischen 2 % und 3 % in den USA, die weltweiten Anbauflächen umfassen 40.000 ha. Die Gründe für die geringe Übernahme der gentechnisch veränderten Kartoffelsorten liegen zum einen in der Notwendigkeit, die Kulturpflanzen noch gegen andere Insekten zu schützen, gegen die das *Bt*-Toxin nicht wirkt. Die potentiellen Einsparungen bei Insektiziden sind daher gering, zudem wurde vor der Einführung der *Bt*-Kartoffeln ein sehr effektives konventionelles Insektizid auf den Markt gebracht. Nicht zuletzt bestimmen jedoch Unsicherheiten über den Absatz der transgenen Kartoffeln deren Anbau: große Abnehmer wie z. B. McDonalds verweigern den Kauf gentechnisch veränderter Kartoffeln (Carpenter und Gianessi 2001).

Wie Ergebnisse von Feldversuchen aus den USA zeigen, bestehen für *Bt*-Kartoffeln mögliche Kosteneinsparungen aufgrund verminderter Verluste durch Nekrose und Insektenbefall sowie einen geringeren Insektizidverbrauch (Tab. 7.8). Weitergehende Ergebnisse zu der Wirtschaftlichkeit des Anbaus von *Bt*-Kartoffeln liegen bislang noch nicht vor.

Tabelle 7.8: Unterschied in der Insektizidbehandlung zwischen konventionellen und *Bt*-Kartoffeln

	1998		**1999**	
	Russet Burbank (konventionell)	NewLeaf Plus (*Bt*-Kartoffel)	Russet Burbank (konventionell)	NewLeaf Plus (*Bt*-Kartoffel)
Zahl der Insektizidbehandlungen	5,3	1,0	5,3	3,2
Nekrose	44 $/acre	4 $/acre	122 $/acre	1 $/acre
Insektenschutz[1)]	114 $/acre	68 $/acre	98 $/acre	85 $/acre
Gesamt	**157** $/acre	**72** $/acre	**220** $/acre	**86** $/acre

[1)] Die Kosten für Insektenschutz schließen alle Insektizide und für NewLeaf Plus eine Technologiegebühr von 46 $/acre ein.

Quellen: Owens 2000; Carpenter und Gianessi 2001

7.2.4 Fazit

Die bislang überwiegend in den USA und Kanada gesammelten Erfahrungen mit dem Anbau der vorwiegend Input-Trait orientierten gentechnisch veränderten Pflanzen lassen aus ökonomischer Sicht keine eindeutigen Vorteile für die Landwirte erkennen. Am ehesten scheint dies noch für den Anbau von *Bt*-Baumwolle und *Bt*-Mais der Fall zu sein, da sich in diesen Fällen zumeist Ertragsvorteile ergeben. Beim Anbau herbizidresistenter Pflanzen sind zumeist keine Ertragssteigerungen festzustellen und die sich ergebenden Kostenvorteile bei der Unkrautbekämpfung werden größtenteils durch die höheren Saatgutkosten für transgene Sorten (über)-kompensiert. Die Landwirte haben allerdings Vorteile durch eine einfachere Produktionstechnik („Convenience Effekt") und in den ersten Jahren durch höhere Preise für transgene Sorten, die sich allerdings in den letzten Jahren ins Gegenteil verkehrt haben. Für die kommenden Jahre dürften die Preisdifferenzen zwischen gentechnisch veränderten und konventionellen Sorten ein entscheidender Faktor für die Wirtschaftlichkeit darstellen. Zudem könnten sich zusätzliche Kosten für Kennzeichnung transgener Pflanzen und Produkte und/oder getrennte Logistik- und Verarbeitungssysteme für konventionelle und transgene Ware ergeben. Die Zurechnung der Kosten solcher Systeme ist in hohem Maße von deren Ausgestaltung abhängig und kann daher nicht pauschal vorgenommen werden.

7.3 Ökonomische Aspekte

Im folgenden Kapitel werden verschiedene ökonomische Aspekte mit Relevanz für den Einsatz der Gentechnik im Agrarbereich behandelt. Zunächst werden die Marktentwicklung für konventionelles und transgenes Saatgut dargestellt. Anschließend wird ein Überblick über die Aktivitäten von Biotechnologieunternehmen in Deutschland gegeben gefolgt von dem Handel mit transgenen Soja und Mais sowie deren Verarbeitungsprodukten. Abschließend werden die Strukturwirkungen des Einsatzes der Gentechnik in der Landwirtschaft untersucht.

7.3.1 Markt für Saatgut

Nach Schätzungen der International Seed Trade Federation werden weltweit Saatgut und Pflanzen im Wert von etwa 50 Mrd. US$ gehandelt. Da ein beträchtlicher Teil des Saatguts von Landwirten selbst produziert wird, wird der kommerzielle Saatgutmarkt auf etwa 30 Mrd. US$ geschätzt. Einen Überblick über die Größe der Binnenmärkte für Saat- und Pflanzgut wichtiger Länder vermittelt Tabelle 7.9. Danach haben die USA den mit Abstand größten Binnenmarkt für Saatgut, gefolgt von China und Japan. Insgesamt sind 13 europäische Länder mit einem Marktvolumen von knapp 8 Mrd. US$ in dieser Gruppe vertreten. Der kommerzielle Saatgutmarkt in Deutschland wir auf etwa 1 Mrd. US$ geschätzt (Tab. 7.9). Der gesamte Welthandel mit Saatgut wird für das Jahr 2000 auf etwa 3,6 Mrd. US$ geschätzt. Dies entspricht nur etwa 12 % des Wertes der kommerziellen Weltbinnenmärkte für Saatgut. Die mit Abstand wichtigsten Exporteure von Saatgut sind die USA, die Niederlande und Frankreich mit geschätzten Saatgutexporten zwischen 500 und 700 Mio. US$ (Steiner 2000). Deutschland hat im Jahr 2000 landwirtschaftliches Saatgut im Wert von etwa 150 Mio. US$ und gärtnerisches Saatgut im Wert von 35 Mio. US$ exportiert (Steiner 2000).

Tabelle 7.9: Geschätzte Binnenmärkte für Saat- und Pflanzgut wichtiger Länder im Jahr 2000

Land	**Mio. US$**	**Land**	**Mio. US$**
USA	4.500	Polen	400
China	2.500	Mexiko	350
Japan	2.500	Niederlande	300
GUS	2.000	Australien	280
Frankreich	1.500	Dänemark	200
Brasilien	1.200	Schweden	200
Deutschland	1.000	Ungarn	200
Indien	900	Südafrika	180
Argentinien	750	Österreich	170
Italien	650	Marokko	160
Großbritannien	570	Tschechien	150
Kanada	550	Ägypten	140
Spanien	450	Griechenland	140
weltweit	**30.000**		

Quelle: Steiner 2000

Die weltweiten Umsätze mit transgenen Pflanzenprodukten sind zwischen 1995 und 2000 stark gewachsen (Tab. 7.10). Wurden 1996 nur Produkte im Wert von etwa 156 Mio. US$ verkauft, so vervielfachten sich die Umsätze jeweils in den beiden

Folgejahren. Im Jahr 1998 wurde mit 1,97 Mrd. US$ erstmals die Milliardenschwelle überschritten und gegenüber dem Vorjahr der Umsatz mehr als verdoppelt. Im Jahr 1999 erreichten die Umsätze mit 2,9 Mrd. US$ gegenüber dem Vorjahr immer noch ein Plus etwa 50 %. Demgegenüber sind ab 2000 erste Stagnationstendenzen auf dem Markt für transgenes Saatgut zu erkennen (Tab. 7.10). Insgesamt haben sich die Umsätze mit transgenen Pflanzen innerhalb von 5 Jahren etwa um den Faktor 20 erhöht. Am gesamten kommerziellen Weltmarkt für Saatgut und Pflanzen (in der Größenordnung von etwa 30 Mrd. US$) erreichen transgene Pflanzen damit im Jahr 2000 einen Marktanteil von etwa 10 %. Für die kommenden Jahre werden unterschiedliche Szenarien über die Marktentwicklung für transgenes Saatgut verbreitet. Das britische Marktforschungsunternehmen Wood Mackenzie schätzt in einem pessimistischen Szenario (in dem Widerstände gegen die Anwendung der Gentechnik an Bedeutung gewinnen), dass der Markt für transgenes Saatgut bis 2003 auf etwa 2 Mrd. US$ fallen kann (RAFI 2000b). Auf der anderen Seite gibt es Schätzungen, die von einem weiteren starken Marktwachstum für transgenes Saatgut auf etwa 8 Mrd. US$ im Jahr 2005 und bis zu 25 Mrd. US$ im Jahr 2010 ausgehen (James 1999).

Tabelle 7.10: Weltweite Umsätze mit transgenen Pflanzenprodukten

Jahr	**Umsatz (Mio. US$)**	**Zuwachs (Mio. US$)**	**Zuwachs (%)**
1995	1		
1996	156	155	+15.500
1997	858	702	+450
1998	1.970	1.112	+129
1999	2.947	977	+49
2000	3.044	97	+3

Quelle: James 2000

Nach Erhebungen im Jahr 1997 gab es weltweit etwa 2.000 Saatgutunternehmen, davon etwa 400 in den USA, 600 in Europa und ca. 70 in Deutschland (Steiner 2000). Nach einer Untersuchung der Stiftung Rural Advancement Foundation International (RAFI) hatten die 10 größten Saatgutunternehmen im Jahr 1998 einen weltweiten Umsatz von knapp 7,6 Mrd. US$ (Tab. 7.11). Dies entspricht einem Marktanteil von etwa 25 % für die Top 10-Saatgutunternehmen. Dabei sind in den vergangenen Jahren insbesondere Übernahmen und Aufkäufe zahlreicher Saatgutunternehmen durch diejenigen Firmen zu verzeichnen, die transgene Pflanzen anbieten. Dies gilt insbesondere für Monsanto, Hoechst Schering Agrevo (bzw. nach der Fusion mit Rhone Poulenc Aventis Cropscience) und DuPont, die das US-Saatgutunternehmen Pioneer Hi-Bred übernommen haben (Nature Biotechnology 2000).

Tabelle 7.11: Top 10-Saatgutunternehmen im Jahr 1998

Unternehmen	Land	Saatgutverkäufe Mio. US$
DuPont	USA	1.835
Monsanto	USA	1.800
Novartis	Schweiz	1.000
Groupe Limagrain	Frankreich	733
Savia S.A. de C.V.	Mexiko	428
AstraZeneca	Großbritannien, Niederlande	412
KWS AG	Deutschland	370
AgriBiotech Inc.	USA	370
Sakata	Japan	349
Takii	Japan	300

Quelle: RAFI 1998

Betrachtet man den Markt für transgenes Saatgut, so sind derzeit nur fünf Pflanzenzuchtunternehmen dort aktiv. Nach Erhebungen des britischen Marktforschungsunternehmens Wood Mackenzie hatte im Jahr 1999 Monsanto einen Marktanteil von etwa 80 % am Markt für transgenes Saatgut, gefolgt von Aventis Cropscience (7 %), Syngenta (Zusammenschluss von Astra Zeneca und Novartis mit 5 %), BASF (5 %) sowie DuPont (3 %) (RAFI 2000b).

7.3.2 Struktur und Aktivitäten von Agrarbiotechnologieunternehmen in Deutschland

Bei der Analyse der wirtschaftlichen Aktivitäten von Agrarbiotechnologieunternehmen können zwei Typen von Firmen unterschieden werden:

- „Traditionelle“ Unternehmen der Zulieferindustrie der Landwirtschaft, die in der Regel bereits seit vielen Jahren auf diesem Gebiet tätig sind und bio- und gentechnische Methoden und Verfahren zusätzlich zu anderen Technologien nutzen.
- „Spezialisierte“ Agrarbiotechnologieunternehmen, die in den letzten Jahren gegründet wurden und überwiegend bio- und gentechnische Methoden einsetzen.

Beide Arten von Unternehmen sind in Deutschland vertreten. Falls man Unternehmen berücksichtigt, die bereits auf der Biotechnologie basierende Produkte auf dem Markt haben oder entsprechende Dienstleistungen anbieten oder zumindest Teile ihres FuE-Budgets in dieses Feld investieren, so können für das Jahr 1999 31 traditionelle und 41 spezialisierte Agrarbiotechnologieunternehmen in Deutschland identifiziert werden (Wörner et al. 2001). Wie in Abbildung 7.7 dargestellt, hat mehr als die Hälfte aller traditionellen Agrarbiotechnologieunternehmen in Deutschland mehr als 100 Beschäftigte im Jahr 1999. Darunter befinden sich auch einige multinationale Agrochemikalienunternehmen, die ihren Hauptsitz in Deutschland haben und mehr als 1.000 Personen beschäftigen. Jedoch sind bei diesen Unternehmen nur ein Teil der Mitarbeiter direkt oder indirekt mit bio- oder gentechnischen Methoden und Verfahren befasst (Reiß und Koschatzky 1997).

Abbildung 7.7: Zahl der Beschäftigten in traditionellen Agrarbiotechnologieunternehmen in Deutschland im Jahr 1999

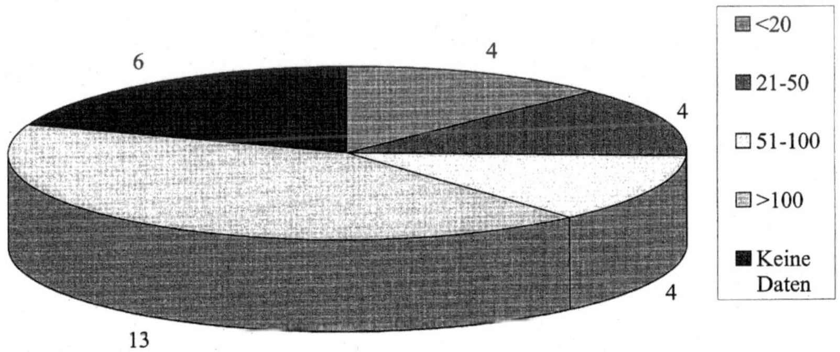

Quelle: Menrad 2001

Neben den traditionellen Agrarbiotechnologieunternehmen sind in Deutschland auch noch spezialisierte Unternehmen in diesem Feld aktiv, die zumeist in den

90er-Jahren gegründet wurden. Dies verdeutlicht Abbildung 7.8, in der das Gründungsjahr „spezialisierter" Agrarbiotechnologieunternehmen in Deutschland dargestellt wird. In Analogie zu anderen Anwendungsfeldern der Bio- und Gentechnik kann auch in der Agrarbiotechnologie eine Art Gründungswelle seit Mitte der 90er Jahre im Gefolge des BioRegio-Wettbewerbs des BMBF registriert werden, da mehr als die Hälfte der Unternehmen, von denen diese Informationen zur Verfügung standen, in diesem Zeitraum gegründet wurden. Ein weiteres Drittel der Unternehmen wurde in der ersten Hälfte der 90er Jahre gegründet (Abb. 7.8).

Abbildung 7.8: Gründungsjahr spezialisierter Agrarbiotechnologieunternehmen in Deutschland

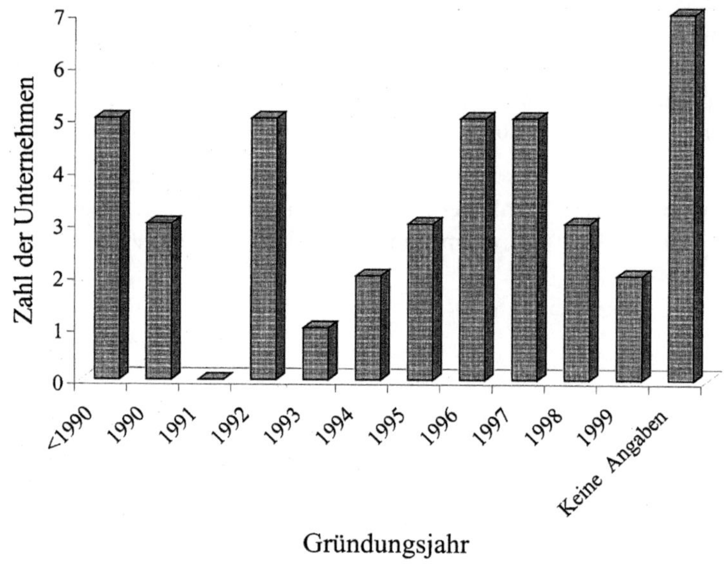

Quelle: Menrad 2001

Im Gegensatz zu traditionellen Unternehmen weisen spezialisierte Agrarbiotechnologieunternehmen wesentlich geringere Beschäftigungszahlen auf, insbesondere auf Grund der relativ kurzen Dauer ihres Bestehens. Wie in Abbildung 7.9 verdeutlicht, beschäftigt etwa die Hälfte dieser Unternehmen weniger als 20 Mitarbeiter, die andere Hälfte zwischen 21 und 50 Mitarbeitern. Keines der in Deutschland tätigen spezialisierten Agrarbiotechnologieunternehmen hat derzeit mehr als 100 Beschäftigte (Abb. 7.9).

Abbildung 7.9: Zahl der Beschäftigten in spezialisierten Agrarbiotechnologieunternehmen in Deutschland im Jahr 1999

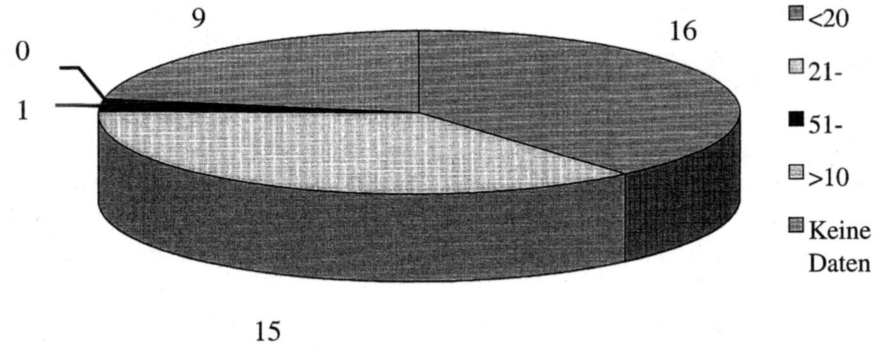

Quelle: Menrad 2001

In Europa hat die Gentechnik vor allem in Saatgutunternehmen bereits eine relativ weite Verbreitung gefunden. Nach einer Umfrage bei europäischen Saatgutunternehmen im Jahr 1999 gaben 33 % der Unternehmen an, sich mit gentechnischen Methoden und der Erzeugung transgener Pflanzen zu beschäftigen. Bei weiteren 23 % der Unternehmen werden gentechnische Methoden zu Analysezwecken eingesetzt, ohne dass diese Unternehmen gentechnisch veränderte Pflanzen produzieren. Bei den restlichen 44 % der Unternehmen wurde im Jahr 1999 keine Gentechnik eingesetzt (Arundel 2000). Bis zum Jahr 2002 sollen sich die Werte für den Einsatz der Gentechnik deutlich erhöhen. Nach der Befragung von Arundel 2000 entfallen etwa 70 % der Arbeitsplätze in der Saatgutbranche auf Unternehmen, die gentechnische Methoden und Verfahren einsetzen, im Jahr 2002 sollen es etwa 80 % sein (Arundel 2000). Bei einer Befragung von Fraunhofer ISI bei Agrarbiotechnologieunternehmen im Jahr 1999 in Deutschland gaben ebenfalls mehr als die Hälfte aller traditionellen Unternehmen an, dass sie gentechnische Methoden und Verfahren bei ihren FuE-Aktivitäten einsetzen (Wörner et al. 2001). Auch unter den spezialisierten Agrarbiotechnologieunternehmen setzt ein ähnlicher Anteil gentechnische Methoden ein, zusätzlich sind unter diesen Unternehmen Zellkulturtechniken relativ weit verbreitet (Menrad 2001). Im Gegensatz zu FuE-Aktivitäten, bei denen gentechnische Methoden und Verfahren eine breite Anwendung finden, hat allerdings nur eine sehr kleine Zahl an Agrarbiotechnologieunternehmen bereits Produkte auf dem Markt oder bieten Dienstleistungen an, die auf Verfahren der Bio- und Gentechnik beruhen.

7.3.3 Handel mit transgenen Pflanzen und Verarbeitungsprodukten

Betrachtet man die weltweiten Handelsverflechtungen, an denen transgene Pflanzen oder daraus hergestellte Produkte beteiligt sind, so ist insbesondere der Markt für Sojabohnen und Mais von Relevanz.

7.3.3.1 Handel mit Soja und Sojaprodukten

Die EU ist der weltweit größte Importeur von Sojabohnen und verarbeiteten Sojaprodukten. Die inländische Produktion an Sojabohnen deckt nur einen sehr kleinen Anteil des Verbrauchs der EU (Tab. 7.12). Der Selbstversorgungsgrad für Sojabohnen bewegte sich in den letzten Jahren zwischen 6 % und 11% (Tab. 7.12). Betrachtet man den Selbstversorgungsgrad der EU für Sojaverarbeitungsprodukte, so liegt dieser bei Sojakuchen und -mehl in der Größenordnung von etwa 5 % wohingegen er für Sojaöl in den vergangenen Jahren die 15 %-Marke überschritten hat (DG Agri 2001).

Tabelle 7.12: Export-Import-Bilanz der EU für Sojabohnen

Sojabohnen (Mio. t)	**1995/96**	**1996/97**	**1997/98**	**1998/99**	**1999/2000**
EU-Produktion	0,9	1,0	1,6	1,7	1,3
Importe	14,6	14,3	14,2	14,8	14,3
Exporte	0,02	0,03	0,06	0,03	0,03
Verbrauch	15,5	15,3	15,7	16,5	15,5
Selbstversorgungsgrad	5,9 %	6,7 %	10,2 %	10,6 %	8,4 %

Quelle: DG Agri 2001

Der überwiegende Anteil der Sojabohnen- bzw. -mehlproduktion und -importe werden für die Tierernährung eingesetzt, nur weniger als 1 Mio. t pro Jahr geht in die Lebensmittelverarbeitung. Die mit Abstand wichtigsten Handelspartner der EU für Sojabohnen und Sojamehl sind Brasilien, Argentinien und die USA (Tab. 7.13). Während der vergangenen Jahre wurde der Sojabohnenimport aus den USA reduziert, während insbesondere Einfuhren aus Argentinien an Bedeutung gewannen. Für Brasilien und Argentinien ist der europäische Markt von besonderer Relevanz, da etwa die Hälfte ihrer Sojabohnenproduktion in die EU verkauft wird. Die USA als weltweit größter Sojaexporteur liefern etwa 10 % bis 15 % ihrer Produktion in die EU. Dies entspricht rund einem Drittel der Sojaexporte der USA (DG Agri 2000).

Tabelle 7.13: Importregionen für Soja und Sojaprodukte der EU

Sojaimporte	**1996**	**1997**	**1998**	**1999**	**2000**
EU insgesamt	22,2	20,8	24,8	26,7	26,2
USA	7,1	7,2	7,0	5,6	5,6
Brasilien	8,9	8,6	10,2	11,2	11,8
Argentinien	5,2	4,0	6,1	8,8	8,0
Sonstige	0,9	1,0	1,5	1,2	0,8

Quelle: DG Agri 2001

Wenn man sich vor Augen führt, dass etwa 54% der US-Sojabohnen-Anbaufläche und 95 % der Anbauflächen in Argentinien im Jahr 2000 mit transgenen Pflanzen bebaut werden und dass eine Trennung von transgenen und nichttransgenen Sojasorten in den USA nur teilweise und in Argentinien überhaupt nicht durchgeführt wird, so ist es sehr wahrscheinlich, dass Futtermittel in der EU, die auf der Basis von Sojaimporten aus diesen beiden Ländern hergestellt werden, gentechnisch verändertes Material enthalten. Dies würde bedeuten, dass ein größerer Teil der Schweine und des Geflügels in der EU bereits mit gentechnisch veränderten Futtermitteln gefüttert wurden.

7.3.3.2 Handel mit Mais und Maisprodukten

In der Maisproduktion hat die EU einen Selbstversorgungsgrad von etwa 100 % erreicht (Tab. 7.14). Importe an Mais tragen nur zu etwa 4 % bis 8 % des Gesamtverbrauchs in der EU bei. Neben Mais werden noch in größerem Umfang Verarbeitungsprodukte von Mais (insbesondere Maisgluten) in der Größenordnung von etwa 5 Mio. t pro Jahr importiert, die zu den Einfuhrzahlen von Mais noch hinzuzurechnen sind (DG Agri 2001). Wichtigstes Einfuhrland für Mais und Maisverarbeitungsprodukte ist Argentinien, das seinen Marktanteil in den letzten Jahren deutlich ausbauen konnte. Im Gegenzug ist die Bedeutung der USA als Lieferant von Mais und Maisverarbeitungsprodukten für die EU drastisch gefallen und erreichte im Jahr 2000 nur noch einen Marktanteil von knapp 3 % (Tab. 7.15). Innerhalb der EU werden etwa 75 % bis 80 % des Maises für die Tierernährung eingesetzt, etwa 12 % gehen in die industrielle Nutzung und nur knapp 7 % dienen der menschlichen Ernährung (DG Agri 2000).

Tabelle 7.14: Export-Import-Bilanz der EU für Mais

Mais (Mio. t)	**1996/97**	**1997/98**	**1998/99**	**1998/2000**	**2000/01**
EU-Produktion	34,5	38,3	34,9	36,7	37,3
Importe	2,4	1,4	2,9	1,8	2,3
Exporte	1,8	2,1	1,8	1,9	2,0
Verbrauch	35,1	37,6	36,0	36,6	37,6
Selbstversorgungsgrad	98,3 %	101,9 %	96,9 %	100,3 %	99,2 %

Quelle: DG Agri 2001

Tabelle 7.15: Importregionen für Mais und Maisprodukte der EU (Mio. t)

Maisimporte	**1996**	**1997**	**1998**	**1999**	**2000**
EU insgesamt	2,7	2,7	2,0	2,7	2,8
USA	2,1	1,7	0,3	0,06	0,07
Argentinien	0,6	0,9	1,4	2,0	2,2
Sonstige	0,06	0,09	0,36	0,6	0,48

Quelle: DG Agri 2001

Die abnehmenden Importe der USA bei Sojabohnen und insbesondere bei Mais, die mit der restriktiven Haltung der EU gegenüber gentechnisch veränderten Pflanzen sowie Lebens- und Futtermitteln in Verbindung gebracht werden, haben sich zu einem welthandelspolitischen Thema entwickelt. In diesem Zusammenhang werden insbesondere die Zulassungs- und Kennzeichnungsvorschriften der EU gegenüber transgenen Pflanzen und Lebensmitteln von den USA kritisiert und teilweise als ein nichttarifäres Handelshemmnis betrachtet. Obgleich Verschiebungen in Handelsanteilen auf viele Faktoren (wie z. B. Veränderungen in der Wettbewerbsfähigkeit, Transport- oder Transaktionskosten oder unterschiedliche Preisverhältnisse) zurückzuführen sind, beabsichtigen einige Handelspartner der EU die Regulierungen für transgene Pflanzen und Lebensmittel zum Gegenstand der anstehenden WTO-Verhandlungen zu machen.

7.3.4 Strukturwirkungen in der Landwirtschaft

Die meisten der bislang durchgeführten Studien zu den sozioökonomischen Folgen des Einsatzes der modernen Biotechnologie und Gentechnik im Agrar- und Ernährungsbereich in Deutschland besitzen ein erhebliches spekulatives Element, da in der Regel nur relativ grobe Schätzungen zu den Kosten und den (Ertrags-) Wirkungen der neuen Technologien vorliegen. Aus diesem Grunde wird zumeist versucht, mit Hilfe von Beispielrechnungen die strukturellen Wirkungen verschiedener bio- und gentechnischer Verfahren auf die Landwirtschaft in Deutschland oder in anderen Ländern abzuschätzen. Generell zeigt sich in diesen Studien, dass bio- und gentechnische Verfahren einen wirtschaftlichen Nutzen insbesondere für wachstumsorientierte Betriebe bieten und dann auch zu einer Stützung der internationalen Wettbewerbsfähigkeit dieser Betriebe beitragen können. Bei kleinen und wachstumsschwächeren landwirtschaftlichen Betrieben ist demgegenüber eher ein Druck auf eine Verstärkung des innersektoralen Strukturwandels und eine Abwanderung von Arbeitskräften zu erwarten (BMELF 1998, Pezzatti et al. 1996, Henze et al. 1995). Auch die Ergebnisse von Zukunftsstudien lassen einen Druck auf eine Verstärkung des innersektoralen Strukturwandels innerhalb der Landwirtschaft bei einer breiten Einführung bio- und gentechnischer Verfahren vermuten (Menrad et al. 1999a).

Eine im Jahr 2000 abgeschlossene Technikfolgenabschätzung zu der Klonierung von Tieren kommt ebenfalls zu dem Ergebnis, dass bei einem umfassenden Einsatz des Klonens Veränderungen auf der Ebene der Produktionsstufe mit unterschiedlichen Auswirkungen in Abhängigkeit von den Betriebsformen und Betriebsgrößen in Deutschland zu erwarten sind. Diese könnten den Strukturwandel innerhalb des Agrarsektors verstärken und insgesamt zu einer Verringerung von Betrieben und Arbeitsplätzen im Agrarbereich führen (Revermann und Hennen 2000). Gleichzeitig wird in dieser Studie nicht ausgeschlossen, dass bei vollständiger Ausschöpfung möglicher Leistungsfortschritte eine Verkleinerung der landwirtschaftlichen Nutzfläche bei gleichzeitiger Zunahme der Veredelungsbetriebe eintritt mit einer Zunahme der regionalen Umweltbelastungen in den ausgeprägten Veredelungsregionen. Außerdem könnte die Einführung der (praxistauglichen) Klonierung (insbesondere in der Rinderzucht) zu einer Umstrukturierung der Züchtungsorganisationen führen: Sowohl aus Kostengründen als auch wegen der personellen Qualifikationsanforderungen würden voraussichtlich spezialisierte, kapitalintensive, erwerbswirtschaftlich ausgerichtete Zuchtunternehmen entstehen, da die bestehenden Züchtervereinigungen kaum in der Lage sein dürften, die für die Klonierung notwendigen biotechnischen Arbeiten in effizienter Weise durchzuführen (Revermann und Hennen 2000).

7.4 Stand und Perspektiven

Gentechnisch veränderte Pflanzen wurden erstmals im Jahr 1996 kommerziell angebaut. Seitdem ist ein deutlicher Anstieg der Anbaufläche auf mehr als 52 Mio. ha im Jahr 2001 zu verzeichnen. In diesem Jahr wurden transgene Pflanzen zwar in 13 Ländern kommerziell angebaut, doch entfällt der übergroße Anteil auf die USA (68 % Flächenanteil), Argentinien (22 %) und Kanada (6 %). In Deutschland werden transgene Pflanzen nur im Rahmen von Freisetzungsversuchen und eines Versuchsanbaus im Umfang von 500 ha von Bt-Mais des Unternehmens Syngenta angebaut. Auch in den anderen EU-Ländern gibt es entweder keinen kommerziellen Anbau transgener Pflanzen oder nur in sehr marginalem Umfang.

Den höchsten Diffusionsgrad (46 % der weltweiten Anbaufläche) und auch den größten absoluten Flächenumfang (mit mehr als 33 Mio. ha) nehmen Sojabohnen ein. Transgener Mais wird auf knapp 10 Mio. ha (7 % der weltweiten Anbaufläche), transgene Baumwolle auf knapp 7 Mio. ha (20 % der weltweiten Anbaufläche) und gentechnisch veränderter Raps auf knapp 3 Mio. ha (11 % der weltweiten Anbaufläche) angebaut. Andere Pflanzenarten spielen bislang nur eine sehr begrenzte Rolle. Bei Sojabohnen werden insbesondere herbizidresistente Sorten angebaut, allerdings gewinnen auch Sojabohnen mit veränderter Fettsäurezusammensetzung an Bedeutung. Demgegenüber ist bei Mais die Resistenz gegen Schadinsekten (Bt-Mais) das dominierende Merkmal transgener Pflanzen. Zunehmend spielt jedoch auch bei dieser Kulturart Herbizidresistenz eine Rolle. Der Anbau transgener Baumwolle wird dominiert durch herbizidresistente Sorten und Bt-Baumwolle (häufig auch kombiniert), wohingegen bei Raps eindeutig die Herbizidresistenz überwiegt. Insgesamt zeigt sich damit ein deutliches Übergewicht inputorientierter Eigenschaften bei der derzeitigen kommerziellen Nutzung transgener Pflanzen, wohingegen bei Freisetzungsversuchen, denen Indikatorfunktionen für zukünftige Kommerzialisierungen zukommen, veränderte Qualitätsmerkmale eine größere Bedeutung haben.

Der Markt für transgenes Saatgut ist in den vergangenen Jahren in Analogie zu der Anbaufläche sehr dynamisch gewachsen auf ein Marktvolumen von etwa 3,0 Mrd. US$ im Jahr 2000. Dies entspricht etwa 10 % des weltweit auf 30 Mrd. US$ geschätzten kommerziellen Saatgutmarktes. Die Konzentration auf dem Weltmarkt für transgenes Saatgut ist deutlich stärker ausgeprägt als bei Saatgut insgesamt: von den fünf Pflanzenzuchtunternehmen, die transgene Sorten verkaufen, erreicht Monsanto allein 80 % Marktanteile. Im Vergleich dazu hatten die zehn größten Saatgutunternehmen (im Jahr 1998) einen Marktanteil von etwa 25 % am gesamten kommerziellen weltweiten Saatgutmarkt.

Für die Versorgung der EU mit Sojabohnen sowie deren Verarbeitungsprodukten spielen Importe aus Ländern mit einem ausgeprägten Anbau transgener Pflanzen eine wichtige Rolle, da hohe Anteile des EU-Verbrauchs aus Argentinien und den

USA eingeführt werden. Demgegenüber ist bei Mais der Importanteil des EU-Verbrauchs wesentlich geringer als bei Sojabohnen. In den vergangenen Jahren ist zudem der Maisimport der EU aus den USA beinahe vollständig zum Erliegen gekommen (im Wesentlichen zugunsten verstärkter Importe aus Argentinien). Angesichts der geschilderten Versorgungsströme der EU ist zu vermuten, dass in der EU insbesondere in Futtermitteln aber auch bei Lebensmittelvorprodukten Produkte auf dem Markt sind, die auf transgene Rohware zurückzuführen sind. Das Ausmaß dieser Produkte lässt sich nicht quantifizieren, nicht zuletzt auch deshalb, da ein Teil dieser Produkte nach der derzeitigen Rechtslage nicht zu kennzeichnen ist (s. Kap. 10.2).

Die bislang überwiegend in den USA und Kanada gesammelten Erfahrungen mit dem Anbau der vorwiegend Input-Trait orientierten gentechnisch veränderten Pflanzen lassen aus ökonomischer Sicht nur in einzelnen Jahren oder Regionen deutliche Vorteile für die Landwirte erkennen. Am ehesten scheint dies noch für den Anbau von *Bt*-Baumwolle und *Bt*-Mais der Fall zu sein, da sich in diesen Fällen zumeist Ertragsvorteile ergeben. Beim Anbau herbizidresistenter Pflanzen sind zumeist keine Ertragssteigerungen festzustellen und die sich ergebenden Kostenvorteile bei der Unkrautbekämpfung werden größtenteils durch die höheren Saatgutkosten für transgene Sorten kompensiert. Die Landwirte haben allerdings Vorteile durch eine einfachere Produktionstechnik. Für Deutschland wird in den meisten Studien eine Verstärkung des innerlandwirtschaftlichen Strukturwandels und die Tendenz zur Abwanderung von Arbeitsplätzen erwartet, falls Verfahren der modernen Bio- und Gentechnik intensiv im Agrarsektor eingesetzt werden.

Die derzeit erkennbaren Entwicklungstrends deuten auf eine weitere Zunahme des Anbaus transgener Nutzpflanzen in den Hauptanbauregionen in Nord- und Südamerika. Allerdings werden sich die zukünftigen Wachstumsraten in diesen Regionen sicherlich deutlich abschwächen. Trotz entsprechender Initiativen der EU-Kommission ist in der EU eine kurzfristige Aufhebung des Quasi-Moratoriums für das Inverkehrbringen transgener Pflanzen nicht zu erwarten, da sich mehrere Mitgliedsstaaten dezidiert gegen einen solchen Schritt aussprechen (s. auch Kap. 10.2.2). Deutlich an Intensität gewinnen dürfte die Diskussion über die Nutzung der Gentechnik im Agrar- und Ernährungssektor in den sich entwickelnden Ländern. Wie bereits heute erkennbar ist, wird sich die Entwicklung dabei von Land zu Land unterscheiden (s. z. B. Entwicklung in Argentinien versus Brasilien) und kann nicht pauschalierend beurteilt werden, wie dies in der öffentlichen Diskussion in den Industrieländern häufig stattfindet. In der „Auseinandersetzung“ zwischen Industrie- und Entwicklungsländern dürften Fragen des Intellectual Property Rights sowie des weltweiten Marktzugangs deutlich an Gewicht gewinnen.

8. Lebensmittelproduktion

8.1 Übersicht über die Anwendung der Gentechnik

In der Lebensmittelproduktion werden gentechnische Verfahren und Methoden auf drei Ebenen eingesetzt (Jany und Kiener 2000):

Landwirtschaftliche Urproduktion: Gentechnische Verfahren werden in der Züchtung zur Selektion ausgewählter Pflanzen und zur Herstellung transgener Pflanzen mit veränderten Eigenschaften genutzt (s. Kap. 5). Neben inputorientierten Eigenschaften wie Resistenzen gegenüber Herbiziden, Virus-, Pilz- und Insektenbefall, wird zunehmend an der Verbesserung qualitativer Merkmale (z. B. Anteil und Zusammensetzung wertgebender Inhaltsstoffe, s. Kap. 5.3.3.2) gearbeitet. In der tierischen Produktion kommen gentechnische Verfahren bei der Züchtung transgener Tiere sowie zur Diagnostik und Genomanalyse bei Nutztieren zur Anwendung (s. Kap. 4).

Lebensmittelüberwachung: Zur Kontrolle der Prozesstechnik, der Hygiene und Qualität von Lebensmitteln sowie zum Nachweis von gentechnisch veränderten Lebensmitteln werden zunehmend Nachweisverfahren auf molekularbiologischer Ebene eingesetzt.

Lebensmittelverarbeitung: Hilfs- und Zusatzstoffe werden aus gentechnisch veränderten Mikroorganismen und Zellkulturen durch Fermentation gewonnen. Aus den gentechnisch veränderten Mikroorganismen oder den Fermentationsbrühen werden Enzyme, Geschmacksverstärker, Süßstoffe, Aromen, Vitamine, Hormone und andere Zusatzstoffe isoliert. Gentechnisch veränderte Mikroorganismen (Milchsäurebakterien, Hefen, filamentöse Pilze) können auch als Starter- und Schutzkulturen in der Milch-, Fleisch-, und Obst- und Gemüseverarbeitung, im Brau- und Backgewerbe sowie bei Fein- und Frischkostprodukten eingesetzt werden.

8.2 Gendiagnostik und Genanalytik

Neben der Analyse der wertgebenden Inhaltsstoffe ist die Sicherstellung der Lebensmittelqualität eine der Hauptaufgaben der Lebensmittelanalytik. Dazu gehören sowohl lebensmittelhygienische Untersuchungen auf mikrobielle Nahrungsmittelverderber und Krankheitserreger, toxikologisch oder allergen wirkende Inhaltsstoffe und antinutritive Substanzen als auch der spezifische Nachweis einzelner Lebensmittelbestandteile (z. B. gentechnisch veränderte Inhaltsstoffe). Analytische Verfahren, die auf dem Nachweis bestimmter DNA-Sequenzen beruhen, haben sich bereits vor einiger Zeit in der medizinischen Diagnostik etabliert und sind inzwischen auch fester Bestandteil der Lebensmittelanalytik. DNA-gestützte Diagnostik- und Analyseverfahren sind dabei im Begriff, die klassischen biochemischen Verfahren abzulösen, wobei die Entwicklung von automatisierten und miniaturisierten Systemen gegenwärtig größte Priorität hat.

8.2.1 Methoden

Für gentechnische Analysen stehen molekulare Hybridisierungsverfahren und Nachweisverfahren mit Hilfe der Polymerase-Kettenreaktion zur Verfügung. Beide Verfahren nützen zur Identifikation spezifische Oligonukleotid-Sequenzen, die entweder als Sonden bei Hybridisierungstechniken dienen oder als Primer für die enzymatische Amplifizierung der DNA (PCR). DNA-Hybridsierung und PCR-Amplifikation setzen Kenntnisse über die nachzuweisende DNA voraus, da für beide Techniken Sonden oder spezifische Oligonukleotide mit einer zum nachzuweisenden DNA-Bereich komplementären Nukleotidsequenz benötigt werden.

Aufgrund ihrer hohen Sensitivität eröffnet die PCR eine neue Dimension in der Lebensmittelanalytik. Ihr Anwendungsbereich erstreckt sich vom Nachweis pathogener Bakterien in Lebensmitteln bis zur Identifizierung der in den Lebensmitteln verwendeten tierischen und pflanzlichen Spezies. Hybridisierungsmethoden finden dagegen ihre Anwendung vor allem in der Lebensmittelmikrobiologie zum Nachweis von pathogenen Keimen (Hertel 1997).

8.2.1.1 Molekulare Hybridisierung

Die molekulare Hybridisierung ist ein Verfahren zum Nachweis identischer oder sehr ähnlicher Nukleinsäuren. Hybridisierungsverfahren beruhen auf dem Prinzip, dass sich die Doppelhelix der DNA durch alkalische pH-Werte oder hohe Temperaturen in die Einzelstränge zerlegt (denaturiert) und sich die basenkomplementären Einzelstränge durch Inkubation bei bestimmten Salzkonzentrationen und geringerer Temperatur wieder zu einer Doppelhelix verbinden (renaturieren).

Das Hybridisierungsverfahren nach Southern (1975) beruht auf der Übertragung von einzelsträngigen DNA-Molekülen von einem Agarose-Gel auf eine haltbare Membran und der anschließenden Hybridisierung mit der markierten Sonden-DNA. Sie wird als „Southern Blot“ bezeichnet. Die zu analysierende DNA wird hierfür zunächst mit Restriktionsenzymen in Fragmente zerlegt, die Fragmente durch Gelelektrophorese entsprechend ihrer Größe aufgetrennt und anschließend auf einen

Nitrozellulosefilter übertragen („blotting"). Die auf dem Nitrozellulosefilter gebundenen DNA-Fragmente werden durch ein alkalisches Milieu in die Einzelstränge zerlegt und anschließend mit der Sonden-DNA hybridisiert. Als Sonde dient dabei ein Oligonukleotid mit bekannter Sequenz der nachzuweisenden DNA, das chemisch oder radioaktiv markiert ist[44]. Nach der Hybridisierung kann man die Position der Sonde bzw. des nachzuweisenden Gens anhand der Farbreaktion oder durch Autoradiographie feststellen. Ein vereinfachtes Hybridisierungsverfahren ist die „Dot-Blot"-Methode, bei der isolierte, nicht weiter aufbereitete DNA auf den Filter gebracht wird.

8.2.1.2 Polymerase-Kettenreaktion (PCR)

Die Polymerase-Kettenreaktion ist ein Verfahren zur spezifischen Vermehrung einzelner DNA-Abschnitte oder Gene und eignet sich für die Reihenuntersuchung vieler Proben oder wenn nur sehr geringe DNA-Mengen vorhanden sind. Die Reaktion erfolgt in drei Teilabschnitten:

- Denaturierung: Trennung des DNA-Doppelstrangs bei ca. 90 °C,
- Annealing: Anlagerung (Hybridisierung) von zwei Primern[45] bei ca. 50 °C,
- Polymerisation: Synthese eines komplementären DNA-Strangs durch die DNA-Polymerase bei ca. 70 °C, wobei die Primer den Startpunkt der Polymerisation darstellen.

Die Reaktionszyklen werden 25- bis 30 mal wiederholt. Im dritten Reaktionszyklus erhält man den definierten und durch die Primer begrenzten DNA-Abschnitt, der durch ständige Wiederholung vervielfältigt wird. Nach Abschluss der PCR kann durch Gelelektrophorese des Reaktionsansatzes der amplifizierte DNA-Abschnitt identifiziert werden.

Die Spezifität und Sensitivität der PCR lässt sich durch zusätzliche molekularbiologische Techniken erhöhen (Schulze 1997a):

- *Sequenzspezifische Restriktionsanalyse:* amplifizierte DNA wird durch Restriktionsendonukleasen, die spezifische Sequenzabschnitte von 4 bis 8 bp in der DNA erkennen, in DNA-Fragmente gespalten. Die Fragmente werden entspre-

---

44 Radioaktive Markierung erfolgt zumeist mit dem Isotop ^{32}P. Nicht radioaktive Markierungen verwenden Antikörper, die an Lumineszenz- oder Fluoreszenzfarbstoffe gebunden sind oder auch mit Digoxigin in versehene Nucleotide. Der Nachweis erfolgt über Digoxigin in-Antikörper und die daran gebundene alkalische Phosphatase, die eine Farbreaktion katalysiert (Willmitzer und Hoffmann 1997).

45 Primer sind zu einem DNA-Abschnitt komplementäre Oligonucleotidsequenzen, die als Startpunkt für eine DNA-Polymerase funktionieren. Die Primer werden so gewählt, dass sie an jeweils einem Strang der DNA binden, entsprechend der Polymeraseaktivität von 5' nach 3' gegenläufig sind und einen begrenzten DNA-Abschnitt von bis zu 20.000 bp einschließen.

chend ihrer Größe durch Gelelektrophorese aufgetrennt, auf Filter übertragen und mit geeigneten Sonden sichtbar gemacht.

- *Hybridisierung mit spezifischen DNA-Sonden*: Übertragung des gelelektrophoretisch aufgetrennten PCR-Ansatzes auf eine Nylonmembran (Southern-Blot) und anschließendes Sichtbarmachen des PCR-Produktes durch Hybridisierung mit einer spezifische Gensonde, die z. B. mit einem radioaktiven Isotop, mit Digoxiginin oder mit einem Fluoreszenzlabel markiert ist.
- *Nested PCR*: in einem zweiten PCR-Ansatz werden neue Primer verwendet, die sich an die Vermehrungsprodukte des ersten PCR-Ansatzes anlagern.

Die PCR ist eine empfindliche Enzymreaktion und stellt hohe Anforderungen an die Reinheit der DNA. Sie kann durch Hemmstoffe in ihrer Sensitivität negativ beeinflusst oder sogar unterdrückt werden. Dadurch können falsch negative Ergebnisse entstehen. Eine Reihe von Lebensmittelbegleit- und -inhaltsstoffen hemmen die PCR durch das Ausfällen der DNA oder die Denaturierung bzw. Inhibierung der DNA-Polymerase schon in sehr geringen Konzentrationen. Proteine und Peptide zeigen bereits bei Konzentrationen im PCR-Ansatz über 0,1 % einen stark hemmenden Effekt. Relativ geringe Mengen Fett verstärken die hemmende Wirkung. Auch die Anwesenheit zweitwertiger Kationen wie Kalzium (Ca^{2+}) kann die PCR unterdrücken, während Öle, Salze, Kohlenhydrate und Aminosäuren in Konzentrationen bis zu 1 % des PCR-Ansatzes noch keine inhibitorische Wirkung ausüben (Jany und Greiner 1998).

Die Sensitivität des Nachweissystems wird daher nicht nur durch die Empfindlichkeit der Methode, sondern auch durch die Art und Effizienz der Isolierung der nachzuweisenden DNA aus dem Produkt bestimmt. Die Extraktion der DNA aus der Lebensmittelmatrix stellt einen entscheidenden Schritt des PCR-Analyseverfahrens dar. Für die Extraktion und Reinigung der DNA von Lebensmittelbegleit- und -inhaltsstoffen werden DNA-Isolationsverfahren an die entsprechende Lebensmittelmatrix adaptiert oder kommerziell erhältliche DNA-bindende Materialien (meist auf Ionenaustauschbasis) zur DNA-Reinigung eingesetzt. Verschiedene Strategien zur Entfernung von PCR-Inhibitoren werden bei Gasch et al. (1997) beschrieben.

Neben der Hemmung der PCR durch Lebensmittelinhaltsstoffe erschwert die Denaturierung der DNA bei verarbeiteten oder hitzebehandelten Lebensmitteln[46] den Einsatz dieser Methode. Die Nachweisverfahren müssen daher so ausgelegt werden, dass auch kleinere Fragmente der nachzuweisenden Gene, die den Verarbeitungsprozess „überlebt“ haben, erkannt werden (Hertel 1997; Anonym 1999).

---

46 Während der Lebensmittelverarbeitung kann es zur Fragmentierung der DNA, z. B. durch mechanische Scherkräfte, durch enzymatische Prozesse (Nukleasen) und durch chemische Hydrolyse (saurer pH-Bereich) kommen.

8.2.2 Qualitätssicherung

Eines der wesentlichen Ziele der Qualitätssicherung in der Lebensmittelproduktion ist die Sicherstellung der gesundheitlichen Unbedenklichkeit von Lebensmitteln. Trotz entsprechender Qualitätssicherungsmaßnahmen in der Lebensmittelproduktion ist die Zahl der Erkrankungen durch Lebensmittelinfektionen und -intoxinationen während der letzten 20 Jahre sowohl auf nationaler als auch auf internationaler Ebene deutlich gestiegen[47] (Kohlmeier et al. 1993). Im Bereich der Lebensmittelhygiene und -sicherheit sind toxikologische, mikrobiologische sowie in jüngerer Zeit genetisch-basierte oder Prionen-vermittelte Risiken von Bedeutung. Toxikologische Risiken werden durch natürliche, in Rohstoffen vorhandene Toxine oder durch Rückstände und Verunreinigungen aus der landwirtschaftlichen Produktion verursacht, während mikrobiologische Risiken durch die in Lebensmitteln vorhandenen Mikroorganismen entstehen und durch mangelnde Hygiene oder Sorgfalt bei der Lebensmittelverarbeitung begünstigt werden. Zu den genetisch-basierten oder Prionen-vermittelten Risiken zählen z. B. BSE oder die Übertragung einer Antibiotikaresistenz vom Lebensmittel auf den Konsumenten (Sanders 1999).

8.2.2.1 Mikrobielle Kontamination

Mikrobiologischen Risiken kommt die größte Bedeutung für die gesundheitliche Gefährdung durch Lebensmittel zu. Bis zu 90 % aller Lebensmittelinfektionen lassen sich auf den Verzehr bakteriell kontaminierter Lebensmittel zurückführen. Zu den wichtigsten pathogenen Mikroorganismen gehören *Campylobacter jejuni*, *Clostridium botulinum*, *Clostridium perfingens*, *Escherichia coli*, *Listeria moncytogenes*, *Salmonella* spp., *Shigella* spp. und *Yersinia* spp. Der Nachweis mikrobieller Kontamination in Lebensmitteln durch DNA-basierte Methoden weist gegenüber den bislang üblichen Zellkulturverfahren eine Reihe von Vorteilen auf: Sie arbeiten wesentlich schneller, erfordern keine reine Kultur und ermöglichen die Unterscheidung von nahe verwandten Spezies und pathogenen Linien innerhalb derselben Spezies (Tombs 1994; Heyndrickx et al. 2001).

Zur molekularen Identifikation können verschiedene Regionen der bakteriellen DNA herangezogen werden:

- *Virulenz Gene der pathogenen Organismen*: die Gene sind oftmals auf der Plasmid[48]-DNA lokalisiert. Mit Hilfe der Virulenz-Gene können pathogene von

[47] Die Zahl der *Enteritis infectiosa* Erkrankungen lag im Jahr 2000 bei 184.565 gemeldeten Fällen, wobei der Anteil der Salmonellosen mit knapp 43 % einen starken Rückgang seit 1997 aufweist. Demgegenüber gewinnen Infektionen mit anderen Erregern, insbesondere *Campylobacter* (17 % im Jahr 2000) kontinuierlich an Bedeutung (RKI 2001).

[48] Ein Plasmid ist ein zusätzliches, meist ringförmiges DNA-Molekül, das sich unabhängig vom Hauptgenom replizieren kann. Plasmide kommen bei Pro- und Eukaryonten vor.

nicht pathogenen Linien derselben Spezies unterschieden werden. Ein Beispiel ist die Identifizierung pathogener *Yersinia enterocolitica* Linien durch Primer für das chromosomal kodierte *ail*-Gen („adhesion-invasion-locus").

- *Ribosomale RNA (rRNA)*: rRNA enthält viele variable Regionen, aus denen spezifische Primer für die jeweiligen Spezies ausgewählt werden können. Ein Vorteil ist die hohe Kopienzahl der rRNA in der Zelle, wodurch eine „in situ"-Hybridisierung möglich ist. Beispiele sind die simultane Identifikation verschiedener *Listeria* spp. über Primer für konservierte Sequenzen auf der Spacer-Region der rRNA sowie die Identifikation von *Campylobacter jejuni, C. coli* und *C. lari* durch 16SrRNA Sonden.
- *Spezifische DNA-Sequenzen mit bekannter oder unbekannter Funktion*: DNA-Sequenzen werden als Ziel für komplementäre Primer bei PCR-Verfahren verwendet. Gene mit bekannter Funktion sind beispielweise die Flagellin Gene (*fla*A, *fla*B) für die Identifikation von *Campylobacter jejuni,* das IS200 bzw. IS711 Element für die Identifikation von *Salmonella* und *Brucella* spp. DNA-Sequenzen mit unbekannter Funktion werden beispielweise zum Nachweis von *Vibrio parahaemolyticus* und *Salmonella* verwendet.

Für den Nachweis aller wichtigen Krankheitserreger, die Lebensmittelinfektionen verursachen, sind mittlerweile sowohl DNA-Sonden als auch Primer verfügbar. Für eine Reihe von Krankheitserregern werden kommerzialisierte Systeme angeboten, die entweder über rRNA-Hybridisierung arbeiten (z. B. AccuProbe von Gen-Probe; Gene-Trak von Gene-Trak Systems Corp.) oder eine PCR auf DNA-Basis durchführen und anschließend unterschiedliche Systeme zum Nachweis der amplifizierten DNA verwenden (z. B. Probelia von Sanofi-Diagnostics Pasteur; TaqMan von Perkin Elmer – Applied Biosystems).

Für den schnellen und simultanen Nachweis von verschiedenen Lebensmittelpathogenen sind bereits DNA-Chips mit Mikroarray-Technik[49] verfügbar. Die Chips tragen Oligonukleotide, die charakteristische DNA-Fragmente von pathogenen Keimen repräsentieren und sich deswegen zum spezifischen Nachweis dieser Mikroorganismen eignen. Ein Beispiel hierfür ist der NUTRI®-Chip der Firma Gene-Scan Europe AG, Freiburg, der Nachweissysteme für *Salmonella* sp., *Listeria monocytogenes*, *Escherichia coli*, *Campylobacter* Arten und *Shigella* sp. umfasst. Eine Erweiterung des Spektrums für andere Pathogenitätsfaktoren (z. B. *Clostridium perfingens*, *Staphylococcus aureus*) ist in der Entwicklung (BioWorld 2000).

---

49 DNA-Arrays werden durch Hochgeschwindigkeitsrobotik auf Glas- oder Nylonsubstraten hergestellt. Für diesen Zweck werden markierte Sonden benutzt, um komplementäre Bindungen festzustellen, welche massiv-parallele Expressions- und Genentschlüsselungsstudien erlauben. Oligonukleotid Mikroarrays werden entweder *in situ* durch lichtgesteuerte Kombinationssynthese hergestellt oder durch konventionelle Synthese, gefolgt von Immobilisation auf Glassubstraten. DNA-Proben werden durch eine Polymerase Kettenreaktion (PCR) vermehrt, ein Fluoreszenz-Marker wird angefügt und zu dem Mikroarray hybridisiert.

8.2.2.2 Art-/Herkunftsnachweis

Neben der Sicherung der hygienischen Unbedenklichkeit ist die Sicherung und der Nachweis einer definierten Rohstoffqualität von Lebensmitteln ein weiterer wichtiger Gesichtspunkt bei der Qualitätssicherung in der Lebensmittelindustrie. Durch den Nachweis von Tier- und Pflanzenarten soll sichergestellt werden, dass in den Lebensmittelprodukten auch diejenigen Rohstoffe enthalten sind, die deklariert werden. Beispielsweise ist es im Zuge des Auftretens von BSE bei Rindern für viele Verbraucher wichtig zu wissen, ob dem Schweinegehackten nicht auch Rindfleisch beigemischt wurde (Hirche 1998).

Molekularbiologische Methoden lassen sich nicht nur zum Nachweis von Mikroorganismen in Lebensmitteln, sondern auch zum Nachweis von Tier- oder Pflanzenarten einsetzen. Bislang wurden Tier- und Pflanzenarten überwiegend mit proteinchemischen oder immunologischen Verfahren identifiziert. Bei erhitzten oder weitgehend verarbeiteten Erzeugnissen stoßen diese Methoden – bedingt durch die Denaturierung der Proteine – jedoch an ihre Grenzen, während für molekulargenetischen Nachweisverfahren noch ausreichend lange, für die jeweilige Spezies charakteristische DNA-Bruchstücke vorhanden sind (Hörtig 2000).

Zur Differenzierung von Tier- und Pflanzenarten stehen die in Kapitel 8.2.1 beschriebenen molekularbiologischen Methoden (Hybridisierung und PCR) zur Verfügung (Schulze 1997b). Sofern speziesspezifische DNA-Bereiche bekannt sind, können diese für die Artendifferenzierung durch speziesspezifische DNA-Sonden oder für ein PCR-basiertes Nachweisverfahren genützt werden. Für die Differenzierung von Rind- und Schweinefleisch wird beispielsweise das artspezifische Wachstumshormon-Gen amplifiziert.

Als weitere Methode zur Tierartidentifizierung in Fleischerzeugnissen wird bereits seit einigen Jahren eine PCR mit sequenzspezifischer Restriktionsanalyse (RFLP) eingesetzt. Bei der PCR-RFLP werden hochkonservierte Sequenzen aus der mitochondrialen DNA (Cytochrom b-Gene) ausgewählt. Innerhalb dieser Sequenzen befinden sich variable Abschnitte, die von Tierart zu Tierart verschieden sind und die nach der Restriktionsanalyse für die jeweilige Spezies charakteristische Restriktionsmuster ergeben. Mit diesem Verfahren sind arttypische Fragmente auch in hocherhitzten Lebensmitteln und Mischungen nachweisbar. So kann beispielsweise 1 % Rindfleisch in Schweinefleisch oder 0,1 % Schweinefleisch in erhitzten Rindfleischerzeugnissen sicher identifiziert werden (Hörtig 2000).

Zur Differenzierung sehr nahe verwandter Arten oder Subspezies kann ebenfalls der mitochondriale Cytochrom b-Genabschnitt herangezogen werden. Bei sehr geringen Sequenzunterschieden kann es jedoch schwierig werden, zur Differenzierung geeignete Restriktionsschnittstellen innerhalb des amplifizierten Abschnittes zu finden (z. B. Unterscheidung zwischen Haus- und Wildschwein). Mit Hilfe der sogenannten Einzelstrang-Konformations-Analyse (SSCP)[50] lassen sich dagegen auch noch Punktmutationen nachweisen (Hörtig 2000).

Ähnlich wie mitochondriale DNA in der Tierartbestimmung sind ribosomale Nukleinsäuren und Chloroplasten-DNA besonders zur genetischen Analyse pflanzlicher Lebensmittel geeignet. Mit einer Methode aus der Pflanzengenetik, die auf der Amplifikation ribosomaler Gene basiert und an die Anforderungen der Lebensmittelanalytik angepasst wurde, können beispielsweise Getreidearten in Lebensmitteln nachgewiesen und differenziert werden. Auch zugesetztes Soja kann mit Hilfe der PCR schnell und zweifelsfrei in erhitzten Lebensmitteln (z. B. Fleischerzeugnissen) nachgewiesen werden (Hörtig 2000).

8.2.3 Nachweis von gentechnisch veränderten Organismen

Diese Fragestellung gehört inhaltlich zwar auch zu dem Feld Gendiagnostik und Genanalytik. Da der Nachweis genetisch modifizierten Materials aber sehr eng mit der Risiko- und Sicherheitsbewertung von GVO verknüpft ist, wird dieser Aspekt ausführlich in Kapitel 9 behandelt (s. Kap. 9.4).

8.3 Herstellung von Hilfs- und Zusatzstoffen

Die Herstellung von Hilfs- und Zusatzstoffen für die Lebensmittelverarbeitung durch mikrobielle Fermentation hat eine lange Tradition. Durch klassische biotechnologische Verfahren wird eine Vielzahl von Substanzen für die Lebensmittelverarbeitung hergestellt, die durch chemische Synthese nicht bzw. nur kostenintensiv produziert werden können. Als Produktionsorganismen dienen Stämme von Bakterien, Schimmelpilzen und Hefen, die „GRAS“-Status[51] besitzen (Schauzu et al. 1998). Bei fermentativ gewonnenen Fabrikationshilfsmitteln handelt es sich hauptsächlich um Enzyme, die zur Lebensmittelverarbeitung eingesetzt werden. Sie werden nach der Verarbeitung des Lebensmittels entweder wieder entfernt oder inaktiviert und müssen daher nicht deklariert werden. Zusatzstoffe werden in der Lebensmittelverarbeitung als Geschmacksverstärker, Süßstoffe, Aminosäuren, Vitamine, Aromen, Farbstoffe, Konservierungs-, Verdickungsmittel und Emulgatoren

---

[50] Die SSCP nützt das sequenzabhängige unterschiedliche Laufverhalten von Einzelstrang-DNA-Fragmenten im elektrischen Feld, die durch Denaturierung von DNA-Doppelstrangbereichen entstanden sind. Für die Analyse wird nach der PCR die DNA kurzer genomischer Bereiche, auf denen die Punktmutation vermutet wird, denaturiert und über Gelelektrophorese aufgetrennt (Dingermann 1999).

[51] GRAS: generally recognized as safe

eingesetzt. Sie können unter anderem als Stoffwechselprodukte von Mikroorganismen gewonnen werden (Braunschweiger und Conzelmann 1997).

Mikroorganismen (Bakterien, Hefen und Schimmelpilze) sind aufgrund ihrer extrem hohen Stoffwechselaktivität und ihrer einfachen Vermehrbarkeit für die Gewinnung von Stoffwechselprodukten besonders geeignet. Dazu werden ausgewählte Stämme dieser Mikroorganismen in geeigneten Fermentationsverfahren gezüchtet. Zur Optimierung der Mikroorganismen werden zunehmend gentechnische Verfahren eingesetzt (Braunschweiger und Conzelmann 1997). Vorrangige Ziele bei der Verwendung gentechnischer Verfahren sind (Schauzu et al. 1998):

- Verbesserung der Produktionsleistung von Organismen, z. B durch Einbringen mehrerer Kopien des relevanten Gens im Wirts-Mikroorganismus,
- Ersatz aufwändiger chemischer Synthesen durch einfachere und häufig kostengünstigere fermentative Verfahren,
- Übertragung spezieller biosynthetischer Eigenschaften von Stämmen, die für die Fermentation weniger geeignet sind auf ertragreiche Fermentationsorganismen,
- Erschließung neuartiger Produkte, insbesondere durch „Protein-Design" (*protein engineering*) modifizierte Enzyme.

Die Gewinnung von Enzymen und Zusatzstoffen mit gentechnisch veränderten Mikroorganismen verspricht ökologische und ökonomische Vorteile, da durch die optimierte Produktionsleistung der Stämme Rohstoffe, Energie und Wasser eingespart werden können und weniger Abfälle und Abwässer anfallen. Insgesamt können sich Kostenvorteile gegenüber der fermentativen Gewinnung mit traditionellen Organismen von bis zu 90 % ergeben. Aufgrund dieser Vorteile schätzt die Vereinigung der europäischen Enzymhersteller (AMFEP), dass bis 2005 mehr als 80 % der Enzyme mit Hilfe von gentechnisch veränderten Mikroorganismen gewonnen werden (Jany und Greiner 1998). Alle Stoffe, die aus diesen Herstellungsprozessen stammen, sind hoch gereinigt und enthalten weder gentechnisch veränderte Organismen noch funktionelle rekominante DNA.

8.3.1 Enzyme

Enzyme haben um die Jahrhundertwende Eingang in Verarbeitungsprozesse gefunden und ihr Anwendungsspektrum, nicht nur in der Lebensmittelverarbeitung, erweitert sich ständig (Jany und Kiener 2000). Bis vor wenigen Jahren wurde die wirtschaftliche Verwendung isolierter Enzyme durch das knappe natürliche Angebot begrenzt: die chemische Synthese der Enzyme ist wegen der komplizierten

Molekülstruktur[52] zumeist nicht möglich und unter natürlichen Bedingungen werden Enzyme meist nur in geringen Konzentrationen gebildet. Inzwischen wird eine Vielzahl von Enzymen biotechnisch in speziell dafür gezüchteten Mikroorganismen gewonnen, die die für ihren eigenen Stoffwechsel benötigten Enzyme in großen Mengen ausschütten.

Enzymbildende Mikroorganismen werden zunehmend durch gentechnische Verfahren für eine wirtschaftliche Produktion und den industriellen Einsatz optimiert. Dabei sind die Enzyme aus gentechnisch veränderten Mikroorganismen in ihren Strukturen und Aktivitäten jeweils mit den konventionellen identisch, in der Regel ist aber der Reinheitsgrad des Präparats höher (Jany und Kiener 2000). Eine weitere Strategie der gentechnischen Bearbeitung zielt auf die Optimierung der Enzymeigenschaften.

Optimierung enzymproduzierender Mikroorganismen

Bei diesem Ansatz werden Mikroorganismen gentechnisch verändert, die das gewünschte Enzym natürlicherweise in geringen Konzentrationen bilden. Eine Steigerung der produzierten Enyzmmenge kann durch Überexpression der Gene, die für das gewünschte Enzym kodieren, das Vorschalten starker Promotoren oder das Abschalten der natürlicher Regulierung erzielt werden (Transgen 2001b). Bei diesem Ansatz (homologe Rekombination) werden nur Gene aus der jeweiligen Art übertragen oder neu arrangiert (Bsp. Xylanasen). Die Produktionsleistung lässt sich auch verbessern, indem alle Gene eines Biosynthesewegs unter die Kontrolle eines einzigen von außen steuerbaren Promotors (z. B. lac-Operon aus *E. coli*) gestellt werden. Damit ist es möglich, die Enzymsynthese erst in einer späteren Wachstumsphase der Mikroorganismen zu induzieren und auf diese Weise höhere Ausbeuten zu erzielen (Schauzu et al. 1998).

Transfer von Enzym-Genen auf Mikroorganismen

Für einige Enzyme, die in der Lebensmittelproduktion eingesetzt werden, gibt es keine mikrobiellen Produzenten. Dies trifft beispielsweise für Chymosin zu, das von Zellen im Magen von Kälbern gebildet wird. Werden die Gene, die für die entsprechenden Enzyme kodieren, isoliert und auf Mikroorganismen übertragen (heterologe Rekombination), ist eine mikrobielle Produktion dieser Enzyme möglich. Für die mikrobielle Produktion werden Mikroorganismen ausgewählt, die als sicher bekannt sind und die einfach in technischen Anlagen (Fermentern) kultiviert werden können.

---

52 Enzyme sind, wie alle Proteine, große Moleküle, die in einer komplizierten räumlichen Struktur gefaltet sind und die dem Enzym seine spezifische Wirkung verleiht.

Optimierung der Enzyme

Durch Protein-Design (*protein engineering*) lassen sich Enzyme mit veränderten Eigenschaften konstruieren, die besser an die technologischen Prozesse angepasst sind. Ziel der gentechnischen Veränderungen ist beispielsweise eine Erhöhung der Enzymstabilität gegenüber technischen Prozessbedingungen (z. B. Temperatur, pH-Wert, Proteasen) oder eine Veränderung der kinetischen Eigenschaften (z. B. Reaktionsgeschwindigkeit, Substrataffinität und -spezifität). Hierfür werden kodierende DNA-Sequenzen des Enzym-Gens gezielt mit Hilfe der Oligonukleotid-gesteuerten *in vitro*-Mutagenese verändert (Transgen 2001b). Erste Anwendungen bei Enzymen des Lebensmittelbereichs sind in der Entwicklung: Glucose-Isomerase mit einer erhöhten Stabilität bei 60 °C für den Einsatz in der Stärkeverzuckerung; Proteasen mit geringerer Empfindlichkeit gegenüber oxidativen Einflüssen; Lysozym mit erhöhter Stabilität und Aktivität (Schauzu et al. 1998).

Gegenwärtig sind mehr als 40 unterschiedliche Enzyme aus gentechnisch veränderten Mikroorganismen kommerziell erhältlich. Einen Überblick über Enzyme, die mit Hilfe gentechnisch veränderter Mikroorganismen produziert werden, mit Relevanz für die Lebens- und Futtermittelindustrie vermittelt Tabelle 8.2. Die Anwendung von Enzymen aus gentechnisch veränderten Mikroorganismen differiert sehr stark zwischen den Lebensmittelsegmenten (Tab. 8.2). Die breiteste Anwendung hat inzwischen das bei der Käseherstellung verwendete, gentechnisch hergestellte Chymosin gefunden, das in vielen Ländern der Welt zugelassen ist, seit 1997 auch in Deutschland. In den USA werden schätzungsweise 90 % des Käses mit Hilfe gentechnisch erzeugten Chymosins erzeugt.

Der in Europa wirtschaftlich wichtigste Anwendungsbereich für Enzyme im Lebensmittelbereich ist die Stärkeverzuckerung. Für die Produktion von Stärkeprodukten wie Maltodextrin oder Glukosesirup haben sich gentechnisch hergestellte Enzyme, die durch homologe Rekombination erzeugt werden (z. B. α-Amylase, Pullanase), mit Anteilen von ca. 65 % bereits weitgehend durchgesetzt (Tab. 8.1). Pektinasen werden als Enzyme bei der Fruchtsaftgewinnung eingesetzt. Zwar sind für einzelne Pektinase-Typen gentechnische Herstellungsverfahren entwickelt worden, die zur Zeit im Handel befindlichen Pektinasen stammen jedoch nach Angaben des Verbandes der europäischen Enzymhersteller (AMFEP) nicht aus gentechnologischer Produktion (GeneticDiner 1998).

Chymosin und Amylasen gehören zu den umsatzträchtigsten Enzymen – Stärkeindustrie und Milchverarbeitung sind die bedeutendsten Teilmärkte auf dem Weltmarkt für Lebensmittelenzyme: ihr Anteil beläuft sich auf etwa 70 %. Damit erfolgt die erstmalige Anwendung von Kerntechnologien der Enzymtechnik (Gentechnik, *protein engineering*) offenbar vorrangig bei besonders umsatzstarken Enzymen.

Tabelle 8.1: Geschätzte Anteile der Anwendung von Enzymen aus gentechnisch veränderten Mikroorganismen in der Lebensmittelverarbeitung

Lebensmittelsegment	**EU Markt**	**US Markt**
Stärkeindustrie	65 %	65 %
Käse	25 %	90 %
Brot und Backwaren	10 – 20 %	70 – 80 %
Fruchtsäfte	< 10 %	< 10 %
Wein, Bier	< 10 %	< 10 %

Quelle: Novozymes 2001

Die Gentechnik ist als zentrale Schlüsseltechnik innerhalb der Enzymtechnik einzuschätzen. Ihre Nutzung in der Enzymtechnik ermöglicht signifikante Kostensenkungen bei der Enzymproduktion, die rasche Erschließung neuer Enzymtypen, kurze Entwicklungszeiten bis zur Marktreife, die Erhöhung der Produkt- und Produktionssicherheit, und sie stellt die Voraussetzung für die Entwicklung von Enzymen mit maßgeschneiderten Eigenschaften für bestimmte Anwendungen durch *protein engineering* dar. Derzeit werden mehr als 50 % der industriellen Enzyme mit Hilfe gentechnisch veränderter Organismen produziert (Novozymes 2001), und Experten gehen davon aus, dass der Anteil in den kommenden 10 Jahren bis auf etwa 90 % steigen wird (Menrad et al. 1999a).

Tabelle 8.2: Enzyme aus gentechnisch veränderten Mikroorganismen und ihr Einsatz in Lebens- und Futtermitteln

Enzym	**Funktion**	**Produktions-Organismus**	**Herkunft des Gens**	**Einsatzbereich**
Acetolactate-Decarboxylase	Abbau von Diactyl (Butteraroma)	*Bacillus amolilique faciens oder subtilis*	*Bacillus sp.*	Bierbrauen
Amylase	Abbau von Stärke	*Bacillus amolilique faciens oder subtilis*	*Bacillus sp. Thermoactinomyces sp.*	Stärkeindustrie, Stärkeverzuckerung, Getränke, Backwaren
		Bacillus licheniformis	*Bacillus sp.*	
Cellulase	Aufspaltung von Cellulose	*Aspergillus oryzae*	*Humicola sp., Myeliopthora sp., Thielavia sp.*	Futtermittelzusatz, Getränke
		Trichoderma reesei oder longibrachiatum	*Trichoderma sp.*	
Cyclomaltodextrin, Glucanotransferase	Verknüpfung von Glucose zu ringförmigen Cyclodextrinen	*Bacillus licheniformis*	*Thermoanaerobachter sp.*	Stärkeindustrie
Chymosin	Spaltung von Milcheiweiß (Kasein), Hauptwirkstoff des Labferments	*Aspergillus niger var. awamori, Klyveromyces lactis*	Kälbermagen	Käseherstellung
α-Galactosidase	Aufspaltung von Galactose	*Aspergillus oryzae*	*Aspergillus sp.*	Futtermittel
		Saccharomyces cerevisiae	Guar	
ß-Glucanase	Aufspaltung von Glucanen	*Bacillus amolilique faciens oder subtilis*	*Bacillus sp.*	Alkoholische Getränke (Bier), Stärkeindustrie, Futtermittel
		Trichoderma reesei oder longibarachiatum	*Trichoderma sp.*	
Glucose-Isomerase	Isomerisierung von Glucose zu Fructose	*Streptomyces lividans*	*Actinoplanes sp.*	Stärkeverzuckerung
		Streptomyces rubiginosus	*Streptomyces sp.*	
Glucoseoxidase	Umwandlung von Glucose in Gluconsäure	*Aspergillus niger*	*Aspergillus sp.*	Konservierung von Eiprodukten, Mayonnaise, Backwaren

Fortsetzung Tabelle 8.2

Enzym	**Funktion**	**Produktions-Organismus**	**Herkunft des Gens**	**Einsatzbereich**
Hemicellulase	Aufspaltung verschiedener Hemicellulosen	*Bacillus amolilique faciens oder subtilis*	*Bacillus sp.*	Backwaren, Stärkeprodukte, Spirituosen
Katalase	Abbau von Wasserstoffperoxid	*Aspergillus niger*	*Aspergillus sp.*	Konservierung von Eiprodukten, Mayonnaise
Lipase	Spaltung und Modifikation von Fetten	*Aspergillus oryzae*	*Candida sp., Fusarium sp., Rhizomucor sp., Thermomyces sp.*	Käse, Aromen, Backwaren, Nudeln
Pektinase (Polygalactonurase)	Aufspaltung von Pektinen	*Trichoderma reseei oder longibrachiatum*	*Aspergillus sp.*	Fruchsaftherstellung, Verarbeitung von Gemüse und Früchten
Pektinlyase	Aufspaltung von Pektinen	*Aspergillus niger var. awamori*	*Aspergillus sp.*	Getränke, Verarbeitung von Gemüse und Früchten, Süßwaren
		Trichoderma reseei	*Trichoderma sp.*	Futtermittel
Pektinesterase	Aufspaltung von Pektinen	*Aspergillus niger oder oryzae, Trichoderma reseei oder longibrachiatum*	*Aspergillus sp.*	Getränke, Verarbeitung von Gemüse und Früchten, Süßwaren
Phytase	Abspaltung der Phytinsäure unter Freisetzung von Phosphaten	*Aspergillus niger, Trichoderma reseei oder longibrachiatum*	*Aspergillus sp.*	Stärkeverarbeitung, Futtermittel
		Aspergillus oryzae	*Peniophora sp.*	Futtermittel

Fortsetzung Tabelle 8.2

Enzym	Funktion	Produktions-Organismus	Herkunft des Gens	Einsatzbereich
Protease	Abbau und Modifikation von Eiweißen	*Bacillus amolilique faciens oder subtilis, Bacillus licheniformis*	*Bacillus sp.*	Backwaren, Getränke, Käse, Fisch, Fleisch, Aromen, Stärkeverarbeitung
		Aspergillus oryzae	*Rhizomucor sp.*	Käse
		Cryphonectria, Endothia parasitica	*Cryphonectria sp.*	Käse
Pullulanase	Spaltung von Stärken	*Bacillus licheniformis oder subtilis*	*Bacillus sp.*	Stärkeverzuckerung, Stärkeindustrie
		Klebsiella planticola	*Klebiella sp.*	
Xylanase	Abbau von Xylan	*Bacillus amolilique faciens oder subtilis*	*Bacillus sp.*	Fruchtsaft- und Getränkeherstellung, Futtermittel
		Bacillus licheniformis	*Bacillus sp.*	Stärkeverarbeitung
		Aspergillus niger oder oryzae	*Aspergillus sp. Thermomyces sp.*	Stärkeverarbeitung, Getränke

Quellen: AMFEP 2001; Transgen 2001b

8.3.2 Zusatzstoffe

Lebensmittelzusatzstoffe sind definiert als Stoffe, die nicht Lebensmittelrohstoffe sind und die bei der Herstellung von Lebensmitteln zum Einsatz gelangen. Sie werden sowohl bei der häuslichen, vor allem aber bei der industriellen Lebensmittelverarbeitung eingesetzt. Anhand ihrer Funktion im verzehrfertigen Lebensmittel werden Zusatzstoffe in folgende Gruppen eingeteilt: Antioxidationsmittel, Emulgatoren, Farbstoffe, Pigmente, Geschmacksverstärker, Konservierungsstoffe, Säuerungsmittel, Stabilisatoren, Süßungs- und Verdickungsmittel.

Lebensmittelzusatzstoffe werden Lebensmitteln hauptsächlich aus folgenden Gründen zugesetzt:

- Gewährleistung, dass Lebensmittel bis zum Verzehr hygienisch einwandfrei bleiben, dadurch Vorbeugung vor Lebensmittelverderb und Lebensmittelvergiftungen,
- Verlängerung der Haltbarkeit, Ermöglichen einer Vorratshaltung,
- Verbesserung organoleptischer Eigenschaften (z. B. Geruch, Geschmack, Aussehen, Textur, Konsistenz),
- Sicherung gleichbleibender Qualität,
- Verbesserung des Nährwerts,
- Kostenaspekte,
- Angebot von Convenience-Produkte,
- Angebot kalorienreduzierter Lebensmittel,
- jahreszeitlich unabhängiges Lebensmittelangebot.

Zusatzstoffe werden teilweise aus natürlichen Quellen isoliert, chemisch synthetisiert oder auch mittels biotechnischer Verfahren (z. B. Fermentation, enzymatische Synthese) hergestellt. Biotechnische Verfahren bieten gegenüber chemischen Synthesen den Vorteil, komplexe Substanzen mit hoher Spezifität (insbesondere Stereospezifität[53]) herstellen zu können. Sie werden daher verstärkt zur Gewinnung von Zusatzstoffen eingesetzt. Durch den Einsatz gentechnischer Verfahren bei Mikroorganismen sollen die biotechnischen Verfahren sicherer, effektiver und rentabler gestaltet werden. Neben den mit klassischen biotechnischen Verfahren hergestellten Zusatzstoffen lassen sich mit gentechnisch veränderten Mikroorganismen zusätzlich neue Produktionslinien eröffnen. In Lebensmitteln enthaltene Zusatzstoffe können entweder aus der Produktion mit gentechnisch modifizierten Mikroorganismen

---

53 Bezeichnung für solche stereochemisch spezifischen Reaktionsweisen, bei denen von zwei oder mehr möglichen Verbindungen gleicher Konstitution, aber unterschiedlicher Atomanordnung im dreidimensionalen Raum (Stereoisomeren), jeweils eines ausschließlich entsteht.

stammen (z. B. Vitamine, Aminosäuren, s. Kap. 8.3.2), oder aus gentechnisch veränderten Rohstoffen produziert werden. Beispiele dafür sind Lecithin, Tocopherol/Vitamin E, Mono- und Diglyceride (Rohstoff Soja) oder modifizierte Stärken (Rohstoff Mais).

Die fermentative Gewinnung von Zusatzstoffen mit gentechnisch veränderten Mikroorganismen hat gegenwärtig nur bei wenigen Produkten bereits eine wirtschaftliche Bedeutung. Weit fortgeschritten sind gentechnische Modifizierungen von Mikroorganismen zur optimierten Aminosäuresynthese. Viele Aminosäuren werden mit Hilfe von gentechnisch veränderten Mikroorganismen produziert (Schauzu et al. 1998). Überproduzierende Stämme von *Corynebacterium* werden zur Produktion von Glutaminsäure eingesetzt, das als Geschmacksverstärker in der Lebensmittelindustrie Verwendung findet. Auch L-Lysin und L-Tryptophan werden auf diese Weise produziert. In *Lactococcen* wurden neue Stoffwechselwege etabliert, so dass diese nicht mehr Milch-, Essig- und Ameisensäure als Endprodukte der Gärung bilden, sondern die Aminosäure L-Alanin, die in Milchgetränken zur natürlichen Süßung beiträgt (Hols et al. 1999). Auf Basis der auf gentechnischem Wege produzierten Aminosäure Phenylalanin, ist die Synthese des Süßstoffes Aspartam[54] möglich. Ein weiterer, mit Hilfe gentechnisch veränderter Mikroorganismen hergestellter Süßstoff ist Thaumatin. Thaumatin hat eine etwa um den Faktor 1000 höhere Süßkraft als Zucker und wird in Europa und Japan u. a. bei der Herstellung von „light"-Getränken, zuckerfreiem Kaugummi und anderen Produkten eingesetzt (Jany und Kiener 2000).

Die Synthese von Vitaminen wird durch komplexe Stoffwechselwege gesteuert. Für die effiziente biotechnische Produktion dieser Substanzen mit Hilfe von Mikroorganismen ist daher oft die gentechnische Veränderungen der mikrobiellen Stoffwechselwege notwendig. Vitamin C wird industriell überwiegend mit dem 1934 von Reichstein entwickelten chemisch-technischen Verfahren aus Glucose hergestellt, wobei einer der Teilschritte – die Oxidation von Sorbit zu Sorbose auf biotechnischem Wege mit *Acetobacter suboxydans* durchgeführt wird. Durch gentechnische Änderung des Stoffwechselwegs in *Erwinia herbicola* ist es gelungen, Vitamin C aus Glucose mit Hilfe eines einzigen Produktionsstammes mikrobiell zu synthetisieren (Genencor 1998). Durch die Einklonierung eines Gens aus einem *Corynebacterium*, kann *Erwinia herbicola* Glucose zu 2-Keto-L-Gluconsäure – dem Schlüsselprodukt der Vitamin C Synthese – fermentieren, wodurch vier chemische Prozessstufen der konventionellen Vitamin C Produktion entfallen. Das Verfahren ermöglicht eine Senkung der Produktionskosten gegenüber der Reichstein-Synthese um 50 % (Genencor 1998).

---

54 Aspartam ist ein Dipeptidderivat aus Asparaginsäure und Phenylalanin.

Auch Riboflavin (Vitamin B_2) und Zwischenstufen zum Cyanocobalamin (Vitamin B_{12}) sowie ß-Carotin (Provitamin A) können über mikrobielle Fermentation in Bakterien (z. B. *Echerichia coli*) und Hefen hergestellt werden. Prinzipiell ist durch gentechnische Modifikation auch die Synthese strukturell unterschiedlicher Carotinoide möglich (z. B. Lycopin, Zeaxanthin). Für einen industriellen Einsatz ist jedoch ein genaueres Verständnis der Parameter, die das Wachstum in Fermentern bestimmen, nötig. Auch der Extraktions- und Reinigungsprozess muss noch optimiert werden (Sandmann et al. 1999).

Die Herstellung von organischen Säuren wie Zitronen-, Äpfel-, Milch- und Essigsäure mit Hilfe von gentechnisch veränderten Mikroorganismen ist prinzipiell möglich. Zitronensäure, ursprünglich aus Zitronen isoliert, wird aus Fermentationen mit dem Schimmelpilz *Aspergillus niger* in einem Volumen von 300.000 t pro Jahr gewonnen und als Säuerungsmittel und Antioxidans in verschiedenen Lebensmittelprodukten eingesetzt (Braunschweiger und Conzelmann 1997).

8.4 Gentechnisch veränderte Starterkulturen

In der Lebensmittelherstellung werden Milchsäurebakterien, Hefen und Schimmelpilze auch als Starter- und Schutzkulturen eingesetzt. Während Schutzkulturen den Lebensmitteln zum Schutz vor Krankheits- und Verderbniserregern zugesetzt werden, dienen Starterkulturen der Produktion fermentierter Lebensmittel, wie z. B. Bier, Rohwurst oder Käse, Joghurt, Dickmilch und Quark mit definierten sensorischen Eigenschaften (Tab. 8.3). Der Vorzug bei der Fermentation von Lebensmitteln liegt darin, dass verderbliche, ungenießbare oder im Nährwert reduzierte Rohwaren pflanzlichen oder tierischen Ursprungs, unter dem Einfluss des mikrobiellen Stoffwechsels in veredelte, meist haltbare und gesundheitlich unbedenkliche Produkte umgewandelt werden. Ursprünglich wurden hierfür aus besonders gelungenen Fermentationen ausgewählte Mikroorganismen isoliert und charakterisiert (DFG 2001).

Wegen ihrer großen wirtschaftlichen Bedeutung sind die bei Lebensmittelfermentationen verwendeten Mikroorganismen wissenschaftlich sehr intensiv untersucht und gentechnisch bearbeitet worden. Der Einsatz molekularbiologischer und gentechnischer Methoden hat die Identifizierung und Klassifizierung der in den Kulturen enthaltenen Mikroorganismen-Spezies wesentlich verbessert. Darüber hinaus wurden durch die Analyse der Stoffwechselwege und deren Regulation sowie die Isolierung und Klonierung zahlreicher Gene, die für die Bildung wichtiger Enzyme verantwortlich sind, die Vorraussetzungen dafür geschaffen, neue Synthesewege in den Mikroorganismen durch gezielte gentechnische Veränderungen zu etablieren (Schauzu et al. 1998). Da das Ergebnis des Fermentationsprozesses von zahlreichen Einflussfaktoren wie dem Zustand der Rohwaren, der Belastung mit mikrobiellen

Keimen oder Infektionen mit Bakterienviren abhängig ist, sind die vorrangigen Ziele gentechnischer Veränderungen (Hammes 2000):

- die Verbesserung der Prozesssicherheit durch Phagenresistenz und Inkorporierung plasmidorientierter Gene zur Sicherung gegen den Verlust metabolischer Leistungen,
- die Steigerung der technologischen Effizienz durch Erhöhung oder Neuerwerb wünschenswerter Leistungen (wie z. B. erweitertes Vergärungsspektrum, neue Aromen, verbesserter Nährwert),
- die Vereinfachung des mikrobiologischen Geschehens durch Kombination von Eigenschaften in einem einzigen Organismus (z. B. Malatabbau in Hefen, Nitratreduktion in Milchsäurebakterien),
- die Erhöhung der Produktsicherheit und Verbesserung der Lebensmittelhygiene durch den Abbau natürlicher Giftstoffe sowie Verhinderung von Lebensmittelvergiftungen,
- die Erhöhung der Produktqualität (z. B. durch Steigerung des ernährungsphysiologischen Werts),
- und die Entwicklung neuer Produkte (z. B. light beer, Obst- und Gemüsesäfte).

Hohe wirtschaftliche Verluste in der Lebensmittelverarbeitung treten immer wieder durch Phageninfektionen bei Fermentationen auf. Der Phagenbefall kann bei Milchsäurebakterien durch eine stabile Integration des natürlich vorkommenden, aber plasmidcodierten Resistenzgens ins Genom verhindert werden (Jany und Kiener 2000). Die Phagenresistenz erhöht nicht nur die Prozesssicherheit, sondern reduziert auch hygienische Risiken. Die Gene für zahlreiche weitere Eigenschaften und Stoffwechselleistungen von Milchsäurebakterien wie die Lactose- und Citratverwertung oder die Diacetyl-, Schleim- und Bacteriocinbildung sind auf Plasmiden lokalisiert. Die extrachromosomal vorliegenden Plasmide sind auf andere Bakterien übertragbar und können damit verloren gehen. Zur Stabilierung der metabolischen Leistungen wird daher angestrebt, die entsprechenden Gene in das Bakterienchromosom zu integrieren (Schauzu et al. 1998).

Bezüglich der Veränderung von Stoffwechselwegen in Mikroorganismen wurden erste Erfolge bei der Synthese von Diacetyl in *Lactococcus lactis* erzielt. Diacetyl ist die Aromakomponente, die den typischen charakteristischen Geschmack von Buttermilch ausmacht. Die Steigerung der Diacetyl-Ausbeute im Stoffwechselweg ist durch die Inaktivierung verschiedener Enzyme (z. B. Acetolactat-Dehydrogenase, Diacetylreduktase) oder Überproduktion von AcetolactatSynthase durch gentechnische Verfahren möglich (Jany und Greiner 1998).

In der Fleischverarbeitung werden Starterkulturen vorwiegend für die Rohwurstreifung eingesetzt. Für diesen Anwendungsbereich wurden Gene für die Bildung von

Proteinasen, Lipasen, Katalasen, Nitratreduktasen und Aromastoffen in erste gentechnisch veränderte Mikroorganismen eingeführt oder Gene für die Synthese von Mycotoxinen und Antibiotika eliminiert. Die meisten gentechnischen Veränderungen an Starterkulturen befinden sich noch im Entwicklungsstadium. Kommerzielle Anwendungen in Deutschland und der EU sind in der vorliegenden wissenschaftlichen Literatur nicht dokumentiert. Außerdem wurden bislang keine gentechnisch veränderten Starterkulturen in der EU nach der Novel Food Verordnung und der Freisetzungsrichtlinie zugelassen.

Tabelle 8.3: Starterorganismen für Lebensmittelfermentationen, bei denen gentechnische Veränderungen vorgenommen wurden

Gattungen		**Produkte**
Eukaryonten		
Hefen	*Klyveronmyces*	Kefir, alkoholische Getränke
	Saccharomyces	alkoholische Getränke, Brot, Backwaren, Sojasauce
	Schizosaccharomyces	alkoholische Getränke
Schimmelpilze	*Aspergillus*	Sojasauce, Rohschinken
	Mucor	Käse
	Neurospora	Ontjom*
	Penicillium	Käse, Rohwurst
Prokaryonten		
Milchsäurebakterien	*Lactobacillus*	fermentierte Milch, Butter, Käse, Brot, Backwaren, Sauerkraut, fermentiertes Gemüse, Bier, Rohwurst
	Lactococcus	fermentierte Milch, Butter, Käse
	Streptococcus	Joghurt, Käse
andere aerobe und fakultativ anaerobe Bakterien	*Bacillus*	Natto*
	Staphylococcus	Rohwurst

* asiatische Lebensmittelspezialität

Quelle: Hammes 2000

Zum Schutz vor Krankheits- und Verderbniserregern werden häufig Milchsäurebakterien eingesetzt, die ein breites Spektrum an Peptiden mit antibakterieller Wirkung gegenüber grampositiven Bakterien produzieren. Für Schutzkulturen wurden Gene für die Bildung von bacteriostatischen oder bacterioziden Substanzen übertragen oder ihre Expressionsraten erhöht. Bacteriocine hemmen das Wachstum von

Bakterien, und mit der Ausschüttung des Antagonisten verschaffen sich Milchsäurebakterien einen Vorteil in der Konkurrenz um Nährstoffe. Milchsäurebakterien, die stabil und vermehrt Bacteriocine bilden, können Frischfleisch- und Frischsalatprodukte vor vorzeitigem Verderb durch apathogene und pathogene Organismen schützen (Jany und Kiener 2000).

8.5 Lebensmittel aus gentechnisch veränderten Organismen

Eine letzte Gruppe von Anwendungen der Gentechnik kann das Lebensmittel selbst oder die verwendeten Rohprodukte betreffen. Dabei kann das Lebensmittel selbst den lebenden gentechnisch veränderten Organismus darstellen (z. B. Tomate, Kürbis, Melone, Sojabohne, Kartoffel, Reis). Eine weitere Möglichkeit ist die Verarbeitung von Rohstoffen aus gentechnisch veränderten landwirtschaftlichen Rohprodukten, wobei in diesen Fällen im Lebensmittel der gentechnisch veränderte Organismus oftmals in inaktivierter oder gärtnerischer Form vorliegt (z. B. Tomaten-Ketchup, Kartoffelpüree, Fruchtmarmeladen).

In der EU sind gegenwärtig keine Lebensmittel, die selbst den lebenden gentechnisch veränderten Organismus darstellen oder solche enthalten, für den menschlichen Verzehr zugelassen. Es liegen jedoch Anträge für Marktzulassungen solcher Lebensmittel vor (transgene Tomaten, Chicorée und Radicchio) (Transgen 2001a). Transgene Tomaten, bei denen der Reifeprozess durch Ausschalten des Gens für das Enzym Polygalactonurase verzögert wird, werden in den USA angebaut und verarbeitet. In Großbritannien wurden auf diesem Prinzip beruhende verarbeitete Tomatenprodukte bereits 1996 durch das Handelsunternehmen Safeway in den Markt eingeführt, die allerdings nach einem deutlich wachsenden Widerstand gegen „Gen-Food“ ab dem Jahr 1998 später wieder vom Markt genommen wurden. Für eine EU-weite Vermarktung ist ein neues Antragsverfahren nach den Regularien der Novel Food-Verordnung erforderlich, der entsprechende Antrag wurde von der Fa. Zeneca (jetzt Syngenta) 1998 eingereicht. Für gentechnisch veränderten Chicorée und Radicchio liegen seit 1998 Anträge des niederländischen Unternehmens Bejo-Zaden auf Zulassung als Lebensmittel vor. Die Pflanzen verfügen über mehrere neue Gene für männliche Sterilität, Herbizid- und Antibiotikaresistenz (Markergen). Der niederländische Erstprüfbericht hat keine Sicherheitsbedenken festgestellt und empfiehlt die Marktzulassung (Transgen 2001a).

Ein Großteil der landwirtschaftlichen Produkte wird nicht direkt verzehrt, sondern zu spezifischen Produkten für eine Vielzahl von Anwendungen in- und außerhalb des Lebensmittelbereichs weiterverarbeitet. Unter den gentechnisch modifizierten Nutzpflanzen trifft dies insbesondere für Sojabohnen, Mais und Raps zu. Transgene Sojabohnen dürfen nur zur Verarbeitung in die EU importiert werden. Nach Auspressen des Öles gelangt der an Eiweißen und Kohlenhydraten reiche Presskuchen (Sojaschrot) zum überwiegenden Teil in die Tierfütterung für Geflügel, Schweine und Rinder. Zum anderen wird Sojaschrot auch zu einer Vielzahl von Speisen verarbeitet. Das Sojaöl dient insbesondere der Öl- und Margarineherstellung. Das aus Sojaöl gewonnene Lecithin wirkt als Emulgator unter anderem in Süßigkeiten wie Schokolade. Experten schätzen, dass bis zu 30.000 Lebensmittelprodukte direkt oder indirekt Sojaerzeugnisse enthalten (Jany und Greiner 1998). Mais wird zu 78 % als Futtermittel verwendet. 13 % werden als Lebensmittel genutzt (GeneticDiner 1998), z. B. als Körnermais oder Polenta sowie in verarbeiteter Form als Maisöl, Stärke, Glukosesirup, Dextrose und Mehl, die bei der Herstellung in vielen verschiedenen Lebensmittelprodukten (z. B. Getränke, Back-, Süßwaren, Fertiggerichte, Snacks) verwendet werden. Raps besitzt vor allem Bedeutung im Bereich der Lebensmittelindustrie bei der Produktion von Rapsöl für verschiedene Anwendungen (z. B. Speiseöl, Margarine, Süßwaren), darüber hinaus aber auch als Futtermittel und als Chemierohstoff (GeneticDiner 1998).

In einer Untersuchung der Stiftung Warentest 2000 von mais- und/oder sojahaltigen Produkten, bei denen Nachweisverfahren für mögliche gentechnisch veränderte Anteile existieren[55], wurde in mehr als einem Drittel der analysierten Lebensmittelprodukte gentechnisch veränderter Mais oder Sojabohnen bzw. deren Verarbeitungsprodukte nachgewiesen, die nicht als solche gekennzeichnet waren. Bei drei von 82 Produkten lagen die Anteile zwischen 1 % und 20 %, 20 Produkte wiesen Anteile unter dem Schwellenwert von 1 % auf. Betroffen waren vor allem fleischlose Brotaufstriche und Fleischersatz, sowie Fertigbackwaren, die aus technologischen Gründen Sojamehl enthalten, Maisprodukte wie Tacos und Tortilla Chips aus Maismehl sowie Maismehl und -grieß (Transgen 2000b). Die verunreinigten Produkte stammten zumeist von kleineren Herstellern, die sich im Gegensatz zu großen Lebensmittelunternehmen keine aufwändige eigene Gentechnik-Analytik leisten können und auf die Zusicherungen ihrer Zulieferer, es handele sich um gentechnikfreie Rohstoffe, angewiesen sind.

8.6 Stand und Perspektiven

Der Einsatz der Gentechnik in der Landwirtschaftlichen Urproduktion, der als Quelle von Rohstoffen für die Lebensmittelproduktion und -verarbeitung eine überragende Bedeutung zukommt, ist bislang gekennzeichnet durch den Anbau von

[55] Sojaöle und -fette, hochverarbeitete Zutaten aus Maisstärke wurden gar nicht analysiert, weil im Endprodukt nicht mehr festgestellt werden kann, ob gentechnisch veränderte Pflanzen verwertet wurden oder nicht. Ebenso fehlten Zusatzstoffe, Vitamine und Enzyme im Untersuchungsprogramm der Stiftung Warentest.

Pflanzen mit überwiegend inputorientierten Eigenschaften. In den kommenden Jahren sollen allerdings Output-orientierte Eigenschaften eine größere Relevanz bei transgenen Pflanzen erhalten. Ein Beispiel dafür ist der mit Vitamin A-angereicherte „Golden Rice", bei dem nach Abschluss von Adaptions-, Test- und Untersuchungsprogrammen neue Reissorten für den asiatischen Raum entwickelt werden sollen.

Bei den transgenen Pflanzen der kommenden Generation stehen ernährungsphysiologische Eigenschaften oder Faktoren, die die Verarbeitungsprozesse dieser Pflanzen beeinflussen, stärker im Mittelpunkt des Interesses. Beispiele dafür sind die Änderungen des Fettsäuremusters in Raps und Soja zugunsten von ungesättigten langkettigen Fettsäuren in Ölsaaten, die Unterdrückung der Synthese antinutritiver oder toxischer Inhaltsstoffe oder die Reduzierung von Verarbeitungsschritten bei Kartoffeln mit veränderter Stärkezusammensetzung (Amylose- oder Amylopektinfrei). Ein Entwicklungsschub für die Züchtung transgener Pflanzensorten wird auch durch Fortschritte in der Genomsequenzierung von Nutzpflanzen erwartet. Seit einigen Jahren wird sehr intensiv an Genomsequenzierungsprojekten für wichtige landwirtschaftliche Nutzpflanzen oder Modellpflanzen gearbeitet. Ein Beispiel ist die Entschlüsselung des Reis-Genoms im Jahr 2000 oder auch die Sequenzierung des Genoms von *Arabidopsis thaliana*. Durch solche Projekte erhofft man sich Aufschluss über die Anordnung und Funktion von Genen als Voraussetzung für den gezielten Eingriff in Stoffwechselwege von Pflanzen.

In der EU sind gegenwärtig keine Lebensmittel, die selbst den lebenden gentechnisch veränderten Organismus darstellen oder solche enthalten, für den menschlichen Verzehr zugelassen. Eine Reihe von gentechnisch modifizierten Nutzpflanzen werden zu Verarbeitungszwecken in die EU importiert (z. B. Sojabohnen, Mais) und zu verschiedenen Lebensmittelvor- (z. B. Sojaöl, Maisstärke) oder verzehrfertigen Lebensmittelprodukten weiterverarbeitet. Ebenso wenig sind in der EU bislang Lebensmittel auf dem Markt, die gentechnisch veränderte Starter- oder Schutzkulturen enthalten.

Für die Lebensmittelverarbeitung wird bereits heute eine breite Palette an Hilfs- und Zusatzstoffen über gentechnisch veränderte Mikroorganismen und Zellkulturen durch Fermentation produziert. Beispiele hierfür sind das bei der Käseherstellung verwendete Chymosin, bei der Stärkeverzuckerung eingesetzte Enzyme (Amylase, Glucose-Isomerase, Pullulanase), sowie im Zusatzstoffbereich Aminosäuren (Glutaminsäure, Phenylalanin, L-Lysin), Vitamine (Riboflavin, ß-Carotin) und diverse organische Säuren (Milch-, Essigsäure).

In der Lebensmittelüberwachung haben sich DNA-gestützte Diagnostik- und Analyseverfahren zum Nachweis mikrobieller Nahrungsmittelverderber und Krankheitserreger und zur Art- und Herkunftsbestimmung von Pflanzen und Tierarten in Lebensmitteln etabliert. Nachweisverfahren auf DNA-Ebene bilden darüber hinaus die Grundlage zur Kontrolle von gentechnischen Veränderungen in Lebensmitteln. Neben der Erweiterung und des Nachweisspektrums für Lebensmittelpathogene, Verarbeitungsprozesse und gentechnische Veränderungen steht die Entwicklung von automatisierten und miniaturisierten Systemen (DNA-Chips) im Zentrum der Forschungsanstrengungen.

Erkenntnisse aus der Genom- und Proteomforschung werden zukünftige Entwicklungen auch im Bereich der Lebensmittelverarbeitung beeinflussen. Von den Geninformationen wichtiger Mikroorganismen und durch die Entschlüsselung der Struktur und Funktion der an Stoffwechselprozessen beteiligten Proteine, verspricht man sich ein besseres Verständnis der molekulargenetischen Abläufe von Stoffwechselprozessen und Regulationsmechanismen. Durch zunehmende Kenntnis dieser Prozesse und die Identifizierung von Genen, die produktionsrelevante Eigenschaften mitbestimmen, lassen sich mit Hilfe der Gentechnik gezielt Stoffwechselwege verändern. Vorrangige Ziele sind dabei die Optimierung der Mikroorganismen im Hinblick auf eine effiziente und sichere Produktion der gewünschten Substanzen, wie auch die Etablierung neuer Stoffwechselwege in Mikroorganismen für die Produktion von Substanzen, die bislang nur über aufwändige und teilweise umweltbelastende Verfahren möglich sind. Erkenntnisse der Genomforschung sind auch nutzbar für die Entwicklung neuer DNA-basierter Nachweisverfahren für Krankheits- oder Verderbniserreger von Lebensmitteln sowie für die Überwachung der Prozessqualität in der Lebensmittelverarbeitung.

9. Sicherheitsforschung und Risikobewertung

Die Diskussion um die Risiken und die Sicherheit der Anwendung gentechnischer Methoden und Verfahren im Landwirtschafts- und Lebensmittelbereich ist in Deutschland und in der EU auch mehr als zehn Jahre nach Verabschiedung des Deutschen Gentechnikgesetzes und der Europäischen Freisetzungsrichtlinie (s. Kap. 10) nicht verstummt, sondern hat eher an Intensität gewonnen. Insbesondere in der zweiten Hälfte der 90er Jahre setzte in Ländern, in denen zuvor eine eher positive bis neutrale Haltung gegenüber der „Grünen Gentechnik" zu beobachten war (z. B. Großbritannien, Frankreich, Mittelmeerstaaten) eine intensive Diskussion insbesondere über die Sicherheit gentechnisch veränderter Pflanzen und Lebensmittel ein, die auch in diesen Ländern in eine eher ablehnende Haltung mündete, die bis dahin vor allem in den mitteleuropäischen Staaten vorherrschte (Menrad 2000, Gaskell et al. 2000). Im folgenden Kapitel wird ein Überblick über den Stand der Diskussion zur Sicherheitsforschung und Risikobewertung gentechnischer Methoden und Verfahren im Agro Food-Bereich gegeben. Falls möglich wird dabei spezifisch auf die Verhältnisse in der EU und Deutschland eingegangen. Zunächst werden die potenziellen Risiken transgener Tiere, transgener Pflanzen sowie beim Verzehr gentechnisch veränderter Lebensmittel dargestellt. Anschließend wird auf die Kontaminationswege und -folgen einer „unabsichtlichen" Beimischung von gentechnisch verändertem Material sowie der Rückverfolgbarkeit von GVO eingegangen. Den Abschluss des Kapitels bilden Informationen zu den Nachweismethoden für gentechnisch veränderte Organismen.

9.1 Potenzielle Risiken durch die Gentechnik

9.1.1 Risiken durch transgene Tiere

Bei globaler Betrachtung werden nach der allgemeinen Einschätzung Fische als erste transgene Tiere kommerziell genutzt werden. Andere transgene Tiere dürften in den kommenden Jahren nicht für eine landwirtschaftliche Nutzung eingesetzt werden. Denkbar ist eher eine Nutzung von transgenen Tieren für die Gewinnung von pharmazeutischen Wirkstoffen (s. Kap. 4). Angesichts dieser Ausgangslage ist es wenig verwunderlich, dass bislang noch kaum Untersuchungen zu den potenziellen ökologischen Auswirkungen transgener Tiere für landwirtschaftliche Zwecke vorliegen (Tappeser et al. 2000).

Bei transgenen Fischen sind die Steigerung des Wachstums durch Integration von Genen, die eine stärkere Ausschüttung von Wachstumshormonen bedingen, und die Beeinflussung der Kältetoleranz, die durch Übertragung von für Antifrostproteine kodierenden Gensequenzen erreicht wird, am weitesten fortgeschritten (s. Kap. 4.3.6). Transgene Fische sollen in der Regel in Fischfarmen in Küstennähe gezüchtet und gehalten werden (Reichhardt et al. 2000). Wie von der Öffentlichkeit bislang kaum wahrgenommen, sind bereits durch die „traditionelle" Aquakultur in Küstennähe (d. h. ohne Nutzung transgener Fische) beträchtliche ökologische Schäden zu registrieren. Diese betreffen insbesondere die Verbreitung von Fischkrankheiten, die Veränderung von Lebensräumen und die Einführung nicht einheimischer Fischarten (Naylor et al. 2000). Falls Zuchttiere aus den Farmen entweichen, kommt es außerdem zur Kreuzung von wildlebenden Fischen und Zuchtformen. So haben beispielsweise 40 % der im Nordatlantik gefangenen Lachse Erbgut von Zuchttieren in sich (Hansen et al. 1993). Indirekte ökologische Schädigungen der Aquakultur werden dadurch verursacht, dass etwa ein Drittel der weltweit jährlich gefangenen 29 Mio. t Sardellen und Makrelen wieder als Futter in den Fischfarmen verwendet werden (Naylor et al. 2000).

Die wenigen vorliegenden Untersuchungen zu den ökologischen Folgewirkungen von transgenen Fischen können die Frage nicht endgültig beantworten, ob diese ein spezielles Risiko darstellen, doch geben sie einen Aufschluss über potenzielle Problembereiche. Eine der Befürchtungen geht dahin, dass transgene Fische aus Fischfarmen entweichen und sich mit den nicht transgenen Wildpopulationen kreuzen. Auf diese Art und Weise können z. B. die Gene für eine erhöhte Ausschüttung von Wachstumshormonen in Wildpopulationen gelangen, ein Vorgang dessen ökologische Konsequenzen derzeit noch nicht absehbar sind. In Laborexperimenten untersuchten Muir und Howard 1999 den Einfluss der Körpergröße bei männlichen Fischen für den Paarungserfolg. Unter Aquariumsbedingungen hatten die transgenen Medakafische (*Oryzias latipes*) einen um viermal höheren Paarungserfolg als ihre kleineren nicht transgenen Artgenossen. Allerdings hatten die transgenen Fische auch eine um etwa 30 % höhere Wahrscheinlichkeit zu sterben, bevor sie die Geschlechtsreife erlangen. Mit Hilfe eines mathematischen Simulationsmodells konnten Muir und Howard 1999 zeigen, dass es nur 40 Generationen dauert, um die Fischpopulation zum Aussterben zu bringen, falls 60 transgene Fische, die sich zwar überdurchschnittlich häufig paaren, deren Nachwuchs aber im Vergleich zur Wildpopulation nur unterdurchschnittliche Überlebenschancen besitzt, in eine Medakapopulation mit 60.000 Individuen eingebracht werden (Muir und Howard 1999). Mit Hilfe von Computersimulationsrechnungen konnten dieselben Autoren zeigen, dass transgene Fische auch dann hohe Chancen haben, sich in Wildpopulationen zu verbreiten, wenn sie in der Jugendphase über eine geringere Überlebenswahrscheinlichkeit verfügen als ihre nicht transgenen Artgenossen, dies aber in späteren Lebensabschnitten zumindest teilweise ausgleichen können. Insgesamt lassen die vorliegenden Ergebnisse den Schluss zu, dass ein Entweichen von transgenen Individuen bzw. deren Brut aus Fischfarmen nur sehr schwer zu verhindern sein dürfte und daher ein Transfer der modifizierten Gensequenzen in natürliche Populationen relativ wahrscheinlich erscheint (Tappeser et al. 2000).

Weitere Auswirkungen auf die Ökologie von Wildpopulationen sind dadurch zu erwarten, dass die transgenen Individuen mit den Mitgliedern der Wildpopulation um die verfügbaren Ressourcen konkurrieren. So konnte z. B. gezeigt werden, dass schnellwachsende transgene Lachsarten bis zu dreimal mehr Futter benötigen als ihre natürlichen Artgenossen (Devlin et al. 1999). Außerdem wurde beobachtet, dass das Konkurrenzverhalten und das Aktivitätsspektrum von transgenen Fischen sich von dem ihrer Artgenossen unterscheidet (Reichhardt 2000). Untersuchungen über mögliche Auswirkungen der Freisetzung transgener Fische auf Prädatoren und andere Mitglieder von aquatischen Lebensräumen liegen derzeit allerdings noch nicht vor (Tappeser et al. 2000). Insgesamt ist der Wissensstand zu den ökologischen Folgewirkungen der Freisetzung transgener Fische derzeit noch als sehr begrenzt einzustufen, so dass viele Wissenschaftler für einen „vorsorgenden Umgang“ mit dieser Thematik plädieren (Reichhardt 2000).

Ähnliche ökologische Risiken wie bei transgenen Fischen sind bei transgenen Insekten zur Krankheitsbekämpfung zu vermuten. Das derzeitige Wissen auf diesem Gebiet ist allerdings als „rudimentär“ anzusehen, da noch kaum Untersuchungen in dieser Richtung vorliegen. Daher sollten entsprechende Labor- und Feldexperimente initiiert und durchgeführt werden, bevor ein Inverkehrbringen solcher Insekten in Betracht gezogen werden kann (Hoy 2000).

9.1.2 Risiken durch transgene Pflanzen

Bei der Züchtung von gentechnisch veränderten Pflanzen kann man ähnlich wie bei der klassischen Züchtung nicht im Voraus ausschließen, dass Pflanzen mit nicht erwarteten Eigenschaften entstehen. Aus diesem Grunde unterliegen transgene Pflanzen einer intensiven Sicherheitsbewertung. Die folgenden Aspekte werden im Rahmen der wissenschaftlichen Risikodiskussion über transgene Pflanzen intensiv behandelt:

- Genübertragung zwischen verschiedenen Pflanzenarten oder -sorten (vertikaler Gentransfer),
- horizontaler Gentransfer,
- Verwilderung transgener Pflanzen und ihrer Hybride,
- Auswirkungen von transgenen Pflanzen auf Tiere im Ökosystem,
- Resistenzentwicklungen gegen transgene Pflanzen, insbesondere insektenresistente Pflanzen,
- Entstehen neuer Viren aus transgenen virusresistenten Pflanzen,

- Nutzungsintensität beim Anbau transgener Pflanzen, insbesondere die Umweltwirkungen herbizidresistenter Pflanzen.

Vielen dieser Fragestellungen ist gemeinsam, dass einer Erforschung und Überprüfung im begrenzten Maßstab (sei es durch einen Freisetzungsversuch im Gewächshaus oder im Labor) enge Grenzen gesetzt sind. Häufig handelt es sich bei den zu untersuchenden Fragestellungen zudem um sehr grundlegende biologische Phänomene, die von einer Vielzahl sich wechselseitig beeinflussender Faktoren abhängig sind und daher derzeit oft nur unvollständig verstanden werden. Im Folgenden wird der gegenwärtige Stand des Wissens in den einzelnen Teilbereichen der Risikodiskussion über transgene Pflanzen wiedergegeben.

9.1.2.1 Genübertragung zwischen verschiedenen Pflanzenarten und -sorten

Die Auskreuzung transgener Merkmale auf nicht transgene Pflanzen, die auch als „vertikaler Gentransfer“ bezeichnet wird, spielt in der Sicherheits- und Risikodiskussion eine herausragende Rolle. Die Befürchtung dabei ist, dass durch die Übertragung umweltrelevanter Eigenschaften besonders konkurrenzstarke Pflanzen derselben oder verwandter Arten entstehen, deren Ausbreitung im landwirtschaftlichen Kulturland und/oder in natürlichen Ökosystemen schwer zu kontrollieren ist.

Vertikaler Gentransfer kann unter Pflanzensorten derselben Art oder zwischen nahen Verwandten kreuzbarer Pflanzen verschiedener Arten stattfinden. Diese Kreuzungen zwischen verwandten Pflanzensippen bezeichnet man auch als „Hybridisierung“. Zwischen Wild- und Kulturpflanzen sind folgende Wege der Hybridisierung möglich (Sauter und Meyer 2000):

- Die Kulturpflanzen kreuzen sich über Pollentransfer mit verwandten Wildpflanzen in der Umgebung.
- Durch anschließende Rückkreuzung mit einer der beiden Elternpopulationen werden Bestandteile des „Ausgangsgenoms“ in die Empfängerpopulation eingeführt. Dieser Vorgang wird als „Introgression“ bezeichnet.
- Durch Introgression können Pflanzen entstehen, die phänotypisch einem der beiden Eltern ähnlich sehen, jedoch Gene aus einer anderen Population enthalten.
- Die Hybride zwischen Kultur- und Wildpflanzen können sich eigenständig vermehren.

Die Wahrscheinlichkeit von Hybridisierungen zwischen transgenen Kulturpflanzen und verwandten Wildpflanzen ist insbesondere von deren Kompatibilität (Pollen/Narbe, Genome), phänologischen Übereinstimmung und der absoluten und relativen Anzahl übertragener, keimungsfähiger Pollen abhängig (Bartsch et al. 1993; Schütte 1998). Die Menge an übertragenen Pollen wird vor allem durch den Befruchtungs- bzw. Bestäubungstyp der Pflanze (Selbstbefruchtung, Wind-, Insektenbestäubung) und der Größe des Bestandes des Pollenspenders bestimmt. Ist eine Pflanze selbstbefruchtend, sind Auskreuzungen nur in geringem Maße möglich, doch findet auch bei diesen Pflanzen ein gewisser Grad an Fremdbefruchtung statt. Innerhalb einer Pflanzenart ist das Ausmaß an Auskreuzungen oft stark durch die Sorte beeinflusst. Bei genereller Betrachtung nimmt mit zunehmender Distanz zwischen potenziellen Pollenspendern und -empfängern die Wahrscheinlichkeit einer Auskreuzung ab. Dieser Effekt wird bei den meisten Pflanzenarten durch die insbesondere durch Klimafaktoren beeinflusste begrenzte „Lebensdauer" des Pollens verstärkt.

In Tabelle 9.1 ist aufgeführt, inwieweit Auskreuzungen bei wichtigen transgenen Kulturpflanzen auftreten können. Die Informationen beruhen auf Literaturzusammenstellungen für ausgewählte Kulturpflanzen (z. B. Bartsch et al. 1993; Gerdemann-Knörck und Tegeder 1997; Neuroth 1997; Hancock et al. 1996). Für die meisten der untersuchten Arten ist aufgrund fehlender Auskreuzungspartner und geringer Winterhärte das Auskreuzungsrisiko in Europa als gering anzusehen (Tab. 9.1). Allerdings wurden beim Raps bereits Auskreuzungen nachgewiesen: So konnten Mikkelsen et al. 1996 in Dänemark zeigen, dass die Glyphosat-Resistenz von Raps auf Rübsen (*Brassica rapa*) übertragen werden kann, wobei die Hybriden fertil und herbizidresistent sind. Auch bei Luzerne, für die gentechnische Veränderungen geplant sind, besteht in Europa ein erhöhtes Auskreuzungsrisiko (Pühler 1998). Bei Zuckerrüben existieren zwar potenzielle Kreuzungspartner in Europa, doch verhindert die fehlende Winterhärte in den Hauptanbaugebieten Nordwesteuropas im Allgemeinen die Überwinterung (Schütte et al. 2001).

Tabelle 9.1: Wahrscheinlichkeit bzw. Risiko von Auskreuzungen bei ausgewählten transgenen Kulturpflanzen, die in Europa angebaut werden können

Transgene Kulturpflanze	**Potenzielle Auskreuzungspartner (weltweit)**	**Sonstige Bemerkungen**	**Auskreuzungsrisiko in Europa**
Tabak (*Nicotiana tabacum*)	mehrere von 60 Arten der Gattung, z. B. *rustica* und *N. petunioides*	möglicherweise Gefahr bei Auskreuzung in *N. glauca*. Keine Hybridisierungen mit nordamerikanischen Arten oder Zierarten in Mitteleuropa bekannt	gering
Tomate (*Lycopersicon esculentum*)	*L. chmielewskii*, *L. pimpinellifolium* (in Peru und Ecuador), Wildform *L. esculentum var. cerasiforme* (USA, Honduras, Taiwan)		gering

Fortsetzung Tabelle 9.1

Transgene Kulturpflanze	Potenzielle Auskreuzungspartner (weltweit)	Sonstige Bemerkungen	Auskreuzungsrisiko in Europa
Kartoffel (*Solanum tuberosum*)	160-200 Arten in Südamerika, Hybridisierung mit *S. sucrense* (Unkraut in Bolivien) nachgewiesen	unter natürlichen Bedingungen in Nordamerika und Mitteleuropa mit keiner Wildart kreuzbar	gering
Mais (*Zea mays*)	Hybridisierung mit *Zea mexicana* möglich, diese hat jedoch ein sehr begrenztes Areal	keine Verwandten in Nordamerika und Mitteleuropa, keine Auswilderungen	gering
Zuckerrübe (*Beta vulgaris*)	*Beta vulgaris maritima, B. atriplicifolia* und *B. macrocarpa*		mittel
Radiccio (*Raphanus sativa*)	mit *Raphanus raphinastrum* kreuzbar		gegeben
Raps (*Brassica napus*)	fertile Nachkommen nach Hybridisierung mit Rübsen, mit weiteren 7 Arten unter bestimmten Bedingungen kreuzbar (z. B. *Brassica adpressa, Raphanus raphanistrum, Sinapis arvensis)*		gegeben

Quelle: Schütte et al. 2001

Ein wesentlicher Teil der Forschung zum Auskreuzungsrisiko widmet sich der Wahrscheinlichkeit der Auskreuzung in Abhängigkeit von der Distanz zwischen Pollenspender und -empfänger. Dabei wird implizit unterstellt, dass es möglich ist, bei Kulturpflanzen „sichere Entfernungen" zu finden, bei denen die Wahrscheinlichkeit einer Auskreuzung unter einem bestimmten Wert gehalten werden kann. Dieses Konzept orientiert sich an der gängigen Praxis in der konventionellen Pflanzenzüchtung bzw. Saatgutvermehrung, in der sogenannte Isolationsdistanzen für die einzelnen Kulturarten ermittelt und eingehalten werden, um sortenreines Saatgut produzieren zu können.

In der wissenschaftlichen Literatur sind bereits eine ganze Reihe von Experimenten publiziert, in denen die Auskreuzungsraten verschiedener Pflanzenarten bei unterschiedlichen Distanzen untersucht wurden. In einer Studie des Umweltbundesamtes hat Schütte 1998 zahlreiche dieser Experimente zusammengetragen (s. auch Schütte et al. 2001). Dabei zeigt sich, dass bei derselben Pflanzenart und vergleichbarer Entfernung die in den verschiedenen Experimenten gemessenen Auskreuzungsraten um mehrere Zehnerpotenzen voneinander abweichen. Ein Kernfaktor für die Unterschiedlichkeit der Ergebnisse ist die Größe der bestäubenden und der bestäubten Populationen (Gliddon 1999). Weitere wesentliche Einflussfaktoren für die ermittelten Auskreuzungsraten sind die Windverhältnisse, das Ausmaß an Insektenbestäubung, die verwendeten Sorten innerhalb einer Art, die Größe bzw. Flugweite der Bestäuber und nicht zuletzt das Untersuchungsdesign (Gliddon 1999; Schütte 1998).

Trotz der relativ hohen Unsicherheiten zeigen die vorliegenden Versuchsergebnisse, dass unter mitteleuropäischen Anbauverhältnissen für männlich fertilen Raps, Tabak, Kartoffeln, Tomaten und Zuckerrüben die Auskreuzungsraten bis 100 m in der Regel maximal bei 1 % liegen. Bei Raps, für den in den vergangenen Jahren zahlreiche Untersuchungen durchgeführt wurden, liegen die Auskreuzungsraten bei 100 m in der Regel deutlich darunter (oftmals im Bereich von weniger als 0,1 %) (Schütte et al. 2001). Einen Sonderfall bilden männlich sterile Rapssorten oder Rapssorten mit sehr geringer Pollenproduktion (z. B. einige Hybridrapssorten) als Pollenempfänger, bei denen die Einkreuzungsraten deutlich höher liegen (Simpson et al. 1999; Thompson et al. 1999). In den Experimenten zeigten sich die geringsten Auskreuzungsraten bei strikten Selbstbefruchtern und beim Einsatz von Mantelsaaten, die das pollenspendende Feld umgeben. Auf der Basis von Feldversuchen wurden in den vergangenen Jahren zudem mathematische Simulationsmodelle entwickelt, die eine genauere Einschätzung der Auskreuzungssituation bei verschiedenen Kulturpflanzen (z. B. Mais, Raps) im Anbaumaßstab möglich machen.

9.1.2.2 Horizontaler Gentransfer

Die nicht sexuelle Übertragung von genetischem Material wird als „horizontaler Gentransfer" bezeichnet. Insbesondere Prokaryanten (z. B. Bakterien, Blaualgen) tauschen auf diese Art Genmaterial untereinander aus. Dabei spielen verschiedene Mechanismen (z. B. Transduktion, Konjugation, Transformation)[56] eine wichtige Rolle. Damit ist es z. B. denkbar, dass Gene aus Pflanzenteilen, die von Mikroorganismen abgebaut werden, auf andere Organismen übertragen werden.

---

56 *Transduktion* ist die Überführung von Teilen der DNS eines Wirtsbakteriums in das Genom eines anderen durch temperente oder virulente Phagen. Bei stabilem Einbau erfolgt eine Reduplikation. Als *Konjugation* wird das Sichaneinanderlegen zweier Bakterien unter Bildung einer Plasmabrücke bezeichnet, über die das Chromosom (oder ein Teil desselben) von der Spender- in die Empfängerzelle wandern und sich mit dem dortigen Chromosom rekombinieren kann. *Transformation* bei Bakterien bezeichnet die Änderung genetischer Eigenschaften durch Aufnahme isolierter oder ausgeschiedener DNS anderer Stämme und Einbau eines der beiden DNS-Stränge durch Rekombination und Reduplikation zusammen mit dem Genom der Wirtszelle.

In der Diskussion um die Sicherheit der Gentechnik hat die Frage des horizontalen Gentransfers bisher eine besondere Rolle gespielt, da dieser dazu führen würde, dass im Rahmen von Freisetzungen einmal in die Umwelt entlassene Gensequenzen nicht mehr „zurückgeholt" werden können. Unter Wissenschaftlern besteht weitgehende Einigkeit darüber, dass eine Verbreitung gentechnisch eingeführter Sequenzen über diesen Weg (von Pflanzen auf Mikroorganismen) vermutlich nicht auszuschließen ist (Sauter und Meyer 2000). Bislang gibt es allerdings nur vereinzelte Hinweise auf einen solchen Zusammenhang: Zum einen ist ein Transfer eines Gens aus transgenen Pflanzen im Bienendarm auf Bakterien beschrieben worden (Hirsch 2000), zum anderen konnte unter optimierten Laborbedingungen ein Transfer aus Zuckerrüben in ein Bakterium (*Actinobacter sp.*) festgestellt werden (Gebhard und Smalla 1998). Es stellt sich daher die Frage, mit welchen Folgen bei einem horizontalen Gentransfer zu rechnen ist. In diesem Zusammenhang werden insbesondere die ökologischen Folgen eines horizontalen Gentransfers bei virus- und herbizidresistenten Pflanzen thematisiert. Außerdem wird in der wissenschaftlichen Literatur relativ intensiv darüber diskutiert, inwiefern ein horizontaler Gentransfer von Antibiotikaresistenzgenen, die in vielen transgenen Pflanzen als Selektionsmarker enthalten sind, einen Beitrag zum Problem der antibiotikaresistenten Keime in der Human- und Tiermedizin leisten könnte (s. Kap. 9.1.3.3). Insgesamt können die langfristigen Auswirkungen eines möglichen horizontalen Gentransfers von transgenen Pflanzen auf Mikroorganismen derzeit noch nicht eindeutig abgeschätzt werden (SRU 1998).

9.1.2.3 Auswilderung transgener Pflanzen und ihrer Hybride

Eine der Befürchtungen im Zusammenhang mit der Freisetzung transgener Pflanzen sind unerwünschte Ausbreitungen im Ökosystem, die mit der „nicht Rückholbarkeit" der freigesetzten Pflanzen verbunden sind. Dass es auch bei transgenen Pflanzen zu Verwilderungen kommen kann, liegt nahe, da bereits für nicht transgene Kulturpflanzen die Herausbildung von Unkrauteigenschaften und anschließende Verwilderungen belegt sind (z. B. für verschiedene Hirsearten, deren Rispe vor der Ernte zerfällt) (Schütte et al. 2001). Im Zusammenhang mit transgenen Pflanzen und deren Hybriden wird das Übertragen von Genen, die in bestimmten Ökosystemen Fitnessvorteile für die modifizierten Pflanzen mit sich bringen, als eine Möglichkeit gesehen, deren Verwilderungspotenzial zu erhöhen. Zu den befürchteten Folgen zählen dabei das Auftreten neuer Unkrautformen und das Zurückdrängen heimischer Arten und Lebensgemeinschaften.

Tendenziell verringert sich das Verwilderungspotenzial von landwirtschaftlichen Nutzpflanzen mit dem Grad ihrer züchterischen Bearbeitung. So sind die meisten der in Deutschland angebauten Kulturarten unter natürlichen bzw. naturnahen Bedingungen relativ wenig konkurrenzkräftig (Albrecht et al. 1997). Eine Ausnahme stellt Raps dar, der zum einen relativ häufig Durchwuchsprobleme auf landwirtschaftliche Nutzflächen verursacht, zum anderen regelmäßig verwildert und an sogenannten Ruderalstandorten (z. B. Wegrändern oder Schuttplätzen) auftritt (Squire et al. 1999).

Das Verwilderungs- bzw. Invasivitätsrisiko kann zum einen mit Hilfe von Modellen auf der Basis allgemeiner Erfahrungen mit gebietsfremden Pflanzenarten (sogenannte Exotic species models) oder durch experimentelle Beobachtung in Freilandversuchen mit transgenen Pflanzen abgeschätzt werden. Beide Vorgehensweisen weisen deutliche Beschränkungen auf: Die Modellierung ist vorrangig theoretischer Natur, auch wenn sie versucht, viele Ergebnisse aus Einzelbeobachtungen zu berücksichtigen. Beispiele für diese Art der Vorgehensweise stammen von De Vries et al. 1992 und Ammann et al. 1996, wobei in den meisten dieser Untersuchungen das Auskreuzungs- und Verwilderungsrisiko gemeinsam behandelt wird. Ein Nachteil von Freilandexperimenten ist, dass in der Regel nur ein sehr begrenzter Ausschnitt der realen Bedingungen möglicher Anbausituationen in den Experimenten berücksichtigt werden können.

Bislang wurden erst relativ wenige Freilandversuche zum Verwilderungspotenzial transgener Pflanzen durchgeführt. Relevanz für Mitteleuropa haben dabei insbesondere Experimente an transgenen Zuckerrüben- und Rapslinien, da diese Kulturarten unter den hiesigen Anbaubedingungen das höchste Verwilderungspotenzial besitzen. Insgesamt sind die vorliegenden Ergebnisse bislang jedoch sehr uneinheitlich und stark von den jeweiligen Versuchsbedingungen abhängig und erlauben keine allgemeingültigen Aussagen (Schütte et al. 2001).

In den vergangenen Jahren wurden verschiedene Vorschläge entwickelt, mit denen das Verwilderungsrisiko transgener Pflanzen und deren Hybriden abgeschätzt werden kann. Beispiele dafür wurden von Ammann et al. 1996 und Sweet et al. 1999 vorgelegt. Ammann et al. 1996 beschreiben eine mögliche Vorgehensweise für eine experimentelle Abschätzung, wenn aufgrund der Wirkungen des Transgens mit einer erhöhten Fitness in bestimmten Lebensräumen (z. B. Natur-, Kulturlandschaften) und entsprechenden Unkrautproblemen gerechnet werden muss. Informationen über vorhandene verwandte Kreuzungspartner (z. B. kreuzbare Wildpflanzen, Überdauerungsfähigkeit von Samen, Bedeutung von Insekten und Krankheitserregern, die an Wildpflanzen leben) sowie die Biologie der Pflanzen sind Voraussetzungen für die von Ammann et al. 1996 vorgeschlagene Vorgehensweise. Sweet et al. 1999 haben transgene Pflanzen in solche mit hohem und mit geringem Risiko unterteilt. Ein hohes Risiko vermitteln demzufolge diejenigen Gene, die die Fitness erhöhen: insbesondere Resistenzgene, aber z. B. auch die Öl- und Stärkezusammensetzung, wenn sich dadurch etwa die Überwinterungsfähigkeit der Pflanzen verbessert. Ein relativ hohes Verwilderungsrisiko haben demnach *Populus*-Arten und winterharte Gräser, wohingegen z. B. Mais, Kartoffeln und Sonnenblumen unter den Anbaubedingungen in Mitteleuropa ein eher geringes Verwilderungsrisiko aufweisen (Tab. 9.2).

Den bislang dominierenden Eigenschaften transgener Pflanzen (Herbizid- und Insektenresistenz) wird ein relativ geringer Einfluss auf die Invasivität zugesprochen (Sauter und Meyer 2000). In der jüngeren Diskussion hat sich herauskristallisiert, dass insbesondere die in Zukunft zu erwartende Häufung fitnessrelevanter Eigenschaften in transgenen Pflanzen (z. B. die erwarteten Resistenzen bzw. Toleranzen gegenüber abiotischen Faktoren, wie Nässe, Dürre, Salzgehalt oder Nährstoffmangel) (s. Kap. 5) weitreichendere Wirkungen für das Verwilderungspotenzial haben dürften (Jörgensen 1999; Champolivier et al. 1999; Sweet et al. 1999). In dieser Hinsicht wird in den kommenden Jahren umfangreicher Forschungsbedarf gesehen. In den USA wurden bereits mehrere Risikoforschungsprojekte in diesem Feld gestartet (Schütte et al. 2001). Aufgrund der starken Unterschiede z. B. nach Pflanzenart, Anbauort, Anbauweise und veränderter Eigenschaft sind allgemeingültige quantitative Aussagen zur Invasivität neuer transgener Pflanzensorten allerdings in den kommenden Jahren kaum zu erwarten (Sauter und Meyer 2000).

Tabelle 9.2: Pflanzliche Risikogruppen bezüglich der Verwilderung transgener Pflanzen oder ihrer Hybride

	Kriterien	**Beispiele für Deutschland**
geringes Risiko	Selbstbefruchter, wenig Hybride bekannt, wenig Standort-angepasst	Mais[1)], Kartoffel[1)], Sonnenblume[1)]
mittleres Risiko	offene Befruchtung, einige verwandte Wildarten, können bestimmte Habitate besiedeln, ausläuferbildend	Hafer, Raps, Zuckerrübe
hohes Risiko	offene Befruchtung, viele verwandte Wildarten, Fähigkeit verschiedene, auch naturnahe Habitate zu besiedeln, ausdauernde Pflanzen, ausläuferbildend	*Populus*-Arten und winterharte Gräser

[1)] Pflanzen wie die Sonnenblume in den USA oder Mais und Kartoffeln in Südamerika gehören auf diesen Kontinenten in andere Risikogruppen

Quelle: Sweet et al. 1999

9.1.2.4 Auswirkungen auf Tiere im Ökosystem

Neben den beabsichtigten Wirkungen auf Krankheitserreger oder Schadinsekten werden in der Risikodiskussion um transgene Organismen auch deren Wirkungen auf sogenannte Nichtzielorganismen diskutiert. Dazu gehören im Prinzip alle Mikroorganismen sowie niedere und höhere Tiere, die in irgendeiner Form mit der Nahrungskette verbunden sind, deren Bestandteil der jeweilige GVO ist.

Hinsichtlich der Wirkungen auf Nichtzielorganismen werden insbesondere die Folgen von insektenresistenten Pflanzen diskutiert. Am häufigsten wird dies an den am weitesten entwickelten und verbreiteten Bt-Toxinen untersucht. Dabei werden von der transgenen Pflanze Toxine freigesetzt, die nach Aufnahme durch das Insekt zu einer tödlichen Durchlässigkeit der Darmwand führen (s. Kap. 5). Dieses Beispiel ist auch deshalb von Relevanz, da Bt-Toxine bereits seit etwa 30 Jahren zur biologischen Schädlingsbekämpfung (z. B. im ökologischen Landbau) eingesetzt werden. Die Auswirkungen von Bt-Pflanzen auf Tiere, die nicht unmittelbar das Ziel dieser Pflanzen in Form von Schädlingen sind, werden derzeit intensiv beforscht. Viele Daten stammen aus Experimenten mit Bt-Sprays und sind nicht ohne weiteres auf Bt-Pflanzen übertragbar (Schütte et al. 2001). Ursachen dafür sind eine unterschiedliche Einwirkdauer sowie unterschiedliche Toxinmoleküle, die in Bt-Sprays und Bt-Pflanzen eingesetzt werden (Sauter und Meyer 2000).

Generell scheint nur eine geringe Gefährdung von Vertebraten durch Bt-Toxine zu bestehen. Die orale Aufnahme von Bt-Präparaten war für die bisher getesteten Vertebraten (z. B. Mäuse, Fasane, Hühner, Wachteln, Schafe, Schweine, Fische, Mensch) ungefährlich (Saik et al. 1990), da im sauren Milieu des Vertebratenmagens Bt-Toxine nur für kurze Zeit persistieren (Reardon und Wagner 1995).

Hohe Medienaufmerksamkeit erregte in den vergangenen Jahren eine Studie, wonach Raupen des Monarchfalters (*Danaus plexippus*), die mit Pollen von Bt-Mais bestäubte Blätter der Seidenblume (*Asclepias syriaca*) fraßen, mit einer höheren Mortalität reagierten (Losey et al. 1999). Bei den dieser Studie zugrunde liegenden Experimenten handelte es sich um Vorversuche, die im Labor erfolgten. Seit der Veröffentlichung der Ergebnisse von Losey et al. 1999 sind zusätzliche Studien zur Exposition von Bt-Toxinen über Maispollen auf Beikräutern (Sears et al. 2000; Pleasants et al. 1999) und zur Wirkung dieser Toxine auf den Monarchfalter und andere Schmetterlinge (*Papilio polyxenes*) veröffentlicht worden (Hansen und Obricki 1999; Wraight et al. 2000). Hinsichtlich der Interpretation der Ergebnisse dieser Untersuchungen ist die Fachwelt gespalten, nicht zuletzt auch deshalb, da viele der Experimente noch vorläufigen Charakter haben (Ammann 2000; DFG 2001). Kritiker der durchgeführten Versuche argumentieren beispielsweise, dass Maispollen nur während einer kurzen Zeit der Vegetationsperiode gebildet werden, die sich mit empfindlichen Entwicklungsstadien der untersuchten Schmetterlinge allenfalls geringfügig überlappt. Zum andern sind in der Regel nur Seidenblumenpflanzen in unmittelbarer Nachbarschaft zum exponierenden Maisfeld von der Pollenablagerung betroffen (DFG 2001). Ungeklärt sei zudem, ob Monarchfalter überhaupt mit Pollen „verunreinigte“ Seidenblumen als Nahrung nutzen, wenn andere Pflanzen als Nahrungsangebot zur Verfügung stehen (USDA 1999).

Zu den Wirkungen von Bt-Toxinen auf andere Insektenarten liegen nur vereinzelte Untersuchen vor, die in der Regel keine allgemein gültigen Aussagen zulassen. Bisher kann außerdem nicht entschieden werden, ob von Bt-Sprays, die zur biologischen Schädlingsbekämpfung eingesetzt werden, oder von Bt-Pflanzen stärkere Nebeneffekte auf die Insektenwelt ausgehen (Schütte et al. 2001). Vergleicht man allerdings Bt-Pflanzen mit der Anwendung synthetischer Insektizide im konventionellen Anbau, so ergeben sich für die Insekten mit Ausnahme der Schmetterlinge deutlich positive Ergebnisse für die Bt-Pflanzen (Luttrell et al. 1995). In der Praxis ist zudem eine Verringerung des Insektizideinsatzes beim Anbau von Bt-Mais und Bt-Baumwolle in den USA festzustellen (Gianessi und Carpenter 1999). Insgesamt kann der Einfluss von Bt-Toxinen auf Tiere im Ökosystem derzeit nur mit großen Unsicherheiten abgeschätzt werden, nicht zuletzt auch deshalb, da die Verhältnisse in vielen Freilandökosystemen (im Vergleich zu Laborexperimenten) äußerst komplex sind und in vieler Hinsicht noch nicht verstanden werden. Daher sind neben Freilandexperimenten zukünftig auch spezifische Laborversuche zur Untersuchung dieser Fragestellung erforderlich (Deml und Dettner 1998).

9.1.2.5 Resistenzentwicklungen gegen transgene Pflanzen

Eine Resistenzentwicklung bei Schädlingen oder Unkräutern gegen Insektizide bzw. Herbizide wird in der konventionellen Landwirtschaft beobachtet und kann daher auch bei dem Einsatz resistenter transgener Pflanzen erwartet werden. Resistenzentwicklungen werden insbesondere bei herbizid- und insektenresistenten Pflanzen (insbesondere solche mit Bt-Toxinen) intensiv diskutiert.

Bei herbizidresistenten Pflanzen stehen Resistenzen gegen die beiden dominierenden Wirkstoffe Glyphosat und Glufosinat, die in verschiedenen transgenen Pflanzen enthalten sind, im Mittelpunkt des Interesses. Obwohl sich eine Resistenz gegen Glyphosat nur relativ schwer entwickeln kann, da das Toxin gegen mehrere Enzyme gleichzeitig wirkt (Schütte et al. 2001), wird angenommen, dass die Wahrscheinlichkeit der Resistenzbildung stark ansteigen wird, falls herbizidresistente Pflanzen in größerem Umfang auch in Deutschland angebaut werden (Petersen und Hurle 1998). Eindeutige Ergebnisse für diesen Zusammenhang unter den Anbaubedingungen in Mitteleuropa liegen bislang allerdings noch nicht vor. Trotzdem wird bereits in dem derzeitigen Stadium ein Resistenzmanagement für einen eventuellen Anbau von herbizidresistenten Pflanzen gefordert, da befürchtet wird, dass eine unkontrollierte weitflächige Verbreitung der Resistenz gegen Glyphosat und Glufosinat auf Kultur- und Wildpflanzen den Gebrauch der beiden Herbizide und damit auch der gegen sie resistenten transgenen Pflanzen aus agronomischen Gründen verbieten würde (Sauter und Meyer 2000).

Auch bei insektenresistenten transgenen Pflanzen gibt es Befürchtungen, dass bei einem Großflächenanbau von Bt-Pflanzen die relativ umweltfreundlichen Bt-Toxine durch Resistenzentwicklungen der Schädlinge schnell unbrauchbar würden und damit vor allem auch ihre Einsatzmöglichkeiten im ökologischen Landbau (insbesondere beim Anbau von Kartoffeln) nicht mehr gegeben wären. Trotz einer 30- bis 40-jährigen Anwendung von Bt-Sprays sind allerdings Resistenzen gegen die in diesen Sprays enthaltenen Toxinmischungen bisher kaum aufgetreten. Bislang ist die Kohlschabe (*Plutella xylostella*) die einzige gefundene Art, die im Freiland nach langjähriger Bt-Anwendung resistente Populationen aufgebaut hat und dann auch nur bei sehr massiven Spritzungen mit Bt-Präparaten (Schütte et al. 2001; Tabashnik 1994). Laboruntersuchungen haben allerdings ergeben, dass Insekten gegen einzelne Bt-Toxine, wie sie in transgenen Pflanzen enthalten sind, resistent werden können (De Maagd et al. 1999) und diese Resistenzen zudem schneller erreicht werden und stärker ausgeprägt sind als solche gegenüber Bt-Sprаypräparaten. Nach Berichten aus den USA wurden dort resistente Stämme der Kohlschabe (*Plutella xylostella*) auf Bt-Mais (Rachmandran et al. 1998) und von Raupen der Baumwolleule (*Heliothis virescens*) sowie des roten Kapselwurms (*Pectinophora gosypiella*) auf Bt-Baumwolle entdeckt (Liu et al. 1999; Gould et al. 1997). Für transgene Bt-Pflanzen wird eine schnellere Resistenzentstehung als gegen Bt-Sprays angenommen, da Pflanzensorten in der Regel nur ein einzelnes sehr wirksames Toxin enthalten, das dann in allen Wachstumsstadien in allen Pflanzenteilen expremiert wird. Generell ist die grundsätzliche Gefahr der Entstehung von Resistenzen gegen Bt-Toxine nicht umstritten, sehr wohl aber z. B. die Dauer bis zu ihrem Auftreten (Sauter und Meyer 2000).

Zum Resistenzmanagement bei transgenen Bt-Pflanzen werden verschiedene Ansätze verfolgt (Sauter und Meyer 2000):

- Hoch-Dosis-Refugien: Die Anteile der Refugien, auf denen keine Bt-Pflanzen stehen, wurden in den vergangenen Jahren auf ca. 20 % bis 40 % erhöht (Sauter und Meyer 2000),
- moderate oder niedrige Dosis von Bt-Toxinen in transgenen Pflanzen in Kombination mit natürlichen Feinden,
- Mischung von Toxinen in transgenen Bt-Pflanzen.

Über die konkrete Ausgestaltung eines Resistenzmanagements und Monitorings gegen Bt-Toxine in der EU besteht derzeit noch keine Einigkeit (Sauter und Meyer 2000). In dieser Hinsicht sind in den kommenden Jahren weitere Forschungen notwendig, da die Mechanismen der Resistenzentwicklung gegen Bt-Toxine unter Freilandverhältnissen im Detail noch wenig verstanden werden (DFG 2001).

9.1.2.6 Entstehen neuer Viren

Virusresistenz stellt ein intensiv verfolgtes Ziel bei der Entwicklung transgener Pflanzen dar, da es keine direkt gegen Viren wirkenden chemischen Pflanzenschutzmittel gibt, sondern nur die virusübertragenden Insekten oder Pilze bekämpft werden können (s. Kap. 5). Die Risikobewertung transgener virusresistenter Pflanzen konzentriert sich auf die Möglichkeit der Entstehung neuer Viren. Durch Virusinfektionen werden im Allgemeinen virale Gensequenzen ausgetauscht, wobei das Ausmaß solcher Rekombinationen unter natürlichen Bedingungen weitgehend unbekannt ist. Dieser Austausch an Gensequenzen ist grundsätzlich auch bei transgenen Pflanzen, die Virusgene enthalten, möglich (DFG 2001).

Um Virusresistenzen zu erzeugen, werden derzeit viruseigene Gene verwendet (vor allem Gene für Hüllproteine), die eine Rolle bei dem viralen Vermehrungszyklus innerhalb der Pflanzen spielen (Eckelkamp et al. 1997), wohingegen pflanzeneigene Resistenzgene bislang nicht zur Verfügung stehen. Als mögliche Folge virusresistenter Pflanzen werden Wechselwirkungen der übertragenen Virusgene mit anderen verwandten Viren (bei einem Befall der Pflanzen durch diese) befürchtet. Durch Rekombination können Teile des Virusgenoms der befallenen Viren aufgenommen und dadurch neue Virusstämme gebildet werden. Diese könnten z. B. stärkere Krankheitssymptome verursachen oder ein erweitertes Wirtsspektrum haben. Das Risiko einer Rekombination lässt sich dadurch vermindern, dass bei der Entwicklung transgener virusresistenter Pflanzen keine vollständigen viralen Gensequenzen verwendet werden (Schulte und Käppeli 1997), sondern nur Teilstücke der Sequenzen, die zwar noch eine Resistenz bewirken, nicht aber eine erfolgreiche Rekombination erlauben.

9.1.2.7 Nutzungsintensität beim Anbau transgener Pflanzen

Die generellen Umweltwirkungen transgener herbizidresistenter Pflanzen (insbesondere gegen die Wirkstoffe Glyphosat und Glufosinat) werden in der Regel im Vergleich zum Herbizideinsatz im konventionellen Landbau betrachtet. Allerdings ist die Datenbasis für solche Vergleiche derzeit noch relativ lückenhaft (insbesondere unter den Anbaubedingungen in Mitteleuropa) und wegen der Vertraulichkeit der Firmenangaben im Zulassungsverfahren von Herbiziden nur zum Teil zugänglich. Von herbizidresistenten Pflanzen sind sowohl positive als auch negative ökologische Effekte zu erwarten, wobei das jeweilige Ausmaß stark von der Anbau- und Nutzungsintensität von herbizidresistenten Pflanzen abhängt. Wesentliche Vor- und Nachteile herbizidresistenter Pflanzen gegenüber der konventionellen Unkrautbekämpfung sind in Tabelle 9.3 dargestellt. Tendenziell werden durch die beiden am häufigsten eingesetzten Wirkstoffe (Glyphosat, Glufosinat) die Umweltmedien Boden, Wasser und Luft geringfügig entlastet, wohingegen bei der Ackerbegleitflora eine Reduzierung der Vielfalt durch diese breitwirkenden Herbizide nicht auszuschließen ist (Sauter und Meyer 2000).

Häufig wird von Seiten der Hersteller angeführt, dass die Herbizidresistenztechnik zur Verminderung der Aufwandmengen und zur Verwendung toxikologisch wenig bedenklicher Herbizide führt. Eine endgültige Beurteilung dieser Fragestellung ist zum derzeitigen Zeitpunkt kaum möglich. Während verschiedene Untersuchungen aus den USA einen geringeren Herbizideinsatz für herbizidresistente Sojabohnen zeigen (Roberts et al. 1998; Marra et al. 1998), deuten Untersuchungen in Deutschland eher darauf hin, dass mehr Anwendungen der Totalherbizide notwendig sind, als von den Herstellern ursprünglich angenommen (Sauter und Meyer 2000). Zudem zeigen die Erfahrungen aus den USA, dass je nach Kulturart und Anbauverhältnissen sowie insbesondere der Nutzungsintensität sehr unterschiedliche ökologische Folgewirkungen zu erwarten sind (s. Kap. 7.2).

Tabelle 9.3: Ökologische Vor- und Nachteile herbizidresistenter transgener Pflanzen gegenüber der konventionellen Unkrautbekämpfung

	Vorteile gegenüber konventionellen Anbaumethoden (bei geringer Nutzung)	**Nachteile (bei massiver Nutzung)**
Toxizität der Komplementärherbizide	• insgesamt wahrscheinlich geringere spezifische toxische Belastung der Umwelt (durch Glyphosat und Glufosinat), u. a.: - geringe Grundwasserbelastung - geringe Akkumulation über die Nahrungskette - relativ geringe Toxizität für Säuger - relativ geringe Toxizität für Arthropoden	• Möglichkeit der Mehrbelastung durch Überdosierung (da keine Schäden an Kulturpflanzen) und durch Rückdrängung mechanischer Unkrautbekämpfung • Beeinträchtigungen an einzelnen Arthropoden, an Fischen und diversen Bodenmikroorganismen durch Glyphosat und Glufosinat möglich • Bromoxynil: praenatale Schädigungen bei Säugern
Erosion	• Verbreitung der erosionshemmenden Mulch- und Direktsaat wird gefördert, da dabei auftretende Unkräuter in den Griff zu bekommen sind	• Unvereinbarkeit mit Untersaaten und geringem Beikrautbestand → ungeschützter Boden → mehr Erosion?
Resistenzentwicklung bei Ackerbeikräutern	• initiale Resistenzen relativ schwer zu entwickeln (Notwendigkeit von Mehrfachmutationen)	• Verzicht auf Herbizidrotation (trotz Fruchtwechsel, kann Herbizid weiter benutzt werden) → starke Verwendung ein und desselben Mittels → Resistenzentwicklung? • Risiko der Resistenzentwicklung durch Durchwuchs und Auskreuzungen (besonders bei den Brassicaceen)
Ackerbegleitflora und integrierter Pflanzenschutz	• Totalherbizide brauchen erst relativ spät eingesetzt zu werden → Ackerbeikräuter können heranwachsen • relativ geringe Toxizität für Bestäuber	• weiterer Rückgang der Begleitflora befürchtet • Entwicklung einer artenarmen über weite Strecken homogenen Ackerflur durch Ausdünnung der Samenbank und Ausbildung von Resistenzen

Quelle: Schütte et al. 2001

9.1.3 Risiken durch den Verzehr gentechnisch veränderter Lebensmittel

Die Verbraucher in der EU und in Deutschland fordern sichere und gesundheitlich unbedenkliche Lebensmittel – ein Aspekt, der durch die BSE-Krise und verschiedene Lebensmittelskandale in den vergangenen Jahren deutlich an Aktualität und Relevanz gewonnen hat. Diese Forderung trifft auf jedes Lebensmittel, das in der EU auf dem Markt ist, zu und ist nicht auf die mit Hilfe der Gentechnik erzeugten Lebensmittel beschränkt. Für diese Art von Lebensmittel werden folgende Risikokategorien zusätzlich diskutiert:

- toxische Inhaltsstoffe,
- Allergien durch Genprodukte eingebrachter Transgene,
- die Übertragung von Antibiotikaresistenzen von transgenen Lebensmitteln auf pathogene Mikroorganismen im Darm.

9.1.3.1 Toxizität

Es sind zahlreiche Substanzen in Nutzpflanzen oder Lebensmitteln bekannt, die in Abhängigkeit von der aufgenommenen Dosis humantoxisch wirken können (Ames et al. 1990). Versuche mit Zellkulturen und Mikroorganismen können das toxische Potenzial von singulären Stoffen in der Regel aufdecken. So kann z. B. im Tierversuch eine mutagene bzw. kanzerogene Wirkung von Stoffen für höhere Organismen und den Menschen nachgewiesen werden (SRU 1998). Schwieriger ist die Abschätzung der möglichen Toxizität von komplexen Nahrungsmitteln. Sie können aufgrund ihrer Heterogenität kaum mit herkömmlichen toxikologischen Methoden (z. B. Tierversuchen) untersucht werden (Stirn 1998).

Mögliche humantoxische Effekte von Lebensmitteln, die mit Hilfe der Gentechnik erzeugt werden, können über drei verschiedene Mechanismen entstehen (Schütte et al. 2001; Stirn 1998):

- Die eingeführte DNA könnte selbst toxisch wirken. Diese Möglichkeit wird als sehr gering eingeschätzt, da Nukleinsäuren seit langem zur täglichen Nahrung von Menschen gehören (Jones und Maryanski 1991; Conner 1993).
- Das Protein, das die übertragene DNA kodiert, kann einen Einfluss auf das toxische Potenzial des Lebensmittels haben.
- Unerwartete Sekundäreffekte können zur Akkumulation toxischer Substanzen im Lebensmittel führen. Denkbar sind z. B. eine erhöhte Synthese pflanzeneigener Toxine, deren Akkumulation durch eine verringerte Synthese abbauender Enzyme sowie die Synthese neuartiger bzw. pflanzenfremder Toxine (Koschatzky und Maßfeller 1994).

Die Diskussion der vergangenen Jahre konzentrierte sich vor allem auf die letztgenannte Möglichkeit des Auftretens unerwarteter und nicht intendierter Nebeneffekte durch gentechnische Eingriffe (Stirn 1998). Die Auswirkungen von Eingriffen in den Sekundärstoffwechsel von Pflanzen und dessen Rückwirkungen auf die Nahrungsmittelqualität und -sicherheit sind oftmals nur relativ schwer vorhersehbar, da in den meisten Fällen die komplexen biochemischen Abläufe bei der Synthese und dem Abbau der beteiligten Pflanzeninhaltsstoffe bislang nur unvollständig verstanden werden (Franck-Oberaspach und Keller 1996).

In der EU wird die mögliche Toxizität eines gentechnisch veränderten Lebensmittels nach dem Konzept der „substanziellen Äquivalenz" abgeschätzt. Dieses Konzept wurde ursprünglich von der OECD vorgeschlagen und beruht auf dem Vergleich eines gentechnisch veränderten Lebensmittels mit einem konventionellen Lebensmittel mit vergleichbaren Eigenschaften, das seit längerer Zeit ohne Hinweise auf toxische Wirkungen verzehrt wird. Der Vergleich wird als Fall-zu-Fall-Betrachtung durchgeführt und beinhaltet funktionelle Eigenschaften des Lebensmittels sowie den Gehalt an aufgenommenen Nährstoffen und toxischen Substanzen (OECD 1998). Das Konzept der substanziellen Äquivalenz wird teilweise auch scharf kritisiert, wobei insbesondere die Abschätzung unerwarteter Sekundärwirkungen der übertragenen Gene im Mittelpunkt der Kritik stehen (Millstone et al. 1999).

Bei der Analyse der Lebensmittelsicherheit gentechnisch veränderter Lebensmittel werden die mögliche Toxizität des eingeführten Genprodukts abgeschätzt sowie mögliche Sekundäreffekte untersucht. Während Ersteres methodisch keine besonderen Anstrengungen erfordert, da dies eine typische Problemstellung der klassischen Toxikologie beinhaltet, stellt die Identifizierung unbeabsichtigter Nebeneffekte der gentechnischen Veränderung ein wissenschaftlich noch nicht vollständig gelöstes methodisches Problem dar (Stirn 1998). Sekundäreffekte der gentechnischen Veränderung mit toxikologischer Relevanz sind denkbar durch (Schütte et al. 2001):

- Stoffwechselverschiebungen z. B. Enzyme, die Substanzen aus dem pflanzeneigenen Stoffwechsel umsetzen,
- Abbau- oder Inaktivierungsprodukte, z. B. kann ein aufgebrachtes Herbizid bei herbizidresistenten Pflanzen zu möglicherweise toxischen Abbau- oder Inaktivierungsprodukten metabolisiert werden (WHO 1993),
- pleiotrope Effekte, d. h., das neu eingeführte Gen führt nicht nur zu den erwarteten phänotypischen Veränderungen, sondern ruft zusätzliche unerwartete Effekte hervor.

Bei allen bisher in Verkehr gebrachten gentechnisch veränderten Lebensmitteln wurde zunächst eine toxikologische Untersuchung zum übertragenen Protein durchgeführt. Bei diesen Untersuchungen konnte keine toxische Wirkung des neu eingeführten Genprodukts nachgewiesen werden (Stirn 1998; OECD 2000). Ausführlichere Versuche wurden zur Neomyzinphosphotransferase II (npt II) sowie zum Bt-Toxin durchgeführt. Bei diesen Versuchen konnten keine humantoxischen Effekte dieser beiden Stoffe festgestellt werden (Schütte et al. 2001; Brake und Vlachos 1998; Redenbaugh et al. 1994). Auch α-Amylaseinhibitoren aus Bohnen haben sich in mehreren Versuchen als unbedenklich für den Verzehr erwiesen (Pusztai et al. 1999).

Bei der Abschätzung möglicher Sekundäreffekte werden von den Antragstellern vor dem Inverkehrbringen gentechnisch veränderter Lebensmittel sehr unterschiedliche Tests durchgeführt. Neben dem Gehalt an wertbestimmenden Substanzen werden teilweise auch die Konzentrationen antinutritiver Substanzen bestimmt. In den meisten Fällen wurden dabei keine signifikanten Unterschiede zwischen gentechnisch veränderten und den jeweils nicht transformierten Pflanzen gefunden. Falls solche auftraten, hatten sie keinen Effekt auf die Toxizität der Pflanzen oder waren nicht eindeutig auf die gentechnische Veränderung zurückzuführen (Stirn 1998).

Im Jahr 1998 erregten Untersuchungen des Wissenschaftlers Arpad Pusztai vom Rowett Research Institute, Aberdeen, eine hohe Medienaufmerksamkeit. Er verfütterte gentechnisch veränderte Kartoffeln, die ein bestimmtes Lektin aus Schneeglöckchen enthielten[57], an Ratten und beobachtete negative Auswirkungen auf das Wachstum der Tiere und deren Immunsystem (Enserink 1999). Die verwendeten Kartoffeln sollten nicht für kommerzielle Zwecke genutzt werden (daher war noch kein Antrag auf Inverkehrbringen gestellt worden), sondern diese waren nur für Versuchszwecke erzeugt worden (Rowett Research Institute 2001). Das Besondere an diesem Vorgang war, dass die Diskussion über die Ergebnisse von Pusztai fast 1 ½ Jahre lang ohne genaue Kenntnis der Versuchsbedingungen geführt wurde, da diese erst im Oktober 1999 in einer wissenschaftlichen Fachzeitschrift veröffentlicht wurden (Ewen und Pusztai 1999). Kritiker werfen Pusztai vor, dass der Versuchsaufbau keine allgemein gültigen Schlüsse zulässt und daneben viele Details einer korrekten wissenschaftlichen Arbeitsweise nicht beachtet worden seien (The Royal Society 1999; DFG 2001). Trotzdem haben die Ergebnisse von Pusztai die öffentliche Diskussion um die Anwendung der Gentechnik im Agro Food-Bereich in Großbritannien in hohem Maße beeinflusst und zu einer deutlichen Verunsicherung und – zumindest bei Teilen der Bevölkerung – Ablehnung der Gentechnik im Lebensmittelbereich geführt.

9.1.3.2 Allergien

Allergien sind Überempfindlichkeitsreaktionen des Immunsystems, die in den meisten Fällen durch Proteine ausgelöst werden. Die Mechanismen, die zu einer

---

[57] Dieses sogenannte GNA-Lektin hat insektizide Wirkungen, d. h. es wirkt toxisch auf bestimmte Insektenarten und soll somit eine entsprechend gentechnisch veränderte Pflanze vor Schädigungen durch Insekten schützen (Rowett Research Institute 2001).

Allergieauslösung bei Menschen führen, sind bislang noch nicht vollständig aufgeklärt. Etwa 1 % bis 2 % der Erwachsenen und 2 % bis 5 % der Kinder unter sechs Jahren sind von einer IgE vermittelten Lebensmittelallergie betroffen (Anderson 1996; DFG 1996). Zu den besonders häufig allergen wirkenden Lebensmitteln gehören Sojabohnen, Weizen, Nüsse, Milch, Eier, Fisch, Krebstiere, Muscheln und Gewürze. Allergien, die auf diesen Nahrungsmitteln beruhen, machen mehr als 90 % aller Lebensmittelallergien aus (Schütte et al. 2001). Für viele Allergiker besteht die einzige Möglichkeit, mit einer Lebensmittelallergie umzugehen, darin, das betreffende Lebensmittel zu meiden. Daher ist für Allergiker eine umfassende Kennzeichnung verarbeiteter Lebensmittel von hoher Relevanz.

Mit Hilfe gentechnischer Verfahren werden letztlich neue oder veränderte Proteine in einen Organismus transferiert. Daher sollte zunächst grundsätzlich von einem Risikopotenzial zur Etablierung von Lebensmittelallergien ausgegangen werden (Jany und Greiner 1998). Durch den Gentransfer wird jedoch das allergene Potenzial eines Proteins nicht verändert, das bedeutet, Eiweiße, die kein allergenes Potenzial besitzen, wirken auch nach ihrer Übertragung in einen anderen Organismus nicht allergen, sofern die ursprünglichen Gensequenzen nicht verändert wurden (Jany und Greiner 1998).

Bei der Untersuchung des allergenen Potenzials gentechnisch veränderter Lebensmittel können drei Fälle unterschieden werden (Schütte et al. 2001):

- Gene für Proteine aus bekannten allergenen Nahrungsmitteln werden übertragen,
- mit Hilfe gentechnischer Methoden (Antisense-Technik) wird der Allergengehalt bestimmter Nahrungsmittel abgesenkt,
- es werden Gene übertragen, die für Proteine kodieren, deren Allergenität nicht bekannt ist.

In den beiden erstgenannten Fällen ist die Abschätzung der Allergenität gentechnisch veränderter Lebensmittel relativ einfach möglich, da verschiedene immunologische Tests für diesen Zweck zur Verfügung stehen. Beispiele dafür sind in-vitro-Tests (RAST, ELISA), in denen allergenspezifische IgE-Antikörper bestimmt werden, in-vivo-Hauttests (Prick-, Intrakutan- oder Scratch-Tests), in denen Antikörper-vermittelte Reaktionen auf Allergene nachgewiesen werden. Zur endgültigen Bestätigung der Diagnoseergebnisse stehen doppeltblinde, placebokontrollierte Expositionstests zur Verfügung, in denen die zu untersuchenden Nahrungsmittel in ansteigender Dosis oral zugeführt werden (OECD 1997).

Schwieriger ist die Allergenität abzuschätzen, wenn Gene übertragen werden, die für Proteine mit unbekannter Allergenität kodieren. In diesem Fall kommen sogenannte indirekte Methoden zur Anwendung, die auf gemeinsamen Charakteristika bekannter Allergene beruhen, da bislang keine ausgereiften Methoden existieren, die eine Vorhersage der möglichen Allergenität eines „neuen Proteins“ erlauben

(Kessler et al. 1992; Fox 1994; Radbruch 1996; Astwood et al. 1996; DFG 1996). Es sind verschiedene Konzepte entwickelt worden, in deren Rahmen Analysen durchgeführt werden, die die physikochemischen Eigenschaften eines neu eingeführten Proteins mit den Eigenschaften bekannter Allergene vergleichen (Metcalfe et al. 1996; Lehrer et al. 1996; Jany und Greiner 1998; FAO und WHO 2001). In diesem Rahmen kommen z. B. Aminosäuresequenzanalysen, die Untersuchung der Verdauungsstabilität von Proteinen im Magen-Darm-Trakt oder Tests auf die Hitze- und Verarbeitungsstabilität von Proteinen zur Anwendung (Schütte et al. 2001).

In der wissenschaftlichen Diskussion besteht Einigung darüber, dass das allergene Potenzial neu eingeführter Proteine im Rahmen der Sicherheitsüberprüfung von gentechnisch veränderten Lebensmitteln untersucht werden sollte. Mit Hilfe der oben angesprochenen indirekten Methoden wurde das allergene Potenzial von Proteinen, die bisher noch nicht Bestandteil von Nahrungsmitteln waren, untersucht. So wurden mehrere neu eingeführten Proteine (z. B. verschiedene Bt-Proteine, Enzyme, die eine Herbizidresistenz vermitteln, sowie Markerproteine wie GUS, npt II) auf ihre Stabilität gegenüber der Verdauung im Magen-Darm-Trakt getestet und mit den Eigenschaften bekannter Allergene (z. B. Ei-, Milch-, Sojabohnenproteine) verglichen. Die neu eingeführten Proteine wurden innerhalb von 30 Sekunden abgebaut, ohne dass stabile Fragmente auftraten, was als indirekter Hinweis auf eine fehlende allergene Wirkung interpretiert wird (Metcalfe et al. 1996).

In einem anderen viel zitierten Beispiel wurde ein Nahrungsmittelallergen mit gentechnischen Methoden auf eine andere Nahrungsmittelpflanze übertragen. Dabei handelt es sich um eine von dem US-Unternehmen Pioneer Hi-Bred entwickelte Sojabohnenvarietät, in die zur Verbesserung der ernährungsphysiologischen Qualität in der Tierfütterung das 2S-Albumin aus der Paranuss übertragen würde. Obgleich Paranüsse als allergene Nahrungsmittel bekannt sind, war zum Zeitpunkt der Übertragung das 2S-Albumin noch nicht als eines der Hauptallergene der Paranuss identifiziert. Auch Tierversuche zeigten keinerlei Hinweise auf ein allergenes Potential des neu eingeführten Proteins. Schließlich konnte mit Hilfe verschiedener immunologischer Tests das übertragene Gen bzw. dessen Proteinprodukt als ein wesentliches Fremdallergen identifiziert werden (Nordlee et al. 1996). Daraufhin wurde die Entwicklung dieser Sojabohnenvarietät von Pioneer eingestellt.

Relativ große Probleme bereitet derzeit die Abschätzung des allergenen Potenzials des Cry9C-Proteins, ein Bt-Protein, das in der transgenen Maissorte Star Link des Unternehmens Aventis Cropscience enthalten ist. Obgleich das Protein aus einer Quelle stammt, die nicht bekanntermaßen allergen wirkt, konnten in künstlichen Verdauungsversuchen nur 15 % bis 25 % des Proteins abgebaut werden (Schütte et al. 2001). In den USA wurde Star Link daraufhin nur für die Tierernährung, nicht aber für den menschlichen Verzehr zugelassen.

9.1.3.3 Antibiotikaresistenzen

Aufgrund der relativ niedrigen Transformationseffizienz wird bei einer gentechnischen Veränderung in der Regel neben einem erwünschten Gen auch ein sogenanntes Markergen in den Zielorganismus transformiert. Unter den Markergenen spielen Herbizidresistenz- und Antibiotikaresistenzgene eine herausragende Rolle (s. Kap. 5.2.4). Im Hinblick auf die Lebensmittelsicherheit muss nicht nur das toxische oder allergene Potenzial der Produkte der Markergene untersucht werden, sondern bei der Verwendung von Antibiotikaresistenzgenen ist zusätzlich von Belang, ob die Wirksamkeit therapeutisch verabreichter Antibiotika dadurch eingeschränkt wird und ob funktionsfähige DNA, die für das Antibiotikaresistenzgen kodiert, auf andere Organismen übertragen werden kann.

Bisher sind zehn gentechnisch veränderte Nahrungsmittelpflanzen in der EU in Verkehr gebracht worden, von denen sechs Antibiotikaresistenzgene besitzen (s. auch Kap. 5.2.4). Fünf dieser Pflanzen enthalten das Kanamycinresistenzgen (npt II oder aph (3')-II), das eine Resistenz gegenüber den Antibiotika Kanamycin, Neomycin oder ähnlichen Aminoglycosiden vermittelt (Schütte et al. 2001). In der Humantherapie sind die Aminoglycosid-Antibiotika schon weitgehend durch neuere Antibiotikaformen ersetzt, doch werden sie teilweise in der Tiermedizin noch in großem Umfang verabreicht (Franck-Oberaspach und Keller 1996). Obgleich Kanamycin als Antibiotikum für die Humantherapie mengenmäßig nur noch eine geringe Rolle spielt, wird es z. B. in der Augenheilkunde bei Infektionen mit gramnegativen Bakterien eingesetzt, wofür es kaum Ausweichpräparate gibt (SRU 1998).

Neben dem Kanamycinresistenzgen spielen noch zwei weitere Antibiotikaresistenzgene eine wichtige Rolle. Das sogenannte bla-Gen vermittelt eine Resistenz gegenüber Ampicillin, das nicht nur bei Enterokokkeninfektionen, sondern auch bei Befall mit *Haemophilus influenza* als Mittel der Wahl betrachtet wird (ZKBS 1997). Dieses bla-Gen ist z. B. in dem insektenresistenten Bt176-Mais der Firma Novartis (heute Syngenta) enthalten. Dieses Gen war der wesentliche Grund dafür, dass das Bundesgesundheitsministerium im Jahr 1999 die Sortenzulassung für diesen Mais unterband (s. Kap. 10.2, 10.3). Die zuständige Bundesgesundheitsministerin, Andrea Fischer, begründete ihre Entscheidung mit „vorbeugendem Gesundheitsschutz“, da nach dem Stand der wissenschaftlichen Ergebnisse Gefahren für die menschliche Gesundheit, die vom Ampicillinresistenzgen ausgehen könnten, nicht ausgeschlossen werden könnten (Bundessortenamt 2000). Von Seiten der Zentralen Kommission für die Biologische Sicherheit (ZKBS) (s. Kap. 10.3.2) wurde diese Entscheidung dahingehend kritisiert, dass nicht „wissenschaftliche Erkenntnisse“, sondern eher politische Erwägungen der Grund für die Aussetzung der Sortenzulassung für den Bt176-Mais gewesen seien. Dabei verweist das ZKBS auf seine Stellungnahmen aus den Jahren 1997 und 1999, nach denen „eine zunehmende Verbreitung des amp‘-Gens in Mikroorganismen durch die Verwendung von gentechnisch veränderten Pflanzen wie des B.t.-Mais von Ciba Geigy ... nicht zu erwarten“ ist (ZKBS

1997) und „keine Gefährdung der menschlichen Gesundheit, von Tieren oder der Umwelt zu befürchten" (ZKBS 1997) ist. Die von Losey et al. 1999 veröffentlichten Ergebnisse zu den Auswirkungen des Bt-Toxins auf Monarchfalter (s. Kap. 9.1.2.4) würden – nach Einschätzung der ZKBS – dieser Bewertung nicht widersprechen, da sie Labordaten darstellen und eine Anbindung an ökologisch relevante Verhältnisse nicht gegeben ist.

Als weiteres Antibiotikaresistenzgen ist das npt III-Gen relevant, das neben einer Resistenz gegen Kanamycin und Neomycin auch Resistenzen gegen die Antibiotika Amikazin und Isepamicin vermittelt (Schütte et al. 2001). Amikazin stellt ein sogenanntes Notfallantibiotikum dar und hat einen hohen Stellenwert bei der Bekämpfung von humanpathogenen Bakterien (UBA 1999a).

Die befürchteten gesundheitlichen Risiken von Antibiotikaresistenzgenen beziehen sich meist darauf, dass die Markergene aus dem GVO zur weiteren Verbreitung von Antibiotikaresistenzen beitragen könnten. Dabei ist zu berücksichtigen, dass Antibiotikaresistenzgene teilweise schon in hoher Frequenz in Bakterienpopulationen vorhanden sind und unter diesen auch untereinander ausgetauscht werden (SRU 1998). So besitzt etwa die Hälfte der klinisch relevanten *E. coli*-Isolate gegenwärtig eine Ampicillinresistenz (Brandt 1999). Auch in Tierbeständen in Europa und Amerika wurde teilweise eine hohe Verbreitung des Ampicillinresistenzgens bei *E. coli*-Isolaten nachgewiesen (Schütte et al. 2001). Hohe Werte für die Verbreitung des npt II-Gens und kanamycinresistenter Bakterien wurden insbesondere in Abwässern und Schweinegülle gefunden, was direkt mit dem relativ hohen Einsatz von Kanamycin und Neomycin in der Veterinärmedizin und als Futtermittelzusatz in Zusammenhang gebracht wird (Smalla et al. 1993). Demgegenüber scheint eine Kanamycinresistenz in Bodenbakterien nicht sehr weit verbreitet zu sein. Eine Resistenz gegen Amikazin, das als sogenanntes Notfallantibiotikum eingesetzt wird, ist bisher in der Umwelt kaum vorhanden (Schütte et al. 2001).

Die relativ starke Verbreitung von Antibiotikaresistenzgenen in Bakterienpopulationen zeigt deutlich die Fähigkeit von Bakterien, genetische Informationen auszutauschen (s. auch Kap. 9.1.2.2). Nach den vorliegenden Ergebnissen wissenschaftlicher Untersuchungen ist allerdings eine Übertragung der Antibiotikaresistenzgene auf Bakterien im Darm von Mensch oder Tier als sehr unwahrscheinlich einzuschätzen. Im Fall des Kanamycinresistenzgens wurde beispielsweise errechnet, dass nach Verzehr von 200 g gentechnisch veränderten Tomaten die Anzahl resistenter Bakterien um 0,000001 % ansteigen würde (Calgene 1990). Ähnlich geringe Wahrscheinlichkeiten wurden auch von Schlüter und Potrykus 1996 und von Salyers 1998 am Beispiel des Ampicillinresistenzgens festgestellt. Ein wesentlicher Grund dafür wird darin gesehen, dass nur sehr wenige Gene die menschliche Verdauung funktionsfähig überstehen. Auch für das bla-Gen, das eine Resistenz gegen das Antibiotikum Ampicillin vermittelt, legen die zur Verfügung stehenden Daten nahe, dass die Wahrscheinlichkeit der Übertragung dieses Gens auf Bakterien im Darm gering ist und „selbst unter Annahme des worst case absolut gesehen nur sehr wenige ampicillinresistente Bakterien durch den Verzehr gentechnisch veränderter Pflanzen hinzukommen“ (Schütte et al. 2001).

In einem weiteren Risikoszenario ist zu überdenken, ob und wie häufig Antibiotikaresistenzgene auf Epithelzellen im Darm von Menschen oder Tieren übertragen werden können. Entgegen früheren Annahmen konnte nachgewiesen werden, dass ein geringer Teil der DNA während der Verdauung im menschlichen Verdauungstrakt nicht abgebaut wird (Schubert et al. 1994), wobei in Zellen fixierte DNA besser gegen den Angriff durch Nukleasen während der Verdauung geschützt zu sein scheint als nackte DNA. Trotz des nicht vollständigen Abbaus der DNA während der Verdauung kommt die FDA allerdings zu dem Schluss, dass die Aufnahme und Exprimierung von Antibiotikaresistenzgenen durch Darmepithelzellen wahrscheinlich kein Risiko für die Gesundheit darstellen dürfte, da Epithelzellen sehr kurzlebig sind und laufend durch neue Zellen ersetzt werden (FDA 1998).

Eine weitere Möglichkeit ist die Übertragung der Antibiotikaresistenzgene auf boden- und pflanzenassoziierte Bakterien. DNA kann im Boden zwar an Bodenpartikeln absorbieren und von Mikroorganismen transformiert werden (diese Vorgänge sind in Labor- und Mikrokosmosexperimenten belegt), doch schließen Danneberg und Driesel 1998, dass bislang keine Hinweise auf einen Gentransfer von rekombinanter DNA aus transgenen Pflanzen auf Mikroorganismen im Freiland existieren. Zwar konnten in Mikrokosmen Hinweise für einen Gentransfer von transgenen Pflanzen auf einen Schimmelpilz gefunden werden, doch halten Danneberg und Driesel 1998 das aus einem derartigen Transfer resultierende Gefährdungspotenzial für „gering“. In Laborexperimenten konnten zwar bei ausgewählten Mikroorganismenstämmen sehr seltene Transformationsfrequenzen für gentechnisch verändertes Material nachgewiesen werden (Schütte et al. 2001), doch sind in der Regel die Raten der Transformation unter Umweltbedingungen noch deutlich niedriger als die schon sehr geringen Transformationsfrequenzen, die im Labor erreicht werden (Danneberg und Driesel 1998).

Obwohl nach den vorliegenden Informationen die Wahrscheinlichkeit der Übertragung eines Antibiotikaresistenzgens auf Bakterien als relativ gering angesehen werden kann, werden verschiedene Methoden entwickelt, die darauf abzielen, das Vorhandensein von Antibiotikaresistenzgenen im Endprodukt zu vermeiden:

- Ein Verzicht auf Selektionsmarker wäre möglich, falls transformierte Zellen von nicht transformierten mit Hilfe molekularbiologischer Methoden (z. B. PCR) unterschieden werden können.

- „Herausschneiden" der Antibiotikaresistenzgene in der transformierten Pflanze durch Entwicklung spezieller Rekombinationssysteme (z. B. CRE/lox-System[58]) und die Entwicklung spezieller induzierbarer Promotoren (Schiemann et al. 1998).
- Entwicklung von Alternativen zu Antibiotikaresistenzmarkern: z. B. Übertragung von Genen, die in transformierten Zellen bestimmte Phytohormone freisetzen oder bilden oder die Verwendung des Phosphomannose-Isomerase-Gens aus *E. coli* als selektierbarem Gen und Mannose als selektierendem Agens (Joersbo et al.1998).

Auf regulatorischer Ebene scheint es zwischen der EU und den USA einen politischen Konsens zu geben, mittelfristig auf den Einsatz von Antibiotikaresistenzgenen zu verzichten (Schütte et al. 2001). Darauf deuten die Stellungnahmen zahlreicher Wissenschaftler, Nicht-Regierungsorganisationen und Komitees, die sich mit der Sicherheit von GVO beschäftigen, hin. Die novellierte Freisetzungsrichtlinie der EU sieht daher auch vor, dass ab dem Jahr 2005 keine GVO mehr zugelassen werden sollen, die Antibiotikaresistenzmarker besitzen (s. Kap. 10.2.3).

9.1.4 Monitoring nach Inverkehrbringen

In den vergangenen Jahren setzte sich zunehmend die Erkenntnis durch, dass die bislang verfolgte Sicherheitsstrategie im Umgang mit GVO (also die Risikoabschätzung von Fall zu Fall und die stufenweise Freisetzung) nicht in jedem Fall sicherstellen kann, dass keine langfristigen, möglicherweise indirekten und unerwarteten negativen Auswirkungen von GVO auf Menschen und Umwelt auftreten. Daher ist in der novellierten Freisetzungsrichtlinie ein Nachzulassungsmonitoring im Sinne einer ökologischen Langzeitbeobachtung vorgesehen, in dessen Gefolge solche Auswirkungen gezielt untersucht und längerfristig beobachtet werden sollen (s. Kap. 10.2.3).

In Deutschland wurden die Diskussion um die längerfristige Beobachtung von GVO vom Umweltbundesamt Mitte der 90er Jahre eingeleitet und in verschiedenen Arbeitstagungen mit Wissenschaftlern und Vertretern der Umweltüberwachungsbehörden fortgeführt. Im Frühjahr 1999 wurde eine gemeinsame Bund-Länder-Arbeitsgruppe zum „Monitoring der Umweltwirkungen von GVP" eingesetzt (Sauter und Meyer 2000). Daneben wurde die Arbeitsgruppe „Anbaubegleitendes Monitoring gentechnisch veränderter Pflanzen im Agrarökosystem" unter Federfüh-

---

58 Werden Markergene von Rekombinationssequenzen (z. B. Lox = locus of crossing over) eingerahmt, können sie durch eine sequenzspezifische Rekombinase (z. B. CRE = causes recombination) wieder entfernt werden.

rung der Biologischen Bundesanstalt für Land- und Forstwirtschaft (BBA) gegründet.

Mit Hilfe eines Langzeitmonitorings von GVO sollen folgende Ziele erreicht werden (Sauter und Meyer 2000):

- Erkenntnisgewinn: Insbesondere sollen die Annahmen über etwaige direkte und indirekte sowie sofortige und späten Folgen, die im Rahmen einer Risikobewertung vor Inverkehrbringen getroffen wurden, überprüft werden.
- Frühwarnsystem: Damit sollen etwaige nachteilige gentechnikspezifische Effekte, die nach dem Inverkehrbringen auftreten, und auf der Basis der zeitlich und räumlich eingegrenzten Freisetzungsversuche nicht offensichtlich werden konnten, rechtzeitig erkannt werden.

Das Langzeitmonitoring von GVO stellt ein neues Element der Sicherheitsbewertung dar, da damit Ungewissheiten über langfristige Auswirkungen, die trotz experimenteller Sicherheitsforschung (z. B. im Labor bzw. Gewächshaus) und Freisetzungsversuchen noch vorhanden waren, abgebaut werden sollen. Dieses Langzeitmonitoring stellt somit eine Änderung und Erweiterung der schrittweisen Sicherheitsbewertung von GVO dar.

In Deutschland wurden u. a. vom Robert-Koch-Institut (RKI), der Bund-Länder-Arbeitsgruppe „Monitoring der Umweltwirkungen von GVP" unter Federführung des Umweltbundesamtes (UBA), der Arbeitsgruppe „Anbaubegleitendes Monitoring" unter Federführung der BBA sowie in einem gemeinsamen Positionspapier des Bundesverbandes deutscher Pflanzenzüchter (BDP), der Deutschen Industrievereinigung Biotechnologie (DIB) und des Industrieverbandes Agrar (IVA) Vorschläge und Diskussionsbeiträge zur Entwicklung eines Konzeptes zu einem Monitoring von GVO nach dem Inverkehrbringen eingebracht (Sauter und Meyer 2000). Die Vorschläge unterscheiden sich insbesondere hinsichtlich der Begriffsdefinition und verfolgten Zielsetzung, der Abgrenzung des Monitorings nach Inverkehrbringen von der Risikobewertung vor dem Inverkehrbringen, der verwendeten Parameter und der Auswertung der Monitoringergebnisse sowie der behördlichen Zuständigkeiten und Finanzierung. Bislang ist noch keine endgültige Entscheidung über die Ausgestaltung eines Nachzulassungsmonitoringsystems in Deutschland getroffen worden.

9.2 Unabsichtliche Kontamination durch gentechnisch verändertes Material

In den Vorschlägen der EU-Kommission vom Juli 2001 zur Regulierung genetisch veränderter Lebens- und Futtermittel ist vorgesehen, dass bei dem zufälligen Vorhandensein von gentechnisch veränderten Material in Lebens- und Futtermitteln bis zu einem Anteil von 1 % diese von der Kennzeichnungspflicht ausgenommen werden (Kommission der EU 2001b). Für Saatgut wurden Schwellenwerte von 0,3 % GVO-Verunreinigungen für fremdbestäubende Pflanzenarten und von 0,5 % für selbstbestäubende oder sich vegetativ vermehrende Pflanzenarten vorgeschlagen (s. Kap. 10.2.7). Angesichts dieser Vorschläge interessiert die Frage, ob unter den Anbaubedingungen in der EU die vorgeschlagenen Schwellenwerte eingehalten werden können.

Besondere Bedeutung hat die Frage der zufälligen Kontamination mit gentechnisch verändertem Material für ökologisch wirtschaftende landwirtschaftliche Betriebe, da die EU-Verordnung 2092/91/EWG vorsieht, dass ökologisch wirtschaftende Betriebe keine Betriebsmittel, die mit Hilfe gentechnischer Methode und Verfahren hergestellt werden, verwenden dürfen. Ebenso dürfen Tieren keine Futtermittel oder Futtermittelzusatzstoffe verabreicht werden, die mit Hilfe gentechnischer Verfahren hergestellt worden sind. Indirekten Einfluss auf den ökologischen Landbau haben die sich im Gesetzgebungsprozess der EU befindlichen Regelungen zur Saatgutprüfung und -zulassung bei konventionellen Pflanzensorten, da im ökologischen Landbau zumindest nach der derzeitigen Rechtslage unter bestimmten Umständen auch konventionell erzeugtes Saatgut genutzt werden darf, wenn keine ökologisch erzeugten Qualitäten auf dem Markt verfügbar sind. Ab dem Jahr 2004 soll allerdings sämtliches Saatgut für den ökologischen Landbau aus ökologischer Produktion stammen. Ein weiteres Problem für ökologisch wirtschaftende Betriebe stellt der Umstand dar, dass auch Ernteprodukte, die zufällig mit gentechnisch verändertem Material kontaminiert werden, unter Umständen ihren „ökologischen Status" verlieren können und damit auch die höheren Preise, die für die meisten Ökolebensmittel erzielt werden, nicht mehr zu realisieren sind.

In der Prozesskette vom Saatgut bis zum Lebensmittel im Ladenregal gibt es verschiedene kritische Stellen, an denen konventionelle und ökologische Produkte mit GVO verunreinigt werden können (Tab. 9.4). Die Saatgutzüchtung und -produktion ist als „Flaschenhalsstelle" von besonderer Bedeutung, da Kontaminationen im Saatgut unter Umständen über eine große Zahl landwirtschaftlicher Betriebe verbreitet werden. Eine erhebliche Vermischungsgefahr besteht zudem noch in Importhäfen oder im Verarbeitungsbetrieb, falls sowohl gentechnisch veränderte Sorten als auch konventionelle Sorten verarbeitet werden.

Tabelle 9.4: Kritische Stellen für GVO-Verunreinigungen in der Prozesskette

Stufe im Warenfluss	Mögliche Vermischungspunkte
Saatguterhaltung	Pollenflug, Durchwuchs
Saatgutproduktion	Pollenflug, Durchwuchs
Saatgutverpackung	Vermischung bei den einzelnen Schritten der Saatgutverpackung, wenn dieses Handling nicht streng getrennt erfolgt
Vor der Aussaat	Kontaminierte Drillmaschine
Während des Wachstums auf dem Feld	Pollenflug, Insektenbestäubung, Durchwuchs
Ernte	Kontaminierte Erntemaschine
Regionale Sammelstellen, Silos	Ohne getrennte Annahmen Gefahr der Vermischung bei Umladung, Lagerung usw.
Transport zu Verarbeitung (Mühlen etc.), zu Übersehhäfen, zu Umschlagplätzen	Vermischung während des Transportes, verunreinigte Transportbehälter
Verarbeitungsbetrieb	Vermischung, falls Verarbeitung nicht räumlich getrennt erfolgt

Quelle: Baier et al. 2001

Aufgrund der erheblichen Unterschiede in den biologischen Eigenschaften der in der EU angebauten landwirtschaftlichen Kulturarten, der Anbautechnik, dem Auskreuzungsrisiko über Pollenflug oder Insektenbestäubung sowie unterschiedlicher Bedingungen bei Lagerung, Transport und Verarbeitung sind allgemein gültige Aussagen über das Verunreinigungsrisiko mit GVO-Material derzeit kaum möglich. Im Folgenden wird daher versucht, zunächst auf die wichtigsten Punkte der Prozesskette und die dort wesentlichen Einflussfaktoren für eine Kontamination mit GVO-Material einzugehen sowie in einem zweiten Schritt die Wahrscheinlichkeit einer „Gesamtkontamination" über die vollständige Prozesskette hinweg zu beleuchten.

Wie bereits oben erwähnt, stellt die Saatgutzüchtung und -vermehrung einen wesentlichen Flaschenhals für die Verunreinigung mit gentechnisch verändertem Material dar. Da Verunreinigungen mit anderen Sorten auch bereits in der konventionellen Saatgutzüchtung und -vermehrung auftreten können, werden dort bestimmte Abstände festgelegt, die eingehalten werden müssen, um möglichst sortenreines

Saatgut zu erzeugen. Beispiele für diese Isolationsdistanzen für die Saatgutproduktion von Mais und Winterraps sind in Tabelle 9.5 dargestellt. So wird für die Produktion von Maissaatgut sowohl für Hybrid- als auch bei Nicht-Hybridsorten in den meisten Ländern eine Isolierungsdistanz von 200 m zwischen den Feldern gefordert. Bei der Produktion von Rapssaatgut liegen die Abstände bei der Gewinnung von Hybridsorten aufgrund der meist sehr geringen Pollenproduktion dieser Sorten deutlich höher als bei der Vermehrung von Nicht-Hybridsorten (Tab. 9.5).

Tabelle 9.5: Isolationsdistanzen bei der Produktion von Saatgut

	EU	Frankreich	Deutschland
Mais			
Basissaatgut	200 m	400 m	200 m
zertifiziertes Saatgut	200 m	200 m - 300 m	200 m
Raps (Nicht-Hybridsorte)			
Basissaatgut	200 m	400 m	200 m
zertifiziertes Saatgut	100 m	200 m	100 m
Raps (Hybridsorte)			
Basissaatgut	500 m	500 m	500 m
zertifiziertes Saatgut	300 m	300 m	300 m

Aufsehen erregte im Jahr 2000 ein Fall, bei dem eine konventionelle Rapssorte des Unternehmens Advanta Seeds mit gentechnisch verändertem herbizidresistenten Raps der Sorten Hyola 410 und Hyola 38, für die beide in der EU keine Zulassung besteht, kontaminiert war. Dieses Saatgut wurde in Deutschland, Großbritannien, Frankreich, Luxemburg und Schweden auf insgesamt mehreren 1.000 ha ausgesät (Billig 2000; Elliot und Nuttall 2000). Das mit den Hyola-Varietäten kontaminierte Saatgut war in Kanada vermehrt worden – einem Land mit intensivem Anbau von gentechnisch verändertem Raps. Allerdings betonte das Saatgutunternehmen, dass dort Isolationsdistanzen von 800 m und mehr eingehalten worden seien (Elliot und Kite 2000). Aufgrund dieser Erfahrungen sowie weiterer Beispiele mit GVO-verunreinigten Saatgut (s. Übersicht in Baier et al. 2001) sind viele Wissenschaftler der Ansicht, dass die für die Erzeugung von Saatgut bislang festgelegten Mindestabstände angesichts eines zu erwartenden verstärkten Anbaus gentechnisch veränderter Linien (auch im Rahmen von Freisetzungsversuchen) neu diskutiert werden sollten (Baier et al. 2001; Moyes und Dale 1999). Generell wird für in der EU erzeugtes Saatgut gegenwärtig nur eine begrenzte Kontaminationsgefahr durch gentechnisch verändertes Material gesehen, da bislang bis auf Freisetzungsversuche in der EU noch keine transgenen Pflanzen in größerem Maßstab angebaut werden. Die höchste Kontaminationsgefahr besteht daher bei Importsaatgut, insbesondere aus

Ländern mit hohen Anbauanteilen von transgenen Pflanzen bzw. Staaten, in denen keine strikten Qualitätsmaßstäbe für die Züchtung und Vermehrung von Saatgut festgelegt sind.

Auf dem landwirtschaftlichen Betrieb stellt sich zunächst die Frage nach der Reinheit des Saatguts, da das Ausmaß der GVO-Kontamination des eingekauften Saatguts in erheblichem Umfang mitbestimmt, wie hoch der Anteil transgenen Ernteguts an der Gesamternte werden kann. Dies gilt auch für Landwirte, die Saatgut aus dem eigenen Nachbau verwenden. Eine weitere wichtige Kontaminationsmöglichkeit auf dem landwirtschaftlichen Betrieb sind Bestäubungen mit Pollen transgener Kulturpflanzen oder kreuzbare Verwandte aus benachbarten Feldern oder Betrieben. Falls auf derselben Fläche bereits transgene Pflanzen in früheren Jahren angebaut wurden oder eine Kontamination durch Pollenflug oder Insektenbestäubung stattgefunden hat und ein Teil der Samen überlebt, können in den Folgejahren bei einzelnen Pflanzenarten (z. B. Raps, Kartoffeln) Durchwuchsprobleme auftreten. Weitere Kontaminationsmöglichkeiten stellen gemeinsam benutzte Maschinen dar (z. B. Drillmaschinen, Mähdrescher), sofern diese nicht vor jedem Arbeitsvorgang ausreichend gereinigt werden.

Wenn die Warenflüsse von konventionellen und ökologischen Produkten nicht generell von den Warenflüssen von GVO-Produkten getrennt werden, sind Verunreinigungen und Vermischungen nach der Ernte bei Transport, Lagerung und bei der Verarbeitung zu Futter- und Lebensmitteln möglich. Beim Transport sind Verunreinigungen denkbar, wenn die Transportbehälter vor dem Chargenwechsel nicht ausreichend gereinigt werden. Zusätzlich besteht bei allen Warenumschlägen, vor allem in Häfen mit veralteten Umschlagstechniken und bei offen transportierter Ware, ein Vermischungsrisiko (Wenk et al. 2001). Dieselbe Gefahr besteht bei regionalen Sammelstellen, bei denen sowohl konventionelle als auch GVO-Produkte angenommen und gelagert werden. Schließlich können ungewollte Vermischungen auch in den Verarbeitungsbetrieben (z. B. Öl- und Getreidemühlen, Stärkeverarbeitung, Futtermittelproduktion) vorkommen, wenn diese sowohl GVO-haltige als auch konventionelle Produkte verarbeiten.

Die Möglichkeiten der Auskreuzung und des damit verbundenen Eintrags rekombinanter Sequenzen in Saat- und Erntegut des ökologischen Landbaus oder konventioneller Betriebe sind ein wesentlicher Aspekt bei allen Diskussionen über die Gewährleistung der „Gentechnikfreiheit“ oder das Einhalten eines bestimmten Schwellenwertes der GVO-Kontamination bei der landwirtschaftlichen Produktion. Auf den Pollenflug und die Auskreuzung haben insbesondere das Anbausystem, Wetter, lokale Gegebenheiten, Vegetations- und Pflanzenbarrieren, das Ausmaß der Fremdbestäubung, die Überschneidung der Blühphasen zwischen Pollenspender und Pollenempfänger, die Größe und Lage der jeweiligen Felder sowie insbesondere die angebaute Kulturart und die verwendeten Sorten einen erheblichen Einfluss (Moyes und Dale 1999; Schütte et al. 2001). Wie in Kapitel 9.1.2.1 erläutert, stellt sich die Auskreuzungsproblematik für die verschiedenen Nutzpflanzen unterschiedlich dar. Insbesondere für Raps und andere Brassicaceen sind unter den Anbauverhältnissen in Mitteleuropa Auskreuzungen wahrscheinlich. Zwar nehmen in der Regel die Pollenkonzentrationen mit zunehmendem Abstand zur Pollenspenderquelle relativ schnell ab, doch können geringe Konzentrationen über sehr weite Entfernungen (d. h. bis zu mehr als 1.000 m Abstand) gefunden werden. Die für die Saatgutproduktion geltenden Isolierungsdistanzen lassen sich als Ausgangspunkt einer Diskussion um die Einhaltung von Saatgutstandards für GVO-Verunreinigungen heranziehen, werden jedoch je nach gewähltem Schwellenwert von vielen Wissenschaftlern als unzureichend angesehen (Baier et al. 2001). Eine vollständige GVO-Freiheit, wie sie z. B. vom ökologischen Landbau gefordert wird, dürfte bei gleichzeitigem Anbau gentechnisch veränderter Pflanzen unter den Anbaubedingungen in Deutschland und Mitteleuropa nur schwer zu realisieren sein.

Für das Einhalten von bestimmten Schwellenwerten der GVO-Kontamination im Lebensmittel ist jedoch nicht nur die Wahrscheinlichkeit der Kontamination auf einer Stufe der Prozesskette entscheidend, sondern es sind Kumulierungseffekte über die gesamte Prozesskette zu berücksichtigen. Entsprechende Untersuchungen wurden bislang nur vereinzelt vorgelegt. Im Rahmen seiner Stellungnahme zu den Vorschlägen der EU-Kommission zur Kontamination von Saatgut, Lebens- und Futtermitteln hat das Scientific Committee on Plants für Winterraps, Mais und Zuckerrüben die Raten der zufälligen Kontamination mit gentechnisch verändertem Material entlang der Prozesskette geschätzt. Diese Daten sind in Tabelle 9.6 dargestellt. Nach Ansicht des Ausschusses können die von der EU-Kommission vorgeschlagenen Grenzwerte für GVO-Kontaminationen im Saatgut nur unter idealen Produktionsbedingungen erreicht werden. In vielen Fällen seien diese Werte aufgrund des Pollenfluges von angrenzenden genveränderten Pflanzen und des Durchwuchses aus der Samenbank (falls auf demselben Feld in früheren Jahren gentechnisch veränderte Pflanzen angebaut wurden oder durch Introgression gentechnisch verändertes Material von Wildpflanzen auf Kulturpflanzen übertragen wurde) nicht erreichbar (Scientific Committee on Plants 2001). Daher empfiehlt das Komitee, den angestrebten Schwellenwert von 1 % GVO-Kontamination in Lebens- und Futtermitteln noch einmal zu überdenken. Nach Aussage des Komitees ist es zudem wahrscheinlich, dass die Schwierigkeiten in den kommenden Jahren noch zunehmen werden, sofern der Anbau von transgenen Pflanzen in Europa ansteigt und das Risiko einer Auskreuzung sich damit erhöht.

Tabelle 9.6: Geschätzte Rate der zufälligen Kontamination mit gentechnisch verändertem Material auf verschiedene Stationen der landwirtschaftlichen Produktion

	Winterraps (fertile Sorte)	**Mais**	**Zuckerrüben**
Saatgut	0,3 %	0,3 %	0,5 %
Anbau	0,0 %	0,0 %	0,0 %
Pollenübertragung	0,2 %	0,2 %	0,0 %
Durchwuchs aus Samenbank	0,2 %	0,0 %	0,05 %
Ernte	0,01 %	0,01 %	0,01 %
Transport	0,05 %	0,01 %	0,01 %
Lagerung	0,05 %	0,05 %	0,1 %
Kontaminationsrate insgesamt	**0,81 %**	**0,57 %**	**0,67 %**

Quelle: Scientific Committee on Plants 2001

Optimistischer wird die Möglichkeit der Einhaltung eines 1 %-Schwellenwertes in der Schweiz beurteilt. Eine Untersuchung der Warenflüsse und Möglichkeiten der Trennung von gentechnisch verändertem Material und konventioneller Ware bei Mais und Sojaprodukten in der Schweiz, die im Auftrag des Bundesamtes für Gesundheit im Jahr 2001 vorgelegt wurde, kommt zu dem Schluss, dass in der Regel ein Schwellenwert von 1 % für GVO-Kontaminationen in Lebensmitteln eingehalten werden kann (Wenk et al. 2001). Als kritischste Punkte für eine Vermischung mit GVO werden in dieser Untersuchung der Umschlag der Ware, insbesondere in den großen Verladehäfen in Übersee und in Europa (wie z. B. Amsterdam, Rotterdam, Antwerpen und Gent) angesehen. Beim Anbau wird insbesondere die Situation in Brasilien als kritisch für eine Vermischung eingeschätzt, da dort offiziell zwar keine transgenen Sojabohnen angebaut werden, doch durch illegalen Import von GVO-Saatgut aus Argentinien immer wieder brasilisches Soja auf den Markt kommt, das mit transgenen Sorten kontaminiert ist. In der Verarbeitung stellen nach dieser Untersuchung Fehlbedienungen und die Verschleppung, falls zunächst GVO-Ware und anschließend Nicht-GVO-Ware verarbeitet wird, das größte Risiko für Vermischungen dar.

Generell hat in den letzten Jahren die Häufigkeit der Vermischungen mit GVO-Material in der Schweiz zugenommen, insbesondere bei Sojaprodukten. In der Regel würden die Vermischungen mit GVO allerdings deutlich unter dem Schwellenwert von 1 % liegen (Wenk et al. 2001). Verbesserungen in der Analytik und Kontrolle des Warenflusses, insbesondere in Überseehäfen oder an der schweizerischen Grenze fallen nach Berechnungen dieser Studie jeweils mit etwa 3 % bis 7 % Mehrkosten zu Buche. Falls weitergehende Maßnahmen der Prozesskontrolle (z. B. ein umfassendes Qualitätssicherungssystem mit einer lückenlosen Dokumentation) eingeführt wird, ist mit zusätzlichen Mehrkosten zu rechnen, die in der Summe nur wenig unter den im Bereich des ökologischen Landbaus üblichen 20 % Mehrkosten für die Trennung der Warenströme liegen dürften (Wenk et al. 2001).

9.3 Rückverfolgbarkeit gentechnisch veränderter Organismen

In den im Juli 2001 vorgelegten Vorschlägen der EU-Kommission zur Weiterentwicklung der Novel Food-Verordnung ist auch ein Vorschlag zur Rückverfolgbarkeit und Kennzeichnung von GVO und Produkten aus GVO enthalten. Mit Hilfe dieser Regelungen sollen Möglichkeiten geschaffen werden, um Produkte über die gesamte Produktions- und Vertriebskette zurückzuverfolgen. Für gentechnisch veränderte Lebens- und Futtermittel soll eine Kennzeichnung eingeführt werden, die darauf abzielt, alle Lebensmittel, die aus GVO hergestellt werden, zu kennzeichnen, unabhängig davon, ob die entsprechende DNA oder Proteine im Endprodukt nachweisbar sind (Kommission der EU 2001b).

Ein solches Rückverfolgbarkeitssystem für GVO kann dann implementiert werden, wenn die notwendigen Informationen zur Identifizierung des GVO auf jeder Stufe der Produktions- und Verarbeitungskette vorliegen und über die einzelnen Stationen weitergegeben und aufbewahrt werden. Beim erstmaligen Inverkehrbringen eines GVO müssen daher die relevanten Informationen zur Verfügung gestellt werden und entweder auf dem Produkt selbst (z. B. durch Verwendung eines spezifischen Codes oder eines „spezifischen Erkennungsmarkers") oder in einem Begleitdokument vermerkt und weitergegeben werden. Ein „spezifischer Erkennungsmarker" würde es ermöglichen, einschlägige Informationen über den jeweiligen GVO einschließlich des Nachweisverfahrens durch ein Zentralregister zugänglich zu machen.

Ein weiterer Teil eines solchen Systems umfasst Regelungen zum Nachweis, dass das Etikett oder die begleitenden Unterlagen korrekte Informationen bezüglich des GVO-Gehalts des Produkts enthalten. Dazu ist ein eindeutiger Nachweis einzelner GVO oder spezifischer DNA- und Proteinsequenzen, die aufgrund der gentechnischen Veränderung entstehen, notwendig. Zum quantitativen Nachweis von GVO in Futter- und Lebensmitteln steht im Wesentlichen die PCR zur Verfügung (s.

Kap. 9.4). Derzeit wird an der Entwicklung und Validierung eines geeigneten Analyseverfahrens für die EU gearbeitet (Kommission der EU 2000c; 2001b).

Die Rückverfolgbarkeit von GVO soll insbesondere durch die Verpflichtung der Unternehmen gewährleistet werden, auf jeder Stufe des Inverkehrbringens von GVO diesbezügliche Informationen zu übermitteln und aufzubewahren. Dazu muss die Industrie Systeme etablieren, die nachvollziehen lassen, wem und von wem GVO-Produkte zur Verfügung gestellt werden. Insgesamt erhofft man sich durch ein solches System (Kommission der EU 2000c)

- verbesserte Möglichkeiten, Produkte vom Markt zurückzuziehen, wenn sich ein Risiko für die menschliche Gesundheit oder die Umwelt ergeben sollte,
- eine Erleichterung der Identifizierung und Überwachung unbeabsichtigter und langfristiger Auswirkungen auf die Umwelt und die Gesundheit von Menschen und Tieren sowie
- eine Verbesserung der Kennzeichnungskontrolle.

Bislang liegen nur die Prinzipien zur Ausgestaltung eines solchen Systems vor. Details sind noch in der Diskussion und werden in den kommenden Jahren entschieden werden.

9.4 Nachweismethoden für gentechnisch veränderte Organismen

Nach der Novel Food-Verordnung besteht eine Kennzeichnungspflicht für Lebensmittel, die lebende gentechnisch modifizierte Organismen darstellen oder diese enthalten. Die Kennzeichnungspflicht besteht dann, wenn im jeweiligen Lebensmittel der betreffende GVO mit wissenschaftlich anerkannten Methoden (s. Kap. 10.2.4) nachgewiesen werden kann. Kennzeichnung und Nachweisbarkeit der gentechnischen Modifikationen sind daher eng miteinander verbunden.

9.4.1 Ansatzpunkte für ein Nachweisverfahren

Durch die gentechnische Modifikation unterscheidet sich der neue Organismus in mindestens einer Eigenschaft vom ursprünglichen Organismus. Dieser Unterschied kann prinzipiell zur Identifikation von Rohstoffen, Lebensmitteln und Lebensmittelzutaten herangezogen werden. Für Nachweisverfahren ergeben sich folgende Ansatzpunkte (Jany und Greiner 1998):

- Veränderung des Phänotyps des Organismus (z. B. Form, Farbe, Resistenz),
- neue Genprodukte (Proteine) oder neue Stoffwechselprodukte,

- neu eingeführte DNA-Sequenzen von gewünschten Eigenschaften (direkte Methode) oder Nukleotidsequenzen von gemeinsam mit dem erwünschten Fremdgen in den Empfängerorganismus eingebrachten Markern (indirekte Methode).

Voraussetzung für einen erfolgreichen Nachweis über die Veränderung des Phänotyps oder über neue Substanzen ist die konstitutive, d. h. ständig ausgeprägte Eigenschaftsänderung aufgrund des gentechnischen Eingriffs. Im Gegensatz dazu ist der Nachweis einer Veränderung auf der DNA-Ebene unabhängig von der Ausprägung der gentechnischen Modifizierung (Jany und Greiner 1998).

Eigenschafts- bzw. DNA-Sequenzveränderungen erlauben noch keinen unmittelbaren Rückschluss auf das Ereignis, das zu dieser Veränderung geführt hat. Ziel der Nachweisverfahren muss es sein, Sequenzveränderungen, die mit Hilfe gentechnischer Verfahren erzielt wurden, von Sequenzveränderungen, die mit anderen Verfahren erzielt wurden oder natürlicherweise auftreten, zu unterscheiden. Daher müssen Sequenzveränderungen nachgewiesen werden, die spezifisch sind für die Nutzung gentechnischer Verfahren. Hierfür eignen sich Sequenzen aus den Übergangsbereichen von Strukturgenen, Markergenen und/oder Vektoren.

9.4.2 Phänotypischer Nachweis

Die gentechnische Veränderung eines Organismus kann zu einer Veränderung seines Phänotyps, der Erscheinungsform und Eigenschaften, führen. Dies kann als Grundlage für ein Nachweisverfahren dienen. Die gentechnisch erzeugten Eigenschaften, wie z. B. Resistenzen gegen Herbizide und Pflanzenpathogene, können direkt für einen phänotypischen Nachweis herangezogen werden. Des Weiteren können Änderungen im Phänotyp herangezogen werden, die durch Einbringen von Markergenen in den Empfängerorganismus ausgelöst werden. Dazu gehören Charakteristika wie z. B. Resistenzen gegen Antibiotika, die Verwertung ungewöhnlicher Substrate oder chromo- und fluorogene Markersysteme (z. B. Katechol-2,3-dioxygenase, Glucuronidase) sowie Biolumineszens-Marker wie beispielsweise das bakterielle Luciferase-System. Je nach Markersystem erfolgt der phänotypische Nachweis entweder durch Ausüben eines Selektionsdrucks (z. B. Antibiotikaeinwirkung) oder durch die Umsetzung von chromogenen Substraten, die zu einer Färbung der Organismen führen.

Allerdings können spontan auftretende Mutationen und durch konventionelle Züchtung erzielte Eigenschaften phänotypisch nicht von gentechnischen Züchtungseingriffen unterschieden werden. Durch Genotyp-Umwelt-Interaktionen wird die Aussagekraft phänotypischer Veränderungen noch weiter beeinträchtigt. Der Nachweis eines gentechnischen Eingriffs anhand phänotypischer Veränderungen ist deshalb nur in wenigen Fällen und im Prinzip nur auf der Ebene des gentechnisch veränderten Organismus möglich und eignet sich nicht zum Nachweis in verarbeiteten Lebensmitteln (Jany und Greiner 1998).

9.4.3 Nachweis der neu eingeführten Proteine

Neueingeführte Proteine können durch immunochemische Testverfahren nachgewiesen werden, die auf spezifischen Antigen-Antikörper-Reaktionen beruhen und mit denen in der Regel auch eine Quantifizierung möglich ist. Die immunologischen Verfahren werden standardmäßig in der klinischen Diagnostik und Lebensmittelüberwachung durchgeführt.

Das sehr häufig eingesetzte immunologische ELISA-Verfahren *(enzyme linked immunosorbent assay)* wird an einer festen Phase ausgeführt und beruht auf folgenden Schritten (Dingermann 1999):

- Adsorption des Proteins (Antigens) an eine Matrix und Absättigung der freien Valenzen,
- Zugabe eines ersten Antikörpers und spezifische Antigen-Antikörper-Bindung,
- Inkubation mit einer zweiten Antikörper-Lösung, deren Antikörper gegen die konstante Region des primären Antikörpers gerichtet sind und an die ein Enzym (z. B. Alkalische Phosphatase, Meerrettich-Peroxidase) gekoppelt ist,
- Inkubation mit einem Substrat für das gekoppelte Enzym zur photometrischen Quantifizierung des Antigen-Antikörper-Komplexes.

Die Vorteile des immunologischen Nachweises (ELISA) sind seine einfache Anwendung, die hohe Robustheit und Spezifität, hinreichende Sensitivität, die Quantifizierbarkeit und die gute Kosteneffizienz. Dem gegenüber stehen der hohe Aufwand für die Erzeugung von hochspezifischen Antikörpern, die Erzeugung von angemessenen Standards und die hohe Empfindlichkeit gegenüber extremen Bedingungen (z. B. pH, Salzkonzentration, Temperatur).

Für einen exakten Nachweis mit Hilfe immunologischer Verfahren werden an Probenmaterial und Nachweisverfahren folgende Anforderungen gestellt (Jany et al. 2000):

- Die zum Nachweis verwendeten Antikörper dürfen ganz spezifisch nur das neueingeführte Protein erkennen und keine Bindung (Kreuzreaktion) mit anderen, strukturell sehr ähnlichen Proteinen (Peptidstrukturen) eingehen. Für die meisten Proteine von gentechnisch modifizierten Lebensmitteln fehlen bislang jedoch die spezifischen Antikörper oder die Verfahren sind noch nicht ausreichend adaptiert und etabliert.

- Das nachzuweisende Protein darf nicht aus einer natürlichen (mikrobiellen) Kontamination des Lebensmittels, sondern nur aus dem gentechnisch modifizierten Produkt stammen. Ebenso sind Kontaminationen der Pflanzen durch externe Quellen auszuschließen (z. B. *Bt*-Toxin Nachweis in Pflanzen, die im Rahmen des biologischen Pflanzenschutzes mit *Bacillus thuringiensis*-Lösungen behandelt wurden).
- Das Gen für das nachzuweisende Protein muss in dem zum Verzehr bestimmten Pflanzenorgan exprimiert bzw. das entsprechende Protein synthetisiert werden. Ist dies nicht oder kaum der Fall (z. B. Genprodukt des Ampicillinresistenzgens und *Bt*-Toxin im Maiskorn), ist ein immunologischer Nachweis nicht möglich.
- Die zu prüfenden Lebensmittel dürfen nicht oder nur relativ schwach verarbeitet sein. Bei stärker verarbeiteten Lebensmitteln ist durch die Denaturierung der Proteine kein sensitiver bzw. oft überhaupt kein Nachweis mittels ELISA mehr möglich.
- Die zu prüfenden Lebensmittel müssen Bestandteile des eingesetzten pflanzlichen Rohmaterials auf Proteinebene enthalten. Für Lebensmittel, die auf anderen Bestandteilen beruhen, wie z. B. Raps- und Sojaöl oder Maisstärke und deren Verzuckerungsprodukte, ist ein Nachweis auf Proteinebene unmöglich.

Für den Nachweis von gentechnisch modifizierten Lebensmitteln steht bisher nur ein validierter ELISA Kit für die Detektion des CP4 EPSPS-Proteins der Roundup Ready® Sojabohne zur Verfügung (Lipp 2000). Ebenfalls durch ELISA-Tests nachgewiesen werden kann das Cry1A(b)-Genprodukt aus *Bt*-Mais in den grünen Pflanzenteilen.

9.4.4 Nachweis der neu eingeführten DNA (PCR)

Im Punkte der Spezifität auf eine gentechnische Veränderung ist der DNA-Nachweis mit seinen überlappenden Sequenzen aus z.B. Regulator und Zielgen dem Proteinnachweis überlegen.

Qualitativer Nachweis

Der Nachweis gentechnischer Veränderungen auf DNA-Ebene basiert auf der Polymerase-Kettenreaktion (PCR). Das Prinzip der PCR ist in Kapitel 8.2.1.2 beschrieben und besteht aus der Amplifikation einer nachzuweisenden DNA-Sequenz mit Hilfe spezifischer Primer durch das Polymerase-Enzym und der anschließenden Größenbestimmung der PCR-Produkte durch gelelektrophoretische Auftrennung. Die klassische PCR kann für Screenings eingesetzt werden, wenn DNA-Sequenzen aus bestimmten Kontrollelementen nachgewiesen werden, die bei der gentechnischen Veränderung in sehr vielen Pflanzen verwendet werden. Entsprechende Kontrollelemente sind Regulations- und Steuerungseinheiten, wie beispielsweise Promotor- und Terminatorsequenzen. Die Screening-Methode liefert Hinweise auf mögliche gentechnische Veränderungen, die jedoch noch durch spezifische Nachweisverfahren überprüft und bestätigt werden müssen (Zagon 1998). Die gesuchte Sequenz gilt als nachgewiesen, wenn

- die ermittelte Größe des PCR-Produkts durch einen Vergleich mit gelelektrophoretisch aufgetrennten Längenstandards der erwarteten Länge der gesuchten DNA-Sequenz entspricht,
- gezeigt werden kann, dass das PCR-Produkt mit der DNA-Sonde spezifisch hybridisiert oder nach Restriktionsverdau Fragmente spezifischer Längen aufweist (s. Kap. 8.2.1.2) oder durch DNA-Sequenzierung des PCR-Produkts die gesuchte Sequenz bestätigt wurde,
- wenn die Amplifizierbarkeit der Probe nachgewiesen wurde (andere Primer, Kontrolle).

Der klassische PCR-Nachweis liefert nur qualitative Ergebnisse, d. h. er zeigt, ob gentechnische Veränderungen im Produkt vorhanden sind, nicht jedoch in welchen Mengen. Da der DNA-Nachweis extrem empfindlich ist und schon einzelne Gene oder DNA-Bruchstücke zu positiven Ergebnissen führen, ist es in der Regel nicht möglich, zufällige oder unbeabsichtigte „Verunreinigungen“ durch z. B. unvermeidbare Vermischungen bei Transport oder Lagerhaltung von beabsichtigten gentechnischen Veränderungen zu unterscheiden (Transgen 2001). In den Vorschlägen der EU-Kommission über eine Verordnung über genetisch veränderte Lebens- und Futtermittel (s. Kap. 10.2) wurde ein Schwellenwert[59] festgelegt, ab dem Lebens- und Futtermittel mit gentechnisch veränderten Inhaltsstoffen gekennzeichnet werden müssen. Die Festlegung und Kontrolle eines Schwellenwerts setzt jedoch eine Quantifizierung der PCR-Produkte voraus (Jany et al. 2000).

Quantitativer Nachweis

Für den quantitativen Nachweis von gentechnisch veränderten Produkte stehen zwei Verfahren zur Verfügung: die kompetitive PCR-Analyse und die kinetische quantitative PCR.

Die *kompetitive PCR* ist eine sehr sensitive Methode, mit der unter 1 % DNA aus gentechnisch veränderten Organismen quantifiziert werden kann. Die Analyse basiert auf der Co-Amplifikation einer Ziel-DNA-Sequenz und eines synthetischen DNA-Fragmentes (Standard-DNA) in unterschiedlichen bekannten Konzentrationen (Heyndrickx et al. 2001). Um eine identische Amplifikationsfrequenz zu gewährleisten, muss das synthetische DNA-Fragment in seiner Basensequenz der nachzuweisenden Zielsequenz sehr ähnlich sein. Das PCR-Produkt des synthetischen

---

59 Bis zu einem Anteil von 1 % sollen unbeabsichtigte und unvermeidliche Beimischungen von gentechnisch veränderten Organismen ohne Kennzeichnung toleriert werden.

DNA-Fragmentes weist jedoch im Vergleich zum PCR-Produkt der Zielsequenz einen Unterschied in der Größe auf, so dass sich die PCR-Produkte durch elektrophoretische Auftrennung unterscheiden lassen. Die Quantifizierung erfolgt durch Vergleich der Bandenstärke beider PCR-Produkte, wobei bei gleicher Bandenintensität die Konzentration der Ziel-DNA der des synthetischen DNA-Fragments entspricht. Das Ergebnis der einfach kompetitiven PCR ist stark von der absoluten DNA-Menge des DNA-Extrakts abhängig und ohne spezielle Standards nicht für verarbeitete Lebensmittel geeignet (Jany et al. 2000).

In der doppelt kompetitiven PCR wird nicht nur das Fragment für den spezifischen Nachweis der eingefügten DNA amplifiziert, sondern auch ein Fragment aus der DNA, das unspezifisch für die Veränderung ist, aber ebenfalls in dem Lebensmittel vorhanden ist (z. B. Lektin-Gen bei Sojabohnen). Mit Standards für beide Amplifikationen kann für beide Fragmente eine relative Kopienzahl bestimmt werden. Setzt man die Kopienzahl zueinander in Beziehung, so kann der relative Anteil an veränderter DNA angegeben werden (Jany et al. 2000).

Die *kinetische quantitative PCR* ist ein quantitatives Verfahren, bei dem die Menge der gebildeten PCR-Produkte während der PCR über mehrere Zyklen verfolgt wird. Es gibt inzwischen zwei kommerziell erhältliche automatisierte Systeme: das „*Taq*Man“ PCR-System von Perkin Elmer (USA) und das „LightCycler“ Hybridisierungs-System von Roche Molecular Biochemicals (Deutschland).

Das *Taq*Man PCR-Verfahren beruht auf der irreversiblen Spaltung einer markierten Sonde durch die Exonukleaseaktivität der DNA-Polymerase, wobei ein messbares Signal erzeugt wird. Der PCR wird hierfür neben den üblichen PCR-Primern, eine für die Zielsequenz spezifische Sonde zugesetzt, die mit zwei Fluoreszenzfarbstoffen[60] markiert ist. Die Sonde bindet während der PCR an die denaturierte Zielsequenz und wird durch die 5′3′ Exonukleaseaktivität der DNA-Polymerase hydrolysiert. Dadurch werden die Farbstoffe voneinander getrennt und das Fluoreszenzsignal steigt proportional zur Anzahl synthetisierter PCR-Produkte an. Zur Quantifizierung wird der Anstieg der Fluoreszenz während der PCR gemessen, wobei nicht die Menge des akkumulierten Endproduktes herangezogen wird, sondern der Zeitpunkt, zu dem die Amplifikation erstmals durch Fluoreszenzsignale nachgewiesen wird. Je mehr Startkopien in die PCR eingebracht wurden, desto früher wird ein signifikanter Anstieg der Fluoreszenz gemessen. Als Parameter für die Bestimmung der Startkopienzahl wird der Ct-Wert[61] *(threshold cycle*) berechnet, der die Zykluszahl an-

60 Die Fluoreszenzfarbstoffe bestehen aus einem Reporterfarbstoff am 5′Ende und einem Quencherfarbstoff am 3′Ende. Die Nähe des Quenchermoleküls reduziert die emittierte Fluoreszenz des Reporterfarbstoffes durch Energietransfer.

61 In die Ebene, in der alle Kurven in die exponentielle Phase übergehen, wird eine Gerade gelegt. Die Schnittpunkte jeder Kurve mit der Gerade sind die Schwellenwerte (Ct). Der Ct-Wert gibt die Zyklenzahl an, bei der die Amplifikation beginnt. Je höher die in der PCR eingesetzte DNA-Menge ist, desto geringer ist der Ct-Wert. Mit DNA-Standards, die eine definierte Kopienzahl

gibt, bei der die Fluoreszenz einen festgelegten Schwellenwert überschreitet. Analog zur Vorgehensweise bei der doppelt kompetitiven PCR wird der relative Anteil an transgener DNA in der Probe durch das Verhältnis der relativen Kopienzahl eines Fragments, das spezifisch für die gentechnische Veränderung ist und der relativen Kopienzahl eines Fragments, das spezifisch für das Lebensmittel ist, bestimmt (Jany et al. 2000).

Das LightCycler Hybridisierungs-Verfahren beruht auf der Hybridisierung von zwei unabhängigen Sonden. Nach der Hybridisierung wird Resonanzenergie von einer auf die andere Sonde übertragen, was schließlich zur Fluoreszenzemission führt. Hybridisierung und Amplifikation der PCR-Produkte laufen gleichzeitig ab und das Ansteigen des Fluoreszenzsignals wird automatisch während dem Prozess gemessen (Hendrickx et al. 2001).

Beide Verfahren können nicht nur für den quantitativen Nachweis gentechnisch veränderter Organismen verwendet werden, sondern auch für den Nachweis von Mikroorganismen. Sie sind sowohl für unverarbeitete als auch für verarbeitete Lebensmittel geeignet, einfach in der Anwendung mit hoher Spezifität und Sensitivität. Gegenwärtig liegt die Nachweisgrenze beider Verfahren bei einer Beimischung von etwa 0,1 % gentechnisch verändertem Material. Für transgenen Mais und Sojabohnen sind quantitative Nachweisverfahren entwickelt worden, die bereits kommerziell eingesetzt werden. Diese liefern jedoch keine exakten Ergebnisse, sondern Schätzwerte. Bisher ist kein quantitatives Nachweisverfahren nach § 25 GenTG amtlich anerkannt. Entsprechende Ringversuche mit mehreren beteiligten Analyselaboren werden durchgeführt (Transgen 2001).

9.4.5 Fazit

Die Möglichkeit, in einem Produkt gentechnisch veränderte Organismen nachzuweisen, wird in erster Linie durch die Stabilität der DNA-Erbsubstanz während Verarbeitung und Zubereitung des betreffenden Produkts, die Reinheit der isolierten DNA bei PCR-Verfahren und die Empfindlichkeit der verfügbaren Nachweisverfahren bestimmt (Transgen 2001). Ein negativer Befund kann bislang nicht als Beweis dafür angesehen werden, dass im Erbgut des untersuchten Materials keine gentechnisch bedingte Veränderung vorliegt (Jany und Greiner 1998).

Bisher werden Nachweise vor allem auf DNA-Ebene geführt. In Deutschland sind Verfahren zum Nachweis verschiedener transgener Organismen (z. B. Sojabohnen, Mais, Kartoffeln, sowie Mikroorganismen in Joghurt und Rohwurst) standardisiert und nach LMBG amtlich anerkannt. Bei allen derzeit auf dem Markt befindlichen

---

enthalten, kann das System kalibriert werden; der dekadische Logarithmus der Kopienzahl verhält sich proportional zum Ct-Wert.

gentechnisch veränderten Pflanzen sind Nachweise in den aus ihnen hergestellten Lebensmitteln grundsätzlich möglich, sofern nachweisfähige DNA vorhanden ist (Transgen 2001).

9.5 Stand und Perspektiven

Die Diskussion um die Risiken und Sicherheit der Anwendung gentechnischer Methoden und Verfahren im Landwirtschaft- und Ernährungssektor der EU hat in den vergangenen Jahren – zumindest in einzelnen Mitgliedsländern wie Großbritannien, Frankreich und verschiedenen Mittelmeerstaaten – an Intensität gewonnen. Im Mittelpunkt des Interesses stehen dabei die Folgen der Freisetzung und des Inverkehrbringens gentechnisch veränderter Organismen (insbesondere Pflanzen und Mikroorganismen). Dies gilt sowohl hinsichtlich der Risiken für die menschliche und tierische Gesundheit als auch für die Umwelt.

Im Rahmen der wissenschaftlichen Risikodiskussion über transgene Pflanzen werden insbesondere Fragen des vertikalen und horizontalen Gentransfers, der Verwilderung, Auswirkungen transgener Pflanzen auf Tiere im Ökosystem sowie mögliche Resistenzbildungen intensiv behandelt. Bei vielen damit zusammenhängenden Fragestellungen ergibt sich die Schwierigkeit, dass einer Erforschung im begrenzten Maßstab eines Laborversuchs oder im Rahmen eines Freisetzungsversuchs im Gewächshaus enge Grenzen gesetzt sind. Außerdem sind oftmals die zugrunde liegenden biologischen Phänomene und deren Einflussfaktoren nur unvollständig verstanden. Daher überrascht nur wenig, dass bei vielen Aspekten derzeit nur sehr eingeschränkt allgemeingültige Aussagen gemacht werden können und oftmals weitere Forschungsanstrengungen notwendig sind.

Unter den Anbaubedingungen Mitteleuropas sind für die meisten Pflanzenarten, bei denen bislang gentechnische Veränderungen in größerem Umfang vorgenommen wurden, Auskreuzungen wenig wahrscheinlich. Bei Raps wurde allerdings bereits ein vertikaler Gentransfer auf verwandte Kultur- und Wildarten nachgewiesen. Bei Radiccio, Luzerne und Zuckerrüben ist dieser nicht auszuschließen. Trotz relativ großer Unterschiede in den vorliegenden Versuchsergebnissen (z. B. in Abhängigkeit von dem Versuchsansatz, Größe der bestäubenden und bestäubten Populationen, Windverhältnisse, Größe und Flugweite der Bestäuber) kann davon ausgegangen werden, dass bei männlich fertilem Raps, Tabak, Kartoffeln und Zuckerrüben die Auskreuzungsraten bis 100 m Entfernung zwischen Pollenspender und -empfänger maximal bei 1 % liegen. Bei männlich sterilen Rapssorten (wie z. B. einzelnen Hybridsorten) liegen die Einkreuzungsraten allerdings deutlich höher als bei männlich fertilen Sorten. Einzelne Managementmaßnahmen, wie z. B. Mantelsaaten, können die Auskreuzungsraten deutlich absenken.

Relativ wenig gesicherte Erkenntnisse liegen hinsichtlich der Möglichkeit eines horizontalen Gentransfers von transgenen Pflanzen auf Mikroorganismen vor, doch wird dieser von den meisten Wissenschaftlern nicht ausgeschlossen. Dies gilt auch für die Möglichkeit des Gentransfers von Antibiotikaresistenzgenen auf boden- und pflanzenassozierte Bakterien, für den bislang nur Ergebnisse einzelner Laborexperimente, aber keine Hinweise für das Auftreten im Freiland existieren.

Das Verwilderungsrisiko landwirtschaftlicher Nutzpflanzen verringert sich tendenziell mit dem Grad ihrer züchterischen Bearbeitung. Eine Ausnahme bildet allerdings Raps, der häufig auf Ruderalstandorten auftritt. Die Ergebnisse vorliegender Experimente geben kein einheitliches Bild zu dem Verwilderungsrisiko transgener Raps- und Zuckerrübenlinien in Mitteleuropa, doch wird transgenen Populus Arten und winterharten Gräsern das höchste Auswilderungsrisiko zugeschrieben. Es wird erwartet, dass sich das Verwilderungspotenzial von transgenen Pflanzen in der Zukunft erhöhen könnte, falls gehäuft fitnessrelevante Eigenschaften der Pflanzen modifiziert werden.

Die Auswirkungen von transgenen Pflanzen insbesondere mit Bt-Toxinen auf Tiere im Ökosystem werden derzeit intensiv untersucht. In diesem Zusammenhang hat eine Studie aus dem Jahr 1999 erhebliche Medienaufmerksamkeit erregt, nach der Raupen des Monarchfalters höhere Mortalitätsraten zeigten, nachdem sie mit Pollen von Bt-Mais bestäubte Blätter fraßen. Bei den dieser Studie zugrunde liegenden Experimenten handelte es sich um Vorversuche, die im Labor erfolgten. Nicht zuletzt aufgrund des vorläufigen Charakters dieses Experimentes und ähnlicher in den nachfolgenden Monaten veröffentlichter Studien ist die Interpretation der Ergebnisse in der Fachwelt gespalten. Resistenzentwicklungen von Insekten gegen transgene Bt-Pflanzen wurden bislang in Laborexperimenten nachgewiesen. Unter Wissenschaftlern ist daher auch nicht die Entstehung solcher Resistenzen, sondern die Dauer bis zu ihrem Auftreten umstritten.

Als potenzielle Risiken durch den Verzehr gentechnisch veränderter Lebensmittel werden toxische oder allergene Inhaltsstoffe sowie die Übertragung von Antibiotikaresistenzen aufgrund der Verwendung von Antibiotikaresistenzmarkergenen diskutiert. Bei der Frage möglicher humantoxikologischer Effekte gentechnisch veränderter Lebensmittel konzentrierte sich die Risikodiskussion der vergangenen Jahre auf die Möglichkeit des Auftretens unerwarteter und nicht intendierter Nebeneffekte durch gentechnische Eingriffe. Allerdings sind die Auswirkungen von Eingriffen in den Sekundärstoffwechsel von Pflanzen und deren Rückwirkungen auf die Nahrungsmittelsicherheit oftmals nur schwer vorhersehbar, da die zugrunde liegenden komplexen biochemischen Abläufe bisher nur unvollständig verstanden werden. Vor dem Inverkehrbringen von GVOs werden umfangreiche Tests zu möglichen toxikologischen Wirkungen einer gentechnischen Veränderung und der dabei entstehenden Genprodukte durchgeführt. Das dabei in der EU angewandte Konzept der „substanziellen Äquivalenz" ist wissenschaftlich allerdings nicht unumstritten. Bei den intensiv untersuchten npt II-Gen (Kanamycin-Resistenzgen) und Bt-Toxin konnten keine humantoxischen Effekte festgestellt werden. Im Jahr 1998 erregten Untersuchungen des britischen Wissenschaftlers Arpad Pusztai eine hohe Medienaufmerksamkeit. Er stellte negative Auswirkungen auf das Wachstum und Immunsystem von Ratten nach der Verfütterung von transgenen Kartoffeln, die ein bestimmtes Lektin aus Schneeglöckchen enthielten, fest. Die von Pusztai für die Versuche verwendeten transgenen Kartoffeln waren allerdings nicht für den menschlichen Verzehr oder die Verfütterung an Tiere bestimmt, sondern wurden ausschließlich für Versuchszwecke erzeugt. Insgesamt sind die Ergebnisse dieser Untersuchungen in der Fachwelt umstritten, doch haben sie in hohem Maße die öffentliche Meinung über die Anwendung der Gentechnik im Agro Food-Sektor in Großbritannien beeinflusst.

Da mit Hilfe der Gentechnik letztendlich neue oder veränderte Proteine in einen Organismus transferiert werden, ist ein Risikopotenzial zur Etablierung von Lebensmittelallergien nicht auszuschließen. Probleme bereitet allerdings die Vorhersage der möglichen Allergenität eines „neuen" Proteins, da dafür keine ausgereiften Methoden existieren. Bei der Untersuchung verschiedener neu eingeführter Proteine, die in gängigen transgenen Pflanzen verwendet werden, wurden diese in einem „künstlichen" Magen-Darm-Trakt schneller abgebaut als gängige allergene Bestandteile von Lebensmitteln. Gegenwärtig wird das allergene Potenzial des Cry9C-Proteins (ein Bt-Protein) intensiver diskutiert, das in der transgenen Maissorte Star Link des Unternehmens Aventis Cropscience enthalten ist und in künstlichen Verdauungsversuchen nur teilweise abgebaut wurde.

Die befürchteten gesundheitlichen Risiken von Antibiotikaresistenzgenen beziehen sich zumeist darauf, das diese Markergene aus GVO zur Verbreitung von Antibiotikaresistenzen, die in einzelnen Bakterienpopulationen bereits relativ weit verbreitet sind, beitragen könnten mit der Folge, dass in der Human- oder Tiermedizin eingesetzte Antibiotika nicht mehr wirksam sein könnten. Nach den vorliegenden wissenschaftlichen Ergebnissen ist allerdings eine Übertragung von Antibiotikaresistenzgenen auf Bakterien im Darm von Mensch oder Tier sehr unwahrscheinlich. Dasselbe gilt für eine Übertragung auf Epithelzellen im Darm, obwohl ein Teil der DNA bei der Verdauung nicht abgebaut wird. Trotzdem wird wissenschaftlich intensiv daran gearbeitet, Alternativen zu Antibiotikaresistenzgenen zu entwickeln, nicht zuletzt auch deshalb, da diese z. B. in der EU ab 2005 nicht mehr zugelassen sein sollen.

Eine intensive Diskussion gibt es in der EU derzeit um vorgeschlagene Schwellenwerte von 1 % bei zufälliger Kontamination mit GVO in Lebens- und Futtermitteln bzw. 0,3 % bis 0,5 % bei Saatgut. Bei Unterschreiten dieser Schwellenwerte sollen die Produkte von der Kennzeichnungspflicht für GVO-Produkte ausgenommen werden. Insbesondere für ökologisch wirtschaftende landwirtschaftliche Betriebe ist die „Gentechnikfreiheit" von hoher Relevanz, da die entsprechenden EU-Verordnungen den Einsatz der Gentechnik nicht zulassen. Die Reinheit des Saatguts, eventuelle Kontaminationen während des Anbaus durch Pollenflug/Insektenbestäubung oder Durchwuchs, Vermischungen bei Lagerung, Transport (insbesondere in Umschlagshäfen und bei Transport offener Ware) sowie in Verarbeitungsbetrieben, in denen GVO-haltige und -freie Ware verarbeitet wird, sind als kritische Punkte einer Kontamination in der Prozesskette zu betrachten. Unter den Anbaubedingungen der EU sind nach Einschätzung des Scientific Committee on Plants die vorgeschlagenen Grenzwerte für Saatgut nur unter idealen Produktionsbedingungen zu erreichen. Insbesondere falls in Zukunft der Anbau von transgenen Pflanzen in Europa ansteigt, sind vermehrte Auskreuzungen und Durchwuchsprobleme wahrscheinlich, die dazu führen können, dass die vorgeschlagenen Grenzwerte für Saatgut in vielen Fällen nicht eingehalten werden dürften. Als weniger kritisch wird in einer aktuellen Untersuchung in der Schweiz die Einhaltung des vorgeschlagenen Schwellenwertes von 1 % GVO-Kontamination bei Lebensmitteln eingeschätzt. Andererseits besteht unter Wissenschaftlern aber auch Einigkeit darüber, dass eine „GVO-Freiheit" (mit einem Schwellenwert von 0 %) bei gleichzeitigem Anbau von transgenen Pflanzen und konventionellen Sorten in Mitteleuropa nicht zu realisieren sein dürfte.

Nachweisverfahren für gentechnisch modifizierte Organismen können auf der Ebene des Phänotyps, der Stoffwechselprodukte oder der DNA-Sequenzen ansetzen. Bislang liegen allerdings nur vereinzelte Testkits vor, mit denen jeweils eine spezifische Veränderung nachgewiesen werden kann. Daher werden Nachweise vor allem auf DNA-Ebene mit Hilfe von PCR-Verfahren durchgeführt – zumal damit auch die quantitative Bestimmung der gentechnischen Veränderung möglich ist. Für verschiedene Lebensmittel sind dafür in Deutschland standardisierte Verfahren auf dem Markt.

In den kommenden Jahren sind organisatorische „Neuentwicklungen" (wie z. B. ein Nachzulassungsmonitoring für inverkehrgebrachte GVO, System zur Rückverfolgbarkeit von GVO und Produkten aus GVO) zu erwarten, die dazu beitragen sollen, unbeabsichtigte und möglicherweise erst nach dem Inverkehrbringen erkennbare längerfristiger Auswirkungen auf die Umwelt und Gesundheit von Menschen und Tieren rechtzeitig zu erkennen und gleichzeitig die Grundlagen für eine Kennzeichnung von GVO-Produkten zu erweitern. Daneben sind allerdings noch zusätzliche Laborexperimente und auch Untersuchungen im Freiland erforderlich, um zumindest einen Teil der offenen Fragen in der Risikobewertung von GVO einer Klärung näher zu bringen.

10. Rechtliche Regelungen

Im folgenden Kapitel werden die rechtlichen Rahmenbedingungen für die Anwendung der Gentechnik im Landwirtschafts- und Lebensmittelbereich dargestellt. Dabei wird zunächst auf internationale Regelungen eingegangen, die weltweit Gültigkeit haben. Anschließend werden relevante Regelungen der EU und Deutschlands berücksichtigt.

10.1 Internationale Regelungen

Auf internationaler Ebene haben für die Anwendung der Gentechnik im Agro-Food-Sektor insbesondere das Übereinkommen über biologische Vielfalt und das daraus abgeleitete Protokoll über die biologische Sicherheit sowie Regelungen zum Schutz geistigen Eigentums Relevanz.

10.1.1 Das Übereinkommen über die biologische Vielfalt

Das Übereinkommen über die biologische Vielfalt (Convention on Biological Diversity, CBD) ist auf der Konferenz der Vereinten Nationen über Umwelt und Entwicklung im Jahr 1992 in Rio de Janeiro verabschiedet worden und gemäß seinem Artikel 36 90 Tage nach Hinterlegung der 30. Ratifizierungsurkunde im Dezember 1993 in Kraft getreten (Wolfrum und Stoll 1996). Inzwischen ist diese Konvention von mehr als 175 Staaten unterzeichnet worden, allerdings nicht von den USA. Deutschland hat die Konvention über die biologische Vielfalt am 12. Juni 1992 unterzeichnet und am 21. Dezember 1993 ratifiziert.

Das Übereinkommen über die biologische Vielfalt, kurz „Biodiversitätskonvention“ genannt, verfolgt drei Ziele:

- den Erhalt der biologischen Vielfalt,
- die nachhaltige Nutzung ihrer Bestandteile (d. h. eine Nutzung, die die biologische Vielfalt langfristig nicht gefährdet),
- eine gerechte Verteilung der Vorteile aus der Nutzung genetischer Ressourcen.

Dieses Übereinkommen stellt insofern ein Novum dar, als dass erstmals der Schutzanspruch der biologischen Vielfalt mit dem Gedanken der nachhaltigen Entwicklung (Sustainable Development) verknüpft wird. Zum anderen wird in diesem Übereinkommen zum ersten Mal völkerrechtlich anerkannt, dass genetische Ressourcen ähnlich wie Bodenschätze unter die Souveränität der einzelnen Nationalstaaten fallen. Das Interesse an einer Erhaltung der weltweit vorkommenden Pflanzen- und Tierarten soll nach der Biodiversitätskonvention über einen marktwirtschaftlichen „Vorteilsausgleich" zwischen Nutzenden (z. B. einem Pharmaunternehmen in den Industrieländern) und denjenigen, die die biologische Vielfalt für diese Nutzung erhalten (z. B. den Staaten oder Einwohnern eines bestimmten Gebietes in Entwicklungsländern) gewährleistet werden. In der Praxis ist diese Forderung allerdings bei weitem noch nicht erfüllt, sondern es wird versucht, durch Vertragsstaatenkonferenzen (Regierungskonferenzen), die alle zwei Jahre stattfinden, diese Forderung in kleinen Schritten umzusetzen.

In dem Abkommen über biologische Vielfalt werden auch einige Aspekte erwähnt, die gentechnisch veränderte Organismen betreffen. Nach Artikel 19, Absatz 3 verpflichten sich die unterzeichnenden Staaten, Maßnahmen für eine sichere Weitergabe, Handhabung und Verwendung der durch Biotechnologie hervorgebrachten lebenden modifizierten Organismen zu vereinbaren. Damit sollen nachteilige Auswirkungen auf die Erhaltung und nachhaltige Nutzung der genetischen Ressourcen vermieden werden (CBD 1992).

10.1.2 Cartagena Protocol on Biosafety

Die im vorherigen Abschnitt genannte Absichtserklärung der Biodiversitätskonvention war der Anlass für das Protokoll über die biologische Sicherheit (Biosafety-Protokoll), das im Januar 2000 nach mehreren Verhandlungsrunden verabschiedet wurde. Nach dem letzten Verhandlungsort wird es auch als „Cartagena Protocol on Biosafety" bezeichnet.

Die wesentlichen Kernpunkte des Protokolls über die biologische Sicherheit sind die folgenden:

- Wenn lebende gentechnisch veränderte Organismen in ein anderes Land exportiert werden sollen, um dort freigesetzt zu werden, ist ein bestimmtes Informations- und Entscheidungsverfahren einzuhalten (sogenannte „Advanced informed agreement procedure") (Cartagena Protocol on Biosafety 2000). Nach diesen Regelungen ist das Ausfuhrland verpflichtet, dem Empfängerstaat alle Informationen zugänglich zu machen, die für die Sicherheitsbewertung gentechnisch veränderter Organismen erforderlich sind. Wenn berechtigte Zweifel an der Sicherheit des GVO für die Umwelt, biologische Vielfalt oder menschliche Gesundheit bestehen, hat das Empfängerland das Recht, die Einfuhr von GVO zu untersagen, ohne dass dafür eine erschöpfende wissenschaftliche Beweisführung notwendig ist. Beim Handel mit GVOs, die im Einfuhrland sofort zu Lebens- und Futtermitteln verarbeitet werden (wie dies z. B. bei Sojabohnen oder Mais zumeist der Fall ist), gilt dieses Verfahren allerdings nicht.

- Das Biosafety-Protokoll enthält auch Regelungen zur Kennzeichnung der eingeführten GVO-Produkte. Danach sind lebende, vermehrungsfähige, gentechnisch veränderte Organismen, die eingeführt werden, um sie zu Forschungszwecken freizusetzen oder daraus Saatgut zu erzeugen, eindeutig zu deklarieren. Wenn jedoch gentechnisch veränderte Pflanzen eingeführt werden, ohne sie gezielt in die Umwelt freizusetzen, dann ist eine besondere Meldung an das Einfuhrland nicht erforderlich. Ohne gentechnisch-spezifische Kennzeichnung bleiben Produkte, die zwar aus GVO stammen, diese jedoch nicht mehr in einer vermehrungsfähigen Form enthalten. Wichtig ist zu erwähnen, dass die Bestimmungen des Biosafety-Protokolls sich nur auf den Transport im zwischenstaatlichen Handel beziehen, jedoch nicht auf die Abgabe der Produkte im einführenden Land.
- Die Staaten, die das Biosafety-Protokoll unterzeichnen, verpflichten sich, alle sicherheitsrelevanten Informationen von GVO einer internationalen Clearingstelle zugänglich zu machen, so dass bei Bedarf die Einfuhrländer auf diese Informationen zurückgreifen können. Auch in Deutschland wurde inzwischen eine nationale Stelle für diesen Zweck eingerichtet.

Das Europäische Parlament und der Europäische Rat haben im Jahr 2002 einen Entwurf einer Verordnung über die grenzüberschreitende Verbringung genetisch veränderter Organismen vorgelegt, mit dem die Bestimmungen des Protokolls von Cartagena über die biologische Sicherheit in Gemeinschaftsrecht umgesetzt werden sollen (Kommission der EU 2002). Der Verordnungsvorschlag sieht folgende Punkte vor:

- Verfahren zur Anmeldung der grenzüberschreitenden Verbringung lebender gentechnisch veränderter Organismen zur absichtlichen Freisetzung in die Umwelt,
- Informationsverfahren für lebende gentechnisch veränderte Organismen, die zur Verwendung als Lebens- oder Futtermittel bzw. zur Verarbeitung bestimmt sind,
- Anforderungen an die Identifizierung von GVO, die aus der Gemeinschaft ausgeführt bzw. in die Gemeinschaft eingeführt werden,
- Informationsverfahren für die unabsichtliche grenzüberschreitende Verbringung von GVO,
- Verfahren zur Information, Überwachung und Berichterstattung zwischen der Kommission und/oder den Mitgliedstaaten und der Informationsstelle für biologische Sicherheit.

10.1.3 Internationale Regelungen zum Schutz geistigen Eigentums

Erhebliche Auswirkungen auf den internationalen Schutz geistigen Eigentums hat das Abkommen über handelsrelevante Aspekte des Schutzes geistigen Eigentums, das als Teil des WTO-Abkommens auf der Ministerkonferenz von Morra-Kesel 1994 verabschiedet wurde. Danach sollen Mitgliedsstaaten einen Schutz von Pflanzensorten entweder durch Patente oder durch ein wirksames eigenes System („sui generis-System“) bzw. eine Kombination von beiden Maßnahmen vorsehen. Diese Regelung steht allerdings unter dem Vorbehalt einer besonderen Revisionsklausel, nach der die Bestimmung vier Jahre nach Inkrafttreten des WTO-Übereinkommens überprüft werden soll. Trotzdem besteht die Befürchtung, dass Saatgut in Zukunft nur noch zu erschwerten Bedingungen, insbesondere zu höheren Preisen, zur Verfügung stehen könnte (Wolfrum und Stoff 1996). Mit Relevanz für den Agrarsektor sind zudem die Anerkennung des „traditionellen Wissens“ (v. a. in den Entwicklungsländern) umstritten. Daher beschäftigt sich der WTO-Ausschuss für geistiges Eigentum seit Juli 1999 mit der Resision der Regelungen zum Schutz von Pflanzensorten durch ein eigenes wirksames „sui generis“-System.

Bedeutung für den Schutz geistigen Eigentums auf dem Gebiet der Pflanzenzüchtung hat auch das 1961 von fünf westeuropäischen Ländern zum Schutz von Pflanzenzüchtungen getroffene UPOV-Übereinkommen (International Union for the Protection of New Varieties of Plants), dem heute etwa 70 Länder angehören. Durch eine Novellierung des UPOV-Übereinkommmens im Jahre 1991 wurde das Züchterrecht gestärkt. Das uneingeschränkte Züchter- und Landwirteprivileg wurde durchbrochen. Es wurde neu geregelt, dass sich das Züchterrecht außer auf die geschützte Sorte auch auf solche Sorten erstreckt, die von einer geschützten Sorte im Wesentlichen abgeleitet sind. Hierdurch wurde das Züchterprivileg eingeschränkt. Das Landwirteprivileg wurde dahingehend eingeschränkt, dass der Nachbau für Saatgutzwecke auf dem eigenen Betrieb die Zustimmung des Züchters erfordert, wobei den Mitgliederländern die Option eingeräumt wurde, den Landwirten den Nachbau weiterhin – jedoch unter Wahrung der berechtigten Züchterinteressen (Entrichtung einer Gebühr) – zu gestatten. Von Bedeutung ist außerdem, dass 1994 auf EU-Ebene eine Verordnung über den gemeinschaftlichen Sortenschutz in Kraftgetreten ist, die die Änderungen des UPOV-Übereinkommens aus dem Jahre 1991 im Prinzip übernommen hat (Henze 1995). Das deutsche Sortenschutzgesetz wurde im Jahr 1997 hieran angepasst.

10.2 Rechtliche Regelungen in der EU

10.2.1 Systemrichtlinie (98/81/EG)

Im Jahr 1990 wurde von der EU die Richtlinie über die Anwendung genetisch veränderter Mikroorganismen in geschlossenen Systemen (90/219/EWG) erlassen, die den Umgang mit GVO in geschlossenen Systemen regelt und Maßnahmen zum

Schutz der menschlichen Gesundheit (in erster Linie hinsichtlich des Arbeitsschutzes) und der Umwelt beinhaltet. Diese Richtlinie wurde durch verschiedene Entscheidungen der EU-Kommission modifiziert, zuletzt durch die Richtlinie 98/81/EG des Rates vom 26. Oktober 1998 zur Änderung der Richtlinie 90/219/EWG über die Anwendung gentechnisch veränderter Mikroorganismen in geschlossenen Systemen (Kommission der EU 1998c).

Die letztgenannte Richtlinie verpflichtet die Mitgliedsstaaten der EU, die Anwendung genetisch veränderter Mikroorganismen in geschlossenen Systemen zu regeln und mögliche schädliche Auswirkungen auf die menschliche Gesundheit und die Umwelt zu begrenzen. In Abhängigkeit von ihrer Gefährlichkeit werden genetisch veränderte Mikroorganismen in zwei Gruppen eingestuft. Bei dem Betrieb einer Anlage muss der Anwender bestimmte Sicherheits- und Hygienegrundsätze beachten. Werden in einer Anlage zum ersten Mal genetisch veränderte Mikroorganismen eingesetzt, muss der Anwender dies den zuständigen Behörden melden, wobei dem jeweiligen Gefährlichkeitsgrad der Mikroorganismen Rechnung zu tragen ist. Die Mitgliedsstaaten müssen sicherstellen, dass ein Notfallplan erstellt wird, um im Falle eines Unfalls wirksame Maßnahmen ergreifen zu können. Ein Anwender muss die zuständigen Behörden über einen Unfall unterrichten. Die Kommission erstellt ein Verzeichnis der Unfälle, um damit Maßnahmen zur Verhütung ähnlicher Unfälle in der Zukunft ableiten zu können. In der Änderungsrichtlinie 98/81/EG wurde zudem eine Vereinfachung der Verwaltungsverfahren beschlossen und die Möglichkeit vorgesehen, bestimmte genetisch veränderte Mikroorganismen, die keine Gefahr für die menschliche Gesundheit oder die Umwelt darstellen, vom Regelungsbereich der Richtlinie auszunehmen (Kommission der EU 1998c).

10.2.2 Freisetzungsrichtlinie (90/220/EWG)

Die 1990 erlassene Richtlinie des Rates über die absichtliche Freisetzung genetisch veränderter Organismen in die Umwelt (90/220/EWG) regelt die experimentelle Freisetzung von GVO zu Forschungs- und Entwicklungszwecken und dem Inverkehrbringen, d. h. insbesondere für Zwecke der Vermarktung und Verwendung z. B. im landwirtschaftlichen Anbau. Für die Marktzulassung ist ein zweistufiges Verfahren vorgesehen: Zunächst ist die Zustimmung der zuständigen Behörden des Mitgliedsstaates erforderlich, in dem die Zulassung beantragt wird. Danach findet ein EU-weites Überprüfungsverfahren statt, in dessen Verlauf alle Mitgliedsstaaten Einwände erheben können. Im Zweifelsfall entscheidet die EU-Kommission über strittige Anträge.

Die Anmeldung von Freisetzungsversuchen mit GVO erfolgt durch den Antragsteller bei den zuständigen nationalen Behörden. Zu diesem Zweck sind Informationen bereitzustellen, die die Beurteilung vorhersehbarer Gefahren des GVO für die Umwelt und die menschliche Gesundheit sowie über die vorgesehenen Maßnahmen zur Überwachung und über Notfallpläne bereitstellen. Innerhalb von 90 Tagen muss die zuständige Behörde einen schriftlichen Bescheid erlassen. Im Gegenzug muss der Antragsteller nach Abschluss der Freisetzung die Behörden über die Ergebnisse und eventuelle Gefährdungen unterrichten. In der Richtlinie werden Art und Umfang der Öffentlichkeitsbeteiligung nicht geregelt und bleiben der Ausgestaltung durch die Mitgliedsstaaten überlassen. Mit der Entscheidung 94/730/EC vom 4. November 1994 wurde ein vereinfachtes Verfahren für die Genehmigung von Freisetzungsversuchen eingeführt, das vorsieht, dass ein Freisetzungsantrag auch mehrere Freisetzungen an verschiedenen Orten umfassen kann (Kommission der EU 1994).

Die Zustimmung für das Inverkehrbringen von GVO ist an die Voraussetzung geknüpft, dass eine Freisetzungsgenehmigung vorliegt und eine entsprechende Risikoanalyse durchgeführt worden ist. Darüber hinaus müssen die gemeinschaftlichen Produktvorschriften und die Anforderungen einer ökologischen Risikoabschätzung erfüllt sein. Das Zulassungsverfahren für das Inverkehrbringen von GVO bei den nationalen Behörden verläuft ähnlich wie das von Freisetzungen. Allerdings können nationale Behörden nur eine befürwortende Stellungnahme an die EU-Kommission schicken, zu der die anderen Mitgliedsländer innerhalb von 60 Tagen Einspruch erheben können. Bringen ein oder mehrere Länder Einwände vor, so entscheidet die Kommission und ggf. der Rat unter Einbezug eines nach Artikel 21 eingesetzten Regulierungsausschusses, der sich aus Vertretern der Mitgliedsländer zusammensetzt.

Nach Artikel 15 der EU-Freisetzungsrichtlinie dürfen die Mitgliedsstaaten die Zulassung für ein GVO oder ein Produkt, welches GVO enthält, nicht verweigern, das den Vorschriften dieser Richtlinie entspricht. Allerdings haben die Mitgliedsstaaten die Möglichkeit, den Einsatz und/oder den Verkauf eines zugelassenen Produkts auf ihrem Territorium vorübergehend einzuschränken oder zu verbieten, wenn Grund zu der Annahme besteht, dass eine Gefahr für die menschliche Gesundheit oder die Umwelt vorliegt (Art. 16). Dies wird als sogenannte Schutzklausel (bzw. Safeguard Clause) bezeichnet. Bis zum Jahr 1998 wurden Konfliktfälle über die Zulassung von GVO dem sogenannten Regulierungsausschuss nach Artikel 21, der aus Vertretern der Mitgliedsstaaten besetzt war, zur Bearbeitung vorgelegt. Aufgrund unterschiedlicher Einschätzungen über die Beurteilung der Risiken von GVO zwischen den Mitgliedsstaaten hat die EU-Kommission im Jahr 1997 den Ablauf des Beschlussverfahrens verändert und acht neue wissenschaftliche Ausschüsse eingesetzt. Im Zusammenhang mit der Zulassung landwirtschaftlicher Nutzpflanzen wird in der Regel nun das Scientific Committee on Plants (SCP) gehört. Die Abstimmung in diesem Komitee erfolgt mit qualifizierter Mehrheit (Sauter und Meyer 2000).

In den 90er Jahren wurden alle Anträge auf Inverkehrbringen transgener landwirtschaftlicher Nutzpflanzen mit dem Einspruch eines oder mehrerer Mitgliedsstaaten der EU belegt (Sauter und Meyer 2000). Bis 1998 wurden in der EU neben einigen Impfstoffen und Schnittblumen insgesamt elf transgene landwirtschaftliche Nutzpflanzen zugelassen. Von den elf zugelassenen Nutzpflanzen wurden allerdings fünf nur zu eingeschränkten Zwecken genehmigt (Import, Lagerung, Verarbeitung, Saatguterzeugung) (RKI 2001). Die Probleme des EU-Entscheidungsverfahrens zu GVO wurden besonders deutlich am Beispiel der Maissorte Bt176 von Novartis, bei dem ein positiver Vorschlag der EU-Kommission im Regulierungsausschuss abgelehnt wurde (POST 1998). Bei den Einsprüchen der Mitgliedsstaaten standen neben Bedenken gegen die enthaltene Antibiotikaresistenz insbesondere die Wirkungen der Insektenresistenz im Mittelpunkt der Kritik (s. Kap. 9.1.3.3). Seit März 1998 hat der Regulierungsausschuss keine neuen Anträge auf Inverkehrbringen von transgenen Pflanzen mehr bewilligt, so dass 14 Verfahren zur Entscheidung anstehen (Sauter und Meyer 2000). Bei der Sitzung des Umweltministerrates im Dezember 1998 wurde von der damaligen EU-Umweltkommissarin das Thema eines EU-weiten Moratoriums für GVO auf die Tagesordnung gesetzt, allerdings in dieser Sitzung nicht entschieden (Coss 1998). Auf der nachfolgenden Sitzung der Umweltminister im Juni 1999 wurde ein „inoffizielles Moratorium" beschlossen, das vorsieht, keine Anträge auf Inverkehrbringen von GVO mehr zu genehmigen, bis ausreichende wissenschaftliche Belege für die Unbedenklichkeit von GVO-Produkten für Gesundheit und Umwelt vorlägen.

Die Richtlinie 90/220/EWG war bereits seit ihrer Verabschiedung im Jahr 1990 Gegenstand anhaltender Kritik. Von Seiten der Industrie wurden die nach ihrer Ansicht zu strengen und wissenschaftlich nicht begründbaren Sicherheitsvorschriften kritisiert. Außerdem wurde bemängelt, dass die Antragsverfahren zu bürokratisch, schwerfällig und zu teuer seien. Demgegenüber verlangten Umwelt-, Verbraucherverbände und Gentechnikkritiker, die Auflagen der Richtlinie zu verschärfen. Im Zentrum der Kritik stand dabei der relativ eng gefasste Risikobegriff, der indirekte und verzögerte Folgen nicht einbezieht. Weiterhin wurde von Seiten der Umwelt- und Verbraucherverbände die uneinheitliche und teilweise nicht nachvollziehbare Definition eines Schadens kritisiert (Sauter und Meyer 2000).

10.2.3 Novellierung der Freisetzungsrichtlinie (2001/18/EG)

Nach einem etwa fünf Jahre dauernden Verfahren hat im Februar 2001 nach dem Ministerrat auch das Europäische Parlament der Neufassung der EU-Richtlinie zur Freisetzung genetisch veränderter Organismen in die Umwelt zugestimmt. Diese „neue" Freisetzungsrichtlinie (2001/18/EG) sieht für die Freisetzung von GVO zu wissenschaftlichen oder zu Versuchszwecken keine gravierenden Änderungen gegenüber der alten Fassung vor. Auf der Basis eines Antrags entscheidet die zuständige Behörde – in Deutschland das Robert-Koch-Institut (RKI) – innerhalb von 90 Tagen über die Annahme. Wenn mit einem bestimmten GVO genügend Erfahrungen gesammelt worden sind, ist eine Anmeldung nach einem „differenzierten

Verfahren“ möglich, bei dem der GVO an verschiedenen Orten innerhalb eines festgelegten Zeitraums freigesetzt werden kann, ohne dass dafür jeweils eine Einzelanmeldung erforderlich ist. Neu in der überarbeiteten Freisetzungsrichtlinie sind Vorschriften zur Transparenz und Beteiligung der Öffentlichkeit, die bei allen Freisetzungsvorhaben informiert und angehört werden muss und innerhalb einer angemessenen Frist Stellungnahmen abgeben kann (Kommission der EU 2001a).

Teil C der Richtlinie 2001/18/EG enthält Vorschriften für das Inverkehrbringen von GVO. Darunter fallen etwa Saatgut, das für den landwirtschaftlichen Anbau gentechnisch veränderter Pflanzen bestimmt ist, aber auch Ernteprodukte wie Sojabohnen oder Tomaten, die in die EU eingeführt werden. Das Verfahren zur Antragstellung bleibt ähnlich wie nach der bisherigen Freisetzungsrichtlinie. Allerdings sollen Genehmigungen zum Inverkehrbringen künftig nur noch nach einer verschärften Sicherheitsprüfung im Einklang mit dem Vorsorgeprinzip erteilt werden. Die Zustimmung zum Inverkehrbringen von GVO-Produkten wird grundsätzlich für einen Zeitraum von höchstens zehn Jahren erteilt. Danach ist eine Erneuerung möglich. Die Verwendung von Antibiotikaresistenzmarkern in GVO, bei denen schädliche Auswirkungen auf die menschliche Gesundheit oder die Umwelt diskutiert werden, soll schrittweise eingestellt werden. Ab dem Jahr 2005 sollen keine GVO mehr zugelassen werden, die Antibiotikaresistenzmarker besitzen. Bei Freisetzungsversuchen mit GVO läuft diese Frist zum Ende des Jahres 2008 ab.

Für jeden genehmigten GVO wird zudem ein anbaubegleitendes Monitoring (ökologische Langzeitbeobachtung) vorgeschrieben, in dessen Gefolge nicht erwartete Beeinträchtigungen für die Umwelt oder die menschliche Gesundheit möglichst rasch erkannt werden sollen. Nach der modifizierten Freisetzungsrichtlinie sollen GVO-Produkte gekennzeichnet werden. In der Richtlinie ist allerdings lediglich vorgesehen, dass ein Hinweis „dieses Produkt enthält gentechnisch veränderte Organismen“ entweder auf dem Etikett oder in Begleitdokumenten des Produkts erscheint. Weitergehende Regelungen zur Kennzeichnung von GVO enthält die Richtlinie ebenso wenig wie Grenzwerte für „tolerierbare Beimischungen“ von GVO (Kommission der EU 2001a).

Im Vergleich zur Vorgängerrichtlinie sieht die überarbeitete Freisetzungsrichtlinie eine größere Transparenz sowie eine verstärkte Beteiligung der Öffentlichkeit am Antragsverfahren vor. Das Antragsverfahren ist in seinen wesentlichen Schritten ebenso zu verfolgen wie die Beratungen zur Beschlussfassung über einen Antrag zwischen der Kommission und den Mitgliedsstaaten. Informationen über Freisetzungen von GVO im jeweiligen Staatsgebiet sind ebenso der Öffentlichkeit zugänglich zu machen wie Dokumente zum Informationsaustausch zwischen den zuständigen Behörden und der Kommission. Allgemein zugänglich sind zudem künftig auch die Bewertungsberichte sowie Stellungnahmen der wissenschaftlichen Ausschüsse zu GVO-Produkten. Außerdem wird ein öffentliches Register angelegt, in dem alle zu Versuchszwecken genehmigten Freisetzungen mit GVO mit den jeweiligen Versuchsorten verzeichnet sind (Kommission der EU 2001a).

10.2.4 Novel Food-Verordnung (258/97/EG)

Am 15. Mai 1997 trat in den Mitgliedsstaaten der EU die Verordnung 258/97/EG über neuartige Lebensmittel und neuartige Lebensmittelzutaten (die sogenannte Novel Food-Verordnung) in Kraft. In der öffentlichen Diskussion werden unter Novel Food fast ausschließlich gentechnisch modifizierte Lebensmittel verstanden, doch sind in der Verordnung sechs verschiedene Kategorien von neuartigen Lebensmitteln definiert, von denen lediglich zwei die Gentechnik betreffen. Dies sind

- Lebensmittel, die selbst GVO darstellen (z. B. eine gentechnisch veränderte Tomate) oder GVO enthalten (z. B. Joghurt mit gentechnisch veränderten Starterkulturen) und
- Produkte, die aus GVO gewonnen werden, aber den lebenden GVO nicht mehr enthalten (z. B. Öl aus herbizidresistenten Sojabohnen).

Als neuartig im Sinne der Novel Food-Verordnung wird ein Lebensmittel oder eine Lebensmittelzutat dann angesehen, wenn sie in der EU „noch nicht in nennenswertem Umfang für den menschlichen Verzehr verwendet wurde“ (Art. 1, Abs. 1). Gleichzeitig muss es in eine der sechs Gruppen von Erzeugnissen fallen, die in Artikel 1, Absatz 2a-f der Novel Food-Verordnung näher definiert sind. Neben den beiden oben genannten Gruppen sind dies Produkte mit neuartiger Molekülstruktur, Produkte aus Mikroorganismen, Pilzen und Algen, die in anderen Regionen als Lebensmittel bekannt sind, aber in der EU noch nicht auf dem Markt eingeführt sind, sowie aus Pflanzen und Tieren isolierte Erzeugnisse, die bisher nicht für den menschlichen Verzehr bestimmt waren. Weiterhin gilt die Verordnung für neuartige Verarbeitungsverfahren von Lebensmitteln, die bisher nicht eingesetzt wurden und zu wesentlichen Änderungen des Endprodukts führen. Lebensmittelzusatzstoffe, Aromen und Extraktionsmittel, die zur Verarbeitung von Lebensmitteln eingesetzt werden, sind vom Anwendungsbereich der Novel Food-Verordnung ausgenommen. Nach dem allgemeinen Lebensmittelrecht dürfen in Deutschland jedoch Zusatzstoffe nur dann eingesetzt werden, wenn sie ausdrücklich für diesen Verwendungszweck zugelassen wurden (DFG 2001).

Für „neuartige“ Lebensmittel besteht in der EU ein Genehmigungsvorbehalt, der im Gegensatz steht zu der freien Verkehrsfähigkeit von Lebensmitteln, sofern sie den allgemeinen und spezifischen lebensmittelrechtlichen Bestimmungen genügen. In Deutschland ist in diesem Zusammenhang insbesondere das Lebensmittel- und Bedarfsgegenständegesetz (LMBG) von Relevanz, das die Hersteller, Händler oder Importeure von Lebensmitteln unter Beachtung ihrer Sorgfaltspflichten dafür verantwortlich macht, dass der Verzehr ihrer Produkte nicht die „Gesundheit schädigt“

(§ 8 LMBG), ihre Kenntlichmachung auf Gehalt und Beschaffenheit hinweist und sie zudem nicht geeignet sind, den Verbraucher zu täuschen oder irrezuführen (§ 16 und 17 LMBG) (s. Kap. 10.3.1). Die gesundheitliche Unbedenklichkeit von Lebensmitteln leitet sich dabei üblicherweise nicht aus wissenschaftlichen Nachweisen oder Studien ab, sondern sie stützt sich auf die lange Erfahrung im Gebrauch mit den betreffenden Lebensmitteln (Sauter und Meyer 2000).

Nach Artikel 3 der Novel Food-Verordnung hat ein Antragsteller für neuartige Produkte gegenüber der zuständigen Behörde des EU-Mitgliedsstaates (in Deutschland ist dies das Bundesinstitut für gesundheitlichen Verbraucherschutz- und Veterinärmedizin (BgVV), für lebende GVO das Robert-Koch-Institut (RKI)), in dem er den Antrag auf Zulassung stellt, nachzuweisen, dass die Produkte keine Gefahr für den Verbraucher darstellen, ihn nicht irreführen und sich von Lebensmitteln oder -zutaten, die sie ersetzen sollen, nicht so unterscheiden, dass ihr normaler Verzehr Ernährungsmängel mit sich brächte. Das Besondere an diesen Regelungen ist, dass derjenige, der ein neuartiges Lebensmittel vermarkten möchte, den Beweis führen muss, dass das Produkt den genannten Kriterien entspricht. Aufgrund eines Vorschlags des wissenschaftlichen Lebensmittelausschusses hat die EU-Kommission Empfehlungen dazu herausgegeben, welche wissenschaftlichen Informationen erforderlich sind, um über die Marktzulassung eines neuartigen Lebensmittel entscheiden zu können (Kommission der EU 1997b). Diese Empfehlungen listen in Form von Entscheidungsbäumen diejenigen Fragestellungen auf, die für Produkte der verschiedenen Kategorien relevant sind, enthalten allerdings keine verbindlichen Angaben darüber, welche Untersuchungen im einzelnen durchzuführen sind bzw. welche Kriterien zur Bewertung der Daten anzulegen sind (Sauter und Meyer 2000).

Die Novel Food-Verordnung sieht zwei unterschiedliche Zulassungsverfahren vor, die sich im Ablauf und ihrer Dauer sowie hinsichtlich des Aufwandes für Antragsteller und beteiligte Behörden deutlich unterscheiden. Im *Anmelde- oder Mitteilungsverfahren (Notifizierung)* können neuartige Lebensmittel oder -zutaten, die sich „nicht wesentlich" gegenüber bereits bekannten konventionellen Vergleichsprodukten unterscheiden, ohne eine ausführliche Sicherheitsbewertung zugelassen werden. Demgegenüber ist bei dem *Genehmigungsverfahren* eine Bewertung der Sicherheit eines neuartigen Lebensmittels verpflichtend, die in einer ersten Phase von den zuständigen Behörden desjenigen EU-Mitgliedsstaates, in dem der Antrag gestellt wird, vorgenommen wird. Dieser ersten Prüfungsphase schließt sich für alle neuartigen Lebensmittel, die ein GVO sind oder solche enthalten, eine zweite Phase an (das sogenannte Ausschlussverfahren nach Artikel 13 der Novel Food-Verordnung), in dem die EU-Kommission einen Vorschlag zur Entscheidung unterbreitet, der allerdings nicht gegen die qualifizierte Mehrheit der Mitgliedsstaaten durchgesetzt werden kann.

Während der Beratungen vor der Verabschiedung der Novel Food-Verordnung gab es eine intensive Diskussion um die Kennzeichnung von Lebensmitteln, die aus GVO bestehen oder bei deren Herstellung und Verarbeitung GVO verwendet werden. Nach langen Diskussionen verständigten sich Ministerrat und Europäisches Parlament auf einen Kompromiss, nach dem Lebensmittel oder -zutaten, die GVO enthalten oder daraus hergestellt werden, dann kennzeichnungspflichtig sind, wenn der betreffende GVO im jeweiligen Lebensmittel mit wissenschaftlich anerkannten Verfahren nachweisbar ist. Die Kennzeichnung wurde zudem auf solche Produkte beschränkt, bei denen sich die Nutzung von GVO auf einer vorgelagerten Verarbeitungsstufe im verzehrsfähigen Lebensmittel in nachweisbarer stofflicher Form niederschlägt (Sauter und Meyer 2000).

Die Verknüpfung der Kennzeichnungsvoraussetzungen für GVO gemäß der Novel Food-Verordnung an die sich sehr dynamisch entwickelnde Nachweisanalytik für diese Organismen hat in zahlreichen Mitgliedsstaaten zu ernsten Vollzugsproblemen für die Verordnung geführt. Außerdem war es notwendig, ergänzende Rechtsvorschriften zur Kennzeichnung gentechnisch veränderter Lebensmittel zu erlassen. Dies gilt z. B. für solche GVO, die bereits vor dem 15. Mai 1997 die Marktzulassung in der EU erhalten haben. Davon betroffen sind eine gentechnisch veränderte herbizidresistente Sojabohnensorte von Monsanto, die im Jahr 1996 zugelassen wurde, sowie ein gentechnisch veränderter insekten- und herbizidresistenter Mais von Novartis, dessen Inverkehrbringung im Januar 1997 genehmigt wurde (Dederer 1998). Für die Kennzeichnung von Lebensmitteln, die aus diesen beiden Produkten hergestellt werden, hat die EU-Kommission die Verordnung 1813/97/EG erlassen, in der die Kennzeichnungsvorschriften des Artikels 8 der Novel Food-Verordnung fast wortgleich übernommen wurden (Dederer 1998). In einer zweiten Verordnung (Nr. 1139/98/EG) wurden diese präzisiert und die Verordnung aus dem Jahr 1997 aufgehoben (Kommission der EU 1998a).

Im Januar 2000 wurde von der EU-Kommission die Verordnung 49/2000/EG veröffentlicht. In dieser Verordnung wird ein Schwellenwert von 1 % für die unbeabsichtigte Beimischung von Material aus GVO der herbizidresistenten Sojabohne von Monsanto oder des Bt-Maises von Novartis sowie aus anderen im Rahmen der Novel Food-Verordnung notifizierten bzw. zugelassenen Organismen erlaubt, ohne dass dafür eine Kennzeichnung vorgenommen werden muss (Kommission der EU 2000a).

Wie bereits oben erwähnt, fallen Zusatzstoffe und Aromen nicht unter die Novel Food-Verordnung und müssen nach dieser daher auch nicht gekennzeichnet werden. Diese Lücke wird mit der EU-Verordnung 50/2000/EG teilweise geschlossen, die die Kennzeichnung von gentechnisch veränderten Zusatzstoffen und Aromen in Lebensmitteln regelt. Nach dieser Verordnung sind diejenigen Zusatzstoffe und Aromen kennzeichnungspflichtig, die GVO sind, diese enthalten oder daraus hergestellt wurden. Voraussetzung für eine Kennzeichnung ist, dass in dem Zusatzstoff oder Aroma DNA-Sequenzen oder Proteine eines GVO nachgewiesen werden können (Kommission der EU 2000b). Ausgenommen von der Kennzeichnungspflicht sind Enzyme, auch wenn sie mit Hilfe von GVO hergestellt werden, da die meisten von ihnen laut bestehendem Lebensmittelrecht der EU nicht zu den Zusatzstoffen zählen. Bislang gelten nur drei Enzyme als Zusatzstoffe, da sie noch eine Funktion im verzehrsfertigen Lebensmittel ausüben: Lysozym, das als Konservierungsstoff in Käse verwendet werden kann, Invertase, die als Stabilisator eingesetzt werden kann, und Glucoseoxidase, die als Antioxidationsmittel genutzt werden kann (BLL 2000).

10.2.5 Vorschläge der EU-Kommission für eine Verordnung über genetisch veränderte Lebens- und Futtermittel sowie zur Rückverfolgbarkeit und Kennzeichnung von GVO und Produkten aus GVO

Im Juli 2001 hat die EU-Kommission Vorschläge zur Regulierung genetisch veränderter Lebens- und Futtermittel (Kommission der EU 2001d) sowie zur Rückverfolgbarkeit und Kennzeichnung von GVO und Produkten aus GVO (Kommission der EU 2001e) vorgestellt. Im Gegensatz zu der seit 1997 gültigen Novel Food-Verordnung zielt dieser Vorschlag speziell auf Lebens- und Futtermittel aus gentechnisch veränderten Organismen und umfasst nicht mehr die in der Novel Food-Verordnung noch zusätzlich erfassten sonstigen Kategorien „neuartiger“ Lebensmittel. Ausgenommen von dem Vorschlag bleiben Zusatzstoffe, Aromen und Extraktionslösungsmittel, auch wenn diese Stoffe mit Hilfe von GVO hergestellt werden. Unter das geplante Gesetz fallen zudem keine solchen Lebensmittel und -zutaten, die GVO-Anteile bis zu einem Schwellenwert von 1 % enthalten, sofern diese unbeabsichtigt und zufällig in das Produkt gelangt sind. Dabei sollen auch Beimischungen solcher GVO-Pflanzen toleriert werden, die in anderen Ländern, nicht aber in der EU zugelassen sind, sofern eine Stellungnahme der Europäischen Lebensmittelbehörde oder der zuständigen wissenschaftlichen Ausschüsse vorliegt, dass diese Beimischungen kein gesundheitliches Risiko darstellen.

Die Zulassungskriterien für ein GVO-Produkt bleiben nach den Vorschlägen der EU-Kommission im Kern wie die der Novel Food-Verordnung (Kommission der EU 2001d). Deutlich verändern sollen sich hingegen die Genehmigungsverfahren. Nach dem vorliegenden Vorschlag ist die Möglichkeit der Notifizierung von GVO-Produkten nicht mehr vorgesehen. Anträge zum Inverkehrbringen sollen zukünftig bei der Europäischen Lebensmittelbehörde und nicht mehr bei den nationalen Behörden gestellt werden. Bei der Antragstellung muss ein umfangreiches Dossier vorgelegt werden, das eine umfassende Sicherheitsbewertung der Produkte erlaubt. Mit dieser Vorgehensweise soll ein Verfahren der „einheitlichen Anlaufstelle“ sowie der zentralisierten wissenschaftlichen Bewertung und Zulassung von GVO und gentechnisch veränderten Lebens- und Futtermitteln realisiert werden (Kommission der EU 2001b). Diese Anlaufstelle soll die neu zu schaffende Europäische Lebensmittelbehörde sein, die eine wissenschaftliche Bewertung von GVO-Produkten hinsichtlich der Umweltrisiken und des Gesundheitsschutzes für Mensch und Tier vornehmen soll. Es wird vorgeschlagen, diese Analysen zu veröffentlichen und eine Stellungnahme der Öffentlichkeit zu ermöglichen. Aufgrund der Erfahrungen in den USA mit der Kontamination von Lebensmitteln und -zusatzstoffen, die auf die transgene Maissorte Star Link zurückzuführen waren, die nur eine Zulassung als Futtermittel hatte, sieht der Vorschlag der EU-Kommission vor, dass GVO, die in Lebens- und Futtermitteln eingesetzt werden können, entweder für beide Zwecke oder überhaupt nicht zugelassen werden können (Kommission der EU 2001d). Auf der Basis der wissenschaftlichen Empfehlung der Lebensmittelbehörde erarbeitet die EU-Kommission einen Vorschlag zur Zulassung der beantragten GVO-Produkte. Der Vorschlag kann mit qualifizierter Mehrheit der Mitgliedsstaaten in einem Regulierungsausschuss verabschiedet werden.

Im Gegensatz zur bisherigen Regelung sieht der Vorschlag der EU-Kommission vor, dass Zulassungen von GVO-Produkten auf zehn Jahre begrenzt sind, wobei ein Überwachungsplan nach dem Inverkehrbringen vorgeschrieben werden kann. Eine Verlängerung der Zulassung um weitere zehn Jahre ist möglich. Alle zugelassenen Lebensmittel und -zutaten werden in ein öffentlich zugängliches Register eingetragen, das unter bestimmten Umständen eingesehen werden kann. Bereits auf dem Markt befindliche Produkte, die nach der Novel Food-Verordnung zugelassen sind, können auch weiterhin auf dem Markt bleiben, müssen jedoch innerhalb eines Zeitraums von neun Jahren nach der ersten Markteinführung nach den neuen Bestimmungen erneut zugelassen werden (Kommission der EU 2001d). Zusätzlich sieht die vorgeschlagene Verordnung vor, dass vom Hersteller Test- und Feststellungsverfahren zu übermitteln sind und die für die Sicherheitsbewertung erforderlichen Unterlagen innerhalb eines Jahres nach Inkrafttreten der neuen Verordnung eingereicht werden müssen.

Bei der Kennzeichnung von GVO-Produkten wird das in der Novel Food-Verordnung verankerte Nachweisprinzip aufgegeben. Nach dem Vorschlag der EU-Kommission soll zukünftig nicht mehr der auf Spuren von DNA oder Proteinen beruhende Nachweis eines GVO-Endprodukts eine Kennzeichnungspflicht auslösen, sondern jede Anwendung eines GVO im Verlauf des Herstellungs- oder Verarbeitungsprozesses. Dabei soll es für die Kennzeichnung keine Rolle spielen, ob der jeweilige GVO im Lebensmittel nachweisbare stoffliche Spuren hinterlassen hat oder nicht (Kommission der EU 2001d). Eine solche Kennzeichnungsregelung ist nur dann möglich, wenn geeignete Systeme zur Rückverfolgbarkeit von GVO und eine lückenlose warenstrombegleitende Dokumentation eingeführt werden.

Gemäß dem Vorschlag der EU-Kommission soll die Rückverfolgbarkeit durch die Verpflichtung der Unternehmen gewährleistet werden, auf jeder Stufe des Inverkehrsbringens Informationen über GVO zu übermitteln und aufzubewahren. Danach muss die Industrie Systeme einrichten, mit denen sich nachvollziehen lässt, wem und von wem gentechnisch veränderte Produkte zur Verfügung gestellt werden. Angaben über das Vorhandensein von GVO sind über die gesamte Handelskette weiterzugeben und über fünf Jahre aufzubewahren (Kommission der EU 2001e). Die neuen Kennzeichnungsvorschriften sollen sowohl für verpackte und unverpackte Lebensmittel als auch Restaurant- und Kantinenverpflegung gelten. Einen Überblick über die Unterschiede zwischen der nach der Novel Food-Verordnung vorgesehenen Kennzeichnungspraxis und den von der EU-Kommission vorgeschlagenen Regelungen in dieser Hinsicht gibt Tabelle 10.1.

Tabelle 10.1: Unterschiede in der Kennzeichnung von gentechnisch veränderten Lebensmitteln und Futtermitteln nach der derzeitigen Rechtslage und den Vorschlägen der EU-Kommission im Juli 2001

GVO-Typ	**Beispiel**	**Kennzeichnung erforderlich**	
		Derzeitige Rechtslage	**Vorschläge der EU-Kommission**
gentechnisch veränderte Pflanze	Chicoree	ja	ja
gentechnisch verändertes Saatgut	Maiskorn	ja	ja
gentechnisch veränderte Lebensmittel	Mais, Sojasprossen, Tomaten	ja	ja
Lebensmittel, die aus GVO hergestellt wurden	Maismehl[1]	ja	ja
	Hochraffiniertes Mais-, Soja-, Rapsöl	nein	ja
	Glucose Sirup, der aus Maisstärke produziert wurde[2]	nein	ja
Lebensmittel von Tieren, die mit gentechnisch veränderten Futtermittel gefüttert wurden	Eier, Fleisch, Milch	nein	nein
Lebensmittel, die mit Hilfe von gentechnisch veränderten Enzymen hergestellt wurden	Käse, der mit Hilfe von Chymosin produziert wurde	nein	nein
Lebensmittelzusatzstoff/aromastoff, der aus GVO hergestellt wurde	Hochgefiltertes Lecithin, das aus Sojaöl extrahiert wird, wird in Schokolade verwendet[2]	nein	ja

Fortsetzung Tabelle 10.1

GVO-Typ	Beispiel	Kennzeichnung erforderlich	
		Derzeitige Rechtslage	Vorschläge der EU-Kommission
gentechnisch veränderte Futtermittel	Mais	ja	ja
Futtermittel, die aus GVO hergestellt werden	Maiskleber, Sojaschrot	nein	ja
Futtermittelzusatzstoff, der aus GVO hergestellt wurde	Vitamin B2 (Riboflavin)	nein	ja

[1] mit DNA oder gentechnisch verändertem Eiweiß, das im Endprodukt gefunden werden kann

[2] mit DNA oder gentechnisch verändertem Eiweiß, das nicht im Endprodukt gefunden werden kann

Quelle: Kommission der EU 2001b

Von der EU-Kommission wurden zusätzlich Vorschläge für gentechnisch veränderte Futtermittel und Futtermittelzusätze unterbreitet, die im Kern dieselben Bestimmungen enthalten wie für Lebensmittel. Danach sind alle Futtermittel und -zusätze zulassungspflichtig, die GVO enthalten, daraus bestehen oder aus diesen hergestellt werden. Das Zulassungsverfahren und die Voraussetzungen für eine Zulassung ähneln denen für die entsprechenden Lebensmittel. Nach den Vorschlägen der EU-Kommission sollen solche Futtermittel und -zusätze gekennzeichnet werden, die GVO enthalten oder daraus erzeugt wurden. In Analogie zu den Lebensmitteln kann eine Kennzeichnung unterbleiben, wenn ein Schwellenwert von 1 % für unbeabsichtigte GVO-Beimischungen unterschritten wird (Kommission der EU 2001d) und eine Risikobewertung des wissenschaftlichen Ausschusses oder der Europäischen Lebensmittelbehörde auf Unbedenklichkeit vorliegt.

Es ist zu betonen, dass die vorgenannten Regelungen Vorschläge der EU-Kommission darstellen und noch nicht rechtskräftig sind. Erste Reaktionen sowohl der Mitgliedsstaaten als auch der Handelspartner der EU zeigen, dass mit deutlichen Änderungen im Verlauf des Diskussionsprozesses im Parlament und mit den Mitgliedsstaaten zu rechnen ist. Dabei wurde von einzelnen Mitgliedsstaaten auch die Forderung nach einem 0 %-Schwellenwert für unbeabsichtigte GVO-Kontamination erhoben. Außerdem kam es bereits zu deutlichen Widersprüchen der internationalen Handelspartner, die die Vorschläge der EU-Kommission als unvereinbar mit bestehenden internationalen Handelsverträgen ansehen. Die erweiterten Kennzeichnungsbestimmungen sind zudem nur dann realisierbar, wenn geeignete Systeme für eine gentechnikspezifische Rückverfolgbarkeit und eine umfassende Dokumentation der diesbezüglichen Warenströme etabliert werden. Der Aufwand dafür ist sehr hoch einzuschätzen und kann zudem nur den EU-internen Warenstrom kontrollieren, nicht aber den internationalen Handel mit Agrarprodukten und Lebensmitteln.

10.2.6 Biopatentrichtlinie (98/44/EG)

Nach etwa zehnjährigen Beratungen hat die EU-Kommission nach Zustimmung des Europäischen Rates und des Parlaments im Juli 1998 die Richtlinie 98/44/EG über den rechtlichen Schutz biotechnologischer Erfindungen (die sogenannte „Biopatentrichtlinie") in Kraft gesetzt (Kommission der EU 1998c). Diese Richtlinie soll das Patentrecht für biotechnologische Erfindungen in der EU harmonisieren und ist von den einzelnen Mitgliedsstaaten innerhalb von zwei Jahren in nationales Recht umzusetzen. Bis zum Jahr 2001 haben allerdings nur wenige Mitgliedsstaaten (darunter Dänemark und Großbritannien) die Biopatentrichtlinie in nationales Recht überführt, während andere Staaten (darunter z. B. Frankreich und die Niederlande) sich dagegen aussprechen und Klagen vor dem Europäischen Gerichtshof erhoben haben. Diese Klagen wurden vom Europäischen Gerichtshof allerdings inzwischen abgewiesen. Auch Deutschland hat die Biopatentrichtlinie noch nicht in nationales Recht umgesetzt.

Die Biopatentrichtlinie sieht u. a. vor, dass Erfindungen, die neu sind, auf einer erfinderischen Tätigkeit beruhen und gewerblich anwendbar sind, auch dann patentiert werden können, „wenn sie ein Erzeugnis, das aus biologischem Material besteht oder dieses enthält oder ein Verfahren, mit dem biologisches Material hergestellt, bearbeitet oder verwendet wird, zum Gegenstand haben" (Art. 3 Biopatentrichtlinie). Nach der Biopatentrichtlinie kann das biologische Material auch dann Gegenstand einer Erfindung sein, wenn es in der Natur schon vorhanden war. Ausdrücklich ausgeschlossen von der Patentierbarkeit sind demgegenüber Pflanzensorten und Tierrassen, biologische Verfahren zur Züchtung von Pflanzen oder Tieren, die bloße Entdeckung von Teilen des menschlichen Körpers (einschließlich der Sequenz oder Teilsequenz eines Gens), Verfahren zum Klonen von menschlichen Lebewesen, Verfahren zur Veränderung der genetischen Identität der Keimbahn des menschlichen Lebewesens, die Verwendung von menschlichen Embryonen zu industriellen oder kommerziellen Zwecken sowie Verfahren zur Veränderung der genetischen Identität von Tieren, die geeignet sind, Leiden dieser Tiere ohne wesentlichen medizinischen Nutzen für den Menschen oder das Tier zu verursachen sowie die mit Hilfe solcher Verfahren erzeugten Tiere (Art. 4, 5 und 6 der Biopatentrichtlinie). Nach Artikel 5 kann allerdings ein isolierter Bestandteil des menschlichen Körpers oder ein auf andere Weise durch ein technisches Verfahren gewonnener Bestandteil einschließlich der Sequenz oder Teilsequenz eines Gens eine patentierbare Erfindung darstellen, wobei die gewerbliche Nutzung einer Sequenz oder Teilsequenz eines Gens in der Patentanmeldung konkret beschrieben werden muss.

Die Umsetzung der EU-Biopatentrichtlinie in deutsches Recht ist stark umstritten. Kritiker der EU-Biopatentrichtlinie heben insbesondere hervor, dass Patente auf biotechnologische Erfindungen sich nur auf die erfinderische Leistung erstrecken sollten, wohingegen weder DNA-Sequenzen noch Lebewesen oder deren Teile noch andere in der Natur bereits vorhandene Phänomene patentierbar sein sollten. Insbesondere die in dem Gesetzentwurf der Bundesregierung vorgesehene Patentierungsmöglichkeit für „Stoffpatente“, mit dessen Hilfe ein isoliertes Gen unter Patentschutz gestellt werden könnte, ist heftig umstritten. Dabei wird insbesondere auf die Multifunktionalität von menschlichen Genen verwiesen, die seit der vollständigen Sequenzierung des Humangenoms mit der Erkenntnis, dass dieses nur aus ca. 30.000 bis 40.000 Genen besteht, neue Aktualität gewonnen hat. Falls tatsächlich ein bestimmtes Gen patentiert werden könnte und nicht nur das Verfahren zu deren Entdeckung, wird die Gefahr gesehen, dass Wissenschaftler bei zukünftigen Forschungsarbeiten durch bestehende Schutzrechte stark eingeschränkt werden könnten. In diesem Zusammenhang wird häufig zudem betont, dass das sogenannte „Stoffpatent“ kein adäquates Instrument zum Schutz geistigen Eigentums bei lebenden Systemen darstelle.

Außerdem wird befürchtet, dass große Biotechnologieunternehmen sich durch sogenannte Global- und Netzpatente sehr weitreichende Rechte auf zukünftigen Märkten der Biotechnologie sichern wollen und damit diese zukünftigen Entwicklungsfelder u. U. für andere blockieren. Daneben wird häufig verlangt, dass Schutzbestimmungen anderer deutscher Gesetze (z. B. des deutschen Embryonenschutzgesetzes oder des Transplantationsgesetzes) als Patentierungsschranke bei der Umsetzung in Deutschland verankert werden. Befürworter der EU-Biopatentrichtlinie verweisen demgegenüber auf die Notwendigkeit der Patentierung biotechnischer Erfindungen, insbesondere auch für innovative Biotechnologie-Start up-Unternehmen. Durch eine Patentierung würden zudem die zugrunde liegenden Erkenntnisse veröffentlicht und könnten somit sehr rasch zum „Stand der Technik“ werden und weitere Forschung anregen.

10.2.7 Weitere Regelungen der EU

Auf EU-Ebene sind seit Mitte der 60er Jahre Regulierungen zum Saatgutverkehr erlassen worden. In verschiedenen Richtlinien wird sichergestellt, dass eine nationale Zulassung einer Sorte Grundlage ist für deren Aufnahme in den EU-Sortenkatalog. Die diesbezügliche Richtlinie 70/457/EWG stimmt in ihren Zulassungskriterien Unterscheidbarkeit, Beständigkeit, Homogenität und landeskultureller Wert weitgehend mit den Bestimmungen des Deutschen Saatgutverkehrsgesetzes überein (s. Kap. 10.3.4). In Erwartung transgener Pflanzensorten wurden im Dezember 1998 die Richtlinien 98/95/EG und 98/96/EG erlassen, nach denen vor der Zulassung transgener Sorten zusätzlich zu den üblichen Wertprüfungen eine Umweltverträglichkeitsprüfung durchgeführt werden muss (Sauter und Meyer 2000).

In einem ersten Arbeitspapier hat die EU-Kommission im Frühjahr 2001 Vorschläge für Schwellenwerte einer Verunreinigung mit gentechnisch verändertem Material im Saatgut gemacht. Danach soll ein Schwellenwert von 0 % für solche GVO-Pflanzen gelten, die in der EU noch keine umfassende Zulassung nach der Freisetzungsrichtlinie haben. Das Diskussionspapier der EU sieht zudem einen Schwellenwert von 0,3 % für fremdbestäubende Pflanzenarten (z. B. Raps) und von 0,5 % für selbstbestäubende oder sich vegetativ vermehrende Pflanzenarten vor, sofern die entsprechende Sorte in der EU zugelassen ist. Zusätzlich möchte die EU-Kommission bestimmte anbautechnische Maßnahmen etablieren, um die Wahrscheinlichkeit von GVO-Kontaminationen zu vermindern. In seiner Stellungnahme vom März 2001 sieht das Scientific Committee on Plants die vorgeschlagenen Schwellenwerte nur unter idealen Produktionsbedingungen als erreichbar an. Nach Ansicht des Komitees dürfte es aber viele Fälle geben, in denen diese Schwellenwerte nicht zu erreichen sind (Scientific Committee on Plants 2001).

10.3 Nationale Regelungen

Vor dem Hintergrund des fortschreitenden EU-Binnenmarktes und der Integration der Rechtsordnungen stellen der deutsche und der europäische Rechtsrahmen heute keine getrennten Rechtssphären mehr dar. Dies gilt auch für das deutsche Lebensmittelrecht, das zu hohen Anteilen dem europäischen Lebensmittelrecht entspricht.

10.3.1 Lebensmittel- und Bedarfsgegenständegesetz (LMBG)

Im Mittelpunkt des deutschen Lebensmittelrechts steht das Gesetz über den Verkehr mit Lebensmitteln, Tabakerzeugnissen, kosmetischen Mitteln und sonstigen Bedarfsgegenständen (LMBG), das in neun Abschnitten u. a. Definitionen grundlegender Begriffe (z. B. Lebensmittel, Zusatzstoffe), Verbote zum Schutz der Gesundheit (§§ 8, 24, 30), Verbote zum Schutz vor Täuschung (§§ 17, 27) sowie Werbeverbote (§§ 18, 22) enthält. Ferner sind in dem LMBG Ermächtigungen für den Erlass von Rechtsverordnungen u. a. auch zum Schutz der Gesundheit und zum Schutz vor Täuschung des Verbrauchers enthalten.

Das LMBG hat zum Ziel, den Einzelnen und die Allgemeinheit vor gesundheitlichen Gefahren und vor Täuschungen zu schützen, die mit dem Kauf bzw. Verzehr von Lebensmitteln und anderen Produkten des täglichen Bedarfs verbunden sein können. Nach § 8 LMBG ist es verboten, Lebensmittel herzustellen, deren „Verzehr geeignet ist, die Gesundheit zu schädigen". Falls § 8 LMBG erfüllt ist, kann jedes Produkt in Deutschland hergestellt und vertrieben werden. Das bedeutet, die Herstellung eines Produkts gemäß LMBG bedarf keiner behördlichen Genehmigung, sondern die Verantwortung für die Einhaltung der lebensmittelrechtlichen Bestimmungen trägt ausschließlich der Gewerbetreibende. Der Hersteller hat durch geeignete und zumutbare Maßnahmen dafür Sorge zu tragen, dass keine Lebensmittel, Tabakwaren, kosmetische Mittel und sonstige Bedarfsgegenstände in den Verkehr gelangen, die diesen Vorschriften nicht gerecht werden. Die amtliche Lebensmittelüberwachung kann und soll nur stichprobenartig prüfen, ob der Gewerbetreibende seiner Sorgfaltspflicht nachkommt (BLC 2001).

10.3.2 Gentechnikgesetz (GenTG)

Mit Ausnahme von Dänemark, wo bereits 1986 ein nationales Gentechnikgesetz verabschiedet wurde, waren Deutschland und Großbritannien die beiden ersten EU-Länder, die parallel zur Inkraftsetzung der EU-Richtlinien 90/219/EWG und 90/220/EWG ein nationales Gentechnikrecht eingeführt haben. Das deutsche Gentechnikgesetz (GenTG) wurde im Mai 1990 verabschiedet und im Jahr 1993 novelliert. Dieses Gesetz stellt den rechtlichen Rahmen für gentechnische Arbeiten in Deutschland, für das Betreiben gentechnischer Anlagen, für Freisetzungen sowie für das Inverkehrbringen genetisch veränderter Organismen in Deutschland dar. Mit diesem Gesetz wurden die beiden EU-Richtlinien zur Anwendung genetisch veränderter Mikroorganismen im geschlossenen System (90/219/EWG) sowie die Richtlinie über die absichtliche Freisetzung genetisch veränderter Organismen in die Umwelt (90/220/EWG) in deutsches Recht umgesetzt. Ein wesentliches Ziel des Gentechnikgesetzes ist es, Menschen, Tiere, Pflanzen und Umwelt vor möglichen Gefahren gentechnischer Verfahren und Produkte zu schützen bzw. dem Entstehen solcher Gefahren vorzubeugen (DFG 2001).

Ein wesentlicher Regelungskreis des Gentechnikgesetzes ist die Erzeugung und das Inverkehrbringen gentechnisch veränderter Pflanzen. Die Risikobewertung solcher Pflanzen orientiert sich am Einzelfall und wird schrittweise vorgenommen. Bereits die Herstellung und Verwendung gentechnisch veränderter Pflanzen im Labor und im Gewächshaus (d. h. im sogenannten geschlossenen System) wird im deutschen Gentechnikgesetz geregelt. Dafür sieht das Gesetz vier Sicherheitsstufen vor, die sich nach dem Gefahrenpotenzial der jeweiligen transgenen Pflanzen für Mensch und Umwelt richten. Bereits vor der Nutzung der Anlagen müssen die für die gentechnische Modifizierung und Verwendung von Organismen vorgesehenen Laboratorien oder Anlagen sowie deren Betrieb durch eine Landesbehörde genehmigt werden (dies gilt für Anlagen mit den Sicherheitsstufen zwei bis vier) bzw. bei der Behörde angemeldet werden (Anlagen mit Sicherheitsstufe eins). Im Rahmen des

Genehmigungsverfahrens muss der Antragsteller die geplanten Arbeiten erläutern, Sicherheitsmaßnahmen aufzeigen und glaubhaft darstellen, dass sowohl von der Anlage als auch von den gentechnisch veränderten Pflanzen keine Gefährdung für Mensch und Umwelt ausgeht.

Auch Freilandversuche mit GVO sind nach dem GenTG genehmigungspflichtig. Zuständig dafür ist das Robert-Koch-Institut (RKI), das über Freisetzungsanträge im Einvernehmen mit dem Umweltbundesamt (UBA) und der Biologischen Bundesanstalt für Land- und Forstwirtschaft (BBA) entscheidet. Das RKI wird von der Zentralen Kommission für Biologische Sicherheit (ZKBS), einem wissenschaftlichen Expertengremium, beraten, das sich aus zehn Sachverständigen aus den Bereichen Mikrobiologie, Zellbiologie, Virologie, Genetik, Sicherheitstechnik und Ökologie zusammensetzt. Hinzu kommen Sachverständige der Gewerkschaften, des Arbeitsschutzes, der Wirtschaft, des Umweltschutzes und der forschungsfördernden Organisationen (Sauter und Meyer 2000). Die ZKBS prüft und bewertet als Expertengremium den beantragten Freisetzungsversuch im Hinblick auf mögliche Gefährdungen der Umwelt.

Eine Genehmigung von Freisetzungsanträgen mit gentechnisch veränderten Pflanzen soll dann erteilt werden, wenn gewährleistet ist, dass nach dem derzeitigen wissenschaftlich-technischem Stand die erforderlichen Sicherheitsvorkehrungen getroffen werden und im Verhältnis zum Zweck der Freisetzung unvertretbare Schädigungen von Mensch und Umwelt nicht zu erwarten sind (GenTG 1993). Daher muss ein Freisetzungsantrag Angaben zur Art der gentechnischen Veränderung und möglichen Umweltauswirkungen enthalten. Außerdem müssen Maßnahmen zu deren weitgehender Verhinderung (z. B. Mantelsaat, Schutzzonen) aufgezeigt werden.

Im Rahmen der im GenTG vorgesehenen Öffentlichkeitsbeteiligung wurden bislang gegen die meisten Freisetzungsanträge in Deutschland Einwendungen erhoben, wobei die Einwendungen von Einzelpersonen (z. B. Nachbarn), über Parteien bis zu Umwelt- und Naturschutzgruppen vorgebracht wurden (Sauter und Meyer 2000). Im Verlauf des schriftlichen Anhörungsverfahrens werden die Argumente der Einwender anonymisiert und oftmals zusammengefasst (Jörgensen 1998). Eine Analyse der Praxis der Risikobewertung zeigt zudem, dass nach Einschätzung der Genehmigungsbehörde und der beratenden Behörden bei keinem Freisetzungsantrag die Möglichkeit schädlicher Einwirkungen auf die Rechtsgüter des § 1, Nr. 1 GenTG bestand, so dass eine Risiko-Nutzen-Abwägung nicht vorgenommen wurde (Jörgensen 1998).

Auch das Inverkehrbringen von GVO ist nach dem GenTG genehmigungspflichtig. Gemäß § 16 GenTG ist die Genehmigung für ein Inverkehrbringen dann zu erteilen, wenn nach dem Stand der Wissenschaft im Verhältnis zum Zweck des Inverkehrbringens unvertretbare schädliche Einwirkungen auf Menschen, Tiere, Pflanzen und Umwelt nicht zu erwarten sind (GenTG 1993). In dem Gesetz wird allerdings nicht geregelt, was unter „unvertretbaren schädlichen Einwirkungen“ zu verstehen ist. Auch die Verwendung gentechnisch modifizierter Mikroorganismen in Form von Bakterien, Pilzen oder Hefen bei der Erzeugung von Lebensmitteln ist durch das GenTG erfasst und nach diesem genehmigungspflichtig.

Bislang wurde in Deutschland noch keine uneingeschränkte Genehmigung zum Inverkehrbringen von GVO erteilt. Der Antrag der Firma Novartis auf Zulassung der Maissorte Bt176 („Windsor“) wurde zunächst vom RKI positiv entschieden, im Rahmen der Sortenzulassung im Jahr 1999 durch die Bundesministerin für Gesundheit unter Anwendung des Artikels 16 der Richtlinie 90/220/EWG (Schutzklausel) allerdings aufgehoben. Bis zur Entscheidung der EU-Kommission ist der kommerzielle Anbau dieser Maissorte in Deutschland daher verboten (Sauter und Meyer 2000). Gemäß Änderungsbescheid des RKI vom März 2000 darf BT 176-Mais ausschließlich zu Forschungs- und Erprobungszwecken angebaut werden. Mengenmäßig ist der Anbau auf 12 t Saatgut pro Jahr begrenzt. Nach einer heftigen öffentlichen Diskussion über die Verweigerung der Sortenzulassung hat der Bundeskanzler im Juni 2000 der Biotechnologieindustrie Konsensgespräche über die Grüne Gentechnik angekündigt, in deren Gefolge ein dreijähriges Forschungs- und Beobachtungsprogramm durchgeführt werden sollte, in dem die Umweltauswirkungen der kommerziellen Verwendung und des großflächigen Anbaus transgener Pflanzen unter Praxisbedingungen ermittelt und bewertet werden sollten. Im Gegenzug sollten sich die Unternehmen im Rahmen einer freiwilligen Selbstverpflichtung verpflichten, die bereits erteilten bzw. während der Dauer des Programms erhaltenen Genehmigungen für Inverkehrbringungen und Sortenzulassung nur für diesen Zweck zu nutzen (Bundesregierung 2000). Im Zuge der BSE-Krise in Deutschland Ende des Jahres 2000 wurden die Gespräche zwischen der Bundesregierung und Industrievertretern über die Ausgestaltung der Programms allerdings vorerst ausgesetzt.

Mit Wirkung zum 24. August 2002 wurde das GenTG novelliert (Zweites Gesetz zur Änderung des Gentechnikgesetzes). Dabei wurde die EU-Richtlinie 98/81/EG in deutsches Recht umgesetzt, die den Umgang mit gentechnisch veränderten Mikroorganismen in geschlossenen Systemen, z. B. Laboratorien oder Produktionsanlagen, regelt.

10.3.3 Neuartige Lebensmittel- und Lebensmittelzutaten-Verordnung (NLV)

In der Novel Food-Verordnung der EU ist vorgesehen, dass Produkte mit dem Hinweis „ohne Gentechnik“ versehen werden dürfen. Seit Oktober 1998 ist in Deutschland gesetzlich geregelt, unter welchen Voraussetzungen Lebensmittel mit diesem Hinweis gekennzeichnet werden dürfen. Dazu wurde eine Verordnung zur Durchführung gemeinschaftsrechtlicher Vorschriften über neuartige Lebensmittel und Lebensmittelzutaten und über die Kennzeichnung von Erzeugnissen aus gentechnisch veränderten Sojabohnen und gentechnisch verändertem Mais sowie über die Kennzeichnung ohne Anwendung gentechnischer Verfahren hergestellter Lebensmittel (sogenannte Neuartige Lebensmittel- und Lebensmittelzutaten-Verordnung (NLV)) vom Bundesministerium für Gesundheit im April 1998 erlassen und zum 1. September 1999 modifiziert (NLV 2000).

Nach dieser Verordnung ist die Kennzeichnung „ohne Gentechnik“ freiwillig und kann von einem Hersteller oder Importeur für seine Produkte unter den folgenden Voraussetzungen verwendet werden:

- Das Produkt besteht nicht aus einem GVO oder ist nicht aus einem GVO hergestellt worden.
- Das Produkt ist nicht unter Verwendung von Stoffen hergestellt worden, die aus GVO bestehen oder aus GVO hergestellt sind und bei der Herstellung der verwendeten Stoffe sind keine aus GVO gewonnenen technischen Hilfsstoffe einschließlich Extraktions-, Lösungsmittel und Enzyme eingesetzt worden.
- Den Tieren, aus denen ein Lebensmittel gewonnen worden ist, sind keine Futtermittel, Futtermittelzusatzstoffe oder Arzneimittel verabreicht worden, die mit Hilfe gentechnischer Verfahren hergestellt worden sind.

Die Kennzeichnung „ohne Gentechnik“ bedeutet jedoch nicht, dass die jeweiligen Produkte vollständig frei sind von jeglichen Spuren gentechnisch veränderten Materials. Nach der NLV können Produkte auch dann „ohne Gentechnik“ deklariert werden, wenn „Bestandteil aus der gentechnischen Veränderung unbeabsichtigt und in unvermeidbaren Spuren im Laufe der Herstellung, des Inverkehrbringens und des Behandelns in ein Lebensmittel gelangt sind“ (§ 5 NLV 2000). Bei tierischen Lebensmitteln dürfen Nutztiere mit gentechnisch hergestellten Arzneimitteln behandelt werden, falls kein gleichwertiges Präparat zur Verfügung steht, das ohne Hilfe gentechnischer Verfahren hergestellt wurde (NLV 2000). In der Verordnung ist allerdings nicht festgelegt, wie die „unvermeidbaren“ oder „unbeabsichtigten“ Spuren von GVO rechtlich präzise zu verstehen sind.

Bei den Produkten des ökologischen Landbaus tritt eine ähnliche Problematik auf, da zwar sowohl die Richtlinien der Ökolandbauverbände in Deutschland als auch die Ökolandbauverordnung der EU die Verwendung von Produkten, die GVO enthalten oder mit Hilfe von GVO herstellt werden, nicht zulassen (Lampkin et al. 1999a, 1999b), jedoch aufgrund unabsichtlicher Kontamination nicht in allen Fällen sichergestellt werden kann, dass ein 0 %-Schwellenwert für gentechnisch verändertes Material eingehalten werden kann (s. Kap. 9.2),

Wer Produkte „ohne Gentechnik“ deklarieren will, muss nach der NLV den Nachweis erbringen, dass die dazu notwendigen Bedingungen für die jeweiligen Lebensmittel erfüllt sind. Dies ist in der Regel mit einem hohen Aufwand verbunden, da der gesamte mehrstufige Herstellungs- und Verarbeitungsprozess aller Zutaten und Zusatzstoffe einschließlich ihrer Vor- und Zwischenprodukte berücksichtigt werden muss. Über alle diese Verarbeitungsstufen muss dokumentiert werden können, dass sie tatsächlich frei von gentechnischen Anwendungen sind.

Die „Arbeitsgemeinschaft Lebensmittel ohne Gentechnik" (ALOG) betreibt die Datenbank infoxgen.com, in denen Hersteller bestimmte Zutaten, Zusatzstoffe oder andere Vorprodukte von Lebensmitteln eintragen lassen können, die ohne Gentechnik erzeugt werden. Bislang ist allerdings nur eine begrenzte Zahl von Produkten in dieser Datenbank vermerkt (ALOG 2001).

10.3.4 Saatgutverkehrsgesetz

Nach dem Deutschen Saatgutverkehrsgesetz kann als Sorte nur solches Saatgut zugelassen werden, das mehrjährige Prüfungen hinsichtlich der Kriterien Unterscheidbarkeit, Homogenität, Beständigkeit und landeskultureller Wert zumindest befriedigend bestanden hat. Die Unterscheidbarkeit ist für die Abgrenzung zu schon existierenden Pflanzen bedeutsam, Homogenität und Beständigkeit für die optimale Nutzung der Sorte im landwirtschaftlichen Anbau und der landeskulturelle Wert soll den züchterischen Fortschritt sicherstellen. Die nach dem Saatgutverkehrsgesetz vorgeschriebenen Wertprüfungen werden unter der Leitung des Bundessortenamtes durchgeführt. Sie dauern zwei, bei Getreide, Winterraps und Futterpflanzen drei Vegetationsperioden. Die Zulassung für eine Sorte erfolgt in der Regel für zehn Jahre. Eine Verlängerung um jeweils weitere zehn Jahre kann beantragt werden. Sollen in Deutschland transgene Sorten zugelassen werden, kommt zusätzlich zum Saatgutverkehrsgesetz das GenTG zur Anwendung, da gemäß § 14 das RKI eine Genehmigung des transgenen Organismus zum Inverkehrbringen zu erteilen hat (Sauter und Meyer 2000).

10.4 Stand und Perspektiven

Für die Regulierung der Anwendung der Gentechnik im Landwirtschafts- und Ernährungssektor haben nationale, EU-weite und international gültige Regelungen Relevanz. Die stärkste Regelungskompetenz in diesem Feld hat die EU, die durch die gemeinsame Agrar- und teilweise auch Ernährungs-/Verbraucherschutzpolitik weitreichende für die Mitgliedsstaaten teilweise unmittelbar verbindliche oder in einer bestimmten Zeitdauer in nationales Recht zu überführende Regelungen vorgibt. Internationale Regelungen haben teilweise nur den Charakter von Empfehlungen oder sind von einer Ratifizierung der einzelnen Länder abhängig.

Während in den 90er Jahren der Einsatz der Gentechnik im Landwirtschafts- und Ernährungssektor in der EU im Wesentlichen durch die Regulierungen 90/219/EWG (Systemrichtlinie), 90/220/EWG (Freisetzungsrichtlinie) sowie 258/97/EWG (Novel Food-Verordnung) bestimmt war, sind in den vergangenen zwei bis drei Jahren verstärkte Anstrengungen der EU-Kommission und des Europäischen Rates zu einer deutlichen Ausdifferenzierung dieser Regelungen erkennbar. Neben einer Novellierung der System- (im Jahr 1998) und Freisetzungsrichtlinie (im Jahr 2001) wurden von der EU-Kommission bereits eine Reihe weiterer Vorschläge insbesondere zur Modifizierung der Novel Food-Verordnung vorgelegt bzw. für die nähere Zukunft angekündigt.

In ihrem Konsultationspapier für eine „strategische Vision für Biowissenschaften und Biotechnologie" betont die EU-Kommission die „Schaffung eines effizienten, wirksamen, transparenten, harmonisierten, stabilen und berechenbaren ordnungspolitischen Rahmens für die Biotechnologie innerhalb der EU" (Kommission der EU 2001c) als ein wesentliches Ziel ihrer Politik. Dabei sollen sich künftige Regelungen für GVO auf folgende Grundsätze stützen:

- GVO einschließlich Saatgut und aus GVO hergestellte Lebens- und Futtermittel dürfen nur dann zugelassen werden, wenn sie eine umfassende wissenschaftliche Risikobewertung durchlaufen haben und als sicher für die Gesundheit von Mensch und Tier sowie für die Umwelt betrachtet werden können. Diese Risikobewertung muss wissenschaftlich begründbar sein.
- Ergebnisse über eine Zulassung von GVO einschließlich Saatgut und aus GVO hergestellten Lebens- und Futtermitteln sollen auf dem Ergebnis der Risikobewertung basieren. Bei der Entscheidung über eine Zulassung sollen gesellschaftliche, wirtschaftliche, traditionelle, ethische und ökologische Elemente sowie die Durchführbarkeit einer Kontrolle berücksichtigt werden.
- Die Rechtsvorschriften der EU sollen vorsehen, dass Verbraucher/Nutzer über das Vorhandensein von GVO oder gentechnisch verändertem Material informiert werden, um ihnen eine Wahlmöglichkeit zu geben.
- Die Risikobewertungen von GVO-Produkten sollen im Rahmen des Zulassungsverfahrens veröffentlicht und der Öffentlichkeit zur Stellungnahme vorgelegt werden.
- Die Zulassungsverfahren sollen transparent sein und Mechanismen enthalten, um kontroverse Fragen wie ethische und sozioökonomische Themen zu behandeln.

Zusätzlich zu den bereits genannten Vorschlägen der EU-Kommission sollen innerhalb des nächsten Jahres Vorschläge zur Änderung der Saatgutvorschriften, der Reinheitskriterien für die Kontamination mit GVO in konventionellem Saatgut sowie die Kennzeichnung von gentechnisch veränderten Sorten vorgestellt werden. Des Weiteren sind Vorschläge für Umweltverträglichkeitsprüfungen bei genetisch veränderten Pflanzensorten, Vorschläge für Richtlinien zur Verhütung und Behebung schwerwiegender Umweltschäden sowie zur Umsetzung der Bestimmungen des Protokolls über die biologische Sicherheit vorgesehen (Kommission der EU 2001d).

Da die Details vieler der vorgesehenen Regelungen noch nicht bekannt sind, und naturgemäß auch die Änderungen in der sich anschließenden Diskussion mit dem Europäischen Parlament und den Mitgliedsstaaten kaum zuverlässig vorhersehbar sind, sind die zukünftigen rechtlichen Rahmenbedingungen für den Einsatz der Gentechnik im Landwirtschafts- und Ernährungssektor der EU derzeit nur wage abzuschätzen. Im Vergleich zur derzeitigen Rechtslage deuten sich jedoch weitreichendere und teilweise auch verschärfte Regelungen für Freisetzungsversuche und das Inverkehrbringen von gentechnisch veränderten Organismen an. Außerdem sollen der Geltungsbereich der Regelungen ausgeweitet (z. B. werden erstmals gentechnisch veränderte Futtermittel und neue Gruppen gentechnisch veränderter Lebensmittel oder Lebensmittelvorprodukte einbezogen) und die Kennzeichnungsvorschriften ausgedehnt werden (z. B. auch auf solche Lebensmittel, bei denen kein gentechnisch verändertes Material mehr nachweisbar ist, die aber mit gentechnischen Methoden und Verfahren im Verarbeitungsprozess in Berührung gekommen sind). Außerdem sind zeitliche Befristungen für Genehmigungen für das Inverkehrbringen und Systeme zum Nachzulassungsmonitoring von GVO vorgesehen. Um den Ansprüchen der Öffentlichkeit an größere Transparenz und Information über die Genehmigungsverfahren zu genügen, sollen in erweitertem Umfang Stellungnahmen (z. B. wissenschaftlicher Beratungsgremien) oder Entscheidungen der Behörden veröffentlicht und Möglichkeiten zur Einflussnahme von interessierten Gruppen eingeräumt werden.

11. Zusammenfassung

Zielsetzung und Vorgehensweise

In der Land- und Forstwirtschaft sowie der Lebensmittelproduktion werden seit alters her Pflanzen, Tiere und Mikroorganismen genutzt. Durch die Bio- und Gentechnik erweitert sich das Methodenspektrum, diese biologischen Systeme besser an die Nutzenerfordernisse des Menschen anzupassen. Insbesondere erwartet man vom Einsatz der Gentechnik, dass sie neue Verfahren, Produkte und Dienstleistungen ermöglicht, die zu Leistungsverbesserungen, verbesserten Produktqualitäten sowie umweltfreundlichen, ressourcenschonenden und kostengünstigen Herstellungsweisen beitragen. Damit werden große Erwartungen in ökonomischer, sozialer und ökologischer Hinsicht in die Gentechnik gesetzt.

Die Anwendung der Gentechnik in der Land- und Forstwirtschaft sowie der Lebensmittelproduktion entwickelt sich sehr dynamisch: Vor rund 15 Jahren wurden erstmals mit Hilfe der Gentechnik transgene Nutztiere und Nutzpflanzen hergestellt. Inzwischen haben die ersten Anwendungen das Forschungs- und Entwicklungsstadium (FuE) verlassen und werden international kommerziell genutzt. In der EU bleiben die kommerzielle Nutzung und die ökonomischen Erfolge jedoch zurzeit hinter den ursprünglichen Erwartungen zurück. Dazu tragen eine kontroverse Diskussion über die ökologischen und gesundheitlichen Risiken, die mit der Freisetzung von gentechnisch veränderten Organismen (GVO) und dem Verzehr gentechnisch veränderter Produkte verbunden sein könnten, eine geringe Akzeptanz dieser Techniken und Produkte bei Nutzern und Verbrauchern sowie Kontroversen über die Ausgestaltung der relevanten rechtlichen Rahmenbedingungen auf nationaler und internationaler Ebene bei.

Angesichts dieser Ausgangslage hat das Sächsische Staatsministerium für Umwelt und Landwirtschaft eine Studie bei dem Fraunhofer-Institut für Systemtechnik und Innovationsforschung (ISI), Karlsruhe, in Auftrag gegeben, um den aktuellen Stand von Wissenschaft und Technik der Anwendung der Gentechnik in den Feldern Pflanzen-, Tierzucht, Land- und Forstwirtschaft sowie Lebensmittelherstellung zu untersuchen. Neben besonders zukunftsträchtigen Forschungsschwerpunkten werden dabei auch die ökonomischen und ökologischen Aspekte, der aktuelle Stand der Diskussion zu Chancen und Risiken aufgezeigt sowie die bestehenden rechtlichen Rahmenbedingungen beleuchtet.

Die notwendigen Informationen wurden durch Recherchen in online-Datenbanken für die Anwendung der Gentechnik im Agro-Food Bereich, durch Screening der letzten drei Jahrgänge relevanter internationaler Fachzeitschriften, durch Recherchen im Internet oder durch Hinweise in aktuellen wissenschaftlichen Publikationen, internationalen Studien der vergangenen drei Jahre oder Stellungnahmen von nationalen und internationalen Expertenkommissionen identifiziert und beschafft. Danach erfolgte eine Auswertung der Literatur entsprechend der oben genannten Zielsetzung durch das Projektteam. Zu wenigen ausgewählten Detailpunkten wurden zusätzliche Informationen auf telefonischem Wege bei Experten in Deutschland eingeholt. Die Ergebnisse dieser Recherchen sind in dem vorliegenden Buch dargestellt.

Anwendungen der Gentechnik in der Tierzucht und -haltung

Derzeit liegen die wichtigsten Anwendungen der Gentechnik in der Tierzucht und -haltung im Umfeld des Tieres (Genomics und Tierernährung/-gesundheit), wohingegen sich die gentechnische Veränderung von Tieren noch überwiegend im FuE-Stadium befindet. Genanalytische und -diagnostische Untersuchungen werden im Rahmen von Zuchtprogrammen zur Identifikation von äußeren, physiologischen und biochemischen Merkmalen eingesetzt, um züchterisch wertvolle Tiere zu identifizieren. Daneben können mit Hilfe genanalytischer Verfahren Elternschafts- und Herkunftsnachweise geführt werden. Die gentechnischen Methoden zeichnen sich dabei durch eine hohe Effizienz, Bedarf an geringen Mengen des zu untersuchenden Probenmaterials und rasche Ergebnisse im Vergleich zu herkömmlichen Verfahren aus. Wesentliche Nachteile der Gendiagnostik liegen darin, dass viele züchterisch relevanten Eigenschaften polygen bedingt sind und somit einer DNA-Analyse nur eingeschränkt zugänglich sind und dass pleiotrope Effekte nicht auszuschließen sind.

In den Bereichen Tierernährung und -gesundheit werden zahlreiche Substanzen mit Hilfe bio- und gentechnischer Verfahren hergestellt. Dazu zählen Aminosäuren und Enzyme (z. B. Phytasen, Xylanasen) als Futterzusätze, Antikörper, Impfstoffe (z. B. Lebendimpfstoffe zur Bekämpfung der Tollwut bei Füchsen und zur Behandlung der Aujeszky'schen Krankheit beim Schwein), Tierarzneimittel, Hormone und Leistungsförderer (z. B. bovines Somatotropin). Letztere sind allerdings unter dem Blickwinkel des Tier- und Verbraucherschutzes umstritten. Der Einsatz von lebenden, gentechnisch veränderten Mikroorganismen, die im Tier selbst für eine bessere Nährstoffzufuhr sorgen, wird derzeit nicht verfolgt.

Transgene Tiere werden für die biomedizinische Grundlagenforschung, für die landwirtschaftliche Nutztierhaltung und beim GenePharming als „Bioreaktoren" zur Produktion von therapeutischen Proteinen erzeugt. Da jedoch nach dem derzeitigen Stand der Technik die Ausbeute an transgenen Tieren noch sehr gering ist, das Transgen teilweise instabil und die Ausprägung der durch das Fremdgen eingeführten Eigenschaften nicht genau vorhersagbar ist, wird die überwiegende Zahl transgener Tiere (zumeist Mäuse) für die biologische, medizinische und pharmakologische Forschung genutzt. Die Anwendungen transgener Nutztiere mit Relevanz für die Landwirtschaft (z. B. Wachstumsoptimierung, Krankheitsresistenz, verbesserte Milchqualität oder Wollproduktion) befinden sich derzeit noch überwiegend im FuE-Stadium. Transgene wachstumsoptimierte und kältetolerante Fische haben in der Aquakultur bereits Einzug gehalten. Die Verbesserung der Krankheitsresistenz, bessere Futterverwertung und Stressresistenz bei Fischen sind weitere Eigenschaften, an denen derzeit geforscht wird. Für einzelne Anwendungslinien innerhalb des GenePharming (z. B. Antithrombin III) könnte die Marktreife innerhalb der kommenden fünf Jahre erreicht werden.

Die Potenziale der Gentechnik für den Bereich Transgenics müssen zur effizienten Nutzung mit anderen biotechnischen Verfahren (z. B. Reproduktionstechniken wie die Klonierung) kombiniert werden. Zukünftige Entwicklungen im Hinblick auf eine Kommerzialisierung sind deshalb u. a. auch von den Erfolgen bei der Klonierung abhängig.

Derzeit werden Risiken bei der Freisetzung transgener Tiere vor allem bei gentechnisch veränderten Fischen diskutiert. Von den meisten Wissenschaftlern wird angenommen, dass transgene Fische aus Fischfarmen entweichen und sich mit den nicht transgenen Wildpopulationen kreuzen können. In Laborexperimenten und Simulationsrechnungen konnte auch ein Transfer der modifizierten Gensequenzen in natürliche Populationen und mögliche Konsequenzen (die bis zum Aussterben der natürlichen Populationen gehen können) gezeigt werden.

Anwendungen der Gentechnik in der Pflanzenzüchtung und Forstwirtschaft

Bio- und gentechnische Methoden und Verfahren ergänzen das Methodenrepertoire der klassischen Pflanzenzüchtung. Durch markergestützte Züchtungsverfahren sollen bereits Jungpflanzen mit erwünschten Eigenschaften selektiert und damit die Dauer und Kosten der Entwicklung einer neuen Sorte verringert werden. In den letzten Jahren wurden auch bei landwirtschaftlichen Nutzpflanzen verstärkt Genomsequenzierungsprojekte gestartet mit dem Ziel, die Struktur, Organisation und Funktion der DNA zu entschlüsseln und damit einen besseren Einblick in die molekulargenetischen Abläufe bei komplexen biologischen Phänomenen und Stoffwechselwegen zu gewinnen. Im Jahr 2000 wurde z. B. das Genom der Modellpflanze *Arabidopsis thaliana* und das Reisgenom vollständig sequenziert.

In den vergangenen Jahren wurden bereits mehr als 150 verschiedene Pflanzenarten, darunter sehr viele landwirtschaftliche Nutzpflanzen erfolgreich transformiert. Der Schwerpunkt der gentechnischen Veränderung von Nutzpflanzen lag zunächst auf monogen vererbten Eigenschaften wie Herbizid- und verschiedenen Krankheitsresistenzen. Insbesondere Resistenzen gegen Totalherbizide wie Glyphosat und Phosphinothricin wurden in eine große Zahl von landwirtschaftlichen Nutzpflanzen transferiert. Durch den Transfer von Genen zur Bildung von Substanzen, die gegen bestimmte Schadinsekten wirken (z. B. *Bacillus thuringiensis* = Bt-Toxin), wurden insektenresistente Pflanzen erzeugt, die bereits Marktreife erlangt haben. Demgegenüber befinden sich die Arbeiten zur Generierung virus- und pilzresistenter

Pflanzen derzeit meist noch im Entwicklungsstadium. Weltweit wird auch intensiv an der Entwicklung von transgenen Pflanzen mit Toleranz gegen umweltbedingte Stressfaktoren gearbeitet. Da viele dieser Eigenschaften allerdings durch mehrere Gene gesteuert werden und teilweise auf komplexen Stoffwechselwegen beruhen, haben stresstolerante Nutzpflanzen das Anwendungsstadium noch nicht erreicht.

International konzentrieren sich viele Forschungsprojekte darauf, die Zusammensetzung und den Gehalt an qualitätsbestimmenden Inhaltsstoffen von Pflanzen quantitativ und/oder qualitativ zu verändern mit dem Ziel, die Eigenschaften der Pflanzen im Hinblick auf ihre spezifische Nutzung als Lebens-, Futtermittel oder als Rohstoff für die Industrie zu optimieren. Weit fortgeschritten und bereits kommerziell erhältlich sind Ölpflanzen (z. B. Raps) mit verändertem Fettsäuremuster. Viele laufende Forschungsarbeiten beschäftigen sich damit, durch Übertragung bakterieller Gene Pflanzen mit ausreichend hohem Lysingehalt in den Körnern zu erzeugen. Zusätzlich wird versucht, den Stärkehaushalt von Pflanzen zu verändern mit dem Ziel, nur eine Stärkeform (Amylose oder Amylopektin) zu produzieren, was die Nutzung der Stärke in der Lebensmittel- und chemischen Industrie erheblich erleichtert. Die Elimination von allergenen Proteinen in Pflanzen mit Hilfe gentechnischer Methoden ist bislang über das Forschungsstadium nicht hinaus gekommen.

Für viele Entwicklungsländer besteht ein Ziel der gentechnischen Modifizierung darin, lebenswichtige Vitamine, Mineralsstoffe oder Spurenelemente, für die in diesen Ländern häufig eine Unterversorgung besteht, in dort angebauten und verzehrten Pflanzen anzureichern. Ein Beispiel dafür ist die Entwicklung einer Reissorte, die ß-Carotin bildet und eine verbesserte Eisenakkumulation und -bioverfügbarkeit aufweist („Golden Rice").

Im Obstbau und der Rebenzüchtung liegen die Schwerpunkte der Anwendung der Gentechnik vor allem auf der Etablierung von Resistenzen gegenüber Pilzen, Viren und Bakterien als Erreger von Pflanzenkrankheiten und gegen verschiedene Schadinsekten, auf Qualitätsverbesserungen sowie in einer Reduzierung der Frostanfälligkeit. Insgesamt befinden sich die meisten Arbeiten noch im FuE-Stadium, weltweit gibt es allerdings auch einige Freisetzungsversuche mit gentechnisch veränderten Obstarten oder Rebsorten mit Pilzresistenz.

Die wichtigsten transgenen Eigenschaften für Forstgehölze sind eine geänderte Ligninzusammensetzung und die Einführung von Herbizidresistenzen. Letzteres ist interessant, da gentechnisch veränderte Bäume fast ausschließlich für den Plantagenanbau und nicht für den Waldbau gezüchtet werden. Während in den USA erste transgene Bäume die Marktzulassung erhalten haben, befinden sich die Freisetzungsexperimente in Deutschland noch in einer Anfangsphase, bei der grundlegende Fragestellungen zur Stabilität des Transgens untersucht werden. Nach Expertenmeinung wird es in Europa noch ca. 10 bis 20 Jahre dauern, bis erste transgene Forstgehölze auf den europäischen Markt gebracht werden können.

Neben landwirtschaftlichen und gärtnerischen Produkten wird die Gentechnik auch zum Modifizierung von Pflanzen für technische Zwecke eingesetzt. Die Produktion in Pflanzen stellt dabei eine kosteneffiziente Alternative zu mikrobiellen Produktionssystemen (Fermenter) dar und weist eine große Flexibilität im Produktionsvolumen auf. Wichtige Arbeiten in diesem Zusammenhang beziehen sich auf die Expression verschiedener Enzyme (z. B. α-Amylase, Phytase, Xylanase) für die Futtermittel- und Lebensmittelindustrie, die Optimierung des Fettsäuremusters von Raps für verschiedene industrielle Zwecke (z. B. erucasäure- oder laurinsäurereicher Raps), die Optimierung der Stärkequalität und -zusammensetzung in Kartoffeln (z. B. Amylose-freie Kartoffel) sowie die Produktion von „Bioplastik“ (z. B. PHA, PHB) mit Hilfe transgener Pflanzen. Auch einzelne pharmazeutisch interessante Stoffe, die mit Hilfe transgener Pflanzen produziert werden, sind bereits auf dem Markt (z. B. Hühnerei-Avidin für diagnostische Zwecke) oder bei der FDA (z. B. Tumorantikörper, Antikörper gegen Karieserreger) in der Zulassung.

Die weltweiten Freisetzungsaktivitäten mit transgenen Pflanzen zeigen eine eindeutige Dominanz der USA (70 %) gefolgt von Kanada (9 %) und Frankreich (5 %). Auf Deutschland entfallen ca. 2 % der weltweiten Freisetzungsvorhaben. Zwischen 1994 und 1998 sind die Freisetzungen in der EU durchschnittlich um 60 % pro Jahr gestiegen. Noch 1998 wurden in den EU-Ländern mehr als 2.500 Freisetzungsversuche mit GVO gezählt. Seit 1998 geht die Zahl der Freisetzungen in der EU deutlich zurück, v. a. verursacht durch die Entwicklung in Frankreich. Die Gründe für den starken Rückgang der Zahl der Freisetzungsversuche liegen in erster Linie in der unklaren rechtspolitischen Situation in der EU (aufgrund des Quasi-Moratoriums), unsicheren Marktaussichten sowie einer kritischen Haltung weiter Teile der Bevölkerung gegenüber der grünen Gentechnik. Mais, Raps, Zuckerrübe und Kartoffeln machen den Löwenanteil der Freisetzungen in der EU aus. In Deutschland konzentrieren sich die Freisetzungsanträge auf Raps und Zuckerrübe. Etwa die Hälfte aller Freisetzungsanträge in der EU beziehen sich auf Herbizidresistenz. Resistenzen gegen Krankheiten (Viren, Bakterien, Pilze, Nematoden) und Schadinsekten machen rund ein Viertel der Freisetzungsanträge aus, während qualitative Merkmale (Metabolismusveränderungen) bisher Gegenstand von knapp 16 % der beantragten Freisetzungen sind.

Für die Zukunft wird eine deutliche höhere Relevanz von genombasierten Arbeiten in der Pflanzenzüchtung erwartet. Nach der Aufklärung der Gensequenz in *Arabidopsis thaliana* steht dabei die Genfunktionsanalyse auf der Forschungsagenda. Mit Hilfe bioinformatischer Verfahren und chipbasierter Hochdurchsatzmethoden wird die Identfizierung züchterisch relevanter Pflanzenfunktionen erheblich beschleunigt werden. Die Kenntnis der zugrunde liegenden Gene ermöglicht eine gezieltere Modifikation der Pflanzen (insbesondere bei Eigenschaften, die auf komplexen Stoffwechselwegen beruhen). Ebenso erhält die markergestützte Züchtung neue Impulse und das Spektrum genbasierter Kits zur Testung der Sicherheit von Nahrungs- und Futtermitteln wird erweitert.

Im Rahmen der wissenschaftlichen Risikodiskussion über transgene Pflanzen werden insbesondere Fragen des vertikalen und horizontalen Gentransfers, der Verwilderung, Auswirkungen transgener Pflanzen auf Tiere im Ökosystem sowie mögliche Resistenzbildungen intensiv behandelt. Unter den Anbaubedingungen Mitteleuropas sind für die meisten transgenen Pflanzenarten Auskreuzungen wenig wahrscheinlich. Bei Raps wurde jedoch bereits ein vertikaler Gentransfer auf verwandte Kultur- und Wildarten nachgewiesen. Bei Radiccio, Luzerne und Zuckerrüben ist dieser nicht auszuschließen. Trotz relativ großer Unterschiede in den vorliegenden Versuchsergebnissen kann davon ausgegangen werden, dass bei männlich fertilem Raps, Tabak, Kartoffeln und Zuckerrüben die Auskreuzungsraten bis 100 m Entfernung zwischen Pollenspender und -empfänger maximal bei 1 % liegen.

Relativ wenig gesicherte Erkenntnisse liegen hinsichtlich der Möglichkeit eines horizontalen Gentransfers von transgenen Pflanzen auf Mikroorganismen vor, doch wird dieser von den meisten Wissenschaftlern nicht ausgeschlossen. Dies gilt auch für die Möglichkeit des Gentransfers von Antibiotikaresistenzgenen auf boden- und pflanzenassozierte Bakterien, für den bislang nur Ergebnisse einzelner Laborexperimente, aber keine Hinweise für das Auftreten im Freiland existieren. Das Verwilderungsrisiko landwirtschaftlicher Nutzpflanzen (mit Ausnahme von Raps) verringert sich tendenziell mit dem Grad ihrer züchterischen Bearbeitung. Die Ergebnisse vorliegender Studien geben kein einheitliches Bild zu dem Verwilderungsrisiko transgener Raps- und Zuckerrübenlinien in Mitteleuropa. Für die Zukunft wird ein erhöhtes Verwilderungspotenzial transgener Pflanzen diskutiert, falls gehäuft fitnessrelevante Eigenschaften der Pflanzen modifiziert werden.

Die Auswirkungen von transgenen Pflanzen insbesondere mit Bt-Toxinen auf Tiere im Ökosystem werden derzeit intensiv untersucht. Die Interpretation der Ergebnisse einer Studie aus dem Jahr 1999, nach der Raupen des Monarchfalters höhere Mortalitätsraten zeigten, nachdem sie mit Pollen von Bt-Mais bestäubte Blätter fraßen, und ähnlicher anschließend veröffentlichter Untersuchungen ist in der Fachwelt umstritten. Resistenzentwicklungen von Insekten gegen transgene Bt-Pflanzen wurden bislang in Laborexperimenten nachgewiesen. Unter Wissenschaftlern wird daher auch nicht die Entstehung solcher Resistenzen sondern die Dauer bis zu ihrem Auftreten diskutiert.

Eine intensive Diskussion gibt es in der EU derzeit um vorgeschlagene Schwellenwerte von 1 % bei zufälliger Kontamination mit GVO in Lebens- und Futtermitteln bzw. 0,3 % bis 0,5 % bei Saatgut. Aufgrund der geltenden Standards hat der Aspekt der „Gentechnikfreiheit" insbesondere für ökologisch wirtschaftende landwirtschaftliche Betriebe eine hohe Relevanz. Die Reinheit des Saatguts, eventuelle Kontaminationen während des Anbaus durch Pollenflug/Insektenbestäubung oder Durchwuchs, Vermischungen bei Lagerung, Transport (insbesondere in Umschlagshäfen und bei Transport offener Ware) sowie in Verarbeitungsbetrieben, in denen GVO-haltige und -freie Ware verarbeitet wird, sind als kritische Punkte einer

Kontamination in der Prozesskette zu betrachten. Unter den Anbaubedingungen der EU sind nach Einschätzung des Scientific Committee on Plants die vorgeschlagenen Grenzwerte für Saatgut nur unter idealen Produktionsbedingungen zu erreichen, insbesondere falls in Zukunft der Anbau von transgenen Pflanzen in Europa ansteigt. Als weniger kritisch wird in einer Studie in der Schweiz die Einhaltung des vorgeschlagenen Schwellenwertes von 1 % GVO-Kontamination bei Lebensmitteln eingeschätzt. Andererseits besteht unter Wissenschaftlern aber auch Einigkeit darüber, dass ein 0 %-Schwellenwert für GVO-Verunreinigungen bei gleichzeitigem Anbau von transgenen Pflanzen und konventionellen Sorten nicht zu realisieren ist.

Nachweisverfahren für gentechnische Veränderungen können auf der Ebene des Phänotyps, der Stoffwechselprodukte oder der DNA-Sequenzen ansetzen. Bislang sind allerdings nur wenige immunologische Testkits für diesen Zweck auf dem Markt. Daher werden Nachweise vor allem auf DNA-Ebene mit Hilfe von PCR-Verfahren durchgeführt – zumal damit auch eine quantitative Bestimmung der gentechnischen Veränderung möglich ist. Als Nachweisgrenze dieser Verfahren wird derzeit eine 0,1%ige GVO-Verunreinigung angesehen.

Stand des Einsatzes der Gentechnik in der Pflanzenproduktion

In den vergangenen fünf Jahren ist ein deutlicher Anstieg der Anbaufläche transgener Nutzpflanzen auf mehr als 52 Mio. ha im Jahr 2001 zu verzeichnen. Dabei entfallen 96 % dieser Flächen auf die USA, Argentinien und Kanada. In Deutschland und der EU werden transgene Pflanzen nur im Rahmen von Freisetzungsversuchen oder in sehr eingeschränktem Umfang für kommerzielle Zwecke angebaut. Weltweit am wichtigsten ist der Anbau transgener Pflanzen bei Sojabohnen (33 Mio. ha), Mais (knapp 10 Mio. ha), Baumwolle (knapp 7 Mio. ha) und Raps (knapp 3 Mio. ha). Dies entspricht 46 % der weltweiten Soja- und 20 % der Baumwollanbaufläche. Beim derzeitigen Anbau transgener Pflanzen dominieren eindeutig inputorientierte Eigenschaften (v. a. Herbizid-, Insektenresistenz), wohingegen bei Freisetzungsversuchen veränderte Qualitätsmerkmale eine überproportionale Bedeutung haben.

Der Markt für transgenes Saatgut ist in den vergangenen Jahren in Analogie zu der Anbaufläche sehr dynamisch gewachsen und erreichte 3 Mrd. US$ im Jahr 2000. Dies entspricht 10 % des weltweit auf 30 Mrd. US$ geschätzten kommerziellen Saatgutmarktes. Transgenes Saatgut wird nur von fünf Unternehmen angeboten, von denen Monsanto allein 80 % Marktanteil erreicht. Im Vergleich dazu haben z. B. die zehn größten Unternehmen (im Jahr 1998) einen Marktanteil von 25 % auf dem globalen Saatgutmarkt.

Für die Versorgung der EU mit Sojabohnen sowie deren Verarbeitungsprodukten spielen Importe aus Ländern mit einem ausgeprägten Anbau transgener Pflanzen eine wichtige Rolle, da hohe Anteile des EU-Verbrauchs aus Argentinien und den

USA eingeführt werden. Demgegenüber ist bei Mais der Importanteil des EU-Verbrauchs wesentlich geringer als bei Sojabohnen. Angesichts dieser Versorgungslage ist zu vermuten, dass in der EU insbesondere bei Futtermitteln aber auch bei Lebensmittelvorprodukten Produkte auf dem Markt sind, die auf transgene Rohware zurückzuführen sind.

Die bislang überwiegend in den USA und Kanada gesammelten Erfahrungen mit dem Anbau transgener Pflanzen lassen aus ökonomischer Sicht nur in einzelnen Jahren oder Regionen deutliche Vorteile für die Landwirte erkennen. Am ehesten scheint dies noch bei dem Anbau von *Bt*-Baumwolle und *Bt*-Mais der Fall zu sein, da sich in diesen Fällen zumeist Ertragsvorteile ergeben. Beim Anbau herbizidresistenter Pflanzen sind demgegenüber in der Regel keine Ertragssteigerungen festzustellen und die auftretenden Kostenvorteile bei der Unkrautbekämpfung werden größtenteils durch die höheren Saatgutkosten für transgene Sorten kompensiert. Die Landwirte haben allerdings Vorteile durch eine einfachere Produktionstechnik. Für Deutschland wird eine Verstärkung des innerlandwirtschaftlichen Strukturwandels und die Tendenz zur Abwanderung von Arbeitsplätzen erwartet, falls Verfahren der modernen Bio- und Gentechnik intensiv im Agrarsektor eingesetzt werden.

Einsatz der Gentechnik in der Lebensmittelproduktion und -verarbeitung

In der EU sind gegenwärtig keine Lebensmittel, die selbst einen lebenden gentechnisch veränderten Organismus darstellen oder solche enthalten, für den menschlichen Verzehr zugelassen. Allerdings werden eine Reihe von gentechnisch modifizierten Nutzpflanzen zu Verarbeitungszwecken in die EU importiert (z. B. Sojabohnen, Mais) und zu verschiedenen Lebensmittelvor- (z. B. Sojaöl, Maisstärke) oder verzehrfertigen Lebensmittelprodukten weiterverarbeitet. Ebensowenig sind in der EU Lebensmittel auf dem Markt, die gentechnisch veränderte Starter- oder Schutzkulturen enthalten. Die in Zukunft zu erwartende größere Bedeutung von „Outputtraits“ (z. B. optimierte ernährungsphysiologische Eigenschaften) bei transgenen Pflanzen hat unmittelbare Relevanz für die Lebensmittelproduktion und -verarbeitung.

Für die Lebensmittelverarbeitung wird bereits heute eine breite Palette an Hilfs- und Zusatzstoffen mit Hilfe von gentechnisch veränderten Mikroorganismen und Zellkulturen durch Fermentation produziert. Beispiele hierfür sind das bei der Käseherstellung verwendete Chymosin, bei der Stärkeverzuckerung eingesetzte Enzyme (Amylase, Glucose-Isomerase, Pullulanase), sowie im Zusatzstoffbereich Aminosäuren (Glutaminsäure, Phenylalanin, L-Lysin), Vitamine (Riboflavin, ß-Carotin) und diverse organische Säuren (Milch-, Essigsäure).

In der Lebensmittelüberwachung haben sich DNA-gestützte Diagnostik- und Analyseverfahren zum Nachweis mikrobieller Nahrungsmittelverderber und Krankheitserreger und zur Art- und Herkunftsbestimmung von Pflanzen und Tierarten in

Lebensmitteln etabliert. Nachweisverfahren auf DNA-Ebene bilden darüber hinaus die Grundlage zur Kontrolle von gentechnischen Veränderungen in Lebensmitteln. Neben der Erweiterung und des Nachweisspektrums für Lebensmittelpathogene, Verarbeitungsprozesse und gentechnische Veränderungen steht die Entwicklung von automatisierten und miniaturisierten Systemen (DNA-Chips) im Zentrum der Forschungsanstrengungen.

Als potenzielle Risiken durch den Verzehr gentechnisch veränderter Lebensmittel werden vor allem toxische oder allergener Inhaltsstoffe sowie die Übertragung von Antibiotikaresistenzen aufgrund der Verwendung von Antibiotikaresistenz-Markergenen diskutiert. In der wissenschaftlichen Risikodiskussion der letzten Jahre stand die Möglichkeit des Auftretens unerwarteter und nicht intendierter Nebeneffekte und die dadurch bedingte Bildung toxischer Substanzen durch gentechnische Eingriffe im Mittelpunkt des Interesses. Bei den im Rahmen von Sicherheitsbewertungen intensiv untersuchten Genkonstrukten (z. B. Bt-Toxin) konnten bislang keine humantoxischen Effekte festgestellt werden. Stark medienwirksame Untersuchungsergebnisse des britischen Wissenschaftlers Arpad Pusztai, der negative Auswirkungen auf das Wachstum und Immunsystem von Ratten nach der Verfütterung von transgenen Kartoffeln, die ein bestimmtes Lektin aus Schneeglöckchen enthielten, feststellte, sind in der Fachwelt umstritten.

Da mit Hilfe der Gentechnik neue oder veränderte Proteine in einen Organismus transferiert werden, ist ein Risikopotenzial zur Etablierung von Lebensmittelallergien nicht auszuschließen. Probleme bereitet die Vorhersage der Allergenität eines „neuen" Proteins, da dafür bislang keine ausgereiften Methoden existieren. Bei der Untersuchung verschiedener neu eingeführter Proteine, die in transgenen Pflanzen verwendet werden, wurden diese in einem „künstlichen" Magen-Darm-Trakt schneller abgebaut als häufige allergene Bestandteile von „konventionellen" Lebensmitteln. Umstritten ist derzeit das allergene Potenzial des Cry9C-Proteins, das in der transgenen Maissorte Star Link des Unternehmens Aventis Cropscience (die in der EU keine Zulassung zum Inverkehrbringen hat) enthalten ist.

Bei den oftmals als Markergenen eingesetzten Antibiotikaresistenzgenen wird befürchtet, das sie zur Verbreitung von Antibiotikaresistenzen in Bakterienpopulationen beitragen könnten mit der Folge, dass in der Human- oder Tiermedizin verabreichte Antibiotika nicht mehr wirksam sein könnten. Nach den vorliegenden wissenschaftlichen Ergebnissen ist allerdings eine Übertragung von Antibiotikaresistenzgenen auf Bakterien im Darm von Mensch oder Tier sehr unwahrscheinlich. Dasselbe gilt für eine Übertragung auf Epithelzellen im Darm, obwohl ein Teil der DNA bei der Verdauung nicht abgebaut wird. Trotzdem werden derzeit intensiv Alternativen zu Antibiotikaresistenzgenen entwickelt, da diese z. B. in der EU ab 2005 nicht mehr zugelassen sein sollen.

Erkenntnisse aus der Genom- und Proteomforschung werden zukünftige Entwicklungen auch im Bereich der Lebensmittelverarbeitung beeinflussen. Von den Genominformationen wichtiger Mikroorganismen und durch die Entschlüsselung der Struktur und Funktion der an Stoffwechselprozessen beteiligten Proteine, verspricht man sich ein besseres Verständnis der molekulargenetischen Abläufe von Stoffwechselprozessen und Regulationsmechanismen. Durch zunehmende Kenntnis dieser Prozesse und die Identifizierung von Genen, die produktionsrelevante Eigenschaften mitbestimmen, lassen sich mit Hilfe der Gentechnik gezielt Stoffwechselwege verändern. Vorrangige Ziele sind dabei die Optimierung von Mikroorganismen im Hinblick auf eine effiziente und sichere Produktion der gewünschten Substanzen, wie auch die Etablierung neuer Stoffwechselwege in Mikroorganismen für die Produktion von Substanzen, die bislang nur über aufwändige und teilweise umweltbelastende Verfahren möglich sind. Erkenntnisse der Genomforschung sind auch nutzbar für die Entwicklung neuer DNA-basierter Nachweisverfahren für Krankheits- oder Verderbniserreger von Lebensmitteln sowie für die Überwachung der Prozessqualität in der Lebensmittelverarbeitung.

Rechtliche Regulierung der Gentechnik

Für die Regulierung der Gentechnik im Landwirtschafts- und Ernährungssektor haben nationale, EU-weite und international gültige Regelungen Relevanz. Die stärkste Regelungskompetenz in diesem Feld hat die EU, die teilweise auch den Rahmen für nationale Regelungen vorgibt. Internationale Regelungen haben oftmals nur den Charakter von Empfehlungen oder sind von der Ratifizierung der einzelnen Länder abhängig. In den 90er Jahren wurde der Einsatz der Gentechnik im Agro Food-Sektor in der EU im wesentlichen durch die Regulierungen 90/219/EWG (Systemrichtlinie), 90/220/EWG (Freisetzungsrichtlinie) sowie 258/97/EWG (Novel Food-Verordnung) bestimmt. In den vergangenen zwei bis drei Jahren sind allerdings verstärkte Anstrengungen der EU-Kommission und des Europäischen Rates zu einer deutlichen Ausdifferenzierung dieser Regelungen erkennbar.

In ihrem im Jahr 2001 vorgelegten Konsultationspapier für eine „strategische Vision für Biowissenschaften und Biotechnologie" betont die EU-Kommission die „Schaffung eines effizienten, wirksamen, transparenten, harmonisierten, stabilen und berechenbaren ordnungspolitischen Rahmens für die Biotechnologie innerhalb der EU" als ein wesentliches Ziel ihrer Politik. Danach dürfen GVO einschließlich Saatgut und aus GVO hergestellte Lebens- und Futtermittel zukünftig nur dann zugelassen werden, wenn sie eine umfassende wissenschaftliche Risikobewertung durchlaufen haben und als sicher für die Gesundheit von Mensch und Tier sowie für die Umwelt betrachtet werden können. Bei der Entscheidung über eine Zulassung sollen gesellschaftliche, wirtschaftliche, traditionelle, ethische und ökologische Elemente sowie die Durchführbarkeit einer Kontrolle berücksichtigt werden. Die Verbraucher/Nutzer sollen möglichst umfassend über das Vorhandensein von GVO oder gentechnisch verändertem Material informiert werden. Zusätzlich ist vorgesehen, die Risikobewertungen von GVO-Produkten im Rahmen des Zulassungsverfahrens zu veröffentlichen und der Öffentlichkeit zur Stellungnahme vorzulegen. Neben einer Novellierung der System- (im Jahr 1998) und Freisetzungsrichtlinie (im Jahr 2001) wurden von der EU-Kommission im Sommer 2001 eine Reihe weiterer Vorschläge insbesondere zur Modifizierung bzw. Ausdehnung der Novel Food-Verordnung sowie zur Rückverfolgbarkeit und Kennzeichnung von GVO und Produkten aus GVO vorgelegt. Innerhalb des nächsten Jahres sollen weitere Vorschläge (z. B. zu Reinheitskriterien für die Kontamination mit GVO in konventionellem Saatgut, Umweltverträglichkeitsprüfungen bei transgenen Pflanzensorten, Umsetzung der Bestimmungen des Protokolls über die biologische Sicherheit) folgen.

Aufgrund dieser „Umbruchsituation" sind die mittelfristigen rechtlichen Rahmenbedingungen für den Einsatz der Gentechnik im Landwirtschafts- und Ernährungssektor der EU derzeit nur vage abzuschätzen. Im Vergleich zur derzeitigen Rechtslage deuten sich jedoch weitreichendere und teilweise auch verschärfte Regelungen für Freisetzungsversuche und das Inverkehrbringen von GVO an. Außerdem sollen der Geltungsbereich der Regelungen ausgeweitet (z. B. werden erstmals gentechnisch veränderte Futtermittel und neue Gruppen gentechnisch veränderter Lebensmittel oder Lebensmittelvorprodukte einbezogen) und die Kennzeichnungsvorschriften ausgedehnt werden. Desweiteren sind zeitliche Befristungen für Genehmigungen für das Inverkehrbringen (beabsichtigt ist eine Dauer von zehn Jahren) und Systeme zum Nachzulassungsmonitoring von GVO vorgesehen. Um den Ansprüchen der Öffentlichkeit an größere Transparenz und Information über die Genehmigungsverfahren zu genügen, sollen in erweitertem Umfang Stellungnahmen (z. B. wissenschaftlicher Beratungsgremien) oder Entscheidungen der Behörden veröffentlicht und Möglichkeiten zur Einflussnahme von interessierten Gruppen eingeräumt werden.

Die derzeit erkennbaren Entwicklungstrends deuten auf eine weitere Zunahme des Anbaus transgener Nutzpflanzen in den Hauptanbauregionen in Nord- und Südamerika. Trotz entsprechender Initiativen der EU-Kommission ist in der EU eine kurzfristige Aufhebung des Quasi-Moratoriums für das Inverkehrbringen transgener Pflanzen nicht zu erwarten, da sich mehrere Mitgliedsstaaten dezidiert gegen einen solchen Schritt aussprechen. In den kommenden Jahren sind in der EU zudem organisatorische „Neuentwicklungen" (z. B. System zum Nachzulassungsmonitoring oder zur Rückverfolgbarkeit für inverkehr gebrachte GVO) zu erwarten, um unbeabsichtigte und möglicherweise erst längerfristig auftretende Auswirkungen auf die Umwelt und Gesundheit von Menschen und Tieren rechtzeitig zu erkennen und gleichzeitig die Grundlagen für eine Kennzeichnung von GVO-Produkten zu erweitern. Im globalen Kontext dürfte die Diskussion über die Nutzung der Gentechnik im Agrar- und Ernährungssektor in den sich entwickelnden Ländern deutlich an Intensität gewinnen. Relevanz für die Entwicklung in der EU haben zudem die Verhandlungen über eine weitere Liberalisierung des Welt(agrar)handels, da verschiedene Handelspartner der EU die EU-internen Regelungen zur Anwendung der Gentechnik im Landwirtschafts- und Ernährungssektor als ein nichttarifäres Handelshemmnis betrachten und zum Gegenstand der WTO-Verhandlungen machen wollen.

Literatur

agbios (2001): Global status of approved genetically modified plants. In: http://64.26.172.90/agbios/dbase.php?action=Synopsis

Albrecht, S.; Beusmann, V.; Flatten, M.; Gemkow, M.; Schorr, C. (1997): Direkte und indirekte Auswirkungen konventioneller und gentechnisch unterstützter Pflanzenzüchtung auf die Biodiversität. Universität Hamburg: Forschungsschwerpunkt Biotechnik, Gesellschaft und Umwelt (BIOGUM), Forschungsgruppe Landwirtschaft und Pflanzenzüchtung

American Soybean Association (2001): Auswahl an Zuchtzielen bei der Sojabohne unter Einsatz gentechnischer Methoden. In: http://www.asa-hamburg.de/gen_b6.html

Ames, B. N.; Profet, M.; Gold, L. S. (1990): Nature's chemicals and synthetic chemicals: comparative toxicology. In: Proceedings of the National Academy of Sciences of the United States of America 87, S. 7782-7786

Ammann, D.; Vogel, B. (2000): Transgene Nutztiere: Landwirtschaft – Gene Pharming – Klonen. SAG-Studienpapier B4, März 2000. In: http://www.gentechnologie.ch/Studienpapiere.htm

Ammann, K. (2000): August 22. In: E-mail listserve kammann@sgi.unibe.ch (zitiert in Schütte et al. 2001)

Ammann, K.; Jacot, Y.; Rufener, A. M. P. (1996). Field release of transgenetic crop in Switzerland, an ecological risk assessment. In: Schulte, E.; Käppeli, O. (Hrsg.): Gentechnisch veränderte krankheits- und schädlingsresistente Nutzpflanzen – Eine Option für die Landwirtschaft? Bern: BATS, S. 101-158

Anderson, J. A. (1996): Allergic reactions to foods. In: Critical Reviews in Food Science and Nutrition 36, S. 19-38

Anonym (1999): Very precise DNA kit detects GM ingredients in foods. In: Genetic Engineering Monitor 1 and 2, S. 88

Arbeitsgemeinschaft Lebensmittel ohne Gentechnik (ALOG) (2001): Chancen erkennen – Märkte nutzen. In: http://www.infoxgen.com/wir/index-wir.htm

Arundel, A. (2000): Technology investment options and employment: results of a survey of European seed and pesticide firms. Maastricht: MERIT

Assaad, F.; Signer, E. R. (1990): Cauliflower mosaic virus P35S promoter activity in *E. coli*. In: Molecular and General Genetics 223, S. 517-520

Association of Manufacturers of Fermentation Enzyme Products (AMFEP) (2001): List of commercially availaible microbial enzymes. In: http://www.amfep.org/amfep.html

Astwood, J. D.; Leach, J. N.; Fuchs, R. L. (1996): Stability of food allergens to digestion in vitro. In: Nature Biotechnology 14, S. 1269-1273

Baier, A.; Vogel, B.; Tappeser, B. (2001): Grüne Gentechnik und ökologische Landwirtschaft. Berlin: Umweltbundesamt, UBA-Texte Nr. 23/01

Bartsch, D.; Sukopp, H.; Sukopp, U. (1993): Introduction of plants with special regard to cultigens running wild. In: Wohrmann, K.; Tomiuk, J. (Hrsg.): Transgenic organisms. Basel: Birkhäuser Verlag, S. 135-151

BBA (2002): BioSearch-BBA-Database: Das Informationssystem zur Gentechnik. In: http://www.bba.de/gentech/genright.htm

Beckmann, J. P.; Brem, G.; Eigler, F. W.; Günzburg, W.; Hammer, C.; Müller-Ruchholz, W.; Neumann-Held, E. M.; Schreiber, H.-L. (2000): Xenotransplantation von Zellen, Geweben oder Organen. Wissenschaftliche Entwicklungen und ethisch-rechtliche Implikationen. Berlin, Heidelberg: Springer Verlag

Benbrook, C. (1999): Evidence of the magnitude and consequences of the Roundup Ready soybean yield drag from university-based varietal trails in 1998. In: AgBioTech InfoNet Technical Paper No. 1. http://www.biotech-info.net/RR_yield_drag_98.pdf, 28 S.

Berkel, P. H. C. van; Welling, M. M.; Geerts, M.; van Veen, H. A.; Ravensbergen, B.; Salaheddine, M.; Pauweis, E. K. J.; Pieper, F.; Nuijens, J. H.; Nibbering, P. H. (2002): Large scale production of recombinant human lactoferrin in the milk of transgenic cows. In: Nature Biotechnology 20, Nr. 5, S. 484-487

Billig, S. (2000): Europaweiter Skandal um verunreinigten Raps. In: GID 140, S. 24-27

Bioweb (2000): Diagnostizierbare Marker. In: http://www.bioweb.ch/de/glossary/967

BioWorld (2000): Bioanalytik und Biochip-Technologie. In: BioWorld 5, S. 42-44

Boerjan, M. L.; den Daas, J. H. G.; Dieleman, S. J. (2000): Embryonic origins of health: long-term effects of IVF in human and livestock. In: Theriogenology 53, S. 537-547

Bondioli, K. R.; Wall, R. J. (1998): Transgenic lifestock. In: Altmann, A. (Hrsg.): Agricultural Biotechnolgy. Dekker.com

Bonneau, M.; Laarveld, B. (1999): Biotechnology in animal nutrition, physiology and health. In: Livestock Production Science 59, S. 223-241

Brake, J.; Vlachos, D. (1998): Evaluation of transgenic event 176 Bt-corn in broiler chickens. In: Poultry Science 77, Nr. 5, S. 648-653

Brandt, P. (1999): Antibiotika-Resistenzgene als Marker in gentechnisch veränderten Pflanzen. In: Bundesgesundheitsblatt – Gesundheitsforschung – Gesundheitsschutz 9, Nr. 42, S. 51-57

Braunschweiger, G.; Conzelmann, C. (1997): Gentechnisch veränderte Rohstoffe für die Lebensmittelwirtschaft: Was ist schon auf dem Markt? In: Schreiber, G. A.; Bögl, K. W. (Hrsg.): Mit Hilfe gentechnischer Verfahren hergestellte Lebensmittel. 2. Statusbericht. Berlin: Bundesinstitut für gesundheitlichen Verbraucherschutz und Veterinärmedizin, BgVV-Hefte 05/1997, S. 9-22

Brink, M. F.; Bishop, M. D.; Pieper, F. R. (2000): Developing efficient strategies for the generation of transgenic cattle which produce biopharmaceuticals in milk. In: Theriogenology 53, S. 139-148

Brüning, A. (2000): Die Allianz der Reiszüchter. In: Textarchiv Berliner Zeitung. In: http://www.berlinonline.de/wissen/berliner_zeitung/archiv/2000/0412/wissenschaft/0033/

Bullock, D. W.; Damak, S.; Jay, N. P.; Su, H-Y.; Barrell, G. K. (1997): Improved wool production from insulin-like growth factor I targeted to the wool follicle in transgenic sheep. In: Houdebine L. M. (Hrsg.): Transgenic animals: generation and use. Buffalo, NY: Harwood Academic Publishers

Bullock, D.; Babinard, J.; Cunningham, C.; Hill, L.; Josling, T.; Nelson, G. C.; Nitsi, E. I.; de Pinto, A.; Rosegrant, M.; Unnevehr, L. (1999): The economics and politics of genetically modified organisms in agriculture: Implications for WTO 2000. Illinois: University of Illinois, Bulletin 809 (November)

Bund für Lebensmittelrecht und Lebensmittelkunde e. V. (BLL) (2000): In Sachen Lebensmittel. In: Jahresbericht 1999/2000. Bonn: BLL

Bundesanstalt für Züchtungsforschung an Kulturpflanzen (BAZ) (2000): Freisetzung transgener Reben in Deutschland. In: BAZ Quedlinburg 2000 In: http://www.bafz.de/baz99_d/baz_orte/sdg/irz/irz_freisetzung1.htm

Bundesanstalt für Züchtungsforschung an Kulturpflanzen (BAZ) (2001): Forschungsprojekte der Bundesanstalt für Züchtungsforschung an Kulturpflanzen (BAZ), Institut für Zierpflanzenzüchtung/Ahrensburg. In: http://www.bafz.-de/baz99_d/bazfrmd.htm

Bundesministerium für Ernährung, Landwirtschaft und Forsten (BMELF) (1998): Biotechnologie für den Agrar- und Ernährungsbereich – Stand und Perspektiven. Schriftenreihe des Bundesministeriums für Ernährung, Landwirtschaft und Forsten, Angewandte Wissenschaft Ht. 471. Bonn: Köllen Druck und Verlag GmbH

Bundesregierung (2000): Antwort der Bundesregierung auf die Kleine Anfrage der Abgeordneten Ulrike Flach, ... und der Fraktion der FDP – Initiative der Bundesregierung zu Konsensgesprächen über die „Grüne Gentechnik". Berlin: Deutscher Bundestag, Drucksache 14/3899

Bundessortenamt (2000): Ruhen der Zulassung für GVO-Mais beim Bundessortenamt beantragt. Pressemitteilung vom 17.2.2000. In: http://www. bundessortenamt.de/internet...ktuelles/presse/Gen_Mais_2000:02:17.htm

Bundesverband der Lebensmittelchemiker im öffentlichen Dienst e. V. (BLC) (2001): Grundlagen des Lebensmittelrechts. In: http://www.lebensmittel.org/ lmrecht.htm

Bundesverband Deutscher Pflanzenzüchter e. V. (BDP) (2001): Biotechnologie und Gentechnik. In: http://www.bdp-online.de/default.asp

Calgene (1990): Request for advisory opinion kan-gene: safety and use in the production of genetically engineered plants. Davis: Calgene Inc.

Carpenter, J. E.; Gianessi, L. P. (2001): Agricultural Biotechnology: Updated benefit estimates. Report of the National Center for Food and Agricultural Policy, Washington, D. C. In: http://www.ncfap.org/pup/biotech/updatedbenefits.pdf

Cartagena Protocol on Biosafety to the Convention on Biological Diversity (2000): In: http://www.biodiv.org/biosafety/protocol.asp

Catteruccia, F.; Nolan, T.; Loukeris, T. (2000): Stable germline transformation of the malaria mosquito *Anopheles stephensi*. In: Nature 405, S. 959-962

Champolivier, J.; Gasquez, J.; Messean, A.; Richard-Molard, M. (1999): Management of transgenic crops within the cropping system. In: Lutman, P. (Hrsg.): Gene flow and agriculture: relevance for transgenic crops. BCPC Symposium Proceedings 72, S. 233-240

Charest, P. J.; Devantier, Y.; Lachance, D. (1996): Stable genetic-transformation of *Picea mariana* (black spruce) via particle bombardment. In: Vitro Cellular Developmental Biology 32, S. 91-99

Chen, C.; Baucher, M.; Christensen, J. H.; Boerjan, W. (2001): Biotechnology in trees: Towards improved paper pulping by lignin engineering. In: Euphytica 118, Nr. 2, S. 185-195

Clements et al. (1994). Development of transgenic sheep that express the visna virus envelop gene. In: Virology 200, S. 370-380

CMA (1999): Grüne Gentechnik. Informationen über Gentechnik im Pflanzenbau. Versmold: CMA-Versandservice, Nr. 4267

Colman, A. (1999): Dolly, Polly and other 'ollys': likely impact of cloning technology on biomedical uses of livestock. In: Genetic Analysis: Biomolecular Engineering 15, S. 167-173

Conner, T. (1993): Food safety issues relating to genetic engineering of crop plants. In: Agricultural Sciene, Nr. 5, S. 36-41

Convention on Biological Diversity (CBD) (1992): http://www.biodiv.org/convention/articles.asp

Coss, S. (1998): EU-ministers debate EU-wide moratorium on GM crops. In: European Voice of December 17th, 1998

Crittenden, L. B.; Salter, D. W. (1992): A transgene, alv6, that expresses the envelope of subgroup A avian leukosis virus reduces the rate of congenital transmission of a field strain of avian leukosis virus. In: Poultry Science 71, S. 799-806

Daniell, H.; Streatfield, S. J.; Wycoff, K. (2001): Medical molecular farming: production of antibodies, biopharmaceuticals and edible vaccines in plants. In: Trends in Plant Science 6, Nr. 5, S. 219-226

Danneberg, G.; Driesel, A. J. (1998): Verbreitung und Etablierung rekombinanter Desoxyribonukleinsäure (DNS) in der Umwelt (Teil B). Berlin: Umweltbundesamt, UBA-Texte Nr. 51/98

Das, R. C. (2001): Production of therapeutic proteins from transgenic animals. In: American Biotechnology Laboratory 19, Nr. 2, S. 60-64

De Kathen, A. (2001): Gene-Farming: Stand der Wissenschaft, mögliche Risiken und Management-Strategien. Gutachten zu spezifische Risiken des Gene-Farming in Pflanzen. Berlin: Umweltbundesamt (Hrsg.), Texte Nr. 15/01

De Maagd, R. A.; Bosch, D.; Stiekema, W. (1999): *Bacillus thuringiensis* toxin-mediated insect resistance in plants. In: Trends in Plant Science 4, Nr. 1, S. 9-13

De Vries, F. T.; van der Meijden, R.; Brandenburg, W. A. (1992): Botanical files – a study of the real chances of spontaneous gene flow from cultivated plants to the wild flora of the Netherlands. In: Gorteria, Supplement 1

Dederer, H.-G. (1998): Novel Food im EG-Kennzeichnungsdickicht. Komplizierte Rechtssituation bei neuartigen und gentechnisch veränderten Lebensmitteln. In: Zeitschrift für das Lebensmittelrecht 49, Nr. 5, S. 52-54

Deml, R.; Dettner, K. (1998): Wirkungen Baciullus thuringiensis-toxin-produzierender Pflanzen auf Ziel und Nichtzielorganismen – eine Standortbestimmung. Berlin: Umweltbundesamt, UBA-Texte Nr. 36/98

Der Rat der Sachverständigen für Umweltfragen (SRU) (1998): Umweltgutachten 1998. Stuttgart: Metzler-Poeschel

Deutsche Forschungsgemeinschaft (DFG) (2001): Gentechnik und Lebensmittel. Weinheim: Wiley-VCH Verlag

Deutsche Forschungsgemeinschaft (DFG) (Hrsg.) (1996): Epidemiologie und klinische Aspekte. Food allergies and intolerances. Weinheim: Wiley-VCH Verlag

Devlin, R. H.; Johnsson, J. I.; Smailus, D. E.; Biagi, C. A.; Jonsson, E.; Bjornsson, B. T. (1999): Increased ability to compete for food by growth hormone-transgenic coho salmon Oncorhynchus kisutch (Walbaum). In: Aquaculture Research 30, S. 479-482

DG Agri (2000): Economic impacts of genetically modified crops on the agri-food sector. A synthesis. Working document, Directorate-General for Agriculture. In: http://europa.eu.int/comm/agriculture/publi/gmo/cover.htm

DG Agri (2001): Factsheet genetically modified crops. Conference on Life Sciences and Biotechnology. Brüssel 27.-28.9.2001. Brüssel: Kommission der EU, DG Agri

Dingermann, T. (1999): Gentechnik, Biotechnik. Lehrbuch und Kompendium für Studium und Praxis. Stuttgart: Wissenschaftliche Verlagsgesellschaft mbH

Dixon, R. A. (1999): Plant natural products: the molecular genetic basis of biosynthetic diversity. In: Current Opinion in Biotechnology 10, S. 192-197

Duffy, M.; Ernst, M. (1999): Does planting GMO seed boost farmers' profits? Leopold Letter, Fall 1999, Vol. 11, Nr. 3, S. 1, 4-5, In: http://www.ag.iastate.edu/centers/leopold/pdfs/99-3leoletter.pdf

Düring, K. (2001): Lifescience. In: http://www.lifescience.de/technologien/03/10.html

Eckelkamp, C.; Jäger, M.; Weber, B. (1997): Risikoüberlegungen zu transgenen virusresistenten Pflanzen. Berlin: Umweltbundesamt, UBA-Texte Nr. 59/97

Elborough, K. (2000): Green plastic. Information Systems for Biotechnology. In: http://www.isb.vt.edu/news/2000/oct00.pdf

Elliott, V.; Kite, M. (2000): Buffer zone for GM crops 'does not work'. In: http://www.times-archive.co.uk/news/pages/tim/2000/06/14/timpolpol01013.html

Elliott, V.; Nuttall, N. (2000): Rogue GM seeds sown on 600 farms. In: http://www.times-archive.co.uk/news/pages/tim/2000/05/18/timnwsnws01030.html

Enserink, M. (1999): Preliminary data touch off genetic food fight. In: Science 283, S. 1094-1095

Ewen, S. W. B.; Pusztai, A. (1999): Effects of diets containing genetically modified potatoes expressing Galanthus nivalis lectin on rat small intestine. In: The Lancet 354, S. 1353-1354

FAO/WHO (2001): Evaluation of allergenicity of genetically modified foods. Report of a joint FAO/WHO expert consultation on allergenicity of foods derived from biotechnology. 22 – 25 January 2001

Fernandez-Cornejo, J.; McBride, W. (2000): Genetically engineered crops for pest management in U.S. agriculture. Washington: USDA, Agricultural Economics Report Nr. 786. In: http://www.ers.usda.gov/publications/aer786/

Finkel, E. (1999): Australian center develops tools for the developing world. In: Science 285, S. 1481-1482

Fladung, M. (1998): Transgene Bäume – Perspektiven und Grenzen. In: Biologie in unserer Zeit 28, Nr. 4, S. 201-213

Fladung, M.; Ahuja, R.; Muhs, H.-J. (1997): Wie stabil sind fremde Gene in Forstbäumen. In: Forschungsreport der Bundesforschungsanstalt für Forst- und Holzwirtschaft

Flothmann, K. (1998): Blütenalpträume – Skandal: Gentechnisch veränderte Pappeln blühten unvorschriftsmäßig. In: TAZ-Hamburg Nr. 5595, S. 17

Food and Drug Administration (FDA) (1998): Use of antibiotic resistance marker genes in transgenic plants: guidance for industry. In: http://vm.cfsan.fda.gov/lrd/biotechm.html

Fox, J. L. (1994): FDA attacks food allergens. In: BioTechnology 12, S. 568-569

Foyer, C. H.; Sourian, N.; Perret, S.; Lelandais, M.; Kunert, K. J.; Pruvost, C.; Jouamin, L. (1995): Overexpression of glutathione reductase but not glutathione synthetase leads to increases in antioxidant capacity and resistance to photoinhibition in poplar trees. In: Plant Physiology 109, Nr. 3, S. 1047-1057

Franck-Oberaspach, S.; Keller, B. (1996): Produktesicherheit von krankheitsresistenten Nutzpflanzen: Toxikologie, allergenes Potential, Sekundäreffekte und Markergene. In: Schulte, E.; Käppeli, O. (Hrsg.): Gentechnisch veränderte krankheits- und schädlingsresistente Nutzpflanzen – Eine Option für die Landwirtschaft? Bern: BATS, S. 15-100

Franks, J. R. (1999): The status and prospects for genetically modified crops in Europe. In: Food Policy 24, S. 565-584

Fulton, M.; Keyowski, L. (1999): The producer benefits of herbicide-resistant canola. In: AgBioForum 2, Nr. 2

Furman Seltz, L. L. C. (1998): The agbiotech and seed industry. (Investment Report). New York: Furman Seltz. Zitiert in: DG AGRI (2000): Economic impacts of genetically modified crops on the agri-food sector. A synthesis. Working document, Directorate-General for Agriculture. http://europa.eu.int/comm/agriculture/publi/gmo/cover.htm

Gao, A. G.; Hakimi, S. M.; Mittanck, C. A.; Wu, Y.; Woerner, B. M.; Stark, D. M.; Shah, D. M.; Liang, J.; Rommens, C. M. (2000): Fungal pathogen protection in potato by expression of a plant defensin peptide. In: Nature Biotechnology 18, S. 1307-1310

Gasch, A.; Wilborn, F.; Scheu, P.; Berghof, K. (1997): Nachweis gentechnisch veränderter Organismen mit der Polymerase-Kettenreaktion: Potentielle Probleme mit der Lebensmittelmatrix. In: Schreiber, G. A.; Bögl, K. W. (Hrsg.): Mit Hilfe gentechnischer Verfahren hergestellte Lebensmittel. 2. Statusbericht. Berlin: Bundesinstitut für gesundheitlichen Verbraucherschutz und Veterinärmedizin, BgVV-Hefte 05/1997, S. 113-120

Gaskell, G.; Allum, N.; Bauer, M. et al. (2000): Biotechnology and the European public. In: Nature Biotechnology 18, Nr. 9, S. 935-938

Gavin, W. G. (2001): The future of transgenics. In: Regulatory Affairs Focus, May 2001, S. 13-18

Gavory et al. (1995): Influence of the alv6 recombinant avian leukosis virus transgene on production traits and infection with avian tumor virus in chickens. In: Poultry Science 74, S. 852-863

Gebhard, F.; Smalla, K. (1998): Transformation of Acinetobacter sp. BD413 by transgenic sugar beet DNA. In: Applied Environmental Microbiology 64, S. 1550-1554

Genencor (1998): Genencor International: Partner announce breakthrough in production of chemicals via biotechnology. Pressemitteilung vom 17.08.1998

GeneticDiner (1998): Kompendium Gentechnik und Lebensmittel. In: http://www.geneticdiner.com/kompendium_1.htm

Genewatch (2001): European GM crop marketing applications. In: www.genewatch. org/GeneSrch/_scripts/RsltMrkt.asp

Gengler, N.; Druet, T. (2001): Impact of biotechnology on animal breeding and genetic progress. In: Renaville, R.; Burny, A. (Hrsg.): Biotechnology in animal husbandry. Bd. 5. Dordrecht, Boston, London: Kluwer Academic Publishers BV, S. 33-45

Gentechnikgesetz (GenTG) (1993): Gesetz zur Regelung der Gentechnik (Gentechnikgesetz – GenTG) vom 16. Dezember 1993. In: Bundesgesetzblatt 1993 I, S. 2066 ff.

Gerdemann-Knörck, M.; Tegeder, M. (1997): Kompendium der für Freisetzungen relevanten Pflanzen; hier Brassicaceae, *Beta vulgaris, Linum usitatissiumum.* Berlin: Umweltbundesamt, UBA-Texte Nr. 38/97, S. 1-221

Gianessi, L. P.; Carpenter, J. E. (1999): Agricultural Biotechnology: insect control benefits. Washington, DC: National Center for Food and Agricultural Policy

Gliddon, C. J. (1999): Gene flow and risk assessment. In: Lutman, P. (Hrsg.): Gene flow and agriculture: relevance for transgenic crops. BCPC Symposium Proceedings 72, S. 49-56

Gould, F.; Anderson, A.; Jones, A.; Sumerford, D.; Heckel, D. G.; Lopez, J.; Micinski, S.; Leonard, R.; Laster, M. (1997): Initial frequency of alleles to resistance to *Bacillus thuringiensis* toxins in field populations of *Heliothis virescens*. In: Proceedings of the National Academy of Sciences of the United States of America 94, S. 3519-3523

Hammes, W. (2000): Gentechnisch modifizierte Mikroorganismen sowie der Nachweis der gesundheitlichen Unbedenklichkeit von Lebensmitteln gentechnischen Ursprungs. Vortrag auf dem 24. Baden-Württemberg Kolloquium: Neuartige und funktionelle Lebensmittel. 4. - 8. September 2000, Universität Hohenheim

Hancock, J. F.; Grumet, R.; Hokanson, S. C. (1996): The opportunity of escape of engineered genes from transgenic crops. In: Horticultural Science 31, S. 1080-1085

Hansen, L.; Obricki, J. (1999): Non-target effects of Bt corn pollen on the Monarch butterfly. 54th compiled proceedings of the annual meeting North Central Branch of the Entomological Society of America (Abstract). In: http://www.ent.iastate. edu/entsoc/ncb99/prog/abs/D81.html

Hansen, P.; Jacobsen, J. A.; Und, R. A. (1993): High numbers of farmed Atlantic salmon, Salmo salar, observed in oceanic waters north of the Faroe Islands. In: Aquaculture Fisheries Management 24, S. 777-781

Heimlich, R. E.; Ferandez-Cornejo, J.; McBride, W.; Klotz-Ingram, C.; Jans, S.; Brooks, N. (2000): Genetically engineered crops: has adoption reduced pesticide use? In: Agricultural Outlook, Nr. 8, S. 13-17

Henze, A. (1995): Gewerblicher Rechtsschutz und dessen Bedeutung für den Fortschritt und die Wettbewerbsfähigkeit der Landwirtschaft. In: Hagedorn, K. (Hrsg.): Institutioneller Wandel und Politische Ökonomie von Landwirtschaft und Agrarpolitik. Festschrift zum 65. Geburtstag von G. Schmitt, Frankfurt/Main, S. 263-307

Henze, A.; Zeddies, J.; Geldermann, H.; Momm, H. (1995): Auswirkungen biotechnischer Neuerungen in der Tierzucht. Schriftenreihe des Bundesministeriums für Ernährung, Landwirtschaft und Forsten, Reihe A: Angewandte Wissenschaft, Ht. 443. Münster: Landwirtschaftsverlag GmbH

Herrchen, M.; Kördel, W. (2001): Phytoremediation – Möglichkeiten, Kenntnislücken und Forschungsbedarf im Hinblick auf einen Praxiseinsatz. Ergebnisse und Schlussfolgerungen des Fachgespräches am 29./30. November 1999 im Fraunhofer-Institut für Umweltchemie und Ökotoxikologie, Schmallenberg. Berlin: Umweltbundesamt (Hrsg.), Texte Nr. 19/01

Hertel, C. (1997): Analytische Methoden zum Nachweis mit Hilfe der Gentechnik erzeugter Lebensmittel. In: Gassen, H. G.; Hammes, W. P. (Hrsg.): Handbuch Gentechnologie und Lebensmittel. III.4. Hamburg: Behr's Verlag

Heß, D. (2000): Multiple fungal resistance in sunflower: Transfer of genes conferring species specific fungal resistance. In: http://www.uni-hohenheim.de/i3v/00217110/02381041.htm

Heyman, Y. (2001): Cloning and transgensis in cattle: potential applications. In: Renaville, R.; Burny, A. (Hrsg.): Biotechnology in animal husbandry. Bd. 5. Dordrecht, Boston, London: Kluwer Acedemic Publishers BV, S. 235-259

Heyndrickx, M.; Rijpens, M.; Herman, L. (2001): Molecular detection and typing of foodborne bacterial pathogens: a review. In: Durieux, A.; Simon, J.-P. (Hrsg.): Applied Microbiology. Kluwer Academic Publishers, S. 193-238

Hillebrand, I.; Lanzerath, D. (2001): Klonen. Stand der Forschung, ethische Diskussion, rechtliche Aspekte. Stuttgart: Akademie für Technikfolgenabschätzung in Baden-Württemberg

Hirche, C. (1998): Infotag "Molekulare Lebensmittelanalytik" bei der DECHEMA e.V. in Frankfurt, Mitteilung vom 17.11.1998. In: http://idw-online.de/public/pmid-7732/zeige_pm.html

Hirsch, W. (2000): Hinweise auf Gentransfer zwischen genetisch veränderten Pflanzen und Mikroorganismen. Friedrich Schiller Universität Jena. In: Informationsdienst Wissenschaft File:///C/Fenster/temp/$WPM2B59.html

Hirt, H.; Kogl, M.; Murbacher T.; Heberle-Bors, E. (1990): Evolutionary conservation of transcriptional machinery between yeast and plants as shown by the efficient expression from CaMV 35S promoter and 35S terminator. In: Current Genetics 17, S. 473-479

Hofer et al. (1998): zitiert in: DG AGRI (2000): Economic impacts of genetically modified crops on the agri-food sector. A synthesis. Working document, Directorate-General for Agriculture. In: http://europa.eu.int/comm/agriculture/publi/gmo/cover.htm

Hoffmann, T. (1997): Gentransfer bei höheren Pflanzen. In: Odenbach, W. (Hrsg.): Biologische Grundlagen der Pflanzenzüchtung. Berlin: Parey Buchverlag, S. 275-323

Hoffmann, T.; Willmitzer, L. (1997): Vom Gen zum Merkmal. In: Odenbach, W. (Hrsg.): Biologische Grundlagen der Pflanzenzüchtung. Berlin: Parey Buchverlag, S. 138-149

Hols, P.; Kleerebezem, M.; Schank, A. N.; Ferain, T.; Hugenholtz, J.; Delcour, J.; De Vos, W. M. (1999): Conversion of *Lactococcus lactis* from homo-lactic to homoalanine fermentation through metabolic engineering. In: National Biotechnology 17, S. 588–592

Hommel, B.; Pallut B. (2000): Bewertung der Herbizidresistenz für den integrierten Pflanzenschutz im System einer 4-feldrigen Fruchtfolge mit Glufosinat-resistentem Raps und Mais. In: Zeitschrift für Pflanzenkrankheiten und Pflanzenschutz, Sonderheft XVII 2000, Beiträge zur 20. Deutschen Arbeitsbesprechung über Fragen der Unkrautbiologie und -bekämpfung vom 14.-16. März 2000 / Stuttgart-Hohenheim. Stuttgart: Verlag Eugen Ulmer, S. 411-420

Hörtig, W. (2000): Molekularbiologische Methoden in der Lebensmittelanalytik. In: http://www.landwirtschaft-mlr.baden-wuerttemberg.de/mlr/forschung/2000/Boden/molek_biol.htm

Hoshida, H.; Tanaka, Y.; Hibino, T.; Hayashi, Y.; Tanaka, A.; Takabe, T.; Takabe, T. A. (2000): Enhanced tolerance to salt stress in transgenic rice that overexpresses chloroplast glutamine synthetase. In: Plant Molecular Biology 43, S. 103-111

Houdebine, L. M. (2000): Transgenic animal bioreactors. In: Transgenic research 9, S. 305-320

Hoy, M. A. (2000): Transgenic arthropods for pest management programs: risks and realities. In: Experimental and applied Acarology 24, Nr. 5/6, S. 463-495

Hüsing, B.; Engels, E.-M.; Frick, T. W.; Menrad, K.; Reiß, T. (1998): Technologiefolgen-Abschätzung Xenotransplantation. Bern: Schweizerischer Wissenschaftsrat TA 30/1998

Hüsing, B.; Schicktanz, S. (2000): TA-Monitoring zur Xenotransplantation. Bestandsaufnahme von aktuellen FuE-Aktivitäten und -Trends auf dem Gebiet der Xenotransplantation von Organen. Bericht für das Büro für Technikfolgen-Abschätzung beim Deutschen Bundestag (TAB). Karlsruhe: ISI

Hyde, J.; Martin, M. A.; Preckel, P. V.; Edwards, C. R. (1999): The economics of Bt corn: Valuing protection from the European corn borer. In: Review of Agricultural Economics 21, Nr. 2, S. 442-454

Informationssekretariat Biotechnologie (ISB) (2001): Reisgenom entschlüsselt. Meldung vom 26.01.2001. In: http://www.i-s-b.org/news01b.htm#rice

Informationssekretariat Biotechnologie (ISB) (2001a): Biotechnologie und moderne Landwirtschaft. Biotechnologie – Basis für Innovationen. In: http://www.i-s-b.net/wissen/broschuere/basis.htm

James, C. (1998): Global review of commercialized transgenic crops 1998. ISAAA Briefs No. 8. Ithaca, NY: ISAAA

James, C. (1999): Global review of commercialized transgenic crops 1999. ISAAA Briefs No. 12. Ithaca, NY: ISAAA

James, C. (2000): Global review of commercialized transgenic crops 2000. ISAAA Briefs No. 21. Ithaca, NY: ISAAA

James, C. (2001): Preview. Global review of commercialized transgenic plants 2001. Ithaca, NY: ISAAA

Jany, K.-D. (2000): Gentechnik in der Landwirtschaft. In: Euro-Biotech 2000/1, S. 105-109

Jany, K.-D.; Greiner, R. (1998): Gentechnik und Lebensmittel. Berichte der Bundesanstalt für Ernährung (BfE-R-98-1). In: http://www.bfa-ernaehrung.de/Bfe-Deutsch/Information/e-docs/janyberi.htm

Jany, K.-D.; Kiener, C. (2000): Gentechnik – Ein Beitrag zur nachhaltigen Produktion neuer Lebensmittel. Novel Foods – Designer Foods – Functional Foods. In: http://www.bfa-ernaehrung.de/Bfe-Deutsch/Information/Gentechnik.htm

Jany, K.-D.; Kiener, C.; Tomicic, G.; Greiner, R. (2000): Novel Food Verordnung (EC) Nr. 258/97 Kennzeichnung und Nachweisverfahren von neuartigen Lebensmitteln. In: http://www.bfa-ernaehrung.de/Bfe-Deutsch/Information/Gentechnik.htm

Jasinskiene, N.; Coates, C.; Benedict, M. (1998): Stable transformation of the yellow fever mosquito, *Aedes aegypti*, with the Hermes element from the house fly. In: Proceedings of the National Academy of Science of USA 95, S. 3743-3747

Joersbo, M.; Donaldson, I.; Petersen, S. G.; Brunstedt, J.; Okkels, F. T. (1998): Analysis of mannose selection used for transformation of sugar beet. In: Molecular Breeding 4, S. 111-117

Johnson, L. A. (2000): Sexing mammalian sperm for production of offspring: the state-of-the-art. In: Animal Reproduction Science 60-61, S. 93-107

Jones, D. D.; Maryanski, J. H. (1991): Safety considerations in the evaluation of transgenic plants for human food. In: Risk assessment in genetic engineering: environmental release of organisms. S. 64-82, Mc Graw-Hill

Jörgensen, M. (1998): Materielle Voraussetzungen der Freisetzungsgenehmigung. In: Umweltbundesamt (Hrsg.): Die Prüfung der Freisetzung von gentechnisch veränderten Organismen – Recht und Genehmigungspraxis. Bericht Nr. 4/98. Berlin, S. 6-49

Jorgensen, R. B. (1999): Gene flow from oilseed rape (Brassica napus) to related species. In: Lutman, P. (Hrsg.): Gene flow and agriculture: relevance for transgenic crops. In: BCPC Symposium Proceedings 72, S. 117-124

Kempken, F.; Kempken, R. (2000): Gentechnik bei Pflanzen. Chancen und Risiken. Berlin: Springer Verlag

Kessler, D. A.; Taylor, M. R.; Maryanski, J. H.; Flamm, E. L.; Kahl, L. S. (1992): The safety of foods developed by biotechnology. In: Science 256, S. 1747-1749, 1832

Klimaszewska, K.; Devantier, Y.; Lachance, D.; Lelu, M. A.; Charest, P. J. (1997): *Larix laricina* (tamarack) – somatic embryogenesis and genetic transformation. In: Canadian Journal of Forest Research 27, S. 538-550

Kohlmeier, L.; Kroke, A.; Pötzsch, J.; Kohlmeier, M.; Martin, K. (1993): Ernährungsabhängige Krankheiten und ihre Kosten. Schriftenreihe des Bundesministeriums für Gesundheit, Bd. 27. Baden-Baden: Nomos-Verlagsgesellschaft mbH und Co KG

Kommission der EU (1994): Commission decision 94/730/EC of 4 November 1994 establishing simplified procedures concerning the deliberate release into the environment of genetically modified plants pursuant to article 6 (5) of Council Directive 90/220/EEC. In: Official Journal of the EU Nr. L 292/31

Kommission der EU (1997a): Verordnung (EG) Nr. 258/97 des Europäischen Parlaments und des Rates vom 27. Januar 1997 über neuartige Lebensmittel und neuartige Lebensmittelzutaten. In: Amtsblatt Nr. L 043 vom 14. Februar 1997, S. 1-7

Kommission der EU (1997b): Empfehlung vom 29. Juli 1997 zu den wissenschaftlichen Aspekten und der Darbietung der für Anträge auf Genehmigung des Inverkehrbringens neuartiger Lebensmittel und Lebensmittelzutaten erforderlichen Informationen sowie zur Erstellung der Berichte über die Erstprüfung gemäß der Verordnung (EG) Nr. 258/97 des Europäischen Parlaments und des Rates. In: Amtsblatt der EU Nr. L 253 vom 16. September 1997, S. 1

Kommission der EU (1998a): Verordnung (EG) Nr. 1139/98 des Rates vom 26. Mai 1998 über Angaben, die zusätzlich zu den in der Richtlinie 79/112/EWG aufgeführten Angaben bei der Etikettierung bestimmter aus genetisch veränderten Organismen hergestellter Lebensmittel vorgeschrieben sind. In: Amtsblatt der EU Nr. L 159 vom 3. Juni 1998, S. 4-7

Kommission der EU (1998b): Richtlinie 98/81/EG des Rates vom 26. Oktober 1998 zur Änderung der Richtlinie 90/219/EWG über die Anwendung genetisch veränderter Mikroorganismen in geschlossenen Systemen. In: Amtsblatt der EU Nr. L 330 vom 5. Dezember 1998, S. 13ff.

Kommission der EU (1998c): Richtlinie 98/44/EG des Europäischen Parlaments und des Rates vom 6. Juli 1998 über den rechtlichen Schutz biotechnologischer Erfindungen. In: Amtsblatt der EU Nr. L 213 vom 30. Juli 1998, S. 13-21

Kommission der EU (2000a): Verordnung (EG) Nr. 49/2000 der Kommission vom 10. Januar 2000 zur Änderung der Verordnung (EG) Nr. 1139/98 des Rates über Angaben, die zusätzlich zu den in der Richtlinie 79/112/EWG aufgeführten Angaben bei der Etikettierung bestimmter aus genetisch veränderten Organismen hergestellter Lebensmittel vorgeschrieben sind. In: Amtsblatt der EU Nr. L 006 vom 11. Januar 2000, S. 13-14

Kommission der EU (2000b): Verordnung (EG) Nr. 50/2000 der Kommission vom 10. Januar 2000 über die Etikettierung von Lebensmitteln und Lebensmittelzutaten, die genetisch veränderte oder aus genetisch veränderten Organismen hergestellte Zusatzstoffe und Aromen enthalten. In: Amtsblatt der EU Nr. L 006 vom 11. Januar 2000, S. 15-17

Kommission der EU (2000c): Arbeitspapier der Kommssionsdienststellen über Rückverfolgbarkeit und Kennzeichnung von GVO und aus GVO hergestellten Produkten. ENV/620/2000. In: europa.eu.int/comm/food/fs/biotech/biotech01 _da.pdf

Kommission der EU (2001a): Richtlinie 2001/18/EG des Europäischen Parlaments und des Rates vom 12. März 2001 über die absichtliche Freisetzung genetisch veränderter Organismen in die Umwelt und zur Aufhebung der Richtlinie 90/220/EWG des Rates. In: Amtsblatt der EU Nr. L 106 vom 17. April 2001, S. 1-39

Kommission der EU (2001b): Kommission verbessert Regeln für Kennzeichnung und Rückverfolgbarkeit von GVO in Europa, die dem Verbraucher die Wahl lassen und den Schutz der Umwelt sichern. Pressemitteilung vom 25. Juli 2001. In: IP/01/1095.Europa.eu.int/comm/dgs/health_consumer/library/press/ press172_de.pdf

Kommission der EU (2001c): Eine strategische Vision für Biowissenschaften und Biotechnologie: Konsultationspapier. In: http://europa.eu.int/comm/biotechnology/introduction_de.html

Kommission der EU (2001d): Proposal for a regulation of the European Parliament and of the Council on genetically modified food and feed. COD 2001/0173

Kommission der EU (2001e): Proposal for a regulation of the European Parliament and of the Council concerning traceability and labelling of genetically modified organisms and traceability of food and feed products produced from genetically modified organisms and amending directive 2001/18/EC. COD 2001/0180

Kommission der EU (2002): Vorschlag für eine Verordnung des Europäischen Parlaments und des Rates über die grenzüberschreitende Verbringung genetisch veränderter Organismen. COD 2002/0046

Koschatzky, K.; Maßfeller, S. (1994): Gentechnik für Lebensmittel? – Möglichkeiten, Risiken und Akzeptanz gentechnischer Entwicklungen. Köln: TÜV Rheinland GmbH

Krebbers, E.; Falco, S. C.; Fader, G. (1999): Modification of seed amino acid and protein composition for feed and food application. In: Plant Biotechnology and Food for the 21st Century, Nov. 3/4, S. 10

Kusnadi, A. et al. (1997): Production of recombinant proteins in transgenic plants: practical considerations. In: Biotechnol. Bioeng. 56, S. 473-484

Lampkin, N.; Foster, C.; Padel, S. (1999b): The policy and regulatory environment of organic farming in Europe: Country reports. Organic Farming in Europe: Economics and Policy, Bd. 2. Stuttgart: Universität Hohenheim

Lampkin, N.; Foster, C.; Padel, S.; Midmore, P. (1999a): The policy and regulatory environment of organic farming in Europe. Organic Farming in Europe: Economics and Policy, Bd. 1. Stuttgart: Universität Hohenheim

Lanza, R. P.; Dresser, B. L.; Damiani, P. (2001): Klonen bedrohter Tiere – die neue Arche Noah. In: Spektrum der Wissenschaft Nr. 1, S. 43-41

Lassner, M.; Bedbrook, J. (2001): Directed molecular evolution in plant improvement. In: Current Opinion in Plant Biology Nr. 4, S. 152-156

Lehrer, S. B.; Horner, W. E.; Reese, G. (1996): Why are some proteins allergenic? Implications for biotechnology. In: Critical Reviews in Food Science and Nutrition 36, S. 553-564

Lifescience (2001): http://www.lifescience.de/technologien/03/10.html.

Linnert, G.; Odenbach, W. (1997): Genomkartierung mit molekularen Markern. In: Odenbach, W. (Hrsg.): Biologische Grundlagen der Pflanzenzüchtung. Berlin: Parey Buchverlag, S. 324-348

Lipp, M.; Anklam, E.; Hoffmann, H.; Van den Eede, G. (Hrsg.) (2000): Minutes on the ad hoc Novel Foods meeting on methods for the detection of GMO-derived foodstuffs. November 11-12, 1999, Ispra. EUR 19049 EN

Liu, Y.-B.; Tabashnik, B. E.; Denehy, T. J.; Patin, A. L.; Bartlett, A. C. (1999): Development time and resistance to Bt crops. In: Nature 400, S. 519

Lo et al. (1991): Expression of mouse IgA by transgenic mice, pigs and sheept. In: European Journal of Immunology 21, S. 1001-1006

Lohner, M.; Sinemus, K.; Gassen, H. G. (1997): Transgene Tiere in Landwirtschaft und Medizin. Eine Modellveranstaltung zur allgemeinen Weiterbildung. Schriften zur Erwachsenenbildung in Baden-Württemberg Nr. 20. Villingen-Schwenningen: Neckarverlag

Losey, J. E.; Raynor, L. S.; Carter, M. E. (1999): Transgenic pollen harms monarch larvae. In: Nature 399, S. 214

Loukeris, T. G.; Livadaras, I.; Arca, B.; Zabalou, S.; Savakis, C. (1995): Gene transfer into the medfly, *Ceratitis capitata*, with a *Drosophila hydei* transposable element. In: Science 270, S. 2002-2005

Luttrell, R. G.; Mascarenhas, V. J.; Schneider, J. C.; Parker, C. D.; Bullock, P. D. (1995): Effect of transgenic cotton expressing endotoxin protein on arthropod populations in Mississippi cotton. Proceedings of the Beltwide cotton production research conference. Memphis: National cotton council of America

Mantinger, H. (1998): Gentechnik auch im Obstbau? In: Obstbau/Weinbau 35, S. 274-276

Marra, M.; Carlson, G.; Hubbell, B. (1998): Economic impacts of the first crop biotechnologies. In: http://www.ag-econ.ncsu.edu/faculty/marra/FirstCrop/sld001.htm

Medigenomix (2000): http://www.medigenomix.de

Melchers, L. S.; Stuiver M. H. (2000): Novel genes for disease-resistance breeding. In: Current Opinion in Plant Biology 3, S. 147-152

Menrad, K. (2000): Akzeptanz der Gentechnik. In: Gassen, H. G.; Hammes, W. P. (Hrsg.): Handbuch Gentechnologie und Lebensmittel. Hamburg: Behr (Loseblattausgabe), Abschnitt III. 5.1, S. 1-21

Menrad, K. (2001): Innovation management in agrobiotech companies in Germany. Vortrag auf der 5. International Conference on „Biotechnology, science and modern agriculture: a new industry at the dawn of the century“ des International Consortium on Agricultural Biotechnology Research (ICABR) in Ravello vom 15.-18. Juni 2001 in Ravello

Menrad, K.; Agrafiotis, D.; Enzing, C.; Lemkow, L.; Terragni, F. (1999a): Future impacts of biotechnology on agriculture, food production and food processing. Heidelberg: Physica-Verlag

Menrad, K.; Kulicke, M.; Lohner, M.; Reiß, T. (1999b): Probleme junger, kleiner und mittelständischer Biotechnologieunternehmen. Stuttgart: Fraunhofer IRB Verlag

Merkle, S. A.; Dean, J. F. D. (2000): Forest tree biotechnology. In: Current opinion in biotechnology 11, S. 298-302

Metcalfe, D. D.; Astwood, J. D.; Townsend, R.; Sampson, H. A.; Taylor, S. L. (1996): Assessment of the allergenic potential of foods derived from genetically engineered crop plants. In: Critical Reviews in Food Science and Nutrition 36, S. 165-186

Mikkelsen, T. R.; Andersen, B.; Jörgensen, R. B. (1996): The risk of crop transgene spread. In: Nature 380, S. 31

Millstone, E.; Brunner, E.; Mayer, S. (1999): Beyond ‚substantial equivalence'. In: Nature 401, S. 525-526

Moon, B. Y.; Higashi, S.-I.; Gombos, Z.; Murata, N. (1995): Unsaturation of the membrane lipids of chloroplasts stabilizes the photosynthetic machinery against low-temperature photoinhibition in transgenic tobacco plants. In: Proceedings of the National Academy of Sciences of the United States of America 92, S. 6219-6223

Moyes, C. L.; Dale, P. J. (1999): Organic farming and gene transfer from genetically modified crops. MAFF Research Project OF 0157. Norwich: John Innes Centre

Muir, W. M.; Hostetler, H. A. (2001): Transgenic fish: production, testing, and risk assessment. In: Renaville, R.; Burny, A. (Hrsg.): Biotechnology in animal husbandry

Muir, W. M.; Howard, R. D. (1999): Possible ecological risks of transgenic organism release when transgenes affect mating success: sexual selection and Trojan gene hypothesis. In: Proceedings of the National Academy of Sciences of the United States of America 96, Nr. 24, S. 13853-13856

Muir, W. M.; Howard, R. D. (2001): Fitness components and ecological risk of transgenic release: A model using Japanes medaka (Oryzias latipes). In: American Naturalist 158, Nr. 1, S. 1-16

Müller, M. et al. (1992): Trangenic pigs carrying cDNA copies encoding the murine Mx1 protein which confers resistance to influenza virus infection. In: Gene 121, S. 263-270

Müller, M.; Brem, G. (1994): Transgenic strategies to increase disease resistance in livestock. In: Reproduction Fertility and Development 6, S. 605-613

Nature Biotechnology (2000): Agricultural biotechnology. In: Nature Biotechnology 18, Supplement, S. IT59-IT61

Naylor, R. L.; Goldburg, R. J.; Primavera, J. H.; Kautsky, N.; Beveridge, M. C. M.; Clay, J.; Folke, C.; Lubchenko, J.; Mooney, H.; Troell, M. (2000): Effect of aquaculture on world fish supplies. In: Nature 405, S. 1017-1024

Neuartige Lebensmittel- und Lebensmittelzutaten-Verordnung (NLV) (2000): Verordnung zur Durchführung gemeinschaftsrechtlicher Vorschriften über neuartige Lebensmittel und Lebensmittelzutaten und über die Kennzeichnung von Erzeugnissen aus gentechnisch veränderten Sojabohnen und gentechnisch verändertem Mais sowie über die Kennzeichnung ohne Anwendung gentechnischer Verfahren hergestellter Lebensmittel. In: Bundesgesetzblatt Nr. 123 vom 14. Februar 2000

Neuroth, B. (1997): Kompendium der für Freisetzungen relevanten Pflanzen; hier Solanaceae, Poaceae, Leguminosae. Berlin: Umweltbundesamt, UBA-Texte Nr. 62/97, S. 1-341

Niemann, H.; Kues, W. A. (2000): Transgenic livestock: premises and promises. In: Animal Reproduction Science 60-61, S. 277-293

Nordlee, J. A.; Taylor, S. L.; Townsend, J. A.; Thomas, L. A.; Bush, R. K. (1996): Identification of a Brazil-nut allergen in transgenic soybeans. In: The New England Journal of Medicine 334, S. 688-692

Novozymes (2001): Persönliche Mitteilung

Öko-Institut (2000): Umweltbehörde erlässt Anbaubeschränkungen für Bt-Mais. In: Gentechnik Nachrichten 7, Februar. Öko-Institut e. V., Institut für angewandte Ökologie. In: http://www.gene.ch/genpost/2000/Jan-Jun/msg00062.html

Öko-Institut (2001): Transgenic woody plants in forestry and agriculture. In: Genetic Engineering Newsletter, Special Issue 7, July. Institute for Applied Ecology e.V. In: http://www.biogene.org/e/themen/biotech/e-newssp7.htm

Oplinger, E. S. (1998): Performance of GMO's in Northern US. University of Wisconsin-Madison: Department of Agronomy. In: http://www.uwex.edu/ces/grains/TeamGrain99POW.html

Oplinger, E. S.; Martinka, M. J.; Schmitz, K. A. (1999): Performance of transgenetic soybeans - Northern U.S. (1998). Department of Agronomy, University of Wisconsin-Madison

Organisation of Economic Co-operation and Development (OECD) (1997): Safety assessment of new foods: results of an OECD survey of serum banks for allergenicity testing and use of databases. SG/ICGB 97/1. Paris: OECD

Organisation of Economic Co-operation and Development (OECD) (1998): Report of the OECD workshop on the toxicological and nutritional testing of Novel Food. SG/ICGB 98/1

Organisation of Economic Co-operation and Development (OECD) (2000): Report of the task force for the safety of Novel Food and feed. C(2000)86/ADD1. In: http://www.oecd.org/subject/biotech/index.htm

Organisation of Economic Co-operation and Development (OECD) (2001): Summary of data from OECD's database of field trails. In: http://www1.oecd.org/ehs/summary.htm

Owens, E. (2000): Monsanto, personal communication. Cited in: Carpenter, J. E.; Gianessi, L. P. (2001): Agricultural biotechnology: Updated benefit estimates. Report of the National Center for Food and Agricultural Policy, Washington, DC. In: http://www.ncfap.org/pup/biotech/updatedbenefits.pdf

Parliamentary Office of Science and Technology (POST) (1998): Genetically modified foods. Benefits and risks, regulation and public acceptance. London

Peña, L.; Martin-Trillo, M.; Juárez, J.; Pina, J. A.; Navarro, L.; Martínez-Zapater, J. (2001): Constitutive expression of Arabidopsis LEAFY or APETALA1 genes in citrus reduces their generation time. In: Nature Biotechnology 19, Nr. 3, S. 263-267

Petersen, J.; Hurle, K. (1998): Einführung von herbizidresistenten Sorten: Konsequenzen für die Unkrautbekämpfung. In: Zeitschrift für Pflanzenkrankheiten und Pflanzenschutz. Sonderheft XV, S. 365-372

PEW (2001): Harvest on the horizon. Future issues of the agricultural biotechnology. In: http://pewagbiotech.org/research/harvest/, 725k.pdf

Pezzatti, M.-G.; Anwander Phan-huy, S.; Rieder, P.; Lehmann, B. (1996): Ökonomische Auswirkungen eines Einsatzes von Nutzpflanzen mit gentechnisch erzeugten Resistenzen gegen Krankheiten und Schädlinge. In: Schulte, E.; Käppeli, O. (Hrsg.): Gentechnisch veränderte krankheits- und schädlingsresistente Nutzpflanzen – Eine Option für die Landwirtschaft? Bern: BATS, S. 513-622

Pleasants, J. M.; Hellmich, R. L.; Lewis, L. C. (1999): Pollen deposition on milkweed leaves under natural conditions. Presentation at the Monarch butterfly research symposium, Chicago, November 1999

Pollock, D. P.; Kutzko, J. P.; Birck-Wilson, E.; Williams, J. L.; Echelard, Y.; Meade, H. M. (1999): Transgenic milk as a method for the production of recombinant antibodies. In: Journal of Immunological Methods 231, S. 147-157

Powell et al. (1994). Transgenic sheep and wool growth: Possibilities and current status. In: Reproduction Fertility and Development 6, S. 621

Pühler, A. (1998): Einfluß von freigesetzten und inverkehrgebrachten, gentechnisch veränderten Organismen auf Mensch und Umwelt. In: SRU (Hrsg.): Zu Umweltproblemen der Freisetzung und des Inverkehrbringens gentechnisch veränderter Pflanzen. S. 1-50

Pursel V. G. et al. (1999): Expression of insulin-like growth factor-I in sceletal muscle of transgenic swine. In: Murray, J. D.; Anderson, G. B.; Oberbauer, A. M.; McGloughlin M. M. (Hrsg.): Transgenic animals in agriculture. CAB International, S. 141

Pursel, V. G. (1998): Modification of production traits. In: Clark, A.J. (Hrsg.): Animal breeding. Technology for the 21st century. Harwood Academic Publishers, S. 183

Pursel, V. G.; Hammer, R. E.; Bolt, D. J.; Palmiter, R. D.; Brinster, R. L. (1990): Integration, expression and germ-line transmission of growth-related genes in pigs. In: J. Reprod. Fertil. Suppl. 41, S. 77-87

Pusztai, A.; Bardocz, G. G.; Alonso, R.; Chrispeels, M. J.; Schroeder, H. E.; Tabe, L. M.; Higgins, T. J. (1999): Expression of the insecticidal bean alpha-amylase inhibitor transgene has minimal detrimental effect on the nutritional value of peas fed to rats at 30 % of the diet. In: Journal of Nutrition 129, Nr. 8, S. 1597-1603

Rachmandran, S. et al. (1998): Survival, development, and oviposition of resistant diamondback moth (Lepidoptera: Plutellidae) on transgenic canola producing a *Bacillus thuringiensis* toxin. In: J. Economic Entomol. 91, S. 1239-1244

Radbruch, A. (1996): Strategies for prospective testing. In: DFG (1996): Epidemiologie und klinische Aspekte. Food allergies and intolerances. Weinheim: VCH, S. 101-107

Rahmann, M. A.; Maclean N. (1999): Growth performance of transgenic tilapia containing an exogeneous piscine growth hormone gene. In: Aquaculture 173, S. 222-246

Rauw, W. M.; Kanis, E.; Noordhuizen-Stassen, E. N.; Grommers, F. J. (1998): Undesirable side effects of selection for high production efficiency in farm animals: a review. In: Livestock Production Science 56, S. 15-33

Reardon, R. C.; Wagner, D. L. (1995): Impact of *Bacillus thuringiensis* on nontarget lepidopteran species in broad-leaved forests. In: Biorational Pest Control Agents: Formulation and Delivery 595, S. 284-292

Redenbaugh, K.; Hiatt, W.; Martineau, B.; Lindemann, J.; Emlay, D. (1994): Aminoglycoside-3-Phosphotransferase II (APH(3)II): Review of its safety and use in the production of genetically engineered plants. In: Food Biotechnology 8, S. 137-165

Reichhardt, T. (2000): Will souped up salmon sink of swim? In: Nature 406, S. 10-12

Reiß, T.; Hüsing, B.; Hinze, S. (1997): Indikatoren zur Bewertung von FuE-Strategien in der pharmazeutischen Industrie. Abschlussbericht an die Hans-Böckler-Stiftung, Düsseldorf. Karlsruhe: ISI

Reiß, T.; Koschatzky, K. (1997): Biotechnologie – Unternehmen, Innovationen, Förderinstrumente. Heidelberg: Physica-Verlag

Revermann, C.; Hennen, L. (2000): TA-Projekt „Klonen von Tieren". Endbericht. TAB-Arbeitsbericht Nr. 65. Berlin: Büro für Technikfolgen-Abschätzung beim Deutschen Bundestag (TAB)

Robert-Koch-Institut (RKI) (2001): Freisetzen und Inverkehrbringen gentechnisch veränderter Organismen. In: http://www.rki.de/GENTEC/FREISETZUNGEN/FREISETZ.HTM

Robert-Koch-Institut (RKI) (2001): Produkte für die ein Inverkehrbringen in der Europäischen Union (EU) gemäß Richtlinie 90/220/EWG beantragt oder genehmigt wurde. In: http://www.rki.de/GENTEC/INVERKEHR/INVKLIST.HTM

Roberts, R. K.; Pendergrass, R.; Hayes R. M. (1998): Farm level economic analysis of Roundup Ready™ soybeans. Paper presented at the Southern Agricultural Economics Association Meeting, Little Rock Arkansas, Feb. 1-4, 1998

Rowett Research Institute (2001): Audit report overview: Studies on drops genetically modified to include lectins with the potential to enhance the plants' resistance to insect and nematode pests. In: http://www.rowett.ac.uk/press/overview.html

Rudolph, N. S. (1999): Biopharmaceutical production in transgenic livestock. In: Trends in Biotechnology 17, S. 367-374

Rural Advancement Foundation International (RAFI) (1998): Seed industry consolidation: who owns whom? In: http://www.rafi.org/web/allpub-one.shtml?dfl=allpub.db&tfl=allpub-one-frag.ptml&operation=display&ro1=recNo&rf1=32&rt1=32&usebrs=true

Rural Advancement Foundation International (RAFI) (2000a): Biotech's „generation 3". In: http://www.rafi.org/web/allpub-one.shtml?dfl=allpub.db&tfl=allpub-one-frag.ptml&operation=display&ro1=recNo&rf1=90&rt1=90&usebrs=true

Rural Advancement Foundation International (RAFI) (2000b): Seed bump or blowout for GM seeds? In: www.rafi.org/web/docus/pdfs/GMseed2000.pdf

Saedler, H. (2001): Gentechnik in der Pflanzenzüchtung - was ist heute machbar? In: http://www.biologie.uni-hamburg.de/b-online/d01_2/hsaedl01.htm

Saik, J. E.; Lacey, L. A.; Lacey, C. M. (1990): Safety of microbial insecticides to vertebrates – domestic animals and wildlife. In: Laird, M.; Lacey, L. A.; Davidson, E. W. (Hrsg.): Safety of microbial insecticides. Boca Raton (Florida): CRC Press Inc., S. 115-132

Salter et al. (1998): Response of a chicken carrying germline insert ALVA 11 to challenge with a field subgroup A avian leukosis virus. In: Avian Disease 42, S. 781-786

Salyers, A. (1998): Genetically engineered foods: safety issues associated with antibiotec resistance genes. ROAR report for APUA (Alliance for the prudent use of antibiotics). In: http://www.healthsci.tufts.edu/apua/salyersreport.htm

Sanders, T. A. B. (1999): Food production and food safety. In: British Medical Association 318, S. 1689-1693

Sandmann, G.; Albrecht, M.; Schnurr, G.; Knörzer, O.; Böger, P. (1999): The biotechnological potential and design of novel carotenoids by gene combination in *Escherichia coli*. In: Trends in Biotechnology 17, S. 233-237

Sarhan, F.; Danyluk, J. (1998): Engineering cold tolerant crops – throwing the master switch. In: Trends Plant Sci. 3, S. 289–290

Sauter, A.; Meyer, R. (2000): Risikoabschätzung und Nachzulassung-Monitoring transgener Pflanzen. Sachstandsbericht. TAB-Arbeitsbericht Nr. 68. Berlin: Büro für Technikfolgen-Abschätzung beim Deutschen Bundestag

Schauzu, M.; Pöting, A.; Sachse, K. (1998): Lebensmittel und Gentechnik. Eine Verbraucherinformation. Berlin: Bundesinstitut für gesundheitlichen Verbraucherschutz und Veterinärmedizin, BgVV-Informationsschrift

Schiemann, J.; Weber, A.; Hassa, A. (1998): Überprüfung von Konzepten zur nachträglichen Fremdgen-Eliminierung aus transgenen Pflanzen. In: Jahresbericht der BBA 1998. Berlin, Braunschweig: BBA, Abstract Nr. 189

Schliekelman, P.; Gould F. (2000): Pest control by the release of insects carrying a female-killing allele on multiple loci. In: Journal Economical Entomology 93, S. 1566-1579

Schlüter, K.; Potrykus, I. (1996): Horizontaler Gentransfer von transgenen Pflanzen zu Mikroorganismen (Bakterien und Pilzen) und seine ökologische Relevanz. In: Schulte, E.; Käppeli, O. (Hrsg.): Gentechnisch veränderte krankheits- und schädlingsresistente Nutzpflanzen – Eine Option für die Landwirtschaft? Bern: BATS, S. 161-191

Schubbert, R.; Lettmann, L.; Doerfler, W. (1994): Ingested foreign (phage M13) DNA survives transiently in the gastrointestinal tract and enters bloodstream of mice. In: Mol. Gen. Genet. 242, S. 495-504

Schulte E., Käppeli O. (Hrsg.) (1997): Gentechnisch veränderte krankheits- und schädlingsresistente Nutzpflanzen. Eine Option für die Landwirtschaft? Band 2: Abschlussbericht. Basel: Fachstelle für Biosicherheitsforschung und Abschätzung von Technikfolgen des Schwerpunktprogramms Biotechnologie des Schweizerischen Nationalfonds. BATS Report.

Schulze, M. (1997a): Nachweis gentechnischer Verfahren im Lebensmittelbereich – Grundsätzliche Strategien und praktische Umsetzung. In: Schreiber, G. A.; Bögl, K. W. (Hrsg.): Mit Hilfe gentechnischer Verfahren hergestellte Lebensmittel. 2. Statusbericht. Berlin: Bundesinstitut für gesundheitlichen Verbraucherschutz und Veterinärmedizin, BgVV-Hefte 05/1997, S. 95-101

Schulze, M. (1997b): Molekularbiologische Analytik in der Lebensmittelüberwachung. Zukünftige Anwendungsbereiche. In: Schreiber, G. A.; Bögl, K. W. (Hrsg.): Mit Hilfe gentechnischer Verfahren hergestellte Lebensmittel. 2. Statusbericht. Berlin: Bundesinstitut für gesundheitlichen Verbraucherschutz und Veterinärmedizin, BgVV-Hefte 05/1997, S. 167-171

Schütte, G. (1998): Vertikaler Gentransfer. In: Umweltbundesamt (Hrsg.): Nutzung der Gentechnik im Agrarsektor der USA – Die Diskussion von Versuchsergebnissen und Szenarien zur Biosicherheit. Berlin: Umweltbundesamt, UBA-Texte Nr. 47/98, S. 239-270

Schütte, G.; Stirn, S.; Beusmann, V. (Hrsg.) (2001): Transgene Pflanzen – Sicherheitsforschung, Risikoabschätzung und Nachgenehmigungs-Monitoring. Berlin: Birkhäuser Verlag

Scientific Committee on Plants (2001): Opinion of the Scientific Committee on Plants concerning the adventitious presence of GM seeds in conventional seeds. In: Europa.eu.int/comm/food/fs/sc/scp/out93_gmo_en.pdf

Sears, M. K.; Stanley-Horn, D. E.; Mattila, H. R. (2000): Preliminary report on the ecological impact of Bt corn pollen on the Monarch butterfly in Ontario. Department of Environmental Biology. Ontario: University of Guelph

Seidel, G. E. Jr. (1999): The future of transgenic animals. In: Murray, J. D.; Anderson, G. B.; Oberbauer, A. M.; McGloughlin, M. M. (Hrsg.): Transgenic animals in agriculture. CAB International, S. 276ff.

Sieg, C. (1998): Umweltminister Rainder Steenblock: Großversuch in Großhansdorf zeigt: Gentechnik ist unberechenbar. Pressemitteilung des Ministeriums für Umwelt, Natur und Forsten vom 29.7.1998

Simpson, E. C.; Norris, C. E.; Law, J. R. (1999): Gene flow in genetically modified herbicide tolerant oilseed rape (*Brassica napus*) in the UK. In: Lutman, P. (Hrsg.): Gene flow and agriculture: relevance for transgenic crops. BCPC Symposium Proceedings 72, S. 75-82

Smalla, K.; Gebhard, F.; Heuer, H. (2000): Antibiotika-Resistenzgene als Marker in gentechnisch veränderten Pflanzen – Gefahr durch horizontalen Gentransfer? In: Nachrichtenblatt des Deutschen Pflanzenschutzdienstes, Nr. 52, S. 62-68

Smalla, K.; van Overbeek, L. S.; Pukall, R.; van Elsas, J. D. (1993): Prevalence of nptII and Tn5 in kanamycin-resistant bacteria from different environments. In: FEMS Microbiology Ecology 13, S. 89-98

Southern, E. M. (1975): Detection of specific sequences among DNA fragments separated by gel electrophoresis. In: Journal of Molecular Biology 98, S. 503-517

Squire, G. R.; Crawford, J. W.; Ramsay, G.; Thompson, C.; Brown, J. (1999): Gene flow at the landscape level. In: Lutman, P. (Hrsg.): Gene flow and agriculture: relevance for transgenic crops. BCPC Symposium Proceedings 72

Steiner, A. M. (2000): Regionalisierung und Globalisierung in Saatgutwirtschaft und Saatgutwesen. In: Landinfo, Nr. 3, S. 9-12

Stiftung Warentest (2000): Gentechnik in Lebensmitteln. Biss ins Ungewisse. In: http://www.warentest.de/pls/sw/sw.Main?p_KNR=5001211545522020011126175623&p_E3=60&p_E4=30&p_id=18378

Stirn, S. (1998): Toxizität transgener Pflanzen. In: Umweltbundesamt (Hrsg.): Nutzung der Gentechnik im Agrarsektor der USA – Die Diskussion von Versuchsergebnissen und Szenarien zur Biosicherheit. Berlin: Umweltbundesamt, UBA-Texte Nr. 47/89, S. 653-676

Sweet, J. B.; Norris, C. E.; Simpson, E.; Thomas, J. E. (1999): Gene flow and agriculture: relevance for transgenic crops. In: Lutman, P. (Hrsg.): Gene flow and agriculture: relevance for transgenic crops. BCPC Symposium Proceedings 72, S. 241-246

Tabashnik, B. E. (1994): Evolution of resistance to *Bacillus thuringiensis*. In: Ann. Rev. Entomol. 39, S. 47-79

Takacs, Z. (2001): Lasset uns Menschen machen. In: http://www.bibel.com/gentechnik/status.html

Tappeser, B.; Eckelkamp, C.; Weber, B. (2000): Untersuchung zu tatsächlich beobachteten nachteiligen Effekten von Freisetzungen gentechnisch veränderter Organismen. Monographien Bd. 129, Wien. In: http://www.ubavie.gv.at/publikationen/Mono/M129z.HTM

The Royal Society (1999): GMOs and Pusztai – the Royal Society reviews the evidence. In: http://www.royalsoc.ac.uk/press/pr_15_99.htm

The Royal Society (2001): The use of genetically modified animals. In: http://www.royalsoc.ac.uk/templantes/statements/StatementDetails.cfm?statementid:139

Thomas, D.; Donnelly C.; Wood, R. (2000): Insect population control using a dominant, repressible, lethal genetic system. In: Science 287, S. 2474-2476

Thompson, C. E.; Squire, G.; Mackay et al. (1999): Regional patterns of gene flow and its concequence for GM oilseed rape. In: Lutman, P. (Hrsg.): Gene flow and agriculture: relevance for transgenic crops. BCPC Symposium Proceedings 72, S. 95-100

Tombs, M. P. (1994): Biotechnologie in der Lebensmittelindustrie. Berlin: Springer Verlag, S. 185-223

Töpfer, R.; Harst, M. (1999): Neue Hoffnungen aus der Rebenzüchtung - pilzresistenter Riesling durch Gentransfer. In: Der deutsche Weinbau 12, Nr. 7/1

Transgen (2000a): Bt-Mais: Der Versuchsanbau geht weiter, 11.04.2000. In: http://www.transgen.de/Aktuell/mais_rev.html

Transgen (2000b): Die Spitze des Eisbergs. Die Stiftung Warentest findet Gen-Soja und Gen-Mais in vielen Lebensmitteln. Meldung vom 30.07.2000. In: http://www.transgen.de

Transgen (2001a): Datenbank Nutzpflanzen. In: http://www.transgen.de/

Transgen (2001b): Genehmigungsverfahren für neuartige Lebensmittel aus gentechnisch veränderten Pflanzen Anträge, Zulassungen, wissenschaftliche Stellungnahmen. Stand März 2001. In: http://www.transgen.de

Tzfira, T.; Zuker, A.; Altman A. (1998): Forest tree biotechnology: genetic transformation and its application to future forests. In: Trends in Biotechnology 16, S. 439-446

Umweltbundesamt (UBA) (1999a): Beitrag der Biotechnologie zu einer dauerhaft umweltgerechten Entwicklung. Berlin: Umweltbundesamt, UBA-Texte Nr. 1/99

Umweltbundesamt (UBA) (1999b): Immer mehr Bäume Ziel der Gentechnik. Pressemitteilung des Umweltbundesamtes, Berlin vom 10.11.1999

US Department of Agriculture (USDA) (1999): Frequently asked questions. What about the recent monarch butterfly study? In: http://www.aphis.usda.gov/biotechnology

US Department of Agriculture (USDA) (2001): Impacts of adopting genetically engineered crops in the United States. In: http://www.ers.usda.gov/emphases/harmony/issues/genengcrops/genengcorps.htm

Van den Hout, H.; Reuser, A. J. J.; Vulto, A. G.; Loonen, M. C. B.; Cromme-Dijkhuis, A.; Van der Ploeg, A. T. (2000): Recombinant human α-glucosidase from rabbit milk in Pompe patients. In: The Lancet 356, S. 397-398

Van der Lende, T.; de Loos, F. A. M.; Jorna, Tj. (2000): Postnatal health and welfare of offspring conceived in vitro: a case for epidemiological studies. In: Theriogenology 53, S. 549-554

Verband der Chemischen Industrie (VCI) (2000): www.biologe.de/Nuetzliches/FCI-CD/bilder-jpg.html

Wall, R. J. (1999): Biotechnology for the production of modified and innovative animal products: transgenic livestock bioreactors. In: Livestock Production Science 59, S. 243-255

Walmsley, A. M.; Arntzen, C. J. (2000): Plants for delivery of edible vaccines. In: Current Opinion in Biotechnology 11, S. 126-129

Walter, C.; Grace, L. J.; Wagner, A.; White, D. W. R.; Walden, A. R.; Donaldson, S. S.; Hinton, H.; Gardner, R. C.; Smith, D. R. (1998): Stable transformation and regeneration of transgenic plants of *Pinus radiata* D. In: Plant Cell Report 17, S. 460-468

Wenk, N.; Stebler, D.; Bickel, R. (2001): Warenflusstrennung von GVO in Lebensmitteln. Untersuchung im Auftrag des Bundesamtes für Gesundheit. Basel: Prognos

Wenzel, G; Mohler, V. (2001): Innovationen in der Pflanzenbiotechnologie. In: Euro-Biotech 2001, S. 108-111

Westhusin, M. E.; Long, C. R.; Shin, T.; Hill, J. R.; Looney, C. R.; Pryor, J. H.; Piedrahita, J. A. (2001): Cloning to reproduce desired genotypes. In: Theriogenology 55, S. 35-49

Wilkinson, S. L. (1998): Deconstructing food allergies. In: Chemical & Engineering News, September 7.

Willadsen, S. M. (1986): Nuclear transplantation in sheep embryos. In: Nature 320, S. 63-65

Williams, G. K.; Kubelik, A. R.; Livak, K. J.; Rafalsk, J. A.; Tingey, S. V. (1990): DNA polymorphisms amplified by arbitrary primers are useful as genetic markers. In: Nucleic Acid Research 18, S. 6531-6535

Williams, M. R. (1999a): Cotton insect losses 1998. In: Proceedings of the Beltwide Cotton Conference, National Cotton Council, Memphis, TN., S. 785-806

Williams, M. R. (1999b): Cotton insect loss estimates 1998. In: Proceedings of the Beltwide Cotton Conference, National Cotton Council, Memphis, TN., S. 807-809

Willmitzer, L. (1999): Plant biotechnology: output traits – the second generation of plant biotechnology products is gaining momentum. In: Current Opinion in Biotechnology 10, S. 161-162

Willmitzer, L.; Hoffmann, T. (1997): Grundlagen der Gentechnologie. In: Odenbach, W. (Hrsg.): Biologische Grundlagen der Pflanzenzüchtung. Berlin: Parey Buchverlag, S. 259-275

Wilmut, I. (1999): Klonen für medizinische Zwecke. In: Spektrum der Wissenschaft, Nr. 4, S. 34-40

Wolfrum, R.; Stoll, P.-T. (1996): Der Zugang zu genetischen Ressourcen nach dem Übereinkommen über die biologische Vielfalt und dem deutschen Recht. Berichte des Umweltbundesamtes Nr. 96/7. Berlin: Erich Schmidt Verlag GmbH & Co.

Woods, C. (1999): UF biotech breakthrough: alga gene boosts crop yields. In: http://www.napa.ufl.edu/99news/alga.htm

World Health Organisation (WHO) (1993): Health aspects of marker genes in genetically modified plants. Report of a WHO workshop. S. 1-32

Wörner, S.; Reiß, T.; Menrad, K.; Menrad, M. (2001): European biotechnology innovation systems – National report of Germany. Karlsruhe: ISI

Wraight, C. L.; Zangerl, A. R.; Caroll, M. J.; Berenbaum, M. R. (2000): Absence of toxicology of *Bacillus thuringiensis* pollen to black swallowtails under field conditions. In: Proceedings of the National Academy of Sciences of the United States of America 97, Nr. 14, S. 7700-7703

Yang, X.; Tian, X. C.; Dai, Y.; Wang, B. (2000): Transgenic farm animals: applications in agriculture and biomedicine. In: Biotechnology Annual Review 5, S. 269-292

Ye, X.; Al-Babili, S.; Klöti, A.; Zhang, J.; Lucca, P.; Beyer, P.; Potrykus, I. (2000): Engineering provitamin A (b-carotene) biosynthetic pathway into (carotenoid-free) rice endosperm. In: Science 287, S. 303-305

Zagon, J.; Schulze, M.; Broll, H.; Schauzu, M. (Hrsg.) (1998): Methoden zum Nachweis der gentechnischen Veränderung in glyphosatresistenten Sojabohnen und zur Identifizierung anderer gentechnisch veränderter Pflanzen. Berlin: Bundesinstitut für gesundheitlichen Verbraucherschutz und Veterinärmedizin, BgVV-Hefte 03/1998

Zentrale Kommission für Biologische Sicherheit (ZKBS) (1997): Stellungnahme der ZKBS zum Ampicillinresistenz-Gen in gentechnisch verändertem Mais. Berlin (Az.: 6790-10-51; 6788-02-06)

Zentrale Kommission für Biologische Sicherheit (ZKBS) (1999): Stellungnahme der ZKBS zur biologischen Sicherheit von Antibiotika-Resistenzgenen im Genom gentechnisch veränderter Pflanzen. Berlin (Az.: 6790-10-62)

Ziomek, C. A. (1998): Commercialization of proteins produced in the mammary gland. In: Theriogenology 49, S. 139-144

Zoglauer, K.; Aurich, C.; Kowarek, I.; Schepker, H. (2000): Freisetzung transgener Gehölze und Grundlagen für Confinements. Berlin: Umweltbundesamt, UBA-Texte Nr. 31/00

TECHNIK, WIRTSCHAFT und POLITIK

Schriftenreihe des Fraunhofer-Instituts
für Systemtechnik und Innovationsforschung ISI

Band 2: B. Schwitalla
Messung und Erklärung industrieller Innovationsaktivitäten
1993. ISBN 3-7908-0693-4

Band 3: H. Grupp (Hrsg.)
Technologie am Beginn des 21. Jahrhunderts,
2. Aufl.
1995. ISBN 3-7908-0862-8

Band 4: M. Kulicke u. a.
Chancen und Risiken junger Technologieunternehmen
1993. ISBN 3-7908-0732-X

Band 5: H. Wolff, G. Becher, H. Delpho, S. Kuhlmann, U. Kuntze, J. Stock
FuE-Kooperation von kleinen und mittleren Unternehmen
1994. ISBN 3-7908-0746-X

Band 6: R. Walz
Die Elektrizitätswirtschaft in den USA und der BRD
1994. ISBN 3-7908-0769-9

Band 7: P. Zoche (Hrsg.)
Herausforderungen für die Informationstechnik
1994. ISBN 3-7908-0790-7

Band 8: B. Gehrke, H. Grupp
Innovationspotential und Hochtechnologie,
2. Aufl.
1994. ISBN 3-7908-0804-0

Band 9: U. Rachor
Multimedia-Kommunikation im Bürobereich
1994. ISBN 3-7908-0816-4

Band 10: O. Hohmeyer, B. Hüsing, S. Maßfeller, T. Reiß
Internationale Regulierung der Gentechnik
1994. ISBN 3-7908-0817-2

Band 11: G. Reger, S. Kuhlmann
Europäische Technologiepolitik in Deutschland
1995. ISBN 3-7908-0825-3

Band 12: S. Kuhlmann, D. Holland
Evaluation von Technologiepolitik in Deutschland
1995. ISBN 3-7908-0827-X

Band 13: M. Klimmer
Effizienz der computergestützten Fertigung
1995. ISBN 3-7908-0836-9

Band 14: F. Pleschak
Technologiezentren in den neuen Bundesländern
1995. ISBN 3-7908-0844-X

Band 15: S. Kuhlmann, D. Holland
Erfolgsfaktoren der wirtschaftsnahen Forschung
1995. ISBN 3-7908-0845-8

Band 16: D. Holland, S. Kuhlmann (Hrsg.)
Systemwandel und industrielle Innovation
1995. ISBN 3-7908-0851-2

Band 17: G. Lay (Hrsg.)
Strukturwandel in der ostdeutschen Investitionsgüterindustrie
1995. ISBN 3-7908-0869-5

Band 18: C. Dreher, J. Fleig, M. Harnischfeger, M. Klimmer
Neue Produktionskonzepte in der deutschen Industrie
1995. ISBN 3-7908-0886-5

Band 19: S. Chung
Technologiepolitik für neue Produktionstechnologien in Korea und Deutschland
1996. ISBN 3-7908-0893-8

Band 20: G. Angerer u. a.
Einflüsse der Forschungsförderung auf Gesetzgebung und Normenbildung im Umweltschutz
1996. ISBN 3-7908-0904-7

Band 21: G. Münt
Dynamik von Innovation und Außenhandel
1996. ISBN 3-7908-0905-5

Band 22: M. Kulicke, U. Wupperfeld
Beteiligungskapital für junge Technologieunternehmen
1996. ISBN 3-7908-0929-2

Band 23: K. Koschatzky
Technologieunternehmen im Innovationsprozeß
1997. ISBN 3-7908-0977-2

Band 24: T. Reiß, K. Koschatzky
Biotechnologie
1997. ISBN 3-7908-0985-3

Band 25: G. Reger
Koordination und strategisches Management internationaler Innovationsprozesse
1997. ISBN 3-7908-1015-0

Band 26: S. Breiner
Die Sitzung der Zukunft
1997. ISBN 3-7908-1040-1

Band 27: M. Kulicke, U. Broß, U. Gundrum
Innovationsdarlehen als Instrument zur Förderung kleiner und mittlerer Unternehmen
1997. ISBN 3-7908-1046-0

Band 28: G. Angerer, C. Hipp, D. Holland, U. Kuntze
Umwelttechnologie am Standort Deutschland
1997. ISBN 3-7908-1063-0

Band 29: K. Cuhls
Technikvorausschau in Japan
1998. ISBN 3-7908-1079-7

Band 30: J. Fleig
Umweltschutz in der schlanken Produktion
1998. ISBN 3-7908-1080-0

Band 31: S. Kuhlmann, C. Bättig, K. Cuhls, V. Peter
Regulation und künftige Technikentwicklung
1998. ISBN 3-7908-1094-0

Band 32: Umweltbundesamt (Hrsg.)
Innovationspotentiale von Umwelttechnologien
1998. ISBN 3-7908-1125-4

Band 33: F. Pleschak, H. Werner
Technologieorientierte Unternehmensgründungen in den neuen Bundesländern
1998. ISBN 3-7908-1133-5

Band 34: M. Fritsch, F. Meyer-Krahmer, F. Pleschak (Hrsg.)
Innovationen in Ostdeutschland
1998. ISBN 3-7908-1144-0

Band 35: F. Meyer-Krahmer, S. Lange (Hrsg.)
Geisteswissenschaften und Innovationen
1999. ISBN 3-7908-1197-1

Band 36: B. Geiger, E. Gruber, W. Megele
Energieverbrauch und Einsparung in Gewerbe, Handel und Dienstleistung
1999. ISBN 3-7908-1216-1

Band 37: G. Reger, M. Beise, H. Belitz
Innovationsstandorte multinationaler Unternehmen
1999. ISBN 3-7908-1225-0

Band 38: C. Kolo, T. Christaller, E. Pöppel
Bioinformation
1999. ISBN 3-7908-1241-2

Band 39: R. Bierhals et al.
Mikrosystemtechnik – Wann kommt der Marktdurchbruch?
2000. ISBN 3-7908-1250-1

Band 40: C. Hipp
Innovationsprozesse im Dienstleistungssektor
2000. ISBN 3-7908-1264-1

Band 41: U. Broß
Innovationsnetzwerke in Transformationsländern
2000. ISBN 3-7908-1287-0

Band 42: F. Pleschak, M. Fritsch, F. Stummer
Industrieforschung in den neuen Bundesländern
2000. ISBN 3-7908-1288-9

Band 43: Katrin Ostertag et al.
Energiesparen – Klimaschutz der sich rechnet
2000. ISBN 3-7908-1294-3

Band 44: U. Böde, E. Gruber
Klimaschutz als sozialer Prozess
2001. ISBN 3-7908-1317-6

Band 45: A. Hullmann
Internationaler Wissenstransfer und technischer Wandel
2001. ISBN 3-7908-1413-X

Band 46: V. Peter
Institutionen im Innovationsprozess
2002. ISBN 3-7908-1462-8

Band 47: F. Pleschak u. a.
Gründung und Wachstum FuE-intensiver Unternehmen
2002. ISBN 3-7908-1478-4

Band 48: H. Grupp u. a.
Das deutsche Innovationssystem seit der Reichsgründung
2002. ISBN 3-7908-1479-2

Band 49: K. Blind u. a.
Software-Patente
2003. ISBN 3-7908-1540-3

GPSR Compliance

The European Union's (EU) General Product Safety Regulation (GPSR) is a set of rules that requires consumer products to be safe and our obligations to ensure this.

If you have any concerns about our products, you can contact us on ProductSafety@springernature.com

In case Publisher is established outside the EU, the EU authorized representative is:

Springer Nature Customer Service Center GmbH
Europaplatz 3
69115 Heidelberg, Germany

Batch number: 10577878

Printed by Printforce, the Netherlands